普通高等学校计算机科学与技术应用型规划教材

Access 数据库系统与应用

（第 2 版）

主　编　吕洪柱　李　君
副主编　韩　江　邓佳宾　李耀成　王瑞鑫
主　审　李敬有

北京邮电大学出版社
www. buptpress. com

内容简介

本书是学习Access数据库的基础性教材，全面、系统地介绍了Access数据库系统的基础知识与应用开发技术。全书共分9章，包括数据库系统概述、Access数据库及其表操作、查询创建与使用、窗体设计与应用、宏设计、报表设计与打印、数据访问页设计、VBA编程语言和应用程序设计。

本书以“高校图书馆管理系统”开发设计为实例贯穿全书，结合VBA加强程序开发的灵活性，重点突出了面向对象程序设计技能的培养，对开发数据库应用系统有一定帮助。

本书内容紧凑，实例丰富，使读者能够尽快掌握Access数据库系统的功能与操作，对初学者具有实用价值，对有过数据库设计经验的读者也有一定的参考价值。本书可作为高校计算机及其相关专业本科数据库应用教学和全国计算机等级考试学习用书，亦可作为科技工作者及计算机爱好者的自学用书。

图书在版编目(CIP)数据

Access数据库系统与应用/吕洪柱，李君主编．--2版．--北京：北京邮电大学出版社，2012.1

ISBN 978-7-5635-2853-0

Ⅰ.①A…　Ⅱ.①吕…②李…　Ⅲ.①关系数据库—数据库管理系统，Access—教材　Ⅳ.①TP311.138

中国版本图书馆CIP数据核字(2011)第253530号

书　　名：Access数据库系统与应用(第2版)

主　　编：吕洪柱　李　君

责任编辑：刘　颖

出版发行：北京邮电大学出版社

社　　址：北京市海淀区西土城路10号(邮编：100876)

发 行 部：电话：010-62282185　传真：010-62283578

E-mail：publish@bupt.edu.cn

经　　销：各地新华书店

印　　刷：北京联兴华印刷厂

开　　本：787 mm×1 092 mm　1/16

印　　张：20.75

字　　数：525千字

印　　数：1—3 000册

版　　次：2009年2月第1版　2012年1月第2版　2012年1月第1次印刷

ISBN 978-7-5635-2853-0　　　　定　价：39.00元

·如有印装质量问题，请与北京邮电大学出版社发行部联系·

第2版前言

Access数据库系统作为一种操作简单、实用的关系型数据库系统，不但能存储和管理数据，还能利用其自带的编程语言VBA开发比较强大的数据库管理软件，通过Access数据库提供的开发环境及工具使研发人员方便地开发数据库应用系统。

Access数据库中提供的数据库对象，使读者不用编程就能设计出一个桌面数据库应用系统，通过面向对象的程序设计，使用对象的属性、事件与方法，建立事件驱动过程，并且大部分是直观的可视化的操作。同时，又可结合VBA编程语言，创建VBA模块，能够更加灵活地完成面向用户的数据库应用系统的开发设计。它界面友好，功能全面且操作简单，不仅可以有效地组织与管理、共享与开发数据库应用系统，而且还可以把数据库应用系统与Web结合在一起，为在局域网和互联网上共享数据库信息奠定了基础。

《Access数据库系统与应用》经过几年的教学实践，受到广大师生的认可和好评，第2版针对存在的一些问题作了重大改进：在结构上作了调整，将宏设计章节提前，更有利于教学；各章例题作了大量修改更符合实际应用系统的设计；增加了数据库加密、快捷菜单等实用内容；补充了一定量的习题。

本书以Access 2003为基准，共分为9章，总体上是以应用为目的，以高校图书馆管理系统开发设计贯穿全文，深入浅出地介绍了关系数据库管理系统的基础知识、Access数据库系统中的7个对象。设计完成了一个小型实用的"高校图书馆管理系统"数据库应用系统，具有很强的实践性和一定的应用价值。

本书由吕洪柱、李君主编，韩江、邓佳宾、李耀成、王瑞鑫任副主编，其中李耀成编写第1章和第2章，韩江编写第3章，李君编写第4章和第7章，邓佳宾编写第5章，王瑞鑫编写第6章，吕洪柱编写第8章和第9章。李敬有审阅了全书，并提出了宝贵意见。

借此机会对所有关心、支持本书出版的领导、学者和各位朋友表示感谢，对所有使用过《Access数据库系统与应用》的广大师生表示感谢。限于作者水平，书中难免有不足之处，敬请广大同行和读者批评指正。

本书电子教案请到北京邮电大学出版社网站下载，网址为http://www.buptpress.com/。

编　者

2011年10月

目　　录

第1章　数据库系统概述

数据库技术是在20世纪60年代末兴起的一种数据管理技术。随着信息时代的需求以及计算机技术的高速发展，数据管理已深入到人类生活的各个领域中，数据库技术也成为计算机科学的重要分支。

本章主要对数据库系统的基本概念、数据管理的发展过程、数据模型、关系数据库、关系数据库的设计和关系数据库的标准语言SQL等内容作一个简单的介绍，以便于更好地掌握和理解Access数据库的应用。

1.1　数据库基础知识

本节主要介绍数据库技术的产生、发展过程、数据库系统的一些基本概念和数据模型等内容。

1.1.1　数据库技术的产生与发展

数据库技术是随着数据管理任务的需要而产生的。数据处理的中心问题是数据管理，计算机在数据管理方面经历了由低级到高级的发展过程。在产生数据库技术之前，数据管理经历了人工管理阶段和文件系统阶段。

20世纪50年代中期以前，计算机主要用于科学计算。数据管理任务，包括存储结构、存取方法、输入/输出方式等完全由程序设计人员负责，即人工管理阶段。人工管理阶段的特点是：数据不保存；数据是由应用程序管理的；数据不具有独立性也不存在共享数据的问题。

20世纪50年代后期到60年代中期，计算机的应用范围逐渐扩大，不仅用于科学计算，而且还大量用于管理。在硬件方面，出现了可以直接存取的磁鼓和磁盘，它们成为联机的主要外部存取设备；在软件方面，出现了高级语言和操作系统。操作系统有了专门的数据管理软件，称为文件系统。文件系统的特点是：数据可以长期保存在外部设备上；数据是由文件管理；数据的独立性较差；数据的共享性也不强，冗余度较大。

20世纪60年代后期，随着数据管理的需求产生了数据库技术。数据库系统的特点是：数据本身结构化；具有较高的独立性；数据冗余性较小，共享性较强；数据由数据库管理系统统一管理和控制。在近三十几年的时间里，数据库技术的发展经历了三代的历程，数据库发展阶段的划分是以数据模型的发展为主要依据的。数据模型的发展经历了非关系数据模型（包括层次模型和网状模型）、关系数据模型和面向对象数据模型。因此，数据库三代划分为：第一代非关系数据库系统，第二代关系数据库系统和第三代以面向对象模型为主要特征的数据库系统。

1. 第一代数据库系统——非关系型数据库系统

非关系型数据库系统是第一代数据库系统的概括，其中包括层次模型和网状模型两种。

这一代数据库系统以记录型为基本的数据结构，在不同的记录型之间允许存在联系，其中层次模型在记录型之间只能有单线联系。网状模型则允许记录型之间存在两种或多于两种的联系。

这一代数据库系统的结构错综复杂，数据存取路径需用户指定，使用难度较大，所以自从关系型数据库系统兴起后，它们基本上已被关系型数据库取代。

具有代表性的第一代数据库包括 1969 年 IBM 公司开发的层次模型的信息管理系统（Information Management System，IMS）和 1969 年美国数据库系统语言协会（Conference On Data System Language，CODASYL）的数据库研制者提出了网状模型数据库系统规范报告（DataBase Task Group，DBTG）。

2. 第二代数据库系统——关系型数据库系统

20 世纪 70 年代中期，关系型数据库（Relational DataBase System，RDBS）开始问世。80 年代后期，许多 RDBS 在微型机上实现，现在微机上使用的数据库系统几乎都是 RDBS。

RDBS 采用人们常用的二维表为基本的数据结构，通过公共的关键字段实现不同二维表（或"关系"）之间的数据联系。二维表结构简单，形式直观，使用方便。RDBS 允许一次访问整个关系，其效率远比第一代数据库系统（一次只能访问一个记录）强。因而受到用户的普遍欢迎。

较早出现商业化关系型数据库系统包括 IBM 公司的 San Jose 实验室研制出的关系数据库系统 System R 和美国 Berkeley 大学研制的 INGRES 数据库产品。

目前常见的关系数据库系统有 DB2、FoxPro、MySql 和 Access。

3. 第三代数据库系统——对象-关系数据库系统

随着多媒体应用的扩大，人们希望新一代数据库系统除存储传统的文本信息外，还能存储和处理图形、声音等多媒体对象，于是第三代数据库应运而生。将数据库技术与面向对象技术相结合，自然地成为第三代数据库系统的发展方向。

20 世纪 80 年代中期以来，对新一代数据库系统的研究日趋活跃，并出现了包括"对象-关系型数据库系统"（ORDBS）和"面向对象型数据库系统"（OODBS）在内的多个分支。由于 ORDBS 是建立在关系型数据库技术之上的，可以直接利用第二代数据库系统的原有基础，所以发展迅速，正在成为第三代数据库系统的主流。

1.1.2 数据、数据库、数据库管理系统、数据库系统

数据、数据库、数据库管理系统和数据库系统是与数据库技术密切相关的 4 个基本概念。

1. 数据

数据（Data）是数据库中存储的基本对象，是描述事物的符号记录。描述事物的符号可以是数字，也可以是文字、图形、图像、声音等，因此，数据有多种表示形式，它们都可以经过数字化后存入计算机。

2. 数据库

数据库（DataBase，DB）是存放数据的仓库。只不过这个仓库是在计算机存储设备上，而且数据是按一定的格式存放。也就是说，数据库是长期存储在计算机内的、有组织的、可共享的数据集合。数据库中的数据按一定的数据模型组织、描述和存储，具有较小的冗余度、较高的数据独立性和易扩展性。

3. 数据库管理系统

数据库管理系统（DataBase Management System，DBMS）是位于用户与操作系统之间

的一层数据管理软件。它的主要功能包括以下几个方面。

(1) 数据定义功能

DBMS提供数据定义语言(Data Definition Language,DDL),用户通过它可以方便地对数据库中数据对象进行定义。

(2) 数据操纵功能

DBMS还提供数据操纵语言(Data Manipulation Language,DML),用户可以使用DML操纵数据实现对数据库的基本操作,如查询、插入、删除和修改等。

(3) 数据库的运行管理

数据库在建立、运用和维护时由数据库管理系统统一管理、统一控制,以保证数据的安全性、完整性,多用户对数据的并发使用及发生故障后的系统恢复。

(4) 数据库的建立和维护功能

它包括数据库初始数据的输入、转换功能,数据库的转储、恢复功能,数据库的重组织功能和性能监视、分析功能等。

Microsoft Access就是一个关系型数据库管理系统,它提供一个软件环境,利用它用户可以方便快捷地建立数据库,并对数据库中的数据实现查询、编辑、打印等操作。

4. 数据库系统

数据库系统(DataBase System,DBS)是指在计算机系统中引入数据库后的系统,一般由数据库、数据库管理系统(及其开发工具)、应用系统、数据库管理员和用户构成。

通常在不引起混淆的情况下把数据库系统简称为数据库。

1.1.3 数据模型

模型是现实世界特征的模拟和抽象。数据模型(Data Model)也是一种模型,它是现实世界数据特征的抽象。

数据库是现实世界中某些数据的综合,它不仅要反映数据本身的内容,而且要反映数据之间的联系。由于计算机不可能直接处理现实世界中的具体事物,所以人们必须事先把具体事物转换成计算机能够处理的数据。在数据库中用数据模型这个工具来抽象、表示和处理现实世界中的数据和信息。

数据模型是面向数据库全局逻辑结构的描述,它包括3个方面的内容:数据结构、数据操作和完整性约束。数据结构用于描述系统的静态特性,研究的对象包括两类:一类是与数据类型、内容和性质有关的对象;另一类是与数据之间的联系有关的对象。数据操作是指对数据库中各种对象(型)的实例(值)允许执行的所有操作,即操作的集合,包括操作及有关的操作规则。数据库主要有检索和更新两类操作。完整性规则是给定的数据模型中数据及其联系所具有的制约和依存规则,用以限制数据库的状态和状态的变化,以保证数据的正确、有效和相容。

DBMS支持4种数据模型,分别是层次模型(Hierarchical Model)、网状模型(Network Model)、关系模型(Relational Model)和面向对象模型(Object Oriented Model)。下面在具体介绍这4种数据模型之前,先了解一下构成模型元素的实体的有关概念。

1. 实体描述

现实世界中存在各种事物,事物与事物之间是存在着联系的。这种联系是客观存在的,也是由事物本身的性质决定的。

(1) 实体(Entity)

客观存在并且可以区别的事物称为实体。实体可以是具体的人、事、物，也可以是抽象的概念或联系，例如，一本书、一个出版社、书馆与读者的关系等都是实体。

(2) 属性(Attribute)

实体所具有的某一特性称为属性。一个实体可以由若干个属性来刻画。例如，图书的图书编号、书名、作者、出版社、出版日期和定价等。

(3) 码(Key)

唯一标识实体的属性集称为码。例如，图书编号是图书实体的码。

(4) 域(Domain)

属性取值范围称为该属性的域。例如，图书编号的域为0000000～9999999。

(5) 实体型(Entity Type)

具有相同属性的实体必然具有共同的特性和性质。用实体名及其属性名集合来抽象和刻画同类实体，称为实体型。例如，图书(图书编号，书名，作者，出版社，出版日期，定价)就是一个实体型。

(6) 实体集(Entity Set)

同型实体的集合称为实体集。例如，一个完整的图书表就是一个图书信息的实体集。

(7) 关联(Relationship)

实体之间的对应关系称为关联，它反映现实世界事物之间的相互联系。实体间联系的种类是指一个实体型中可能出现的每一个实体与另一个实体型中多少个实体存在联系。两个实体间的联系可以归纳为3种类型。

① 一对一联系(one-to-one relationship)

设A、B为两个实体集，若A中的每个实体至多和B中的一个实体有联系，反过来，B中的每个实体至多和A中的一个实体有联系，则称B对A是1∶1联系。

例如，在图书馆中，每个部门有一名主任，而一位部主任负责一个部门，则图书馆各部门与部主任之间具有一对一联系。

② 一对多联系(one-to-many relationship)

如果A实体集中的每个实体可以和B中多个实体有联系，而B中的每个实体都和A中的一个实体有联系，那么A对B属于1∶n联系。

例如，一个图书馆有许多馆员，一名馆员固定管理多本图书，而一本图书只能被一位馆员管理，馆员与图书之间具有一对多的联系。

③ 多对多联系(many-to-many relationship)

如果实体集A中的每个实体可以与B中的多个实体有联系，反过来，B中的每个实体也可以与A中的多个实体有联系，则称A对B或B对A是m∶n联系。

例如，一位读者可以借阅多本图书，而一本图书可以被多位读者借阅，则读者与图书之间具有多对多联系。

2. 层次数据模型

层次模型(Hierarchical Model)是数据库系统中最早采用的数据模型，它是用树形结构表示实体及其之间联系的模型，如图1.1所示。在层次模型中每个节点表示一个实体型，节点之间的连线表示实体型间的联系，这种联系是“父子”节点之间的“一对多”联系。这种模型的实际存储数据由链接指针来体现联系。

其主要特征如下。

① 层次模型只有一个节点无父节点，这个节点称为根节点。比如图 1.1 中 R1 节点。

② 根节点以外的其他节点仅有一个父节点，比如图 1.1 中 R2、R3、R4、R5 节点。

一所大学的人员数据库可以采用层次模型，如图 1.2 所示。由学校到学院、学院到教师、学校到行政部门、行政部门到工作人员均是一对多的联系。

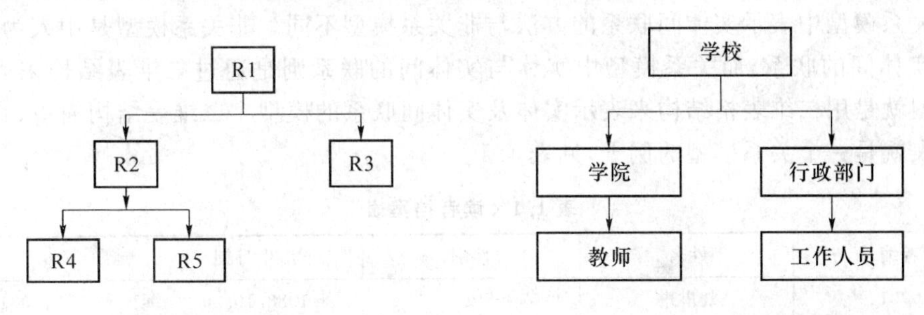

图 1.1　层次模型　　图 1.2　学校人员数据库模型

3. 网状模型

在现实世界中，事物之间的关系多数是非层次关系，如果用层次模型描述非层次关系就有一定的困难，基于这种情况，引入了网状模型。

网状模型(Network Model)是层次模型的扩展，它表示多个从属关系的层次结构，呈现一种交叉关系的网络结构，网状模型是"有向图"结构，如图 1.3 所示。在网状模型中，每一个节点表示一个实体型，节点之间的连线表示实体型间的联系，从一个节点到另一个节点用有向线段表示，箭头指向"一对多"的联系的"多"方。

其主要特征如下。

① 网状模型允许一个以上的节点无父节点。

② 允许节点有多于一个的父节点。

图书数据库可以采用网状模型。读者借书时一个读者可以借阅多本图书，一本图书也可以被多名读者借阅，读者与图书之间是多对多的联系，尽管网状模型不支持多对多联系，但由于一个多对多联系可以转化为两个一对多联系。可以在读者与图书之间建立一个"读者-图书"联结表，把原来的多对多的联系转化为"读者"与"读者-图书"、"图书"与"读者-图书"这两个一对多联系，如图 1.4 所示，即为图书数据库网状模型。

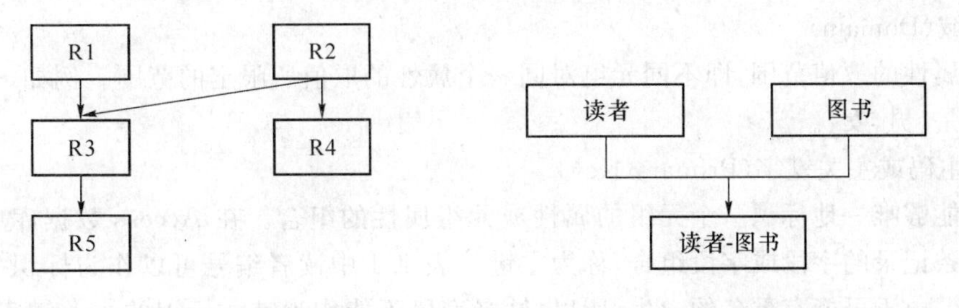

图 1.3　网状模型　　图 1.4　图书数据库模型

4. 关系模型

尽管网状模型比层次模型更具有普遍性，但由于其结构比较复杂，不利于应用程序的实现，操作上也有很多不便。为此，新的数据模型——关系模型(Relational Model)便应运而生，关系模型是重要的一种模型。关系数据库系统采用关系模型作为数据的组织方式。现在主流数据库大都是基于关系模型的数据库系统。

1970 年美国 IBM 公司 San Jose 研究室的研究员 E. F. Codd 首先提出了数据库系统的关系模型，开创了数据库关系方法和理论的研究，为关系数据库技术奠定了理论基础。由于 E. F. Codd 的杰出工作，他在 1981 年获得 ACM 图灵奖。

在关系模型中表示实体间联系的方法与非关系模型不同。非关系模型是用人为的连线来表示实体间的联系，而关系模型中实体与实体间的联系则是通过二维表结构来表示的。关系模型就是用二维表格结构来表示实体及实体间联系的模型。二维表结构简单、直观，读者档案表就是一个关系模型的例子，见表 1.1。

表 1.1 读者档案表

读者编号	姓名	性别	出生日期	读者单位
0001	刘琳琳	女	1988.10.20	数学 031
0002	王明伟	男	1989.09.29	英语 041
0003	陈莉莉	女	1987.08.17	数学 032

关系模型的基本术语如下。

(1) 关系(Relation)

一个关系就是一个二维表，每个关系有一个关系名。在 Access 数据库中，一个关系存储为一个表，具有一个表名。

对关系的描述称为关系模式，一个关系模式对应一个关系的结构。其格式为：

关系名(属性名 1，属性名 2，…，属性名 n)

在 Access 数据库中，表示为表结构：

表名(字段名 1，字段名 2，…，字段名 n)

(2) 元组(Tuple)

在一个二维表(一个具体关系)中，水平方向的行称为元组，对应表中的一条具体记录。

(3) 属性(Attribute)

二维表中垂直方向的列称为属性，每一列有一个属性名，与前面讲的实体属性相同。在 Access 数据库中表示为字段名。例如，表 1.1 中有 5 列，则有 5 个属性(读者编号，姓名，性别，出生日期，读者单位)。

(4) 域(Domain)

域是属性的取值范围，即不同元组对同一个属性的取值所限定的范围。例如，表 1.1 中性别值域是{男，女}。

(5) 主码或主关键字(Primary Key)

表中能够唯一地标识一个元组的属性或元组属性的组合。在 Access 数据库中能够唯一标识一条记录的字段或字段组合，称为主键。表 1.1 中读者编号可以作为标识一条记录的关键字。由于可能有重名的学生，所以，姓名字段不能作为唯一标识的主关键字，但姓名字段和出生年月字段的组合一般可以唯一标识一条记录，因此可以作为主关键字。

(6) 外部关键字

如果表中的一个字段不是本表的主关键字，而是另外一个表的主关键字，这个字段(属性)就称为外部关键字。在 Access 数据库中称为外键。

关系模型的主要特征如下。

① 关系中每一个数据项不可再分,也就是说不允许表中还有表。表 1.2 就不符合关系模型的要求。定价和类别又被分为书籍定价和书籍类别,这相当于大表中又有一张小表。

表 1.2 书籍编目表

书籍编号	书籍名称	作者	定价和类别	
			书籍定价	书籍类别
0001	C 语言程序设计	谭浩强	35.20	程序设计、软件工程
0003	Access 基础教程	于繁华	17.75	数据库

② 每一列中各数据项具有相同属性。

③ 每一行中的元组由一个事物的多种属性项构成。

④ 每一行代表一个实体,不允许有相同的元组。

⑤ 行与行、列与列的次序可以任意交换,不改变关系的实际意义。

5. 面向对象模型

面向对象的概念最初出现在程序设计方法中,由于更便于描述复杂的客观现实,因此迅速渗透到计算机领域的众多分支。面向对象模型(Object Oriented Model,OO 模型)是面向对象概念与数据库技术相结合的产物,用以支持非传统应用领域对数据库模型提出的新要求。

面向对象模型最基本的概念是对象(Object)和类(Class)。在面向对象模型中,对象是指客观的某一事物,对象的描述具有整体性和完整性,对象不仅包含描述它的数据,而且还包含对它进行操作的方法的定义,对象的外部特征与行为是封装在一起的。其中,对象的状态是该对象属性集,对象的行为是在对象状态上操作的方法集。共享同一属性集和方法集的所有对象构成了类。

面向对象模型是用"面向对象"的观点来描述现实世界客观存在的逻辑组织、对象间联系和约束的模型。它能完整地描述现实世界的数据结构,具有丰富的表达能力。由于该模型相对比较复杂,涉及的知识比较多,因此尚未达到关系模型的普及程度。

1.2 关系数据库系统

关系数据库系统(Relational DataBase System,RDBS)是支持关系模型的数据库系统。它采用数学方法来处理数据库中的数据。关系数据库是目前效率最高的一种数据库系统。Access 系统就是基于关系模型的数据库系统。

1.2.1 关系模型概述

关系模型由关系数据结构、关系操作集合和关系完整性约束三部分组成。

1. 关系数据结构

关系模型中数据的逻辑结构是一张二维表。在用户看来非常单一,但这种简单的数据结构能够表达丰富的语义,可描述现实世界的实体以及实体间的各种联系。如一个图书馆可以有一个数据库,在数据库中建立多个表,其中一个表用来存放图书信息,一个表用来存放读者信息,一个表用来存放图书借阅信息等。

2. 关系操作

关系操作采用集合操作方式,即操作的对象和结果都是集合。关系模型中常用的关系操作包括两类。

① 查询操作：选择(Select)、投影(Project)、连接(Join)、除(Divide)、并(Union)、交(Intersection)、差(Difference)等操作。

② 其他操作：增加(Insert)、删除(Delete)、修改(Update)等操作。

3. 关系完整性约束

关系完整性约束是对要建立关联关系的两个关系的主键和外键设置约束条件，即约束两个关联关系之间有关删除、更新、插入操作，约束它们实现关联(级联)操作，或限制关联(级联)操作，或忽略关联(级联)操作，确保数据库中数据的正确性和一致性。

关系数据模型的操作必须满足关系的完整性约束条件。关系的完整性约束条件包括用户自定义的完整性、实体完整性和参照完整性3种。

(1) 用户自定义完整性

用户自定义完整性是针对某一具体关系数据库的约束。它反映某一具体应用所涉及的数据必须满足一定的语义要求。例如，某个属性必须取唯一值、某个属性不能取空值(Null)、某个属性的取值范围在0～100等。关系模型应提供定义和检测这类完整性的机制。

其中Null为"空值"，即表示未知的值，是不确定的。

(2) 实体完整性

实体完整性是对关系中元组的唯一性约束，也就是对主关键字的约束，即关系(表)的主关键字不能是空值(Null)且不能有重复值。

设置实体完整性约束后，当主关键字值为Null(空)时，关系中的元组无法确定。例如，在读者档案关系中，"读者卡号"是主码，由它来唯一识别每位读者，如果它的值取空值，将不能区分具体人员，这在实际的数据库应用系统中是无意义的；当不同元组的主关键字值相同时，关系中就自然会有重复元组出现，这就违背了关系模型的原则，因此这种情况是不允许的。

在关系数据库管理系统中，一个关系只能有一个主关键字，系统会自动进行实体完整性检查。

(3) 参照完整性

参照完整性是对关系数据库中建立关联的关系间数据参照引用的约束，也就是对外部关键字的约束。具体来说，参照完整性是指关系中的外部关键字必须是另一个关系的主关键字的值，或者是Null。

【例1.1】 已知关系"读者档案表"(见表1.3)与关系"读者借阅表"(见表1.4)，在关系"读者档案表"中"读者卡号"为主关键字；在关系"读者借阅表"中"读者卡号"为外部关键字。则在关系"读者借阅表"中"读者卡号"属性的取值只能是关系"读者档案表"中某个"读者卡号"的值，或者取Null值。

表1.3 读者档案表

读者卡号	读者姓名	读者单位
2301	马跃峰	数学031
2302	王大昕	英语041
2303	齐心	中文032
2304	王一如	地理031

表1.4 读者借阅表

读者卡号	书籍编号	书籍定价
2301	8001	25.60
2301	8007	20.40
2302	9010	30.00
Null	7001	28.60

关系完整性约束是关系设计的一个重要内容，关系的完整性要求关系中的数据及具有关联关系的数据间必须遵循的一定的制约和依存关系，以保证数据的正确性、有效性和相容性。其中实体完整性约束和参照完整性约束是关系模型必须满足的完整性约束条件。

关系数据库管理系统为用户提供了完备的实体完整性自动检查功能，也为用户提供了设置参照完整性约束、用户自定义完整性约束的环境和手段，通过系统自身以及用户自定义的约束机制，就能够充分地保证关系的准确性、完整性和相容性。

4. 关系的规范化

在数据库设计中，如何把现实世界表示成合理的数据库模式，是一个非常重要的问题。关系数据库的规范化理论就是进行数据库设计的有力工具。

关系数据库中的关系(表)要满足一定要求，满足不同程度要求的为不同范式。目前遵循的主要范式包括第一范式(1NF)、第二范式(2NF)、第三范式(3NF)和第四范式(4NF)等。规范化设计的过程就是按不同的范式，将一个二维表不断地分解成多个二维表并建立表间的关联，最终达到一个表只描述一个实体或者实体间的一种联系的目标。其目的是减少数据冗余，提供有效的数据检索方法，避免不合理的插入、删除、修改等操作，保持数据一致，增强数据的稳定性、伸缩性和适应性。

(1) 第一范式

在介绍关系模型时提到，关系中每一个数据项必须是不可再分的，满足这个条件的关系模式就属于第一范式。关系数据库中的所有关系都必须满足第一范式。例如将表 1.5 的"出版社明细表"规范为满足第一范式的表。

表 1.5 出版社明细表

出版社编号	名 称	地 址	出版社联系方式		
			联系电话	E-mail	出版社网址
102011	交通出版社	北京	010-12345678	jtong@163. com	http://www. rmjt. net
102012	邮电出版社	北京	010-21322343	ydian@163. com	http://www. rmyd. net
…	…	…	…	…	…

显然"出版社明细表"不满足第一范式。处理方法是将表头改为只有一行标题的数据表，见表 1.6。

表 1.6 满足第一范式的出版社明细表

出版社编号	名 称	地 址	联系电话	E-mail	出版社网址
102011	交通出版社	北京	010-12345678	jtong@163. com	http://www. rmjt. net
102012	邮电出版社	北京	010-21322343	ydian@163. com	http://www. rmyd. net
…	…	…	…	…	…

(2) 第二范式

在满足第一范式的关系中，如果所有非主属性都完全依赖于主码，则称这个关系满足第二范式。即对于满足第二范式的关系，如果给定一个主码，则可以在这个数据表中唯一确定一条记录。一个关系模式如果不满足第二范式，就会产生插入异常、删除异常、修改复杂等问题。

例如，在图书馆管理系统中构成的"读者借阅图书综合数据表"（见表1.7），表中没有哪一个数据项能够唯一标识一条记录，则不满足第二范式。该数据表存在如下缺点：

① 冗余度大。一个读者如果借 n 本书，则他的有关信息就要重复 n 遍，这就造成数据的极大冗余。

② 插入异常。在这个数据表中，如果要插入一本书的信息，但此书没有读者借阅，则很难将其插入表中。

③ 删除异常。表中王大昕只借一本书"美学原理"，如果他还书了，这条记录就要被删除，那么整个元组都随之删除，使得他的所有信息都被删除了，造成删除异常。

表1.7 读者借阅图书综合数据表

读者卡号	读者姓名	读者单位	书籍编号	书籍名称	书籍定价	管理员姓名	性别
2301	马跃峰	数学 031	8001	C语言程序设计	25.60	郑新锐	男
2301	马跃峰	数学 031	8007	数据库原理	20.40	郑新锐	男
2302	王大昕	英语 041	9010	美学原理	30.00	章明达	男
2303	齐心	中文 032	7001	世界近代史	28.60	张鑫丽	女
2303	齐心	中文 032	7007	中国古代史	23.50	张鑫丽	女
2304	王一如	地理 031	8007	数据库原理	20.40	郑新锐	男

处理表1.7使之满足第二范式的方法是将其分解成3个数据表，见表1.8、表1.9、表1.10。这3个表均满足第二范式。其中"读者借阅表"的主码为"读者卡号"和"书籍编号"组合，"读者档案表"的主码为"读者卡号"，"图书编目表"的主码为"书籍编号"。

表1.8 读者借阅表

读者卡号	书籍编号	书籍定价
2301	8001	25.60
2301	8007	20.40
2302	9010	30.00
2303	7001	28.60
2303	7007	23.50
2304	8007	20.40

表1.9 读者档案表

读者卡号	读者姓名	读者单位
2301	马跃峰	数学 031
2302	王大昕	英语 041
2303	齐心	中文 032
2304	王一如	地理 031

表1.10 图书编目表

书籍编号	书籍名称	书籍定价	管理员姓名	性别
8001	C语言程序设计	25.60	郑新锐	男
8007	数据库原理	20.40	郑新锐	男
9010	美学原理	30.00	章明达	男
7001	世界近代史	28.60	张鑫丽	女
7007	中国古代史	23.50	张鑫丽	女

（3）第三范式

对于满足第二范式的关系，如果每一个非主属性都不传递依赖于主码，则称这个关系满足第三范式。传递依赖就是某些数据项间接依赖于主码。在表1.10中,"性别"属于管理员,主码"书籍编号"不直接决定非主属性"性别","性别"是通过管理员传递依赖于"书籍编号"的,则此关系不满足第三范式,在某些情况下,会存在插入异常、删除异常和数据冗余等现象。为将此关系处理成满足第三范式的数据表,可以将其分成"图书编目表"和"图书管理员表",见表1.11和表1.12。经过规范化处理,满足第一范式的"读者借阅图书综合数据表"被分解成满足第三范式的4个数据表(读者借阅表、读者档案表、图书编目表、图书管理员表)。

表1.11 图书编目表

书籍编号	书籍名称	书籍定价
8001	C语言程序设计	25.60
8007	数据库原理	20.40
9010	美学原理	30.00
7001	世界近代史	28.60
7007	中国古代史	23.50

表1.12 图书管理员表

管理员编号	管理员姓名	性别
210	郑新锐	男
211	章明达	男
212	张鑫丽	女

对于数据库规范化设计的要求一般应该保证所有数据表都能满足第二范式,尽量满足第三范式。除已经介绍的3种范式外,还有BCNF(Boyce Codd Normal Form)、第四范式、第五范式。一个低一级范式的关系,通过模式分解可以规范化为若干个高一级范式的关系模式的集合。

1.2.2 关系数据库设计

数据库设计是建立数据库及其应用系统的技术,是信息系统开发和建设的核心技术,具体地说,数据库设计是指对于一个给定的应用环境,构造最优的数据库模式,建立数据库及其应用系统,使之能够有效地存储数据,满足各种用户的应用需求。

关系数据库设计就是对数据进行组织化和结构化的过程,主要问题是关系模型的设计。关系模型的完整性规则是对关系的某种约束条件,是指数据库中数据的正确性和一致性。现实世界的实际存在决定了关系必须满足一定的完整性约束条件,这些约束表现在对属性取值范围的限制上。完整性规则就是防止用户使用数据库时,向数据库加入不符合语义的数据。在关系数据库设计中,数据库中的关系要满足一定的条件,也就是数据库规范化设计。

关系数据库设计的步骤一般如下。

1. 需求分析

需求分析阶段是数据库设计的基础,也是数据库设计的第一步。需求分析的主要任务是对数据库应用系统所要处理的对象进行全面了解,大量收集支持系统目标实现的各类基础数据以及用户对数据库信息的需求、对基础数据进行加工处理的需求、对数据库安全性和完整性的要求等。

(1) 需求分析的任务

需求分析阶段的任务是通过调查,获取用户对数据库的要求。

① 信息要求。了解用户将从数据库中获得信息的内容、性质,数据库应用系统用到的所有基础信息类型及其联系,了解用户希望从数据库中获得哪些类型信息,数据库中需要存储哪些数据。

② 处理要求。了解用户希望数据库应用系统对数据进行什么处理,对各种数据处理的

响应时间要求，对各种数据处理是批处理还是联机处理等。

③ 安全性和完整性要求。了解用户对数据库中存放的信息的安全保密要求，哪些信息需要保密；了解用户对数据库中存放的信息应满足什么样的约束条件，什么样的信息在数据库中才能是正确的数据。

(2) 需求分析的方法

① 调查数据库应用系统所涉及的用户的各部门的组成情况，各部门的职责等，为分析信息流程做准备。

② 了解各部门的业务活动情况。包括各个部门输入和使用什么数据，如何加工处理这些数据，输出什么信息，输出到什么部门，输出结果的格式及发布的对象等。

③ 在熟悉了业务活动的基础上，帮助用户明确对新系统的各种要求，包括信息要求、处理要求、安全性和完整性要求。

④ 确定系统功能范围，明确哪些业务活动的工作由计算机完成，哪些由人工来做。由计算机完成的功能就是新系统应该实现的功能。

2. 应用系统的数据库设计

在需求分析的基础上，首先明确需要存储哪些数据，确定需要几个数据表，每个表中包括几个属性等。这一过程要严格遵循关系数据库完整性和规范化设计要求。

例如，某高校图书馆管理系统，可以创建8个数据表，其关系模式是(部分属性)：

① 图书编目表(书籍编号，名称，著者信息，出版社编号，定价，出版时间)。

② 读者档案表(读者卡号，姓名，性别，出生日期，读者单位，联系电话)。

③ 读者借阅表(读者卡号，书籍编号，借阅日期，归还日期，管理员编号)。

④ 出版社明细表(出版社编号，名称，地址，联系电话，E-mail，网址)。

⑤ 超期罚款表(管理员编号，读者卡号，书籍编号，超期天数，罚款总额)。

⑥ 图书设置表(书籍编号，入库时间，总藏书量，管理员编号，现存数量)。

⑦ 图书管理员权限表(管理员编号，姓名，性别，密码，管理员权限)。

⑧ 读者设置表(读者卡号，办证日期，读者身份，借阅限量，借阅天数)。

其中带下划线的属性为主关键字。

3. 应用系统的功能设计

依据需求分析，结合初步设计的数据库模型，设计应用系统的各个功能模块。高校图书馆管理系统中可以设计的功能模块有资料管理、借阅管理、信息查询、统计分析、报表管理、系统管理和系统帮助等模块。

4. 系统的性能分析

系统初步完成后，需要对它进行性能分析，如果有不完善的地方，要根据分析结果对数据库进行优化，直到应用系统的设计满足用户的需要为止。

5. 系统的发布和维护

系统经过调试满足用户的需求后就可以进行发布，但在使用过程中可能还会存在某些问题，因此在系统运行期间要进行调整，以实现系统性能的改善和扩充，使其适应实际工作的需要。

1.2.3 关系运算

关系的基本运算有两种，一种是传统的集合运算(并、差、交等)，另一种是专门的关系运算(选择、投影、连接等)。在使用过程中,一些查询工作通常需要组合几个基本运算,并经过若干步骤才能完成。

1. 集合运算

进行并、差、交集合运算的关系必须具有相同的关系模式,设两个关系 R 和 S 具有相同的结构。

(1) 并运算

R 和 S 的并是由属于 R 或属于 S 的元组组成的集合,即并运算的结果是把关系 R 与关系 S 合并到一起,去掉重复元组。运算符为"∪",记为 R∪S。

【例 1.2】 已知关系 R(见表 1.13),要插入若干新的记录,新记录的关系为 S(见表 1.14),则插入操作可以通过关系 R∪S(见表 1.15)来实现。

表 1.13 关系 R

学号	姓名
200	张三
201	王一
202	王二
203	刘五

表 1.14 关系 S

学号	姓名
200	张三
202	王二
204	马六

(2) 差运算

关系 R 与 S 的差是由属于 R 但不属于 S 的元组组成的集合,即差运算的结果是从 R 中去掉 S 中也有的元组。运算符为"-",记为 R-S。

【例 1.3】 已知关系 R(见表 1.13)与关系 S(见表 1.14),则 R 与 S 的差由关系 R-S(见表 1.16)来实现。

表 1.15 关系 R∪S

学号	姓名
200	张三
201	王一
202	王二
203	刘五
204	马六

表 1.16 关系 R-S

学号	姓名
201	王一
203	刘五

(3) 交运算

关系 R 和 S 的交是由既属于 R 又属于 S 的元组组成的集合,即运算结果是 R 和 S 的共同元组。运算符为"∩",记为 R∩S。

【例 1.4】 已知关系 R(见表 1.13)与关系 S(见表 1.14),则 R 与 S 的交由关系 R∩S(见表 1.17)来实现。

(4) 笛卡儿积运算

关系 R 和 S 的笛卡儿积是由 R 中每个元组与 S 中每个元组组合生成的新关系,即新关系的每个元组左侧是关系 R 的元组,右侧是关系 S 的元组。运算符为"×",记为 R×S。

【例 1.5】 已知关系 R(见表 1.18)与关系 S(见表 1.19),则 R 与 S 的笛卡儿积由关系 R×S(见表 1.20)来实现。

表 1.17 关系 R∩S

学号	姓名
200	张三
202	王二

表 1.18 关系 R

学号	姓名
200	张三
201	王一
203	刘五

表 1.19 关系 S

学号	成绩
200	95
201	90

表 1.20 关系 R×S

学号(R)	姓名(R)	学号(S)	成绩(S)
200	张三	200	95
200	张三	201	90
201	王一	200	95
201	王一	201	90
203	刘五	200	95
203	刘五	201	90

2. 专门的关系运算

专门的关系运算包括投影、选择和连接运算。这类运算将关系看做是元组的集合，其运算不仅涉及关系的水平方向(表中的行)，而且也涉及关系的垂直方向(表中的列)。

(1) 选择运算

选择运算是从关系 R 中找出满足给定条件的元组组成新的关系。选择的条件以逻辑表达式给出，使逻辑表达式的值为真的元组将被选取。记为 $\delta_F(R)$。其中 F 是选择条件，是一个逻辑表达式，它由逻辑运算符(∧或∨)和比较运算符(＞,＞=,＜,＜=,＜＞)组成。

选择运算是一元关系运算，选择运算的结果中元组个数一般比原来关系中元组个数少，它是原关系的一个子集，但关系模式不变。

【例 1.6】 已知关系“读者档案表”，其关系模式是：读者档案表(读者卡号，读者姓名，读者单位)，若想由“读者档案表”关系组成一个只包含数学 031 班学生的新关系，其模式与读者档案表一样，则可以对关系“读者档案表”(见表 1.21)作选择运算 $\delta_{读者单位=“数学031”}$(读者档案表)，运算结果为“数学 031 学生表”(见表 1.22)。

表 1.21 读者档案表

读者卡号	读者姓名	读者单位
2301	马跃峰	数学 031
2302	齐心	中文 032
2303	王一如	地理 031
2304	刘欣	数学 031

表 1.22 数学 031 学生表

读者卡号	读者姓名	读者单位
2301	马跃峰	数学 031
2304	刘欣	数学 031

(2) 投影运算

投影运算是选择关系 R 中的若干属性组成新的关系，并去掉重复元组，是对关系的属性进行筛选，记为 $\Pi_A(R)$。其中 A 为关系的属性列表，各属性间用逗号分隔开。

投影运算是一元关系运算，相当于对关系进行垂直分解。一般其结果中关系属性个数比原来关系中属性个数少，或者属性的排列顺序不同。投影的运算结果不仅取消了原来关系中的某些列，而且还可能取消某些元组(去掉重复元组)。

【例 1.7】 已知关系“读者档案表”(见表 1.21)，其关系模式是：读者档案表(读者卡号，读者姓名，读者单位)，若想由“读者档案表”关系组成一个模式为：卡号-单位(读者卡号、读者单位)的新关系，则可以对关系“读者档案表”作投影运算 $\Pi_{读者卡号,读者单位}$(读者档案表)，运算结果为“卡号-单位表”(见表 1.23)。

表 1.23 卡号-单位表

读者卡号	读者单位
2301	数学 031
2302	中文 032
2303	地理 031
2304	数学 031

(3) 连接运算

连接运算是依据给定的条件，从两个已知关系 R 和 S 的笛卡儿积中选取满足连接条件(属性之间)的若干元组组成新的关系。记为(R)$\underset{F}{\bowtie}$(S)。

连接运算是由笛卡儿积导出的，相当于把两个关系 R 和 S 的笛卡儿积作一次选择运算，从笛卡儿积全部元组中选择满足条件的元组。

连接运算与笛卡儿积的区别是：笛卡儿积是关系 R 和 S 所有元组的组合，而连接只是满足条件的元组的组合。

连接运算的结果中，元组、属性个数一般比两个关系元组、属性总数少，比其中任意一个关系的元组、属性个数多。

连接运算分为条件连接、等值连接、自然连接、外连接等。

① 条件连接。条件连接是从两个关系的笛卡儿积中选取属性间满足一定条件的元组。

② 等值连接。从关系 R 与 S 的笛卡儿积中选取满足等值条件的元组。

③ 自然连接。自然连接也是等值连接，从两个关系的笛卡儿积中，选取公共属性满足等值条件的元组，但新关系不包含重复的属性。

④ 外连接。外连接分为左外部连接和右外部连接，关系 R 与 S 的左外部连接结果是：先将 R 中的所有元组都保留在新关系中，包括公共属性不满足等值条件的元组，新关系中与 S 相对应的非公共属性的值均为空。关系 R 与 S 的右外部连接结果是：先将 S 中所有元组都保留在新的关系中，包括公共属性不满足等值条件的元组，新关系中与 R 相对应的非公共属性的值均为空。

【例 1.8】 已知关系 R(见表 1.24)和关系 S(见表 1.25)，则表 1.26 为 R 与 S 的条件连接结果。即：

$$(R)\underset{R.C>S.D}{\bowtie}(S)$$

表 1.24 关系 R

A	B	C
a_1	b_1	10
a_2	b_2	5
a_3	b_3	6
a_4	b_4	2

表 1.25 关系 S

B	D
b_1	15
b_2	3
b_3	5
b_4	20

表 1.26　R与S的条件连接

A	R.B	C	S.B	D
a_1	b_1	10	b_2	3
a_1	b_1	10	b_3	5
a_2	b_2	5	B_2	3
a_3	B_3	6	B_2	3
a_3	b_3	6	B_3	5

【例 1.9】 已知关系“读者档案表”(见表 1.27)和关系“读者借阅表”(见表 1.28)，若想由“读者卡号”确定借书详细情况组成的新关系，可通过下面的等值连接来实现，结果为关系“借书明细表”(见表 1.29)，即：

(R) ⋈ (S)
读者档案表.读者卡号=读者借阅表.读者卡号

表 1.27　读者档案表(R)

读者卡号	读者姓名	读者单位
2301	马跃峰	数学 031
2302	齐心	中文 032
2303	王一如	地理 031
2304	毛利	数学 031

表 1.28　读者借阅表(S)

读者卡号	书籍编号	书籍定价
2301	8001	25.60
2301	8007	20.40
2302	9010	30.00
2303	8007	20.40

表 1.29　借书明细表

读者卡号(R)	读者姓名	读者单位	读者卡号(S)	书籍编号	书籍定价
2301	马跃峰	数学 031	2301	8001	25.60
2301	马跃峰	数学 031	2301	8007	20.40
2302	齐心	中文 032	2302	9010	30.00
2303	王一如	地理 031	2303	8007	20.40

在表 1.29 中去掉重复的属性“读者编号(S)”，即为 R 与 S 的自然连接。

【例 1.10】 已知关系“读者借阅表”(见表 1.28)和关系“超期罚款表”(见表 1.30)，依据“读者卡号”为公共连接属性，则表 1.31 为关系 S 与关系 T 左外部连接的结果，表 1.32 为关系 S 与关系 T 右外部连接的结果。

表 1.30　超期罚款表(T)

读者卡号	书籍编号	超期天数	罚款总额
2301	8001	5	2.5
2304	8017	10	5.0
2302	9010	15	7.5
2302	8012	10	5.0

表 1.31 S与T的左外部连接

读者卡号S	书籍编号S	书籍定价S	读者卡号T	书籍编号T	超期天数T	罚款金额T
2301	8001	25.60	2301	8001	5	2.5
2301	8007	20.40	2301	8001	5	2.5
2302	9010	30.00	2302	9010	15	7.5
2302	9010	30.00	2302	8012	10	5.0
2303	8007	20.40				

表 1.32 S与T的右外部连接

读者卡号S	书籍编号S	书籍定价S	读者卡号T	书籍编号T	超期天数T	罚款金额T
2301	8001	25.60	2301	8001	5	2.5
2301	8007	20.40	2301	8001	5	2.5
			2304	8017	10	5.0
2302	9010	30.00	2302	8007	15	7.5
2302	9010	30.00	2302	8012	10	5.0

1.3 关系数据库标准语言 SQL

结构化查询语言(Structured Query Language,SQL)是 1974 年由 Boyce 和 Chamberlin 提出的。1975—1979 年 IBM 公司 San Jose Research Laboratory 研制了著名的关系数据库管理系统原型 System R 并实现了这种语言。由于它的功能丰富,语言简洁,备受用户及计算机工业界的欢迎,被众多计算机公司和软件公司所采用。经各公司的不断修改、扩充和完善,SQL 最终发展成为关系数据库的标准语言。

1.3.1 SQL 的特点

SQL 是在数据库系统中应用广泛的数据库查询语言,它包含了数据定义(Data Definition)、查询(Data Query)、操纵(Data Manipulation)和控制(Data Control)4 种功能。SQL 的主要功能就是同各类数据库建立联系,进行沟通。SQL 由于功能强大,使用方便灵活,语言简洁易学,深受广大数据库用户和开发人员的欢迎。其主要特点如下。

1. SQL 功能强

SQL 集数据定义语言(Data Definition Language,DDL)、数据操纵语言(Data Manipulation Language,DML)、数据控制语言(Data Control Language,DCL)、数据查询语言(Data Query Language,DQL)的功能于一体,语言风格统一,可以独立完成数据库生命周期中的全部活动,包括定义关系模式、插入数据、建立数据库、查询、更新、维护、数据库重构、数据库安全性控制等一系列操作要求。

2. SQL 高度非过程化

SQL 是一个高度非过程化的语言,在采用 SQL 语言进行数据操作时,只要提出“做什么”,而不必指明“怎么做”,其他工作由系统完成。由于用户无须了解存取路径的结构、存取路径的选择以及相应操作语句过程，所以大大减轻了用户负担，而且有利于提高数据独立性。

3. SQL 简洁易学

SQL 只用 9 个动词（CREATE、DROP、ALTER、SELECT、INSERT、UPDATE、DELETE、GRANT、REVOKE）就完成了数据定义、数据操作、数据查询、数据控制的核心功能，语法简单，使用的语句接近于人类使用的自然语言，容易学习并且使用方便。

1.3.2 SQL 基本语句的功能

SQL 集数据操纵、数据定义、数据查询和数据控制功能于一体，其主要功能是查询功能。Access 关系数据库管理系统全面支持 SQL，在 Access 数据库中主要使用 SQL 查询功能。下面分别介绍 SQL 的查询功能和数据操作功能。

1. 数据查询

SQL 提供 SELECT 语句进行数据查询，其主要功能是实现数据源数据的筛选、投影和连接操作，并能够完成筛选字段的重命名、多数据源数据组合、分类汇总等具体操作。这里只介绍 SELECT 语句的最基本格式和使用方法。

SELECT 语句的一般格式如下：

```
SELECT [ALL|DISTINCT] *|＜字段列表＞
FROM ＜表名＞[[INNER|LEFT|RIGHT JOIN] ＜表名＞[ON ＜联结条件＞]…]
[INTO ＜表名＞]
[WHERE ＜条件表达式＞]
[GROUP BY ＜列名 1＞[HAVING ＜条件表达式＞]]
[ORDER BY ＜列名 2＞[ASC|DESC]];
```

在上面的语法格式描述中，符号含义如下：＜＞表示在具体的语句中采用实际需要的内容进行替换；[ ]表示可以根据需要进行选择，也可以不选；|表示多项选项只能选其中之一。

语句可以分行书写，每行结束无符号，只有最后子语句末尾是分号。

该语句的功能是：在 FROM 后面给出的表名中找出满足 WHERE 条件表达式的元组，然后按 SELECT 后列出的字段列表形成结果表。如果在 FROM 后面含有 JOIN…ON 子句表示建立表间联结，若有 INTO 子句表示生成新表，含有 ORDER BY 子句，则结果表要根据指定的＜列名 2＞的值按升序或降序排列。若有 GROUP BY 子句，则将结果表按＜列名 1＞的值进行分组，该属性列值相等的记录分为一组。如果 GROUP BY 子句带有 HAVING 短语，则只有满足指定条件的记录才会出现在结果中。

在格式中，SELECT 子句中，选项的含义如下：ALL 表示检索所有符合条件的元组，默认值为 ALL；DISTINCT 表示检索要去掉重复的所有元组；* 表示检索结果为整个属性，即包括所有的列。

【例 1.11】 已知关系“读者档案表”（见表 1.21），要查询所有数学 031 班的学生，可以使用下面语句，查询结果为关系“数学 031 学生表”（见表 1.22），按学号降序排列。

```
SELECT 读者卡号,读者姓名,读者单位
FROM 读者档案表
WHERE ((读者档案表.读者单位)="数学 031")
```

ORDER BY 读者档案表.读者卡号 DESC;

在此查询中,FROM 子句决定查询对象,即学生档案表,由子句 SELECT 后面列表决定结果中的字段,在引用字段时,前面加上所在表的名字,用点“.”分隔。WHERE 子句决定筛选条件,ORDER BY 子句决定结果按学号降序排序。

SELECT 语句即可以完成简单表查询,也可以完成复杂的连接查询和嵌套查询。

【例 1.12】 在例 1.9 中通过关系“读者档案表”(见表 1.27)和关系“读者借阅表”(见表 1.28)的等值连接生成新关系“借书明细表”(见表 1.29)。使用下面的查询语句可以实现这两个关系的自然连接(见表 1.27 与表 1.28),结果见表 1.33。

SELECT 读者档案表.读者卡号,读者档案表.读者姓名,读者档案表.读者单位,读者借阅表.书籍编号,读者借阅表.书籍定价

FROM 读者档案表,读者借阅表

WHERE 读者档案表.读者卡号=读者借阅表.读者卡号;

表 1.33 关系 R 与关系 S 自然连接的借书明细表

读者卡号(R)	读者姓名	读者单位	书籍编号	书籍定价
2301	马跃峰	数学 031	8001	25.60
2301	马跃峰	数学 031	8007	20.40
2302	齐心	中文 032	9010	30.00
2303	王一如	地理 031	8007	20.40

2. 数据操作

SQL 的操作功能是指对数据库中数据的操作功能,包括数据的插入、修改和删除。

(1) 插入数据

SQL 的插入语句是 INSERT,一般有两种格式。一种是插入一个元组,另一种是插入子查询结果。

插入一个元组的 INSERT 语句格式为:

INSERT INTO ＜表名＞[(＜列名 1＞[,＜列名 2＞…])]

VALUES (＜常量 1＞[,＜常量 2＞…]);

其功能是将新元组插入到指定的表中。其中属性列 1 的值为常量 1,属性列 2 的值为常量 2,…。如果某些属性列在 INTO 子句中没有出现,则新记录在这些列上将取空值。

例如,将一个新的读者记录(读者卡号:2305;读者姓名:王四;读者单位:中文 031)插入到读者档案表关系(读者卡号,读者姓名,读者单位)中。可以使用如下语句:

INSERT INTO 读者档案表 VALUES ("2305","王四","中文 031");

插入子查询结果语句的格式为:

INSERT INTO ＜表名＞[(＜列名 1＞[,＜列名 2＞…])] 子查询;

其功能是将子查询的结果全部插入到指定表中。

(2) 修改数据

SQL 的修改数据语句是 UPDATE 语句,其格式为:

UPDATE ＜表名＞ SET ＜列名＞=＜表达式＞[,＜列名＞=＜表达式＞]…[WHERE ＜

条件>]；

其功能是修改指定表中满足 WHERE 子句条件的元组。其中 SET 子句用于指定修改方法，即用<表达式>的值取代相应的属性列值。如果省略 WHERE 子句，则表示要修改表中所有元组。

例如，将表 1.21 的“读者档案表”中“数学 031”的学生改为“数学 032”，其语句为：

```
UPDATE 读者档案表 SET 读者单位 =″数学 032″ WHERE 读者单位 =″数学 031″;
```

(3) 删除数据

SQL 的删除语句是 DELETE 语句，其格式为：

```
DELETE FROM <表名> [WHERE <条件>];
```

其功能是从指定的表中删除满足 WHERE 子句给出条件的所有元组。如果省略 WHERE 子句，表示删除表中的全部元组，但表的结构还存在。

例如，删除“读者档案表”中所有记录，其语句为：

```
DELETE FROM 读者档案表;
```

结果是删除了“读者档案表”的所有元组，使“读者档案表”成为空表。

习　题

一、填空题

1. 如果表中的一个字段不是本表的关键字，而是另外一个表的主关键字，这个字段就称为______。

2. 数据模型不仅表示反映事物本身的数据，而且表示相关事物之间的______。

3. 实体与实体之间的联系有 3 种，它们是一对一、一对多和______。

4. 在关系数据库的基本操作中，从表中取出满足条件的元组的操作称为______。

5. 在关系数据库的基本操作中，从表中抽取属性值满足条件列的操作称为______。

6. DBMS 的意思是______。

7. 在关系型数据库中，每一个关系都是一个______。

8. 用二维表的形式来表示实体之间联系的数据模型叫做______模型。

9. 二维表中的列称为关系的字段，二维表中的行称为______。

10. 数据库英文缩写是______。

二、选择题

1. 数据库系统中，最早出现的数据模型是(　　)。

A. 语义网络　　B. 层次模型　　C. 网状模型　　D. 关系模型

2. 数据是指存储在某一种媒体上的(　　)。

A. 数学符号　　B. 物理符号　　C. 逻辑符号　　D. 概念符号

3. 关于数据库系统叙述不正确的是(　　)。

A. 可以实现数据共享　　B. 可以减少数据冗余

C. 可以表示事物和事物之间的联系　　D. 不支持抽象的数据模型

4. 在关系数据模型中，域是指(　　)。

A. 字段　　B. 记录　　C. 属性　　D. 属性的取值范围

5. 关系模型的候选关键字可以有(　　)。

A. 1个　　B. 多个　　C. 0个　　D. 1个或多个

6. 数据库管理系统位于(　　)。

A. 硬件与操作系统之间　　B. 用户与操作系统之间

C. 用户与硬件之间　　D. 操作系统与应用程序之间

7. 在关系数据模型中,用来表示实体关系的是(　　)。

A. 字段　　B. 记录　　C. 表　　D. 指针

8. 在层次数据模型中,有(　　)节点无双亲。

A. 1个　　B. 2个　　C. 3个　　D. 多个

9. 从关系中找出满足给定条件的元组的操作称为(　　)。

A. 选择　　B. 投影　　C. 连接　　D. 自然连接

10. 在数据库系统中,数据的最小访问单位是(　　)。

A. 字节　　B. 字段　　C. 记录　　D. 表

11. 已知某一数据库中有两个数据表,它们的主键与外键是一个对应多个的关系,这两个表若想建立关联,应该建立的永久联系是(　　)。

A. 一对一　　B. 多对多　　C. 一对多　　D. 多对一

12. 在数据库中能够唯一地标识一个元组的属性或属性的组合称为(　　)。

A. 记录　　B. 字段　　C. 域　　D. 关键字

13. 关系数据库中的表不必具有的性质是(　　)。

A. 数据项不可再分　　B. 同一列数据项要具有相同的数据类型

C. 记录的顺序可以任意排列　　D. 字段的顺序不能任意排列

14. 同一学校里,系和教师的关系是(　　)。

A. 一对一　　B. 一对多　　C. 多对一　　D. 多对多

15. 在网状数据模型中,可以有(　　)节点无双亲。

A. 1个　　B. 2个　　C. 3个　　D. 多个

16. 关系型数据库管理系统中所谓的关系是指(　　)。

A. 各条记录中的数据彼此有一定的关系

B. 一个数据库文件与另一个数据库文件之间有一定的关系

C. 数据模型符合满足一定条件的二维表格式

D. 数据库中各个字段之间彼此有一定的关系

17. 关系数据库的任何检索操作都是由3种基本运算组合而成的,这3种基本运算不包括(　　)。

A. 连接　　B. 关系　　C. 选择　　D. 投影

18. 数据库DB、数据库系统DBS、数据库管理系统DBMS三者之间的关系是(　　)。

A. DBS包括DB和DBMS　　B. DBMS包括DB和DBS

C. DB包括DBS和DBMS　　D. DBS就是DB,也就是DBMS

19. SQL的功能有(　　)。

A. 数据定义　　B. 数据查询

C. 数据操纵和控制　　　　　　　　D. 选项 A、B 和 C

20. 下列 SELECT 语句语法正确的是(　　)。

A. SELECT * FROM 教师表 WHERE 性别 =´男´

B. SELECT * FROM ´教师表´ WHERE 性别 = 男

C. SELECT * FROM ´教师表´ WHERE 性别 = 男

D. SELECT * FROM 教师表 WHERE 性别 =´男´

三、简答题

1. 试叙述数据、数据库、数据库管理系统、数据库系统的概念。
2. 数据模型包括哪几种？数据模型包括哪三方面的内容？
3. 解释实体、实体型、实体集、主关键字和外部关键字。
4. 实体的联系有哪几种？
5. 关系模型的主要特征是什么？关系模型是由哪几部分组成的？
6. 关系模型有哪些完整性约束？
7. 关系的第一、第二和第三范式各有什么要求？
8. 关系数据库设计的步骤是什么？需求分析主要解决什么问题？
9. 关系运算包括哪些？
10. SQL 由几部分组成？叙述 SQL 中查询语句的格式和功能。

第2章 Access数据库及其表操作

Microsoft Access 是 Microsoft Office 系列应用软件的一个重要组成部分，是目前最普及的关系数据库管理软件之一。

本章主要介绍 Access 数据库管理系统的工作环境、数据库创建方法、数据表结构的设计、表中数据的管理以及表间关系的建立等内容。

2.1 Access 系统概述

Access 是目前比较简单易学的数据库管理系统，利用 Access 可以对已有的数据库进行操作，也可以在此基础上进行数据库的开发和设计。Access 操作简单，易学易用。Access 2003 对以前的 Access 版本作了许多的改进，其通用性和实用性大大增强，集成性和网络性也更加强大。

2.1.1 Access 2003 功能及特点

Access 2003 数据库管理系统与其他 Microsoft Office 2003 应用程序高度集成，为用户提供了友好的用户界面和方便快捷的运行环境。Access 2003 数据库管理系统不仅具有传统的数据库系统的功能，同时还进一步增强了自身的特性。

1. 独特的数据库窗口

Access 2003 的用户界面与 Office 其他应用程序的界面类似，用户可以和使用 Office 其他应用程序一样，使用 Access 2003 的菜单系统、工具栏及工作窗口。

Access 2003 系统的主窗口如图 2.1 所示。Access 2003 主窗口包含标题栏、菜单栏、工具栏、工作区和状态栏等内容。

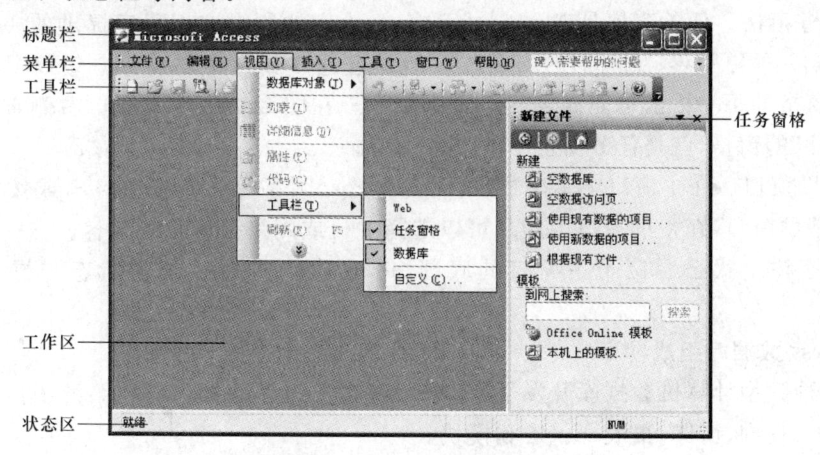

图 2.1 Access 2003 主窗口

(1) 标题栏。Access 2003 标题栏位于主窗口顶部,可以显示应用程序的名称。标题栏左侧有一个“控制菜单”按钮,单击该按钮会显示一个菜单,其中包括移动、大小、最小化、最大化、恢复和关闭等命令。标题栏右侧有“最小化”、“最大化”或“还原”和“关闭”按钮。

(2) 菜单栏。菜单用于存放 Access 2003 的命令,可分为下拉式菜单和快捷菜单两种。下拉式菜单位于标题栏下方,当单击某一菜单后,即向下显示该菜单的命令列表。快捷菜单是一种可以移动的菜单,当鼠标指针移到某处时,右击即可弹出一个命令列表,用来显示在当前环境下允许使用的命令。

(3) 工具栏。工具栏也是用来存放 Access 2003 命令的,通常是由若干按钮组成。单击某个按钮就可以执行相应的命令,或者显示一个命令列表。

Access 内置有许多工具栏。从图 2.1 可见,在“视图”菜单的“工具栏”选项中,除了包含“Web”、“任务窗格”和“数据库”这 3 种常用的工具栏命令,还外加一个“自定义”命令,其中“任务窗格”和“数据库”选项的左侧均标有一个对号,表示这两个工具栏当前正处于显示状态。

“视图”菜单中“工具栏”子菜单所包含的各种工具栏按钮选项,可打开“自定义”对话框来指定。例如,要显示“表设计”工具栏,可以单击“视图|工具栏|自定义”命令,打开“自定义”对话框,如图 2.2 所示。在该对话框的“工具栏”选项卡中选定“表设计”复选框,“工具栏”子菜单中即包含“表设计”命令,且主窗口中显示“表设计”工具栏。

图 2.2 “自定义”对话框中的“工具栏”选项卡

Access 主窗口中显示的工具栏不是固定的,会随着当前的工作环境而改变。

(4) 工作区。工作区指主窗口中除标题栏、菜单栏、工具栏和状态栏之外的部分,主要用于显示开发/维护 Access 应用程序时经常用到的一些子窗口,例如,数据库窗口、各种视图窗口等。同时,也是显示诸如“任务窗格”、“在线帮助”之类的子窗口。

下面将对“任务窗格”和在线帮助作简要说明,其余的各种窗口将在以后陆续介绍。

(5) 任务窗格。任务窗格是 Microsoft Office 为它的所有应用程序提供的一种新的功能,可以看成一种更紧凑、更灵活的工具栏。但是普通工具栏中的按钮一般仅提供一种操作,而任务窗格的每一格都可能提供一组操作命令。在图 2.1 中的主窗口右侧有一个标题为“新建文件”的窗格,就是任务窗格中的一种类型。

(6) 帮助窗口。在主窗口中单击“帮助”|“Microsoft Access 帮助”命令,或按“F1”功能键,即打开帮助窗口,在帮助窗口中用户可以选择本机或网络咨询相关内容。

(7) 状态栏。状态栏位于主窗口的底部,用于显示 Access 当前状态与操作的提示文本。

2. Access 数据库组成

作为一种微型计算机数据库开发平台,Access 可支持在数据库应用系统中使用 7 种类型对象,即表、查询、窗体、报表、页、宏和模块。

创建 Access 数据库后或打开 Access 文件时,总会在主窗口的工作区出现一个数据库窗口，如图 2.3 所示。该窗口左侧有一"对象"窗格，其中包含了上述 7 种对象的选项卡。下面分别介绍这 7 种对象。

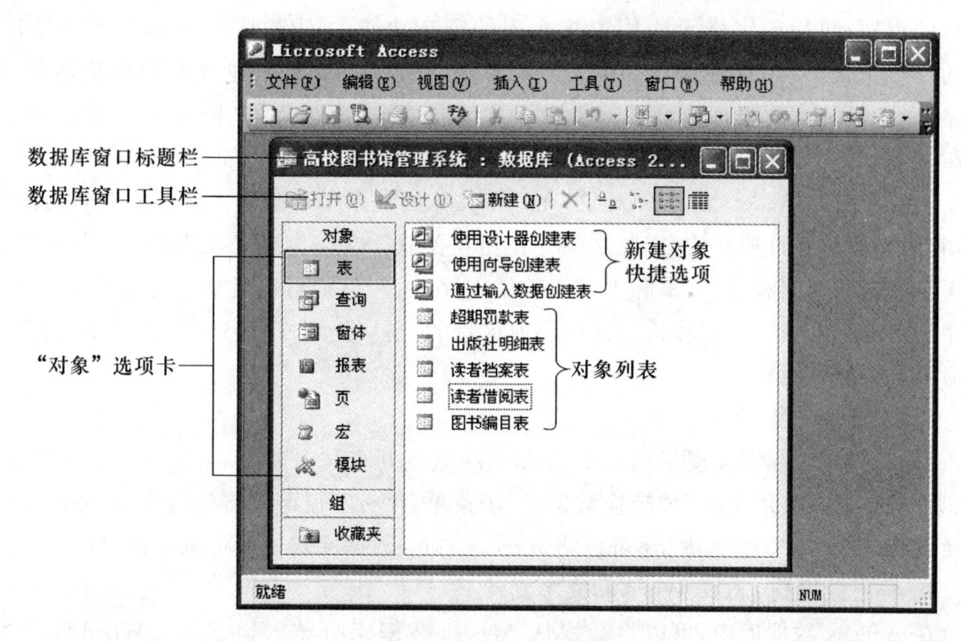

图 2.3 "高校图书馆管理系统"数据库

(1) 表(Table)。表是 Access 有组织地存储数据的场所。每个表是由记录和字段构成的。关系数据库划分各个表时，一般应遵循关系规范化规则，以减少数据冗余、提高数据库的效率。

表是数据库的核心与基础。表可以作为其他类型对象的数据源，如查询、窗体、报表和页等。一个数据库可以包括若干个表，例如，高校图书馆管理系统包括"图书编目表"、"读者档案表"和"读者借阅表"等数据表。

(2) 查询(Query)。查询是对数据库中数据重新进行筛选或分析以形成新的数据源。被查询的数据可以取自一个表，也可以取自多个相关联的表，还可以取自已存在的其他查询。查询本身是一个筛选条件的命令集合，查询的结果是以表的形式显示，但它们是符合查询条件的表，其内容也是随着查询条件而改变。Access 数据库中的查询包括选择查询、计算查询、参数查询、交叉表查询、操作查询和 SQL 查询。

(3) 窗体(Form)。窗体是用户对数据库中数据操作的一个主要界面。窗体是以表或查询为数据源的，通过窗体用户可以对数据做输入、浏览和编辑等操作。窗体可以有个性化的设计，通常把窗体设计成便捷、美观的屏幕显示方式。

(4) 报表(Report)。报表用于将选定的数据以特定的版式显示或打印，其数据源可以来自一个数据表或查询。

(5) 页(Web Page)。页也称为数据访问页，是 Access 发布的 Web 页，用户通过页能够浏览、编辑和操作来自网络上的数据，而这些数据是保存在 Access 数据库中。

(6) 宏(Macro)。宏是某些操作的集合。Access 有五十多种宏指令，用户可按照需求将它们组合起来，完成一些经常重复的或比较复杂的操作。宏经常与窗体配合使用。

按照不同的触发方式，宏又可分为事件宏和条件宏等类型。事件宏当发生某一事件时执行，条件宏则在满足某一条件时执行。

（7）模块（Module）。模块是用 Access 提供的 VBA（Visual Basic for Applications）语言编写的程序，可用于完成无法用宏来实现的复杂功能。VBA 是 Microsoft Visual Basic 语言的一个子集，使用这种语言，用户能够在很少编程的情况下建立起完整的数据库应用程序。在 Access 数据库中，每个模块都可能包含若干个函数（Function）或过程（Procedure）。

上面介绍的 Access 的 7 种对象，在一个具体的数据库系统中各自起着不同的作用。但是，它们又不是各自独立的，彼此之间存在相互关联。在以上的 7 类对象中，前 5 类对象均用于对数据的存储和显示，实际上属于数据文件，后两类则可以看做程序文件，代表了应用程序的指令和操作。但宏和模块之间是有区别的：模块是用户自己编写的程序，而宏是系统以命令方式提供的程序。

3. 数据库转换

Access 2003 能够实现不同版本的 Access 数据共享。在 Access 2003 系统环境下，通过“工具”|“数据库实用工具”|“转换数据库”子菜单命令，不仅可以将低版本的 Access 数据库转换成 Access 2003 数据库，还可以将 Access 2003 数据库转换成低版本的 Access 数据库。

4. 导出数据到 Excel、Word 和文本文件

在 Access 数据库中，可以将数据从 Access 数据库中导出到 Excel、Word 和文本文件中，也使用“文件”|“导出”命令把打开的数据表或查询导出到 Excel 或文本文件中，还可以通过拖放把 Access 对象导出到 Excel 或 Word 文档中。这样不仅提供了不同软件间数据共享，同时也为进行数据分析提供了更多方法和环境。

5. Access 2003 数据库具有较强的安全性

在 Access 2003 中既可以使用“设置安全机制向导”设置数据库的安全保护机制，也可以使用 VBA 密码保护代码控制安全性。

2.1.2 Access 2003 的安装、启动与退出

1. 安装 Access 2003

Microsoft Access 2003 是在 Windows 操作系统下，使用 Microsoft Office 2003 光盘来安装。

光盘插入光驱后，会自动显示安装界面来引导用户安装。在不能自动启动时，也可以通过 Microsoft Office 2003 的安装程序 Setup. exe 进行安装。

需要安装的内容可在“Microsoft Office 2003 安装”对话框中进行设置，可分 3 种情况选择。

（1）根据默认设置安装。包括 Word、Excel、PowerPoint、Outlook、Access、FrontPage 等最常用的 Office 组件。

（2）完全安装。包括所有可选组件和工具。

（3）自定义安装。可在所有可选组件和工具中进行选择。

2. 启动与退出 Access 2003

Access 2003 系统的启动和退出与其他 Office 应用程序类似，有多种方法可以启动和退出系统。

(1) 启动。若 Access 系统已经安装,则在 Windows 操作系统启动后,只需单击"开始"|"所有程序"|"Microsoft Office"|"Microsoft Access 2003"命令,Access 2003 即可打开并显示 Access 2003 主窗口。也可以通过双击具体的 Access 数据库启动系统。

(2) 退出 Access 的方法是单击主窗口右上角的"关闭"按钮,或单击其左上角"控制菜单"按钮中的"关闭"命令,也可以通过单击"文件"|"退出"命令来关闭 Access 窗口。

2.1.3 Access 的工作方式

1. 交互式操作方式

交互式操作方式是一种基于命令和辅助工具的执行方式。

使用的命令指的是 Access 主菜单、工具栏和快捷菜单的命令,还包括由任务窗格提供的各种分类命令。为方便用户执行一些比较复杂的操作,Access 系统还提供了大量的宏指令,能够单个地或成组地完成对数据库文件或数据库对象的许多特定操作。

辅助工具指的是 Access 为设计某些数据库对象而专门提供的向导工具和设计器工具。它们或显示为一组顺序的对话框,或者可提供一组规格化的视图,借以引导或帮助用户顺利完成相关对象的设计任务。

由于交互式工作方式不需要编写程序,用户只要在主窗口界面上同系统进行交互,就能完成数据库的各项任务。加上 Access 与其他 Office 软件采用同样的界面,许多命令的功能与操作方式也与其他 Office 软件的命令相似,所以正在被越来越多的用户所接受,尤其得到已具有 Office 软件的使用经验,但还不熟悉 SQL 和 Visual Basic 的初学者欢迎。

2. 程序执行方式

Access 系统在交互式操作方式中,用户操作与机器执行需要相互交替进行,这样会大大降低系统的执行速度。因此,在实际工作中通常是根据实际的需要,用宏和 VBA 语言编写特定的程序。在系统运行时,调用相应的程序自动执行。这样使应用系统形成一个整体,提高系统的运行效率。

2.2 创建 Access 数据库

Access 数据库文件以.mdb 作为扩展名。在 Access 窗口中打开任何一个数据库文件,都会显示相应的数据库窗口。用户可通过该窗口管理应用程序的所有信息,包括用表存储数据;用查询检索所需的数据;用窗体查看、添加和更新表中的数据;以及用报表按特定的版式分析或打印数据等。由此可见,一个.mdb 文件实际上可以包含一个完整的 Access 数据库应用系统。创建数据库,其实就是创建数据库应用系统。

如果在 Access 数据库中创建了一个数据访问页,就会增加一个独立的.htm 文件,可用它来查看、更新或分析来自互联网的数据库数据。也就是说,只有附带数据访问页的 Access 应用系统可以包含一个.mdb 文件和若干.htm 文件,否则一个 Access 数据库应用系统仅存储为一个.mdb 文件。

本节介绍创建、复制与删除数据库的方法,以及数据库的独占与共享等打开方式。

2.2.1 创建数据库

Access 系统提供两种创建数据库的方法。一种方法是先创建一个空数据库,然后添加表、查询、窗体及其他对象。这种方法比较灵活，但必须逐一定义每一个数据库对象。另一种方法是通过选用数据库模板来启动数据库向导，使之自动创建必要的表、窗体及报表。第二种方法快捷简便，但往往因数据库模板与具体应用的要求不完全吻合，创建后需要作较多修改。

1. 创建空数据库

创建空数据库必须先打开任务窗格。下面的例子将创建一个空的数据库，它通常是创建一个完整的数据库应用系统的第一步。

【例 2.1】 创建一个空的“高校图书馆管理系统”数据库。

操作步骤如下。

(1) 启动 Access 后，单击“文件”|“新建”命令，打开“新建文件”任务窗格。

(2) 单击任务窗格内“新建”区中的“空数据库”命令，显示“文件新建数据库”对话框，如图 2.4 所示。

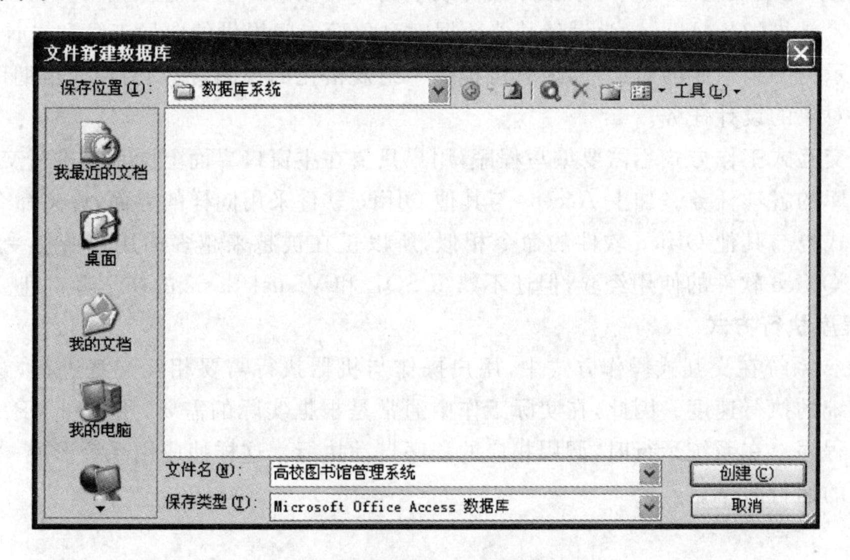

图 2.4 “文件新建数据库”对话框

(3) 在“保存位置”下拉列表框中选定路径“D:\数据库系统”，并在文件名下拉列表框中键入“高校图书馆管理系统”(系统默认扩展名为.mdb)。在保存类型下拉列表框中选取默认的“Microsoft Office Access 数据库”类型。单击“创建”按钮，Access 窗口中即显示标题为“高校图书馆管理系统”的数据库窗口，如图 2.3 所示，并在“D:\数据库系统”下产生数据库文件“高校图书馆管理系统.mdb”。

2. 使用模板创建数据库

Access 系统为 10 类常见的应用提供了数据库模板。选择某类模板后，即可用向导来引导用户逐步创建该类的一个数据库。

【例 2.2】 用数据库模板创建一个“库存控制 1”的数据库。

操作步骤如下。

(1) 启动 Access 主窗口。

(2) 单击任务窗格内“新建文件...”命令，打开“新建文件”任务窗格。

(3) 单击“新建文件”任务窗格中“本机上的模板...”命令，打开“模板”对话框，选择“数据库”选项卡，如图 2.5 所示。

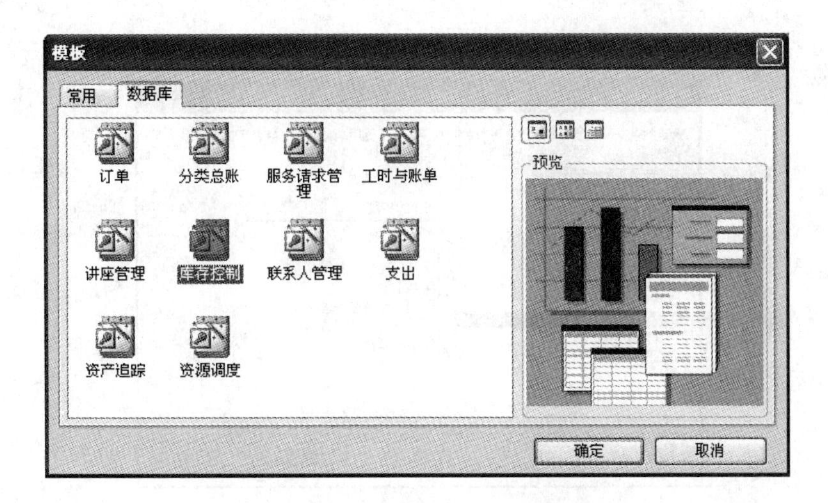

图 2.5 “模板”对话框中“数据库”选项卡

(4) 在“数据库”选项卡中,选择“库存控制”向导数据库,单击“确定”按钮,打开“文件新建数据库”对话框,如图 2.4 所示。在该对话框中,确定数据库的保存位置为“D:\数据库系统”,数据库名称为默认名称“库存控制 1”,单击“创建”按钮,即显示“数据库向导”对话框,如图 2.6 所示。

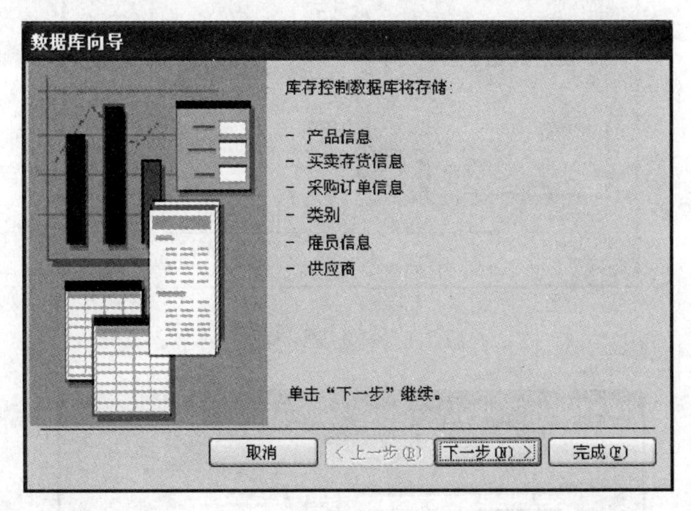

图 2.6 “数据库向导”对话框

(5) 在“数据库向导”对话框中,列出了库存控制数据库中将要保存的信息(如产品信息、买卖存货信息和采购订单信息等)。这些信息用户不能改变,如果生成的信息不能满足需要,要在数据库建完后再进行修改。

(6) 单击“下一步”按钮,打开“数据库向导”对话框,选择数据库中表和字段,如图 2.7 所示。在“数据库中的表”列表框中,选择作为向导的表,再在“表中的字段”列表框中选择表中的字段,其中,可选的字段使用斜体显示的,否则是必须选择字段。

(7) 当选取好每个表的所需字段后,单击“下一步”按钮,打开“数据库向导”对话框,选择屏幕的显示背景为“沙岩”样式,如图 2.8 所示。

(8) 单击“下一步”按钮,打开“数据库向导”对话框,选择打印报表为“组织”样式,如图

2.9 所示。

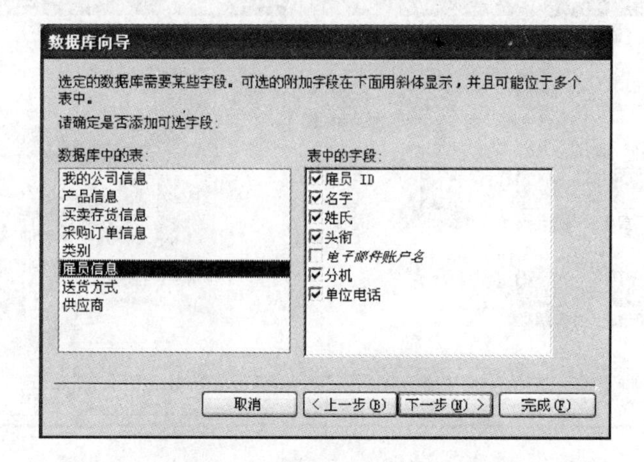

图 2.7 选择数据库中的表和字段

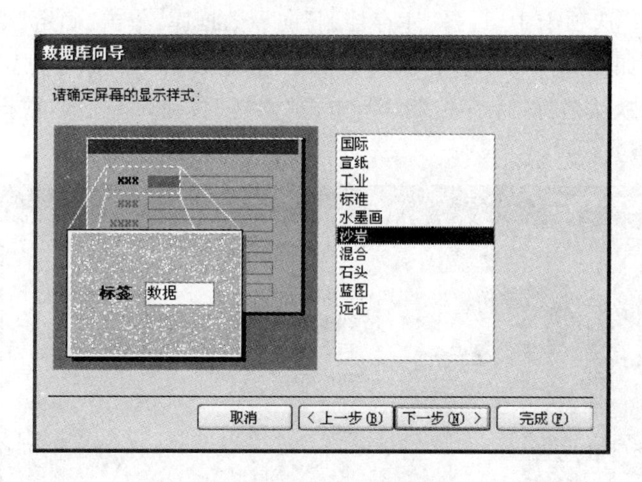

图 2.8 确定显示样式

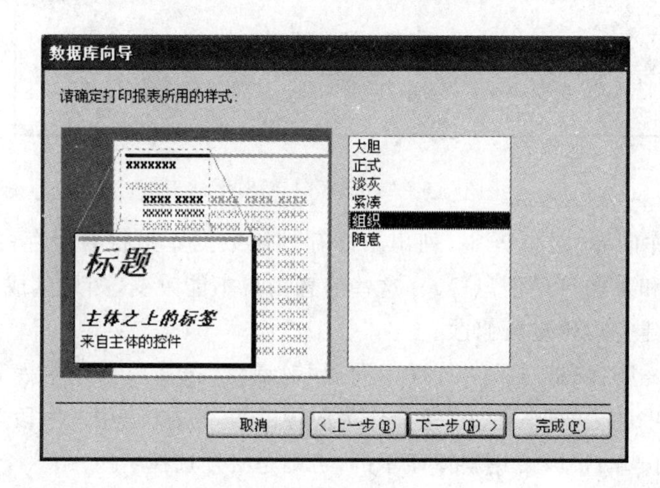

图 2.9 确定报表样式

(9) 单击“下一步”按钮，打开“数据库向导”对话框，指定数据库标题为“库存控制 1”，单击“是的，我要包含一幅图片。”前的复选框，再单击“图片”按钮，插入图片，插入的图片将出现在报表左上角的位置，如图 2.10 所示。

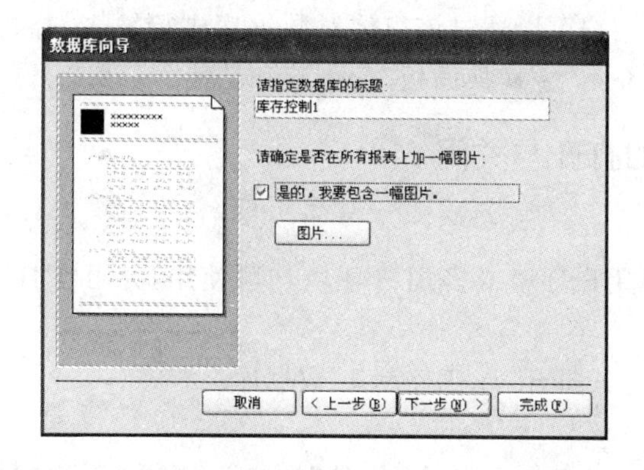

图 2.10 确定数据库标题及是否添加图片

(10) 单击“下一步”按钮，打开“数据库向导”对话框，单击“是的，启动该数据库。”前的复选框，如图 2.11 所示。单击“完成”按钮，稍等片刻，就能看到最小化状态的“库存控制 1”数据库窗口及“主切换面板”窗体。单击“库存控制 1”数据库窗口标题栏中“还原”按钮后显示包含表、窗体、报表等数据对象的数据库以及“主切换面板”，如图 2.12 所示。

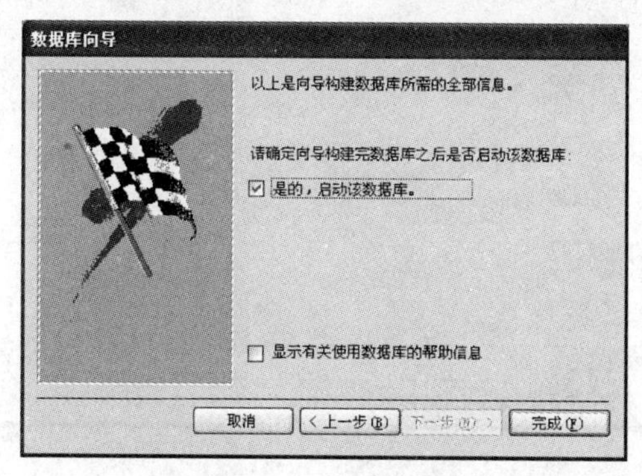

图 2.11 完成创建

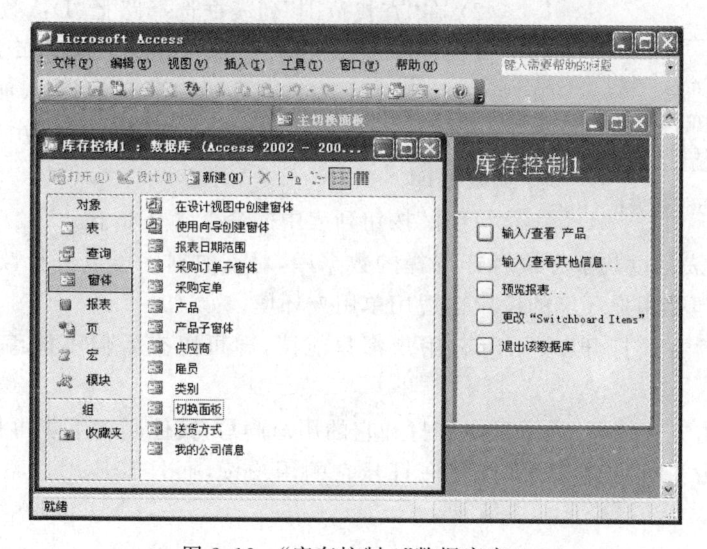

图 2.12 “库存控制 1”数据库窗口

用数据库模板创建的数据库,已经包含了一个完整的 Access 应用系统。本例建的“库存控制 1”是一个商品销售管理系统。其中“主切换面板”是一个窗体对象,它是为应用程序操作提供的用户界面。用户可以通过该窗体对数据库进行输入、查看信息和浏览报表等操作。在第 4 章里将详细介绍“主切换面板”的创建和功能。

2.2.2 数据库的打开与关闭

1. 打开数据库

Access 数据库在单用户环境或多用户环境均可使用,并可在打开时选择独占、共享以及其他打开读写方式。

【例 2.3】 以独占方式打开“库存控制 1”数据库。

操作步骤如下。

(1) 启动 Access,显示主窗口。单击“文件”|“打开”命令,弹出“打开”对话框,如图 2.13 所示。

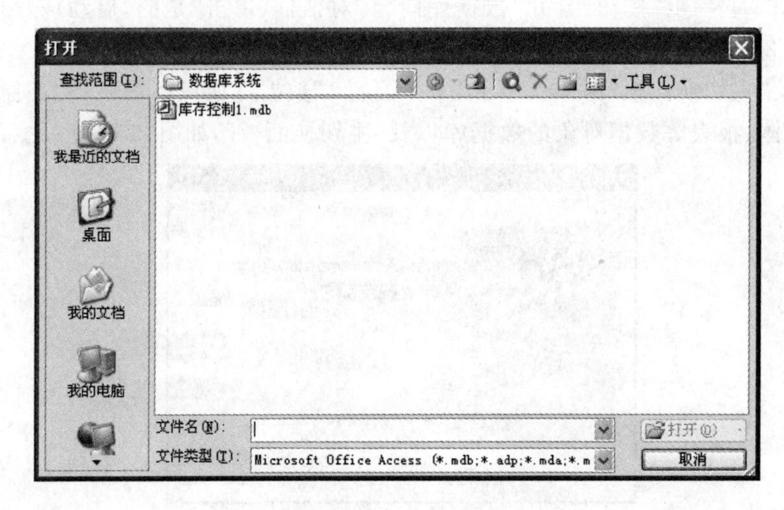

图 2.13 “打开”对话框

(2) 在“查找范围”列表框选择路径“D:\数据库系统”,并在文件列表中选择“库存控制 1.mdb”数据库文件。单击“打开”按钮右侧的向下箭头,在弹出的列表框中,如图 2.14 所示,单击“以独占方式打开”选项,即可以独占的方式打开“库存控制 1”数据库。

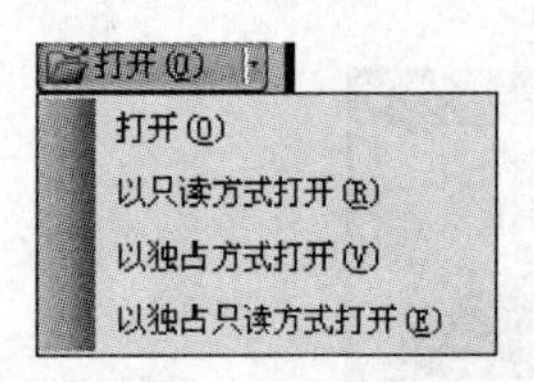

图 2.14 “打开”列表框

“打开”按钮列表中的命令含义如下。

(1) “打开”表示以共享方式打开选择的数据库,对该数据库可以进行读写操作。共享是多用户特性,但多用户环境的设置也适用单用户环境。

(2) “以只读方式打开”表示所有用户都只能读,即可以查看但不能编辑任何数据库对象。

(3) “以独占方式打开”表示只允许打开它的用户读写,其他用户不能再打开该数据库。

(4) “以独占只读方式打开”只允许打开它的用户读,而且其他用户不能再打开该数据库。

2. 关闭数据库

当数据库操作结束后，要关闭数据库文件。关闭数据库时，首先将数据库窗口确定为当前工作窗口，然后单击"数据库"窗口的"关闭"按钮，或单击"文件"|"关闭"命令。

2.3　Access中的运算与函数

Access 数据库管理系统和其他常见的数据库系统或高级语言一样，支持在数据库及其应用程序中使用函数和表达式。

本节将对 Access 数据库中使用的运算、函数以及表达式等内容作详细的介绍。

2.3.1　常量

常量是指固定不变的数据，常量一般分为用户定义的常量和由 Access 系统定义的常量。

1. 用户定义的常量

用户定义的常量分以下 3 种类型。

(1) 数字常量。数字常量是指整数或小数，例如：15，－27，3.14159 等。

(2) 字符串常量。字符串常量是指用半角双引号""括起来的字符串，例如："数据库"，"3.14159"等。

在条件表达式中输入字符串时，不必输入双引号，Access 会自动插入双引号。

(3) 日期/时间常量。日期/时间常量在使用时必须用字符"＃"在两边括起来，例如：＃2003-01-27＃，＃10:05:35＃ ，＃85-1-1 7:35:40＃ 。日期/时间常量又分为常规日期、短日期、长日期等 7 种格式，见表 2.8。

2. 系统定义的常量

(1) "是/否"型常量。"是/否"型常量是逻辑值，其中：Yes、True、On、－1 均表示"真"，No、False、Off、0 均表示"假"。

(2) 空字符串。空字符串也称为"零长度字符串"，用两个紧接的半角双引号""""来表示。

(3) Null。Null 表示未知的数据，对于字段或控件值，若因未输入数据，或数据已删除，其值就为 Null。

Null 既不同于空格，也不同于空字符串。空格与空字符串都是有长度的字符串，而 Null 没有长度。

2.3.2　表达式

表达式是由运算符、常量、函数、字段名称、控件和属性符合一定规则的组合，具有计算、判断和数据类型转换等作用。在 Access 数据库的命令、函数、对话框、控件及其属性中经常要用表达式，比如设置筛选条件、有效性规则、查询、计算控件和宏等。

表达式的主要成员之一是运算符。Access 提供了 6 类运算符(即算术、比较、逻辑、字符、日期/时间和引用)，可以构成各种不同类型的表达式。下面对这 6 类运算符分别加以介绍。

1. 算术运算符

Access 数据库中提供了 8 个算术运算符，见表 2.1。

表 2.1　算术运算符

运算符	功　能	优先级	示　例
( )	圆括号	8	
+	加法	5	
−	减法	5	
*	乘法	6	
/	除法	6	
\	整数(求商)	6	17\5 = 3
Mod	取模(求余)	6	17 Mod 5 = 2
^	乘方	7	2^3 = 8

2. 关系运算符

关系运算符是用来对两个数据作比较的，运算的结果是逻辑值，在 Access 数据库中提供的关系运算符，见表 2.2。

表 2.2　关系运算符

运算符	功　能	优先级	示　例	
=	等于	4	"BOOK"="BOOK"	结果 True
>	大于	4	"BOO">"BOOK"	结果 False
>=	大于等于	4	"BOOKS">="BOOK"	结果 True
<	小于	4		
<=	小于等于	4		
<>	不等于	4		
Is	对象引用比较	4	Is Null 或 Is Not Null	
Like	字符串匹配	4	"BOOK" Like "? O *"	结果 True
Between... And	在……之间	4	[出版日期]Between #01-1-1# And #07-1-1#	

【说明】

① 数字型数据按数值大小进行比较。

② 字符型数据按字符的 ASCII 码从左到右一一对应进行比较。首先比较两个字符串的第一个字符，ASCII 码大的字符串大。如果两个字符串第一个字符相同，则比较第二个字符，以此类推，直到出现不同的字符为止。

③ 日期型数据按年、月、日的先后进行比较。

④ 比较运算 Is 的表达式 Is Null 或 Is Not Null，用于测试列中的内容或表达式的结果是否为空值。

⑤ Like 关系运算符可以与通配符结合使用，用于实现模糊查询。

⑥ 比较运算符 Between... And 的格式为：

```
Expression [Not] Between value1 And value2
```

该运算符用于判别 Expression 值是否在 value1 与 value2 范围内,可在筛选、有效性规则和 SQL 语句等地方使用。例如,表达式:

[出版日期] Between #2001-1-1# And #2007-12-31#

当出版日期在 2001—2007 年之间时,结果为真。

3. 逻辑运算符

逻辑运算符又称布尔运算,除 Not 是单目运算符外,其余均是双目运算符。由逻辑运算符连接两个或多个关系式,对操作数进行逻辑运算,结果是逻辑值 True 或 False。

Access 中逻辑运算符有 3 种,见表 2.3。

表 2.3 逻辑运算符

运算符	功 能	优先级	含 义	示 例	
Not	非	3	取右边逻辑值的反值	Not "BC"<"CB"	结果 Flase
And	与	2	两边都为真才得真,否则为假	−1 And "BC"<"CB"	结果 True
Or	或	1	两边有一个为真就得真,否则为假	False Or 3=5	结果 Flase

4. 字符串运算符

字符串运算符"&"或"+",用于连接两个字符串。例如,字符串表达式:

"Access" & "数据库应用"

计算结果为:

"Access 数据库应用"

"&"运算符功能比"+"运算符强,"+"运算符只是简单连接两个字符串,但对数字数据运算时可以做加法,例如,4321+"1234",计算结果为:5555。而"&"运算符能强制字符串和其他类型数据连接为字符串,例如,"日期:" & Date( ),计算结果为:日期:08-7-20。

5. 日期/时间运算符

日期运算符为"+"、"−",下面分几种形式给出使用情况。

(1) 日期与日期相减,结果为数值。例如,表达式

08-12-31 # - # 07-12-31

计算结果为数值 366。

(2) "日期/时间"加或减一个数值,表示加或减一个天数,结果为"日期/时间"。

例如,表达式:

#06-7-30 # -50

计算结果为日期 06-6-10;表达式:

#06-10-20 12:00:00 # +9

计算结果为日期时间 06-10-10 12:00:00。

(3) 日期与时间相加,结果为日期时间。例如,表达式:

06-10-30# + # 10:12:00

计算结果为日期时间 2006-10-30 10:12:00。

6. 引用运算符

引用运算符分为以下 4 种。

(1) 等号"="运算符,用于在某些地方引用表达式,例如,在计算控件中设置的表达式必须以等号开头。

(2) 方括号“［ ］”运算符，用于标示对象名称，包括表、查询、窗体、报表、字段或控件的名称。例如：

［书籍定价］＞25.00 And［书籍类别］=＂数据库＂

［出版日期］＞＃03-1-1＃ And［出版日期］＜=＃08-12-31＃

(3) 感叹号“!”和点“.”运算符，点“.”运算符指出 SQL 语句中引用字段，Access 对象引用属性名；“!”运算符指出引用对象名。

例如，表中字段引用：

SELECT 读者档案表.读者卡号，读者档案.读者姓名，读者档案表.读者单位。

对象属性引用：

Forms！图书编目表！Command1.Enable=False。

【说明】

当表达式中含有多种不同类型的运算符时，运算进行的先后顺序由运算符的优先级决定。运算符的优先级如下：

算术运算符＞字符运算符＞关系运算符＞逻辑运算符

其中，圆括号优先级最高，在具体应用中，对于多种运算符并存的表达式，可以通过使用圆括号来改变运算优先级，使表达式更清晰易懂。

2.3.3 函数

Access 提供一些内置函数，为用户在计算、设置条件和显示信息等方面带来较大便利。Access 内置函数包括算术函数、文本(字符处理)函数、日期/时间函数等，对函数的说明，见表 2.4～表 2.6。

表 2.4 算术函数

函 数	返回值	示 例	
Abs(number)	number 的绝对值	Abs(−25)	结果:25
Sqr(number)	number 的平方根	Sqr(9)	结果:3
Exp(number)	e 的 number 次方的值	Exp(1)	结果:2.71828182845905
Log(number)	number 的自然对数	Log(Exp(1))	结果:1
Int(number)	不大于 number 的最大整数	Int(−2.7)	结果:−3
Sin(number)	number 角(单位弧度)的双精度正弦值	Sin(3.14)	结果:0.00159265291648683
Round(expression [,numdecimalplaces])	expression 四舍五入，保留 numdecimalplaces 位小数	Round(6.2547,3)	结果:6.255
Rnd[(number)]	大于或等于 0，但小于 1 的单精度随机数	Rnd()	可能结果：0.5043402

表 2.5 文本函数

函 数	返回值	示 例
Left(string,length)	string 左起 length 个字符的子串	Left("Access 2003",6)结果:"Access"
Right(string,length)	string 右起 length 个字符的子串	Right（" Access 2003", 4） 结果:"2003"

续表

函 数	返回值	示 例
Mid(string,start [,length])	string 中从 string 开始的 length 个字符的字串,省略 length,表示取到串末	Mid("Access 2003",2,4)结果:"cces"
InStr([start,]string1 , string2)	从 start 开始查找,返回字符串 string2 在 string1 中的最先出现的位置	InStr(8,"高等教育出版社和机械工业出版社","出版社") 结果:13
Replace(expression, find, replace[,start[,count]])	返回一个字符串,在 expression 字符串中查找 find 子字符串,找到后用 replace 字符串替换。start 指定搜索的开始位置,默认为1;count 指定依次替换的次数	Replace("滨海学院和江洲学院","学院","大学")结果:"滨海大学和江洲大学"
Len(string)	字符串所含字符个数	Len("Access 2003") 结果:11
Trim(string)	删除 string 字符串前和后的空格	Trim(" Access ") 结果:"Access"
Space(number)	number 个空格	Space(5) 结果:" "
UCase(string)	string 中小写字母均转换为大写	UCase("Access") 结果:"ACCESS"
LCase(string)	string 中大写字母均转换为小写	LCase("AcCeSS") 结果:"access"
Val(string)	string 字符串转换为数字	Val("2.715") 结果:2.715
Str(number)	number 转换为字符串,非负数以空格开头,负数以负号开头	Str(35.72) 结果:" 35.72"
Chr(charcode)	返回 ASCII 码为 harcode 的字符	Chr(68) 结果:"D"
Asc(string)	string 中首字符的 ASCII 码	Asc("Data") 结果:68

表 2.6 日期/时间函数

函 数	返回值	示 例
Time()	以 HH:MM:SS 格式返回系统当前时间	"时间为:" & Time() 结果:时间为:10:25:30
Date()	返回系统的当前日期	Date()+Time() 结果:08-5-14 10:25:30
Now()	返回系统当前的日期和时间	Now() 结果:08-5-14 10:25:30
Year(date)	从日期或字符串 date 返回年份整数	Year(date()) 结果:2008
DatePart(interval, date)	Date 日期中 interval 字符串表示的部分。Interval:yyyy(年),m(月),d(日),y(年中至日的天数)	DatePart("yyyy",#08-5-10#) 结果:2008 DatePart("y",#08-5-10#) 结果:85
DateSerial(year,month,day)	将 year,month,day 等数值表达式指定的年月日转换为日期	DateSerial(2008,5,25) 结果:08-5-25
CStr(expression)	将日期表达式转换为字符串	"日期为:" & CStr(Date()) 结果:日期为:08-5-25

【说明】

① 函数名字是起标识作用的，名称中字母不区别大小写。

② 参数为自变量，一般是写在括号内的一至多个表达式。

③ 函数运算后会返回一个值，称为函数值。函数值是有类型区别的，例如，数值型、日期/时间型、文本类型等。

④ 表2.4～表2.6中列出的函数示例，均可用文本框控件来显示其函数值。例如，在某个窗体设计视图上添加一个文本框Text1，在Text1中键入"=Date() & Time()"，然后打开窗体视图，文本框text1中即显示计算结果2008-5-10 9:20:35。

2.4 表的概念

在Access关系数据库管理系统中，表是用来存储和管理数据的。表是Access数据库中最重要的对象。一个没有任何表的数据库是一个空的数据库，不能作任何其他操作，所以表是数据库其他对象的操作依据。

设计关系数据库的第一步就是设计表，表的质量直接影响到数据库的效率，设计表的依据就是规范化规则。具体要解决的问题就是表的结构和输入数据，表结构包括表名称、表中字段（字段名、属性）、主键等。

2.4.1 数据表

在Access数据库中，表都是以二维表的形式构成，见表2.7。表包括表名、表中字段属性、表中的记录3个部分构成。

表2.7 读者档案表

读者卡号	姓名	性别	出生日期	读者单位	联系电话	照片	备注
2001	马跃峰	男	1985-4-9	数学031	13012345678		
2002	王大昕	男	1986-3-2	英语041	13112345678		
2003	齐心	女	1981-10-20	信息学院	13212345678		
2004	毛明	男	1985-6-10	物理032	13312345678		
2005	李海力	男	1980-12-30	教务处	13412345678		
2006	王一如	女	1985-7-20	地理031	13612345678		

【说明】

① 表名是该表在数据库中的唯一标识，也是用户操作表的唯一标识。表的名称尽量体现表中数据的含义。

② 字段属性及表的组织形式，包括每个字段的名称、类型、宽度及是否建立索引或主键等。

③ 记录是表中的数据，表中每一行称为一个记录，记录的内容是表所提供给用户的全部信息。向表中输入数据就是为表中记录的每个字段赋值。一个表的大小，主要取决于它拥有的数据记录的多少。

2.4.2 表的字段

字段一般都拥有许多属性,其中最重要的属性是字段名称和数据类型。

1. 字段名称

数据表的表头即字段是以名称来区别的,字段命名规则是:最多包括 64 个字符,可以包含汉字、字母、数字、空格或其他字符,但不能以空格开头,也不能包含点“.”、感叹号“!”、撇号“'”、方括号“[ ]”或控制字符。空格可以出现在字段名的中部,但最好不用,避免与 VBA 的命名发生冲突。

同一表中字段名不允许相同,字段名也不要与 Access 内置函数或者属性名称相同,以免引用时出现错误。

上述命名规则也适合于 Access 数据库的其他对象(例如报表、窗体等)和控件(例如文本框、组合框等)的命名,但控件的名称长度可达 255 个字符。

2. 数据类型

Access 数据库中表的数据可使用 10 种类型。表 2.8 列出了各种数据类型的用途和占用的长度。

表 2.8 字段的数据类型

数据类型	用途及说明	占字节数
文本	存储文本。文本为默认类型,文本数据包括汉字、字母、数字、空格及其他专用符号。例如姓名、学号、电话号码等	最多 255 字符,默认 50 个字符,一个汉字按一个字符计
备注	存储长文本。备注类型不能排序或索引。例如简历、备注等	最多 65 536 个字符
数字	存储用于计算的数字数据,货币数据除外。包括整型、长整型、单精度、双精度等具体类型,默认长整型。例如成绩、数量等	1 B、2 B、4 B 或 8 B
日期/时间	存储日期和时间。包括常规日期、长日期、中日期、短日期、长时间、中时间、短时间等。例如出生年月、进货时间等	8 B
货币	存储货币值。输入数字后系统自动添加货币符和千位分隔符,小数部分超过 2 位时自动四舍五入。例如价格、总收入等	8 B
自动编号	在添加记录时自动插入唯一顺序号(每次增 1)或随机编号	4 B
是/否	表示逻辑值 True/False、Yes/No、On/Off、-1/0。例如性别、婚否等	1 bit
OLE 对象	OLE 对象字段数据类型用于链接或嵌入其他程序所创建的对象,可以是电子表格、文档、图片声音等。例如照片、声像等	1 GB
超链接	存储超链接的字段	最多 64 000 个字符
查阅向导	选择此数据类型将启动向导来定义组合框,使用户能选用另一表或值列表中的数据	与主键字段的长度相同,通常为 4 B

2.5 表的创建

创建表可以有多种方法。在“数据库”窗口中选择“表”对象选项卡后,其右窗格就会显示“使用设计器创建表”、“使用向导创建表”和“通过输入数据创建表”这 3 种快捷选项(如图

2.3 所示）供用户选择使用。此外，在“新建表”对话框列表中除包含前面这 3 种创建表的功能外，还有“导入表”和“链接表”，共 5 种方法创建表。

2.5.1 表的结构定义

创建表之前，首先要定义表的结构。表的结构定义主要是字段属性（字段名、字段类型、字段长度、索引、主键等）的定义，以表 2.7 为例，其表结构定义见表 2.9。

表 2.9 “读者档案表”表结构

字段名	字段类型	字段长度	小数点	索引类型
读者卡号	文本	10	—	主索引
读者姓名	文本	6	—	
读者性别	是/否	1	—	
出生日期	日期/时间	8	—	
联系电话	文本	11	—	
读者单位	文本	10	—	
照片	OLE		—	
备注	备注		—	

因为没有数字型，所以不存在小数点位数，主索引就是主键。

2.5.2 用表设计器创建表

利用表设计器创建表，是一种最常用和有效的方法，可以一次性完成表的结构建立。下面以建立“读者档案表”表结构（见表 2.9）为例来说明利用表设计器创建表的过程。

操作步骤如下。

(1) 打开“高校图书馆管理系统”数据库。

(2) 在“数据库”窗口中，单击“新建”按钮，打开“新建表”对话框，如图 2.15 所示。

(3) 在“新建表”对话框中，选择“设计视图”，单击“确定”按钮，打开表设计器（或表设计视图）窗口，如图 2.16 所示。

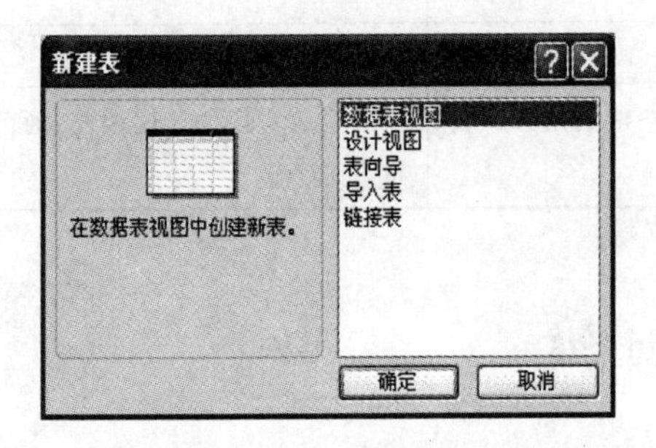

图 2.15 “新建表”对话框

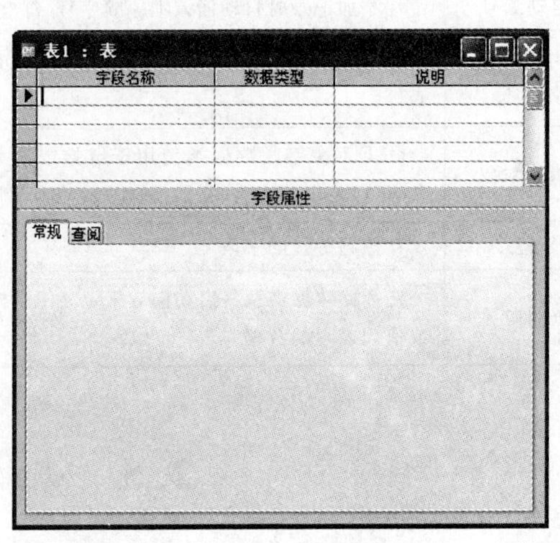

图 2.16 表“设计视图”

(4) 在"表设计视图"中依次输入字段名称、数据类型，在字段属性栏中输入相应字段大小，在主索引字段(主键)上单击工具栏中"主键"按钮。

(5) 表结构的设计结果如图 2.17 所示，单击工具栏中"保存"按钮，打开"另存为"对话框，如图 2.18 所示，在"表名称"文本框中输入"读者档案表"，单击"确定"按钮，返回数据库窗口，如图 2.19 所示，即完成数据表结构的设计过程，这时的数据表没有包含任何记录，为一个空表。

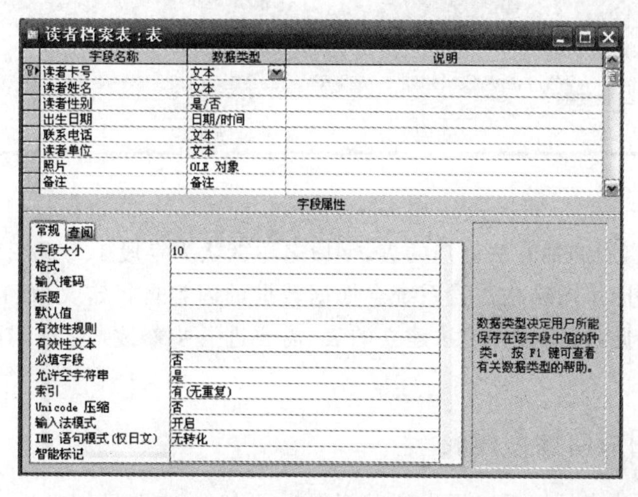

图 2.17 "读者档案表"表结构设计

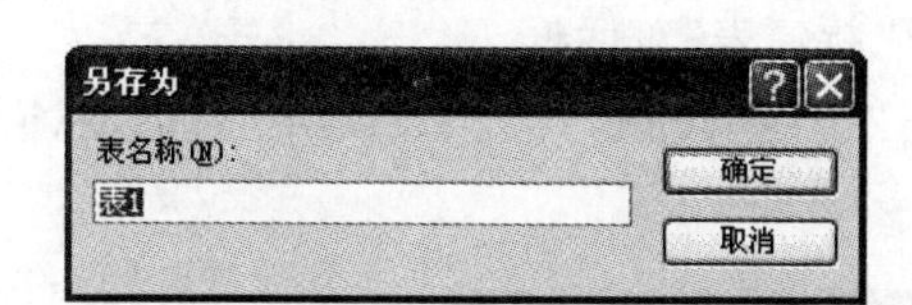

图 2.18 "另存为"对话框

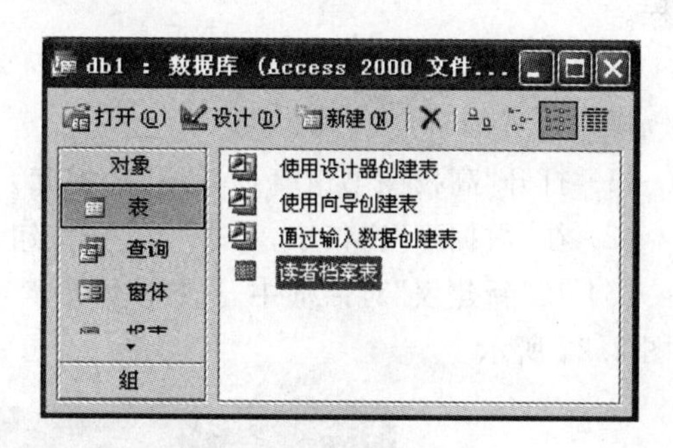

图 2.19 数据库窗口

2.5.3 使用数据表视图创建表

以"读者设置表"为例，说明使用"数据表视图"创建表的方法。

操作步骤如下。

(1) 打开"高校图书馆管理系统"数据库。

(2) 在"数据库"窗口中，单击"新建"按钮，打开"新建表"对话框。

(3) 在"新建表"对话框中，选择"数据表视图"，单击"确定"按钮，打开数据表编辑器，如图 2.20 所示。

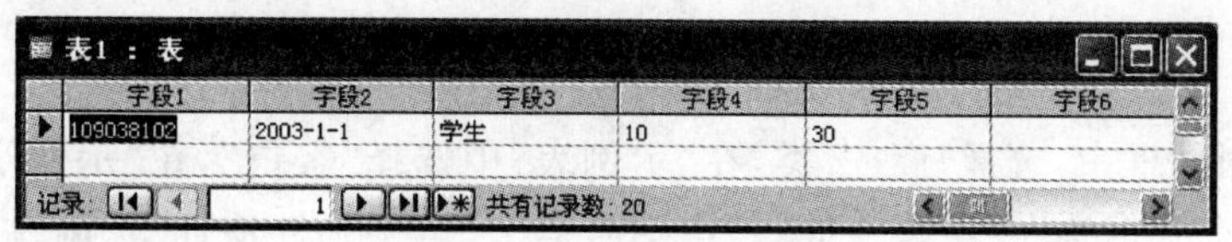

图 2.20 数据表编辑器

(4) 在数据表编辑器中可直接输入数据，系统将根据输入的数据内容定义新表的结构。

(5) 所有数据输入完毕后，单击工具栏中"保存"按钮，会弹出如图 2.18 所示"另存为"对话框，在"表名称"文本框中输入"读者设置表"，单击"确定"按钮，会弹出主键消息框，如图 2.21 所示，询问是否让系统帮助建立一个主键，通常单击"否"，主键在修改结构时确定，返回到数据库窗口，如图 2.19 所示。

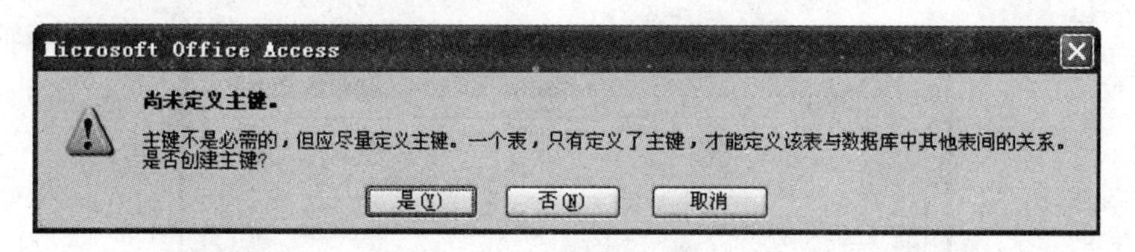

图 2.21 主键消息框

需要指出的是，用这种方法创建的表，字段名称默认为字段 1、字段 2、字段 3 等，显然与实际要求不符，另外，字段结构尽管系统会根据数据的内容自行定义，但也不是完全符合实际设计要求的。因此，使用这种方法建立的表，需要进一步修改，在 2.6 节中将介绍如何修改表结构。

2.5.4 使用表向导创建表

使用表向导创建表是把系统提供的示例作为样本，在表向导的引导下完成新表的创建过程。

以"出版社明细表"为例，说明使用"表向导"创建表的方法。

操作步骤如下。

(1) 打开"高校图书馆管理系统"数据库。

(2) 在"数据库"窗口中，单击"新建"按钮，打开"新建表"对话框。

(3) 在"新建表"对话框中，选择"表向导"，单击"确定"按钮，打开"表向导"对话框(a)，如图 2.22 所示。

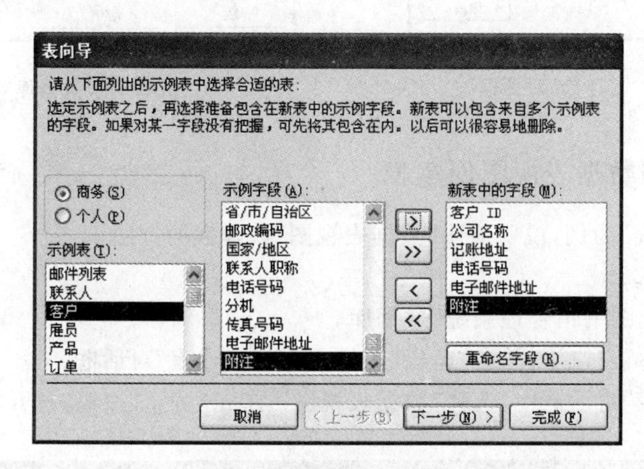

图 2.22 "表向导"对话框(a)

(4) 在该对话框中，选择"商务"类，在"示例表"中选择"客户"，在"示例字段"中依次选取"客户 ID"、"公司名称"、"记账地址"、"电话号码"、"电子邮件地址"、"附件"字段名，每选取一个字段名，单击按钮[>]移到“新表中的字段”中(其中按钮的作用分别是：[>]表示移一个字段到“新表中的字段”中，[>>]表示一次把所有字段移到“新表中的字段”中，[<]表示把“新表中的字段”中的一个字段移到“示例字段”中，[<<]表示一次把“新表中的字段”中的所有字段移回到“示例字段”中)。

(5) 单击“下一步”按钮，打开“表向导”对话框(b)，在“请指定表的名称”文本框中输入“出版社明细表”，在“请确定是否用向导设置主键”单选项内选择“不，让我自己设置主键”，如图 2.23 所示。

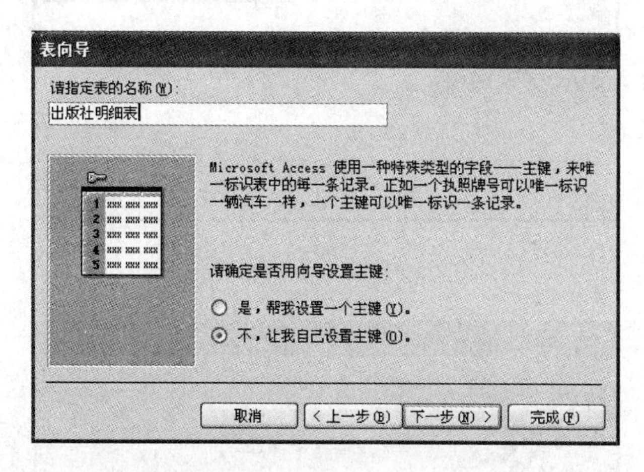

图 2.23 “表向导”对话框(b)

(6) 单击“下一步”按钮，打开“表向导”对话框(c)，在“请确定哪个字段将拥有对每个记录都是唯一的数据”列表框中，选择“客户 ID”，在“请指定主键字段的数据类型”单选项中，选择“添加新记录时我自己输入的数字和/或字母”，如图 2.24 所示。

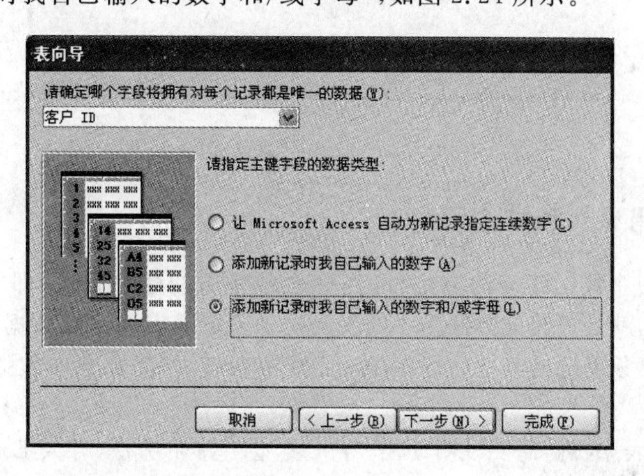

图 2.24 “表向导”对话框(c)

(7) 单击“下一步”按钮，打开“表向导”对话框(d)，设置新表与数据库已有表之间的相关性(在 2.9 节中详细介绍)，如图 2.25 所示。

(8) 单击“下一步”按钮，打开“表向导”对话框(e)，如图 2.26 所示。可通过 3 个单选按钮来决定对表的进一步操作。选择“直接向表中输入数据”，单击“完成”按钮，关闭数据表。

使用表向导创建的表，因为“样本”本身是由系统提供的，所以限制了用户的设计思想，得到的表与实际问题未必完全相符。因此用这种方式建立的表，也需要进一步修改表的结构。

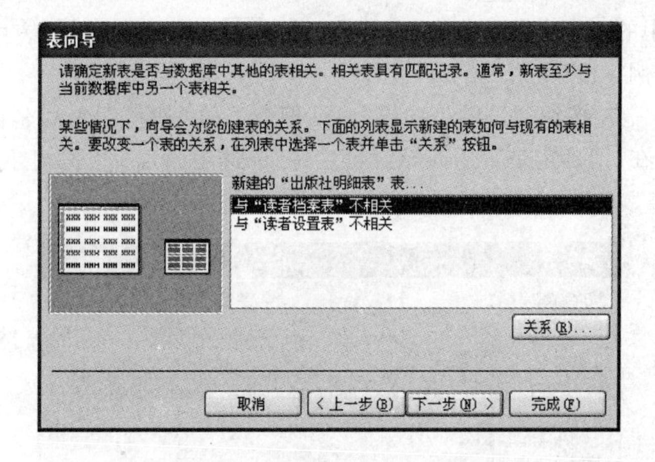

图 2.25 "表向导"对话框(d)

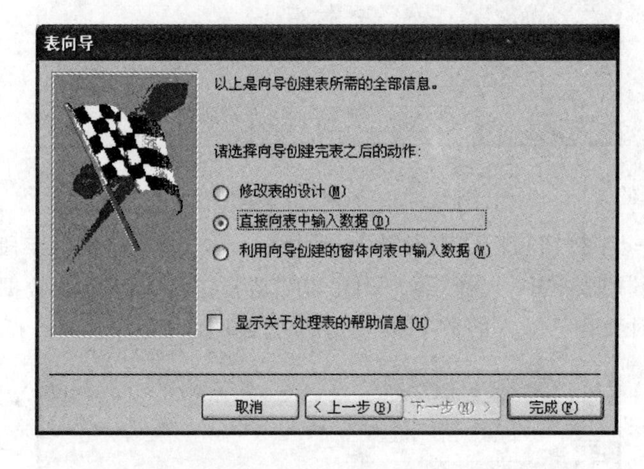

图 2.26 "表向导"对话框(e)

2.5.5 使用导入和链接创建表

除前面介绍的3种创建表的方法外，还有两种特殊的建表方法，即"导入表"和"链接表"。所谓导入表，就是把其他数据库中的表或电子表格导入到当前数据库中；而链接表是在当前数据库表对象下链接其他数据库中一个表的快捷方式，在当前数据库中并不实际存在这个表。

以"图书设置表"为例，简要说明使用"导入表"创建表的方法(导入 Excel 文件)。

操作步骤如下。

(1) 建立一个 Excel 表，如图 2.27 所示，保存在 E 盘上，命名为"图书设置表.xls"。

(2) 打开"高校图书馆管理系统"数据库。

(3) 在数据库窗口中单击"新建"按钮，在"新建表"对话框中选择"导入表"，单击"确定"按钮，打开"导入"窗口，如图 2.28 所示。

(4) 在"查找范围"列表框内选择 D 盘，"文件类型"列表框内选择"Microsoft Excel(*.xls)"，选择文件"图书设置表.xls"。

图 2.27　“图书设置表.xls”窗口

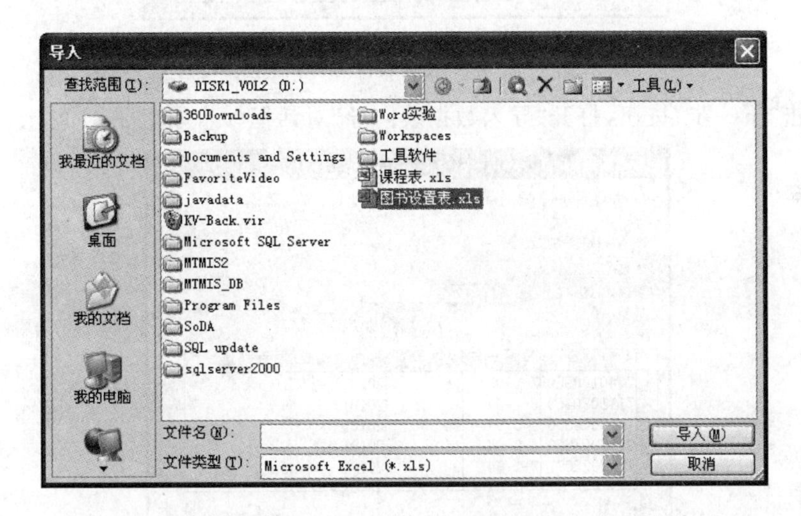

图 2.28　“导入”窗口

(5) 单击“导入”按钮，打开“导入数据表向导”对话框(a)，如图 2.29 所示。

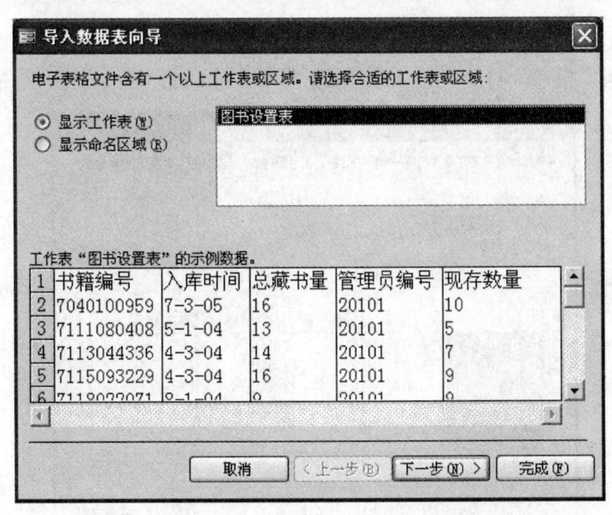

图 2.29　“导入数据表向导”对话框(a)

(6) 单击“下一步”按钮，打开“导入数据表向导”对话框(b)，选定“第一行包含列标题”，如图 2.30 所示。

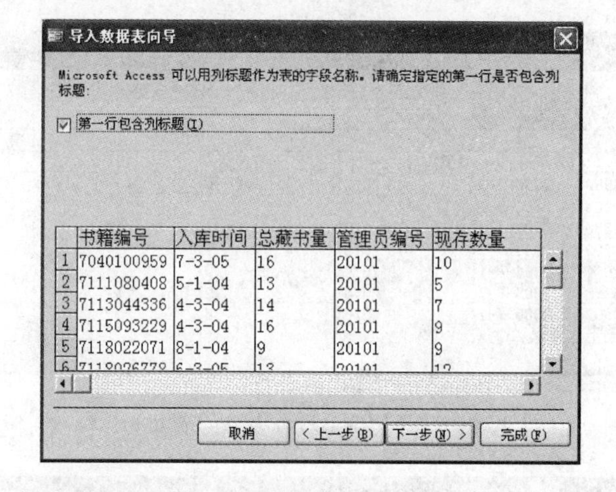

图 2.30 “导入数据表向导”对话框(b)

(7) 单击“下一步”按钮，打开“导入数据表向导”对话框(c)，如图 2.31 所示。

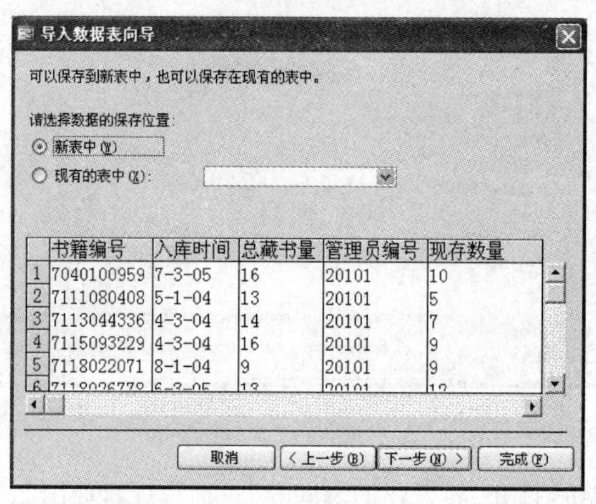

图 2.31 “导入数据表向导”对话框(c)

(8) 单击“下一步”按钮，打开“导入数据表向导”对话框(d)，如图 2.32 所示。

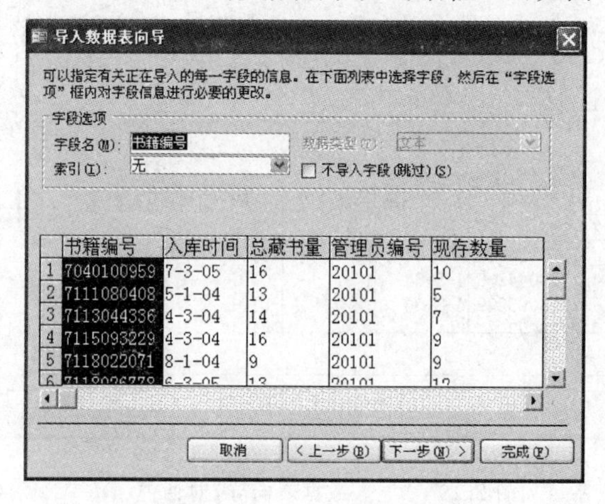

图 2.32 “导入数据表向导”对话框(d)

(9) 单击“下一步”按钮，打开“导入数据表向导”对话框(e)，选定“不要主键”，如图 2.33 所示。

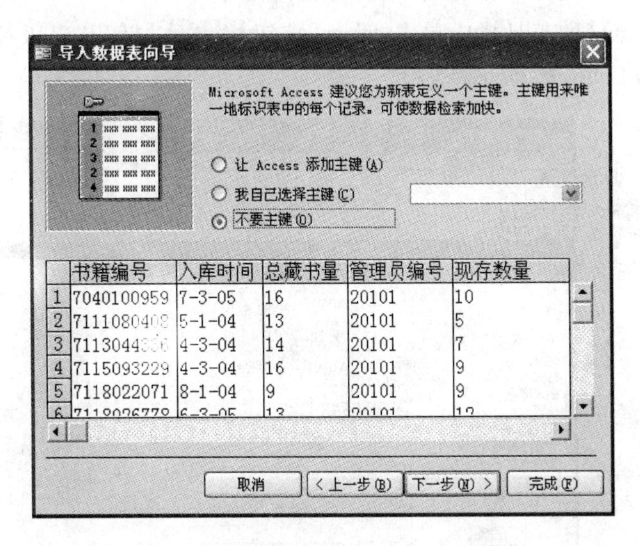

图 2.33　“导入数据表向导”对话框(e)

(10) 单击“下一步”按钮，打开“导入数据表向导”对话框(f)，在“导入到表”文本框中输入“图书设置表”，单击“完成”按钮，如图 2.34 所示。

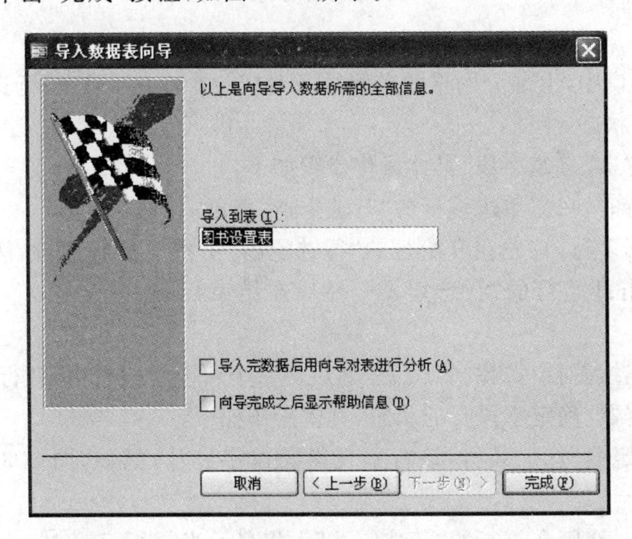

图 2.34　“导入数据表向导”对话框(f)

2.6　表结构的修改

在表的操作过程中，经常需要对其结构进行修改。表设计器不仅用于创建新表，也是修改表结构的重要工具。下面来介绍有关这方面的操作。

1. 打开表的设计视图

对于已经建立的表，在修改其表结构时，首先打开该表的设计视图，例如，打开“高校图书馆管理系统”数据库中“出版社明细表”的表设计视图，可以按如下的步骤操作。

(1) 打开“高校图书馆管理系统”数据库。

(2) 在“表”对象下选择“出版社明细表”数据表。

(3) 在数据库窗口的工具栏中单击“设计”按钮 设计，打开“出版社明细表”的“表设计视图”窗口，如图 2.35 所示。

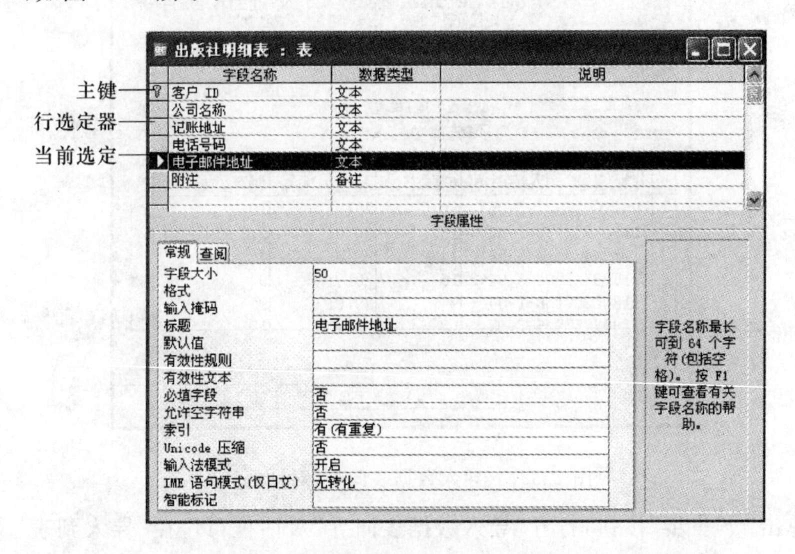

图 2.35 “出版社明细表”的“表设计视图”

2. 行选定器

在设计视图窗口中，上部分网格的左侧每行对应一个小框，即为“行选定器”，它的作用是选定字段和表示状态。

(1) 用“行选定器”选定字段，具体操作步骤如下。

① 若选定一行时，只需单击该行的“行选定器”即可。

② 若选定连续多行，首先在开始行的“行选定器”上按下鼠标左键，然后拖拽选取所需字段的范围；或单击开始行的“行选定器”，然后在结束行的“行选定器”上进行“Shift＋单击”操作。

③ 若选定不连续多行，按住“Ctrl”键，然后对每个所需字段单击其“行选定器”。

(2) 用“行选定器”确定字段行的状态，具体操作如下。

① 单击“行选定器”选定某行，该行呈现黑底白字显示，例如，图 2.35 中“电子邮件地址”字段行。

② 若选择了一行，则在该行的“行选定器”中将显示当前指示符▶。

在 Access 数据库中，选定的范围统一以黑底白字显示，并且将当前编辑位置称为焦点。焦点可以指显示光标处，或是被选定的范围。

3. 修改字段名

在表设计视图下，修改字段名十分简单，只需要把光标选定在要修改的字段名上，直接更改即可。

4. 插入字段

(1) 若在所有字段后添加字段，单击字段名称列末尾的第一个空行，直接输入新的字段名及选择类型。

(2) 若在某字段上方插入一个字段，首先选定某字段行，然后单击工具栏中的“插入行”

按钮，该行上方即出现一个空行，输入被插入字段。

5. 删除字段

(1) 若删除某单个字段，首先选择该字段行，然后单击工具栏中的“删除行”按钮。

(2) 若删除相邻的多个字段行，首先用“行选定器”选定相邻的多行，然后单击工具栏中的“删除行”按钮。

6. 移动字段

用行选定器选择一行或多行后释放鼠标按钮，然后在选定位置上按下鼠标左键不放，将选定的行拖到新的位置。

7. 修改表结构

以“读者设置表”为例，说明修改表结构的操作步骤。

(1) 在表设计视图下打开“读者设置表”，如图2.36所示。

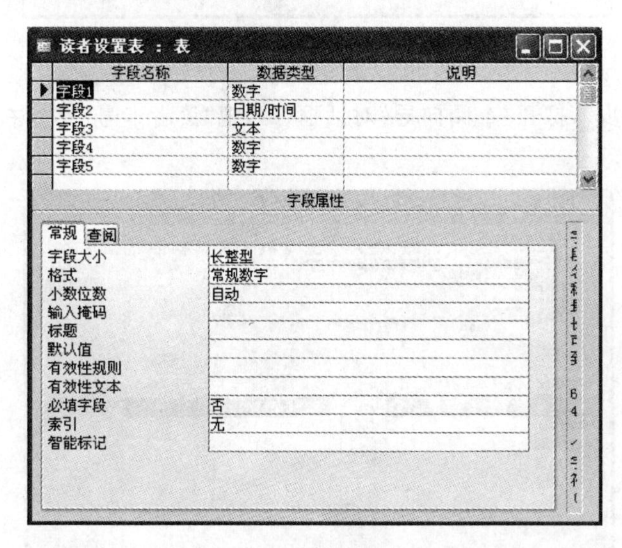

图2.36 “读者设置表”的表设计视图

(2) 在“字段名称”栏中，“字段1”字段修改为“读者卡号”，数据类型设置为“文本”，字段长度为10，在“数据类型”列表中选择“查阅向导”，弹出“查阅向导”对话框(a)，如图2.37所示，选择“使用查阅列查阅表或查询中的值”。

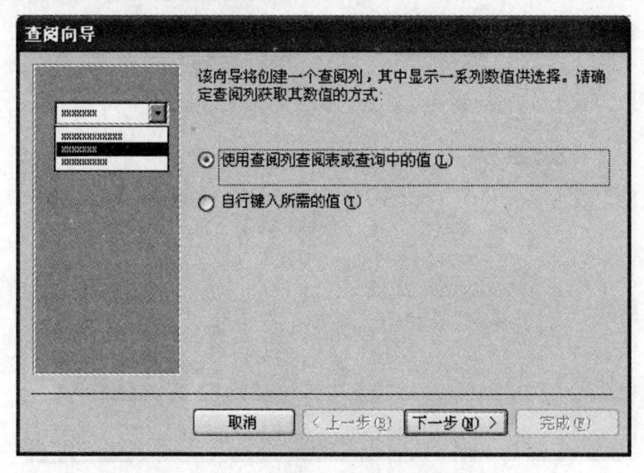

图2.37 “查阅向导”对话框(a)

(3) 单击“下一步”,打开“查阅向导”对话框(b),选择“读者档案表”,如图 2.38 所示。

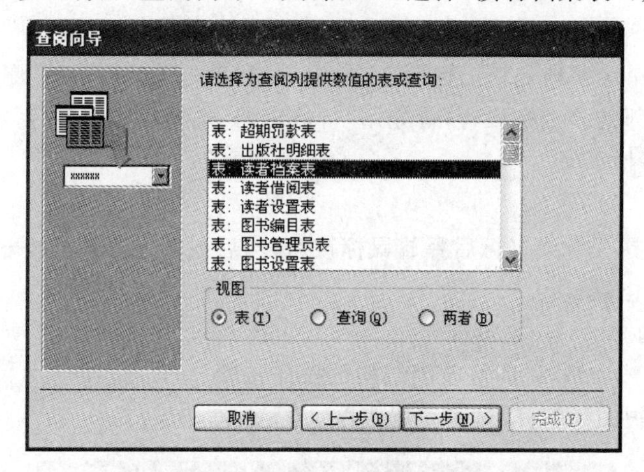

图 2.38 “查阅向导”对话框(b)

(4) 单击“下一步”,打开“查阅向导”对话框(c),把“读者卡号”移到右侧框中,如图 2.39 所示。

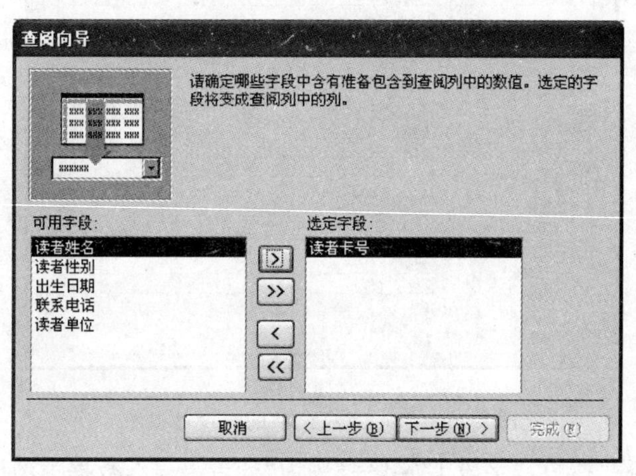

图 2.39 “查阅向导”对话框(c)

(5) 单击“下一步”,打开“查阅向导”对话框(d),选择“读者卡号”升序,如图 2.40 所示。

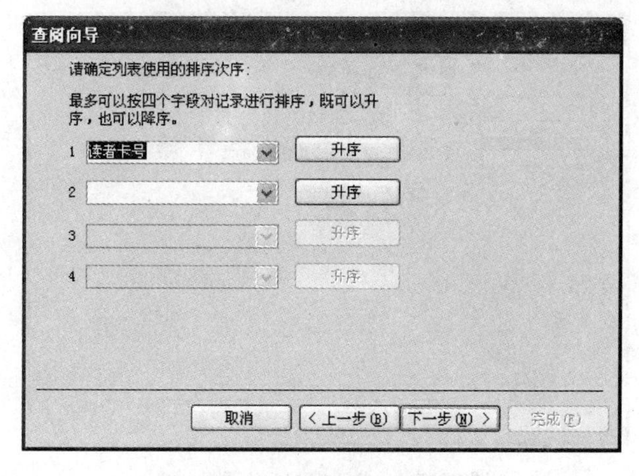

图 2.40 “查阅向导”对话框(d)

(6) 单击“下一步”,打开“查阅向导”对话框(e),适当调整列宽,如图 2.41 所示。

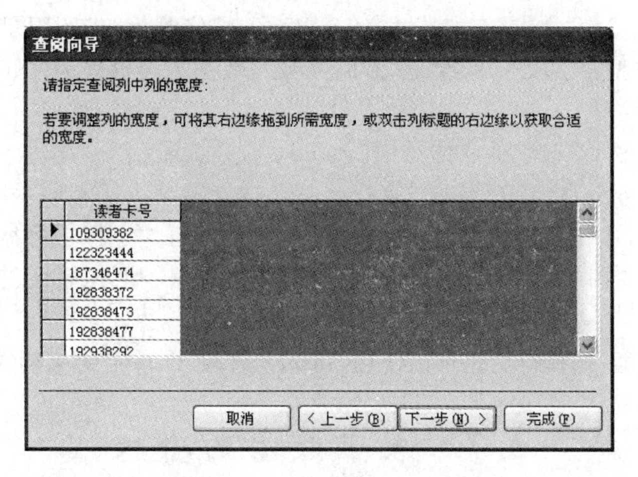

图 2.41　“查阅向导”对话框(e)

(7) 单击“下一步”,打开“查阅向导”对话框(f),在“请为查阅列指定标签”文本框中输入“读者卡号”,如图 2.42 所示,单击“完成”按钮,保存数据表完成查阅列的创建。

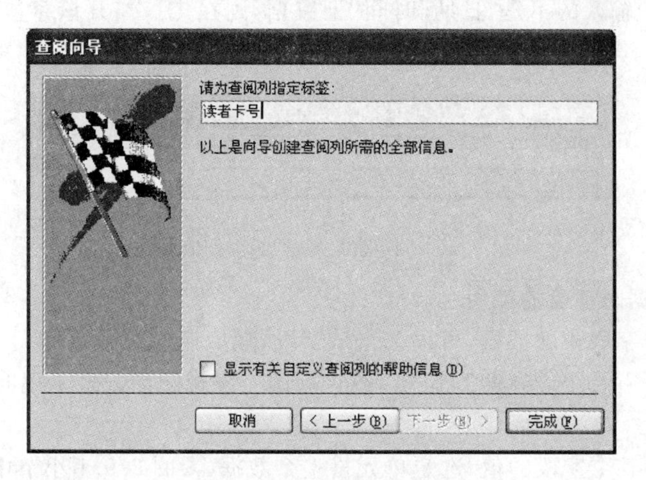

图 2.42　“查阅向导”对话框(f)

【说明】

在“读者设置表”中,为“读者卡号”字段创建查阅列之后,在输入“读者卡号”数据时,可以在列表中选取,如图 2.43 所示。

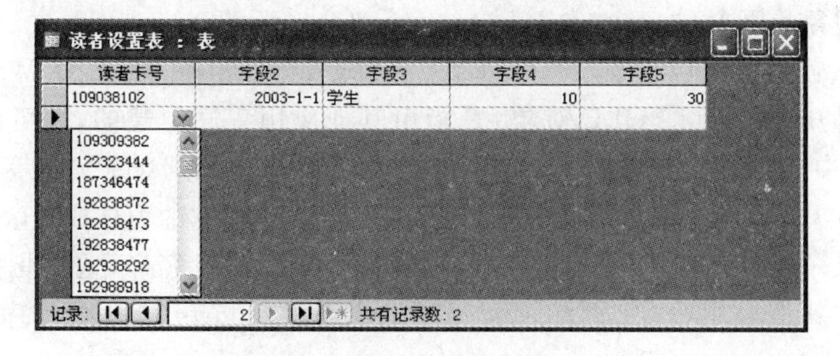

图 2.43　使用查阅列输入“读者卡号”

(8) “字段 2”字段修改为“办证日期”，数据类型不需要修改；“字段 3”字段修改为“读者身份”，数据类型设置为“文本”字段长度为 4；“字段 4”修改为“借阅限量”，数据类型为“数字”，字段大小为整型；“字段 5”修改为“借阅天数”，数据类型设置为“数字”，字段大小为整型。关闭“表设计视图”。

使用类似的方法，修改其他表的结构。

【说明】

① 单击字段行中任意一处也表示选择该行，此时在行选定器上将显示当前行指示符，并在单击处的单元格中显示一个光标，以便立即修改数据。上述插入、删除行的方法仍然适用。

② 用“行选定器”选择行后也可以使用“Insert”键和“Delete”键来插入或删除行。

2.7 表中数据的输入

表结构设计完以后，将生成一个没有记录的空白数据表。要想输入数据，需要打开表的数据表视图，如图 2.44 所示。向数据表输入的数据必须与字段的类型逐一匹配，如果在“日期/时间”型字段中输入的不是“日期/时间”型数据，则在焦点离开该字段时就会显示“输入的值无效”消息框，若不纠正就不能继续输入。

图 2.44 “读者档案表”的数据表视图

1. 在输入数据时键盘的使用

(1) 若要编辑字段中的数据，可以单击该字段，然后输入数据即可。

(2) 如果转到下一字段，按“Tab”键，或光标键。当光标在记录末尾时，按“Tab”键将转至下条记录。

(3) 若要替换整个字段的值，选定单元格整个数据(参阅 2.9.1 小节中表 2.16)，然后输入数据即可。

(4) 通过退格(“BackSpace”)键可以删除刚输入的错误数据。

(5) 按“Esc”键，可以取消当前对字段的更改。

(6) 连续按两次“Esc”键，可以取消对当前记录的更改。

2. OLE 对象的概念

OLE 全名为“对象链接和嵌入”(Object Linking and Embedding)，在 Windows 应用程序中有着广泛的应用。所谓 OLE 对象，是指由其他应用程序创建的、并可链接或嵌入到 Access 数据库中的各种对象，如图片、视频文件、声音、Word 或 Excel 文档等。Access 允许在它的 OLE 对象型字段中插入链接或嵌入的对象，也允许在它的窗体或报表中设置控件来显示 OLE 对象。通常把接受 OLE 对象的应用程序称为 OLE 客户(这里是指 Access)，提供 OLE 对象的其他应用程序(例如，Word、Excel 或 Windows 的画图程序等)则统称为 OLE 服务器。

“嵌入”时 OLE 的客户数据中插入 OLE 对象的副本，这时源对象和副本各自单独存储，所以对副本的更改不会使源对象有所变化。

"链接"时 OLE 客户仅仅存储指向源对象的快捷方式,使用时根据快捷方式来找到源对象。这时源对象和客户端对象是同一个对象,因此无论修改源对象还是客户端对象,都会使另一个对象发生相同的变化。与嵌入方式相比,链接方式节省了存储空间。

在表中 OLE 型字段下插入 OLE 对象的方法是:在该字段上右击打开快捷菜单,单击"插入对象"命令,弹出"Microsoft Office Access"(插入对象)对话框,如图 2.45 所示。可选择"由文件创建"或"新建"对象,当"链接"复选框被选定后,插入对象为"链接"对象,否则为"嵌入"对象。

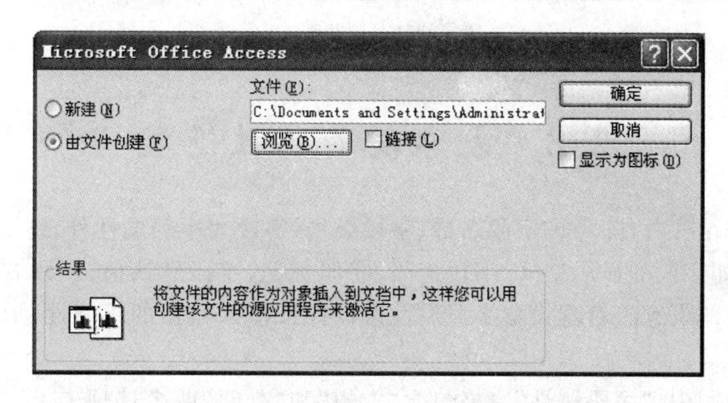

图 2.45 "Microsoft Office Access"(插入对象)对话框

在"数据表视图"下,双击 OLE 对象所在单元格,即可显示该对象。

下面以"读者档案表"为例,具体说明表中数据的输入。

【例 2.4】 向以表 2.9 为结构的"读者档案表"中输入数据,数据的来源为表 2.7 中列出的 6 条记录。

操作步骤如下。

(1) 启动 Access 数据库系统,在 Access 窗口中,打开"高校图书馆管理系统"数据库文件。

(2) 在数据库窗口中,选择"表"对象下"读者档案表",然后单击该窗口工具栏中的"打开"按钮打开,显示"读者档案表"的"数据表视图",这时"读者档案表"为空表。

(3) 按照表 2.7 列出的记录依次输入数据,其中"是/否"型字段和"OLE 对象"型字段的操作较为特殊,说明如下。

① "读者性别"为"是/否"型字段,默认显示一个复选框。可单击来选择(表示"是",本例表示"男")或消除(表示"否",本例表示"女")。

② "照片"是"OLE 对象"型字段,本例中插入一个图片。插入方式为,单击该单元格,然后选择"插入"菜单中"对象"命令,弹出"Microsoft Office Access"(插入对象)对话框,如图 2.45 所示,默认是"新建"单选按钮,这时只能插入系统提供的对象。单击"由文件创建"单选按钮。在"文件"文本框中输入插入位图文件的路径(也可以通过"浏览"按钮打开"浏览"对话框来选择路径及位图文件)。单击"确定"按钮关闭对话框,完成照片数据的录入,单元格显示文本"位图图像"。双击该单元格将会打开图片。若要插入另一个图片,需要把原来的删除。删除 OLE 对象的方法是:单击 OLE 对象单元格,然后选择菜单栏中"编辑"|"删除"命令。

6条记录全部输入后，数据表视图如图2.46所示，其中第2条记录的照片字段将显示“位图图像”信息。

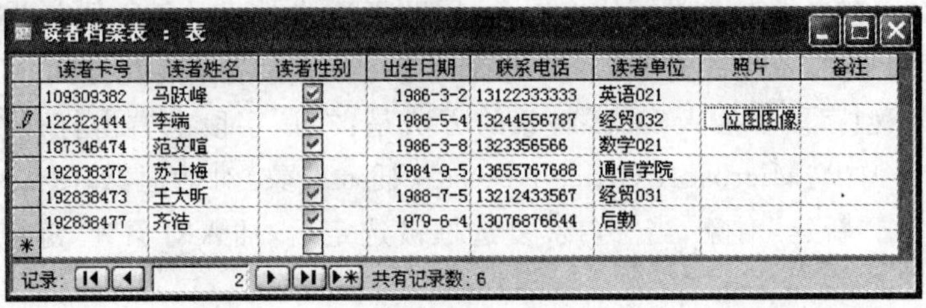

读者档案表 : 表

	读者卡号	读者姓名	读者性别	出生日期	联系电话	读者单位	照片	备注
	109309382	马跃峰	☑	1986-3-2	13122333333	英语021		
	122323444	李端	☑	1986-5-4	13244556787	经贸032	位图图像	
	187346474	范文暄	☑	1986-3-8	1323356566	数学021		
	192838372	苏士梅	☐	1984-9-5	13655767688	通信学院		
	192838473	王大昕	☑	1988-7-5	13212433567	经贸031		
	192838477	齐浩	☑	1979-6-4	13076876644	后勤		
*			☐					

记录: 2 共有记录数: 6

图2.46 “读者档案表”记录

2.8 表字段的属性设置

在设计表的结构时，除考虑字段名称、字段类型、字段大小等属性外，还要考虑字段的其他常用属性，比如字段的显示格式、字段掩码、字段标题、字段默认值、字段有效性规则及有效性文本等属性的设置。合理设置字段属性可以保证输入数据的正确性、加快数据的输入速度及显示格式等。

在表设计视图中，“字段属性”窗格包含“常规”和“查阅”两个选项卡，十几种字段属性。任何数据类型的字段都具有“常规”选项卡，如果是文本型、数字型或是/否型字段，还可以带有“查阅”选项卡。不同数据类型具有的字段属性也不完全一样：文本型字段属性最多，而OLE对象字段则属性最少（仅有“标题”和“必填字段”两种属性）。

本节中将说明各种数据类型常用的字段属性设置，“数据类型”已在第2.4.2小节中介绍，不再赘述，索引属性将在第2.9.7小节单独介绍。

2.8.1 字段大小

字段大小也称字段长度，它规定了字段在数据表中的存储空间，也是除“字段名称”与“数据类型”之外最重要的字段属性之一。

1. 文本型字段

文本型字段的“字段大小”指文本的长度，可以为0～255个字符，默认为50个字符。

2. 数字型字段

数字型字段的“字段大小”框中包含多种子类型，常用的子类型见表2.10，其中长整型为默认类型。

表2.10 数字型字段的常用子类型

字段大小	数据范围	存储量
字节	存储0～255的整数	1 B
整型	存储－32 768～32 767的整数	2 B
长整型	存储－2 147 483 648～2 147 483 647的整数	4 B
单精度型	7个数位有效，存储$-3.402\,823\times10^{38}$～$-1.401\,298\times10^{-45}$的负值，$1.401\,298\times10^{-45}$～$3.402\,823\times10^{38}$的正值	4 B

续 表

字段大小	数据范围	存储量
双精度型	15 个数位有效，存储 $-1.797\ 693\ 134\ 862\ 31\times10^{308}$～$-4.940\ 656\ 458\ 412\ 47\times10^{-324}$的负值，$4.940\ 656\ 458\ 412\ 47\times10^{-324}$～$1.797\ 693\ 134\ 862\ 31\times10^{308}$的正值	8 B
小数	存储$-10^{28}-1$～$10^{28}-1$范围的数字。最多 28 位小数	12 B

2.8.2 格式

为了使表中数据显示的样式符合不同需求，Access 提供了字段的“格式”属性，在 Access 数据库中字段“格式”属性可分为标准格式与自定义格式两种。使用标准格式可以设置自动编号、数字、货币、日期/时间和是/否等字段类型，对文本、备注、超链接、是/否等类型可以使用自定义格式。

1. 文本型和备注型字段的格式

文本型和备注型字段没有标准格式，只能创建自定义格式。自定义格式的书写规则：

格式符号[;"符号串"]

自定义格式可分为两个节，用分号(;)间隔。其中，格式符号一共 4 个，符号及作用见表 2.11。[;"符号串"]为可选项，如果选择了该项，则表示未向该字段输入数据时所显示的默认值。

表 2.11 文本型与备注型字段的字段格式符

符 号	说 明
@	在对应位置上显示一个文本字符或空格，右对齐
&	在对应位置上显示一个任何字符，左对齐
<	所有字符以小写显示
>	所有字符以大写显示

若在某个文本字段的格式属性中输入“@@@@@@”，这是只有一个节的自定义格式。若在表中该字段输入“Good”，则结果显示“ Good”。

若在某个文本字段的格式属性中输入“<;"Good" ”，这是包括两个节的自定义格式。这时数据表中该字段的默认值为“Good”，而当输入其他内容时，凡遇到大写的字母均变小写。

若文本型和备注型字段未设置自定义格式，则显示格式与输入数据时格式相同。

2. 数字型和货币型字段的格式

这两种数据类型的字段包括标准类型和自定义类型两种格式。

(1) 标准格式

标准格式分为 7 种，见表 2.12。

表 2.12 数字型和货币型字段的标准格式

格 式	说 明	数字型字段举例
常规数字	默认值。以输入值显示数字	“字段大小”单精度型，输入 123.456，显示 123.456
货币	带千位分隔符的货币格式	“字段大小”单精度型，输入 1234.567，显示￥1,234.567
Euro	带欧元号(€)的货币格式	“字段大小”单精度型，输入 123.456，显示€123.456

续表

格式	说明	数字型字段举例
固定	至少显示一位数字	"字段大小"单精度型，"小数位数"1：输入 0.1，显示 0.1（若"格式"为"常规数字"则显示.1）
标准	使用千位分隔符	输入 12345，显示 12,345
百分比	将输入数乘以 100，并后跟一个百分号（%）	"字段大小"单精度型，"小数位数"0：输入 0.07，显示 7%
科学记数	使用科学记数法	输入 123000，显示 1.23E+05

【说明】

① "小数位数"用于设置显示数据时使用的小数位数（超过部分四舍五入），只有设置了"格式"后它才会生效。

"小数位数"属性包括"自动"以及 0～15 的小数位数选项。其中"自动"是默认值，当"格式"设为"货币"、"固定"、"百分比"或"科学记数"时，"自动"表示字段值以两位小数显示。

② 当"字段大小"属性设置为"小数"时，字段属性窗格中会同时出现"精度"和"数值范围"属性。其中"精度"表示有效数位；"数值范围"表示小数后存储位数，超过部分自动截去。

例如，设置如下一组属性："字段大小"：小数，"格式"：固定，"精度"：5，"数值范围"：3，"小数位数"：2。如果输入 24.567 8，显示 24.57。单击该单元格时将显示其存储值 24.567。如果输入 324.567 8，则会显示出错信息。这是因为限制小数后存储 3 位，但是小数前又输入了 3 位，结果"精度"不够。

③ 对货币格式的数据不需要输入货币号，显示时会自动出现货币号。

（2）自定义格式

数字型和货币型字段可以使用自定义格式，自定义格式分为 4 个节，含义依次为：正数的格式，负数的格式，零值的格式，Null 值的格式。对其部分占位符说明见表 2.13。

表 2.13 自定义格式符号

符号	说明
0	显示一个数字或 0
#	显示一个数字或不显示前 0
$	显示原义字符"$"

下面通过几个例子来说明自定义格式的使用。

① 自定义格式：

```
0;(0);"Null"
```

表示按常用方式显示正数，负数显示在括号中，Null 值显示 Null。

② 自定义格式：

```
+0.0;-0.0;0.0
```

表示在正数之前显示正号（+），负数之前显示负号（-）；零显示 0.0。

③ 自定义格式：

```
$#,##0.00;($#,##0.00);"";"Null"
```

表示数据以美元号开头，从十位起前零不显示，使用千位分隔符，负数显示在括号中，零值不显示，Null 值显示 Null。

3. "日期/时间"型字段的格式

"日期/时间"型字段的标准格式见表 2.14。

表 2.14 “日期/时间”型字段的标准格式

格式	说明与例子
常规日期	默认值,是“短日期”与“长时间”格式的组合。例如:98-10-5 下午 07:25:00
长日期	1998 年 10 月 5 日
中日期	98-10-05
短日期	98-10-5
长时间	输入 08:25:19,显示“上午 08:25:19”
中时间	输入 8:25,显示“上午 08:25”
短时间	输入 15:23,显示“15:23”

数字、货币、日期和时间的初始格式,均依据 Windows“控制面板”中“区域设置”对话框中的设置。

4. “是/否”型字段的格式

“是/否”型字段的“查阅”选项卡,其中“显示控件”属性中包含复选框、文本框或组合框等 3 个选项。“复选框”为该字段的默认控件。“读者档案表”中“读者性别”字段的类型是“是/否”型,是以默认值“复选框”显示的,如图 2.46 所示。

当“是/否”型字段选用文本框或组合框时,将具有标准格式和自定义格式。

(1) 标准格式

“格式”属性框的列表中包含“真/假”、“是/否”、“开/关”等 3 个选项,分别表示逻辑值 True/False、Yes/No、On/Off。无格式(“格式”属性框内为空)时的逻辑值为－1/0。其中 Yes、True、On、－1 均表示逻辑真;No、False、Off、0 均表示逻辑假。默认选项为“是/否”。

若“显示控件”属性为文本框,字段值就可以使用任何等效值来输入。输入字段值时有一个例外,可以用非零数来表示逻辑真。

(2) 自定义格式

“是/否”型字段的自定义格式包括 3 个节。第 1 个节仅用一个分号(;)作为占位符;第 2 个节是逻辑真的显示文本;第 3 个节则是逻辑假的显示文本。例如,要在“读者档案表”中“是/否”型字段“性别”上显示汉字“男”或“女”,其自定义格式字符串为“; 男 ; 女”。

2.8.3 输入掩码

输入掩码是由掩码字符和字面显示字符组成的一个字符串,用于控制对字段和控件的数据输入,而上面介绍的字段“格式”属性,是限制数据显示的样式。输入掩码主要用于文本型和日期/时间型字段,也可以用于数字型和货币型字段,以保证数据的输入格式及正确性。Access 使用的掩码符号见表 2.15。使用它们来指定输入数据的位置、种类以及字符个数。设置字段掩码后,在输入数据时,就能使不符合输入掩码限制的数据不被接受。另外,在一个字段上同时设置了“格式”和“输入掩码”属性时,要注意它们的结果不能互相冲突。

在设置字段掩码时,如果掩码字符串中包含非掩码字符,为了与掩码字符区别,通常用反斜线(\)来引导,例如,00_000。如果在非掩码字符前未输入反斜线,Access 会自动为它增加反斜线。如果要把掩码字符作为显示符号,则必须在其前输入反斜线,例如,\L。在数据输入时,非掩码字符或加上反斜线的掩码字符光标将自动跳过它。

表 2.15 掩码字符表

掩码字符	功能
0	允许数字 0～9;必选项(对应此占位符必须输入数据)
9	允许数字 0～9 或空格;可选项(对应此占位符也可以不输入数据)
#	允许数字 0～9、正负号或空格,空白转为空格;可选项
L	允许字母;必选项
?	允许字母;可选项
A	字母或数字 0～9;必选项
&	任意字符(包括汉字)或空格;必选项
C	任意字符(包括汉字)或空格;可选项
＜	使其后所有的字符转换为小写
＞	使其后所有的字符转换为大写
. , : ; -/	十进制占位符和千位、日期和时间分隔符
密码	设置"密码",可以创建密码项文本框。往文本框输入的字符能保存,但显示为(*)

【例 2.5】 在"读者档案表"中,对"联系电话"定义一个掩码,要求区号和电话号用下划线间隔,区号放在括号内。

操作步骤法如下。

(1) 在设计视图下打开"读者档案表"。

(2) 在上面窗格中选择"联系电话"字段,然后在"输入掩码"属性文本框中输入"(000)0000000"。关闭并保存设计视图。

(3) 打开该"读者档案表"的数据表视图,当输入"联系电话"字段值时,将会显示格式(____)—____________。输入电话号码的每个数字时,对应占位符 0 仅能输入数字 0～9,不允许输入其他字符,而且不能空白。括号和减号输入时自动显示,这样一来使得输入格式比较统一,避免出错还可以加快输入速度。

掩码设置时既可以直接输入,也可以通过"输入掩码向导"帮助设置。"输入掩码向导"的启动方法是:单击"输入掩码"属性文本框右侧的提示按钮[...],打开"输入掩码向导"对话框,从中选择输入掩码。

2.8.4 有效性规则

有效性规则是用来对字段的输入数据加以约束的,即用户自定义完整性约束。

1. 字段有效性规则

字段有效性规则通常是由条件表达式来表示,表达式中经常用到算术运算、关系运算、逻辑运算及内置函数等 Access 提供的基本运算和函数,例如,图 2.47 中的条件 Left([读者卡号],1)＞0,是限制"读者卡号"字段的左数第一个值必须大于 0。

当某个字段设置了有效性规则后,如果在该字段编辑数据,则焦点离开字段时,Access 就会检验字段值是否符合设定的有效性条件。若不符合则提示出错信息,直到修改数据与条件符合为止焦点才可以离开该字段。

有些表达式在设置有效性规则时经常用到,例如下面给出的几个表达式。

① [书籍定价] Between 5.00 and 500.00

含义：书籍定价取值允许在5～500元之间的数据。

② [出生日期]>=#1955-1-1# and [出生日期]<=#2008-12-31#

含义：出生日期只能在1955—2008年之间取值。

③ [读者性别]="男" or [读者性别]="女"

含义：性别字段只能接收“男”或“女”两个字符串。

④ [读者性别] like "男" or [读者性别] like "女"

含义：性别字段只能包含“男”或“女”两种字符串。

其中[书籍定价]、[出生日期]等表示表中的字段名。

下面通过一个例题来说明设置字段有效性规则的方法。

【例2.6】 设置“读者档案表”中“读者卡号”字段的有效性规则，要求“读者卡号”字段的左端第一个数值大于0。

操作步骤如下。

(1) 打开“读者档案表”的“表设计视图”，在上面窗格中选择“读者卡号”字段，单击下面“字段属性”窗格中“有效性规则”文本框。

(2) 单击该文本框右侧提示按钮[...]来打开一个“表达式生成器”对话框，如图2.47所示。

(3) 在该对话框左侧窗格中，双击“函数”，然后单击“内部函数”。

(4) 在中间窗格中，单击“文本”，在右侧窗格中显示文本类函数。

(5) 在右侧窗格中，双击函数left，上面表达式框中显示“left(《stringexpr》,《n》)”；然后单击运算符按钮“>”。

(6) 将表达式修改为“Left([读者卡号],1)>0”，然后单击“确定”按钮关闭“表达式生成器”对话框，完成对“读者卡号”字段的有效性设置。

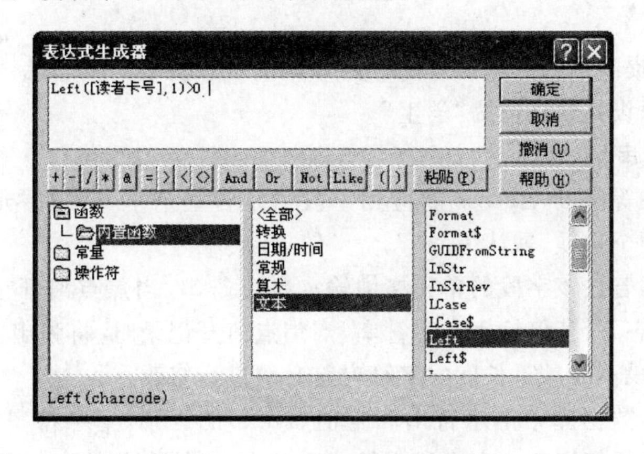

图2.47 “表达式生成器”对话框

【说明】

① 表达式“Left([读者卡号],1)>0”也可以直接在“有效性规则”文本框中输入，即不使用“表达式生成器”。

② 因为属性设置都是针对当前字段的，所以在设置“有效性规则”时，如果表达式以字段名开头，可以省略，例如表达式“>=5.00 and <=500.00”和表达式“[书籍定价]>=5.00 and [书籍定价]<=500.00”效果一致。

③ 在设置有效性规则时可以使用通配符。

2. 有效性文本

在设置某字段的“有效性规则”后，如果违背设定规则，Access 会自动弹出出错信息框。有时为了使出错信息提示的更明确，Access 允许自己定义提示信息内容。方法就是在对应的“有效性文本”属性框中输入一段提示信息。比如，当“出生日期”字段的有效性规则设置为“[出生日期]>=＃1955-1-1＃ and [出生日期]<=＃2008-12-31＃”时，在“有效性文本”属性框中可以输入：“读者出生日期必须在 1955.1.1 与 2008.12.31 之间，请确认您输入的日期!!!”

2.8.5 标题、默认值及其他

字段属性除了上面介绍的以外，还有几个经常使用的，包括标题、默认值、允许空字符串、必填字段和输入法模式等。

1. 标题

字段标题属性是用来设置标题的别名。如果一个字段没有设置标题属性，那么系统会使用字段名作为字段标题。由于允许用户设置标题，则在定义字段名时可以使用简单字符或汉字以简化表的操作，然后定义一个更明确的字段标题，用以显示字段名称。

【例 2.7】 设置“读者档案表”中“读者姓名”字段的标题为“姓名”。

操作步骤如下。

(1) 在“表设计视图”下打开“读者档案表”。

(2) 选取“读者姓名”字段，在对应的“标题”属性框中输入“姓名”。

则在该表的“数据表视图”下，姓名字段名将显示“姓名”。

2. 默认值

默认值在“默认值”属性框中输入。为某个字段设置了默认值后，当输入新的记录时字段中自动显示该值。

设置默认值能提高输入数据的效率。例如，“读者设置表”中“读者身份”字段的值多数是“学生”，所以可以设其默认值为“学生”。

3. 允许空字符串

对于文本、备注等字段，Access 能检测字段值是否是空字符串。“允许空字符串”属性框中有“是”、“否”两个选项，默认为“是”。

在“是”状态下，若往该字段的单元格中输入空字符串，当焦点离开记录时，使单元格显示空白。在“否”状态下，若仅输入空字符串，当焦点离开记录时，将弹出“Microsoft Access”消息框，提示“该字段不能是零长度的字符串”，必须进行修改。

注意在 Access 数据库中空字符串和空值(Null)的区别，空字符串是长度为零的字符串，即双引号中不含任何字符。在字段中输入空字符串表示该字段有值，而输入 Null 表示该字段无值。

4. 必填字段

该属性值为“是”或“否”两项。设置“是”时，表示此字段值必须输入，设置为“否”时，该字段可以不输入数据，允许为空值。默认值为“否”。

5. 输入法模式

输入法模式属性一般在文本、备注和日期/时间型字段中设置。

“输入法模式”属性框中包含“开启”、“关闭”等多项选择。默认值为“开启”，表示打开中文输入法。在此状态下编辑数据时，当焦点移到该字段，就会自动显示某种中文输入法状态条，以便直接输入中文。如果某字段总是输入英文或数字字符，应该设定“关闭”选项。

2.9 数据表的基本操作

在数据库的使用过程中，需要经常对数据表进行维护，例如，数据修改、数据增删以及数据表的外观设置等。

2.9.1 数据表视图

与表设计视图类似，数据表视图也提供了一些编辑工具，便于数据表的编辑操作。数据表视图下各部分的名称如图 2.48 所示。

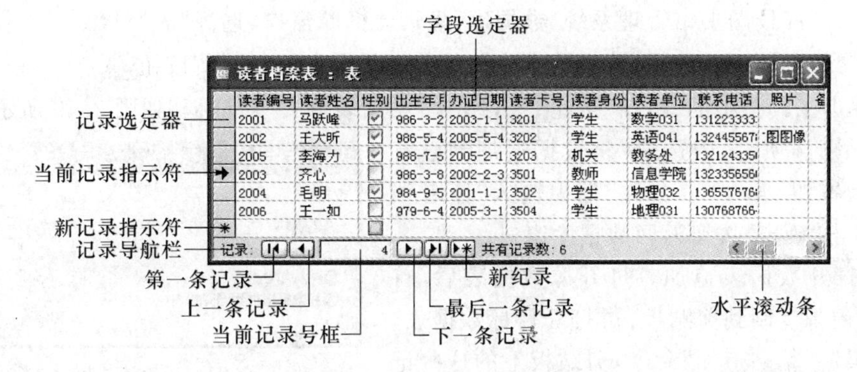

图 2.48 数据表视图

记录选定器(位于数据表左侧的小框)和字段选定器(是数据表的列标题)用于选定待编辑的数据。具体选定数据的方式见表 2.16。

表 2.16 在数据表中选定范围的方法

选定范围	选定方法
一个记录	单击记录选定器
多个记录	在开始行的记录选定器上按住鼠标左键，然后拖拽完成所选范围
所有记录	执行“编辑”|“选择所有记录”命令
一列	单击字段选定器
相邻多列	在开始列的字段选定器上按住鼠标左键，然后拖拽完成所选范围
单元格中部分数据	在开始处按住鼠标左键，然后拖拽完成所选范围
单元格中整个数据	鼠标指针移到单元格的左端变为空心加号时单击
相邻单元格数据块	鼠标指针移到单元格左端变为空心加号时，按住左键并拖拽完成所选范围

记录选定器有 3 种状态符来表示记录状态。

(1) 符号▶表示“当前记录指示符”。当显示该指示符时，表示前面编辑的记录数据已被保存。

(2) 符号✎表示“正在编辑指示符”。当焦点离开该记录时，所做的更改立即保存，该指示符也随即消失。

(3) 符号 * 表示“新记录指示符”。可在所指行输入新记录的数据。

记录导航栏位于数据表视图的下端，包括5个按钮和1个记录编号框。可以用它快速找到所要的记录。

2.9.2 修改记录或字段

1. 追加记录

追加记录是指在数据表末尾添加另一个表中的记录，要求两个表的结构要相同。可按以下两种方法操作。

(1) 不打开数据表追加。例如，把“读者档案表”中的所有数据，追加到“读者档案表1”中。

操作步骤如下。

① 打开“高校图书馆管理系统”数据库，显示数据库窗口，选择“表”对象。

② 在“表”对象下，选择“读者档案表”，单击工具栏中的“复制”按钮。

③ 单击工具栏中的“粘贴”按钮，弹出“粘贴表方式”对话框，如图2.49所示。

在“粘贴选项”区中选定“将数据追加到已有的表”选项按钮，并在“表名称”框中输入“读者档案1”。单击“确定”按钮返回数据库窗口。

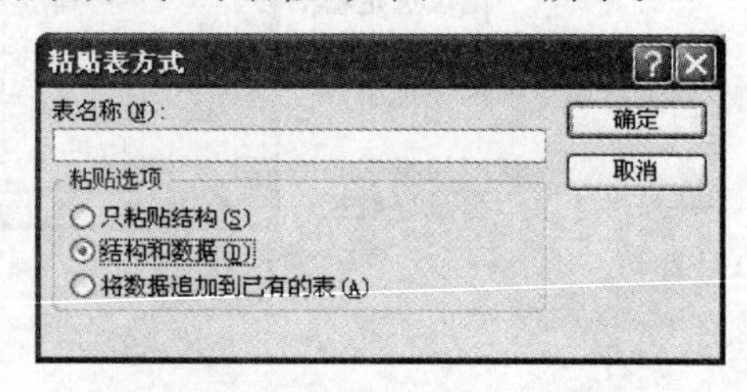

图2.49 “粘贴表方式”对话框

(2) 打开数据表追加。打开源数据表后，首先将若干记录复制到剪贴板；再打开目标数据表，执行“编辑”|“粘贴追加”命令，剪贴板上的这些记录就会追加到目标数据表末尾。

在对数据表中记录进行插入和移动时，可以采用上述追加方法来实现。

2. 删除记录

删除记录的方法是：选定删除对象（一条或多条记录），然后单击工具栏中的“删除记录”按钮。

3. 复制和粘贴数据块

复制多个相邻记录或多个相邻字段的数据，或复制相邻单元格数据，都可以通过剪贴板来实现。

4. 修改字段

修改字段通常在数据表设计视图中进行，但是在数据表视图中也可以很方便地进行修改。

(1) 字段改名。双击字段名，或单击字段选定器后执行“格式”|“重命名列”命令。

(2) 插入一列。单击字段选定器选择某列，然后执行“插入”|“列”命令。所插入列名称按插入次序分别为“字段1”、“字段2”等。

(3) 删除一列。单击字段选定器选择某列，执行“编辑”|“删除列”命令。

(4) 插入查阅列。单击字段选定器选择某列，执行“插入”|“查阅列”命令，弹出“查阅向导”对话框，依据向导提示创建查阅列字段。

2.9.3 表的整体操作

下面的操作都是在“表”对象下进行。

1. 重命名

在“表”对象下,单击要重新命名的表,执行“编辑”|“重命名”命令。

2. “Ctrl+拖放”复制

复制表的最简单方法是先在数据库窗口中选择“表”对象,然后按住“Ctrl”键并拖放某个表,结果将产生一个新表,并自动产生表名。

3. 通过剪贴板复制表

对选定源表执行“复制”命令,然后再执行“粘贴”命令,这时会弹出“粘贴表方式”对话框,如图 2.49 所示。其中的“粘贴选项”区有 3 个选项按钮,表示 3 种“粘贴”结果。

① “只粘贴结构”表示目标表只具有源表的结构,没有记录。

② “结构和数据”表示目标表和源表完全一样,具有相同的结构和记录。

③ “将数据追加到已有的表”表示向已存在的表中追加从源表复制的所有记录(要求:已有表的结构必须包括原表的结构,即原表的字段名及数据类型,在已有表结构中都存在并且完全一致)。已有表的表名在“表名称”框中输入。

4. 删除表

在“表”对象下,单击要删除的表,然后执行“编辑”|“删除”命令,或直接按“Delete”键。

5. 导出数据表

在 Access 数据库中可以将数据表导出到另一个数据库中,也可以导出到电子表格或文本文件。

下面以“读者档案表”为例,说明把数据表导出为电子表格文件的方法。

操作步骤如下。

(1) 打开“高校图书馆管理系统”数据库。

(2) 选择“读者档案表”,单击“文件”菜单下的“导出”菜单项,打开“将表‘读者档案表’导出为...”对话框,如图 2.50 所示。

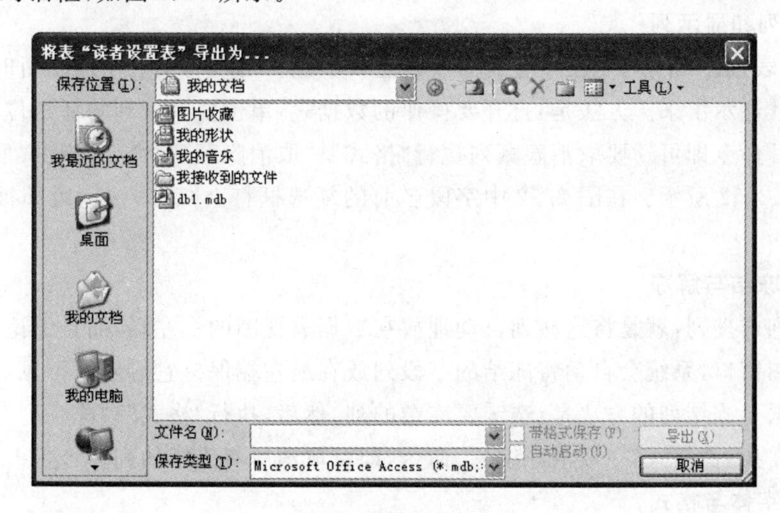

图 2.50 导出表对话框

(3) 在“保存位置”列表中选择 D 盘,在文件名中输入“读者设置表”,在“保存类型”列表中选择“Microsoft Excel”,单击“导出”按钮。

2.9.4 表的外观调整

调整数据表的外观，可以使数据表更清晰和美观。

1. 改变字段次序

在默认设置下，通常 Access 显示数据表中的字段次序与它们在表中出现的次序相同。但是，在使用数据表视图时，往往需要移动某些列来满足查看数据的要求。此时，可以改变字段的显示次序。方法是：单击被移动字段的字段选定器，把鼠标放在所选字段上，按住左键拖到所移位置释放鼠标。

2. 调整列宽和行高

(1) 调整列宽

将鼠标指针移到某个字段选定器的右边界线上，当它变成“左右双箭头”时，按住鼠标向左拖动可使该列变窄，向右拖动可使该列变宽。

要精确调整列宽，可以先选定某列，然后执行“格式”|“列宽”命令，弹出“列宽”对话框，如图 2.51 所示。可以在“列宽”对话框中输入调整列宽的数字，单击“确定”按钮。如果单击“最佳匹配”按钮能自动将列宽调整为正好容纳最长的列名或字段值(在字段选定器的右边界双击，也会调整为最佳匹配)。

图 2.51 “列宽”对话框

(2) 调整行高

将鼠标指针移到任意两个记录选定器的分界线上，当它变成“上下双箭头”时，若按住鼠标向上拖动，所有记录行均会变窄，而向下拖动，所有记录行均变宽。

与调整列宽一样，也可以通过“行高”对话框调整行高。

3. 隐藏列和显示列

在“数据表视图”中，为了便于查看表中的主要数据。可以将某些字段列暂时隐藏起来，需要时再将其显示出来。方法是：打开要操作的数据表，单击要隐藏列的任意位置，执行“格式”|“隐藏列”命令即可。要取消隐藏列执行“格式”|“取消隐藏列”命令，弹出“取消隐藏列”对话框，如图 2.52 所示。在图 2.52 中字段名前的复选框打上“√”，该字段即被显示，否则被隐藏。

4. 列的冻结与解冻

冻结一列或多列，就是将这些列自动地放在数据表视图的最左端，而且无论如何左右滚动数据表视图窗口，系统会自动将冻结的字段列放在最左端保持它们随时可见，以方便用户浏览表中数据。冻结列的方法是：选定要冻结的列，然后，执行“格式”|“冻结列”命令。取消冻结的列只需执行“格式”|“取消冻结列”命令，即可取消所有冻结的列。

5. 设置字体与格式

(1) 设置字体。执行“格式”|“字体”命令，将弹出“字体”对话框，可在其中设置数据的字体、字形、字号与颜色。

(2) 设置数据表格式。执行“格式”|“数据表”命令，这时弹出“设置数据表格式”对话框，如图 2.53 所示。可以按对话框的选项来设置表格的格式。

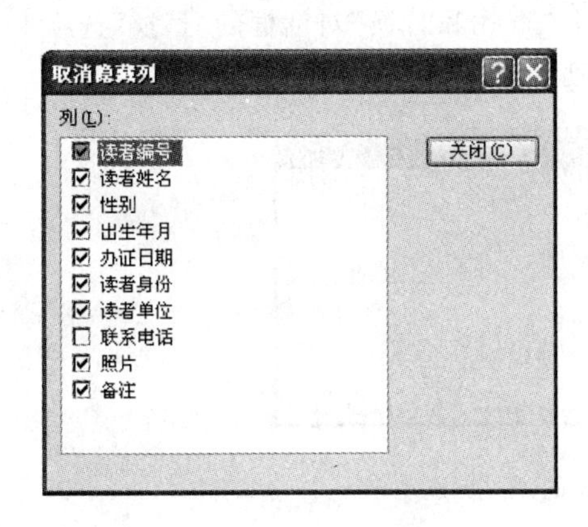

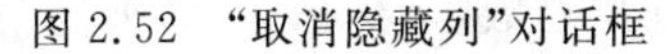
图 2.52　“取消隐藏列”对话框

图 2.53　设置数据表格式

2.9.5　查找与替换

1. 查找

在数据表视图下，单击工具栏中的“查找”按钮，将弹出“查找和替换”对话框，默认显示为“查找”选项卡，如图 2.54 所示。

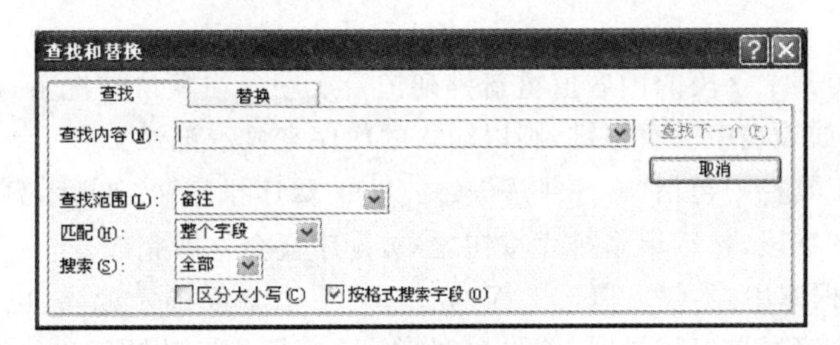

图 2.54　“查找和替换”对话框的“查找”选项卡

在“查找”选项卡中，首先在“查找内容”框中输入要查找的数据(如果要查找的数据与实际数据不完全匹配，可以使用通配符来代替某些字符，表 2.17 给出了 Access 常用的通配符)，然后再设置范围、匹配条件和搜索方向等，单击“查找下一个”按钮，查找的数据将被选定，且该数据所在的记录成为当前记录，再次单击“查找下一个”按钮，可以继续查找。

表 2.17　Access 常用的通配符

字符	功　能	示　例
*	与任何多个的字符或汉字匹配	王 * 可以找到王大昕、王一如、王艳、王萱
?	与任何单个字符或汉字匹配	王? 可以找到王艳、王萱
[ ]	与方括号内的任何单个字符或汉字匹配	B[ae]ll 可以找到 ball 和 bell 不能找到 bill
-	与指定范围的任一个字符匹配。范围必须升序，例如 A-Z	B[a-c]d 可以找到 bad、bbd 和 bcd
!	匹配任何非方括号内的字符或汉字	B[! ae]ll 可以找到 bill 和 bull 不能找到 bell
#	与任何单个数字字符匹配	2#1 可以找到 201、211、221、231、241

2. 替换

在数据表视图下，执行“编辑”|“替换”命令，打开“查找和替换”对话框的“替换”选项卡，也可以在图 2.54 中单击“替换”选项卡，如图 2.55 所示。

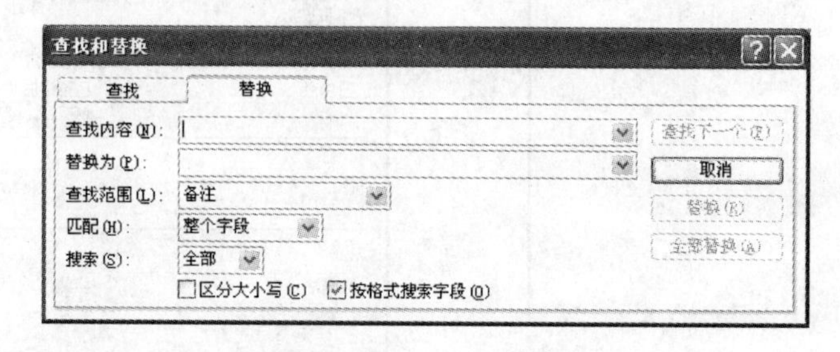

图 2.55 “查找和替换”对话框的“替换”选项卡

在“替换”选项卡中，首先在“查找内容”框中输入要查找的数据，然后在“替换为”框中输入要替换的数据，最后再设置范围、匹配条件和搜索方向，若单击“查找下一个”按钮，查找到的数据将被选定，单击“替换”按钮，数据将被替换；若单击“替换”按钮，则查找的第一个数据将直接被替换，然后等待下一次查找或替换；若单击“全部替换”按钮，则将所有查找的数据全部替换。

2.9.6 排序与筛选

1. 排序

排序就是按照某个字段的内容值重新排列记录次序。在默认情况下，Access 会按主键的次序显示记录，如果表中没有主键，则以输入的次序来显示记录。

数据表视图工具栏中包括“升序排序”按钮和“降序排序”按钮，只要先在数据表中单击某个要排序的字段，然后单击排序按钮之一，排序就会立即完成。

在 Access 数据库中，不仅可以按上面的方法对一个字段排序记录，也可以按多个字段排序记录。按多个字段排序记录时，首先根据第一个字段指定的顺序进行排序，当第一个字段具有相同的值时，再按照第二个字段进行排序，依此类推，直到按全部指定的字段排好序为止。多个字段排序方法可参见下面的“筛选”部分中的“高级筛选/排序”。

【说明】

① 对备注型字段排序将只针对前 255 个字符排序；不能对“OLE 对象”字段排序。

② 若已设置过排序，索引设置（参见第 2.9.7 小节）就不再起作用，除非清除排序设置，清除排序的方法是：单击“记录”|“取消筛选/排序”命令。

2. 筛选

筛选是有选择地查看记录，并不是删除记录。筛选时用户必须设定筛选条件，然后 Access 筛选并显示符合条件的记录，把不符合条件的记录隐藏起来。筛选的过程实际上是创建了一个记录子集，使用筛选可以使数据更加便于管理。Access 提供了“按选定内容筛选”、“内容排除筛选”、“按窗体筛选”、“高级筛选”和“筛选目标”这 5 种筛选方法。下面介绍前 4 种筛选，这些方法也适用于查询或窗体。

(1) 按选定内容筛选

在数据表中选定要筛选的内容，在工具栏中单击“按选定内容筛选”按钮，窗口中会显示出满足条件的记录。

【例 2.8】 在“读者设置表”中，筛选 2005 年办证的人员。

操作步骤如下。

① 在数据表视图下打开“读者设置表”，选定“办证日期”字段中“2005”，如图 2.56 所示。

② 单击工具栏中“按选定内容筛选”按钮，显示筛选结果，如图 2.57 所示。

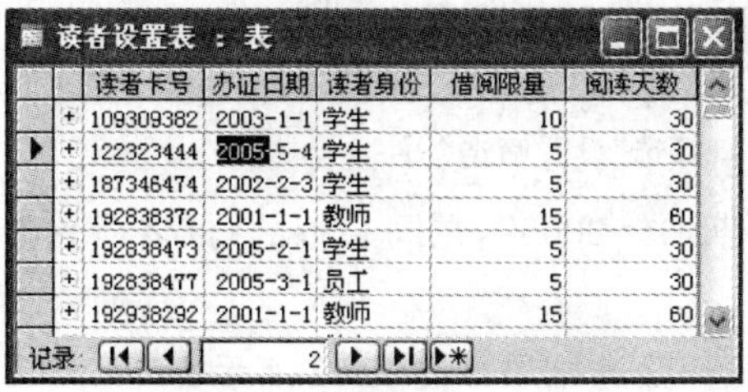

图 2.56 “读者设置表”筛选前

图 2.57 显示 2005 年办证人员

③ 若要取消筛选，单击工具栏中“取消筛选”按钮。

④ 若要保存筛选设置，只要保存设置筛选后的表即可。下次打开表时，单击工具栏中“应用筛选”按钮执行筛选。

(2) 内容排除筛选

按内容排除筛选是将除当前选定的内容以外的值作为条件进行筛选。

【例 2.9】 在“读者设置表”中，筛选除学生以外的办证人员。

操作步骤如下。

① 在数据表视图下打开“读者设置表”，在“读者身份”字段中任意“学生”值上右击，打开快捷菜单，如图 2.58 所示。

② 选择“内容排除筛选”命令，显示筛选结果，如图 2.59 所示。

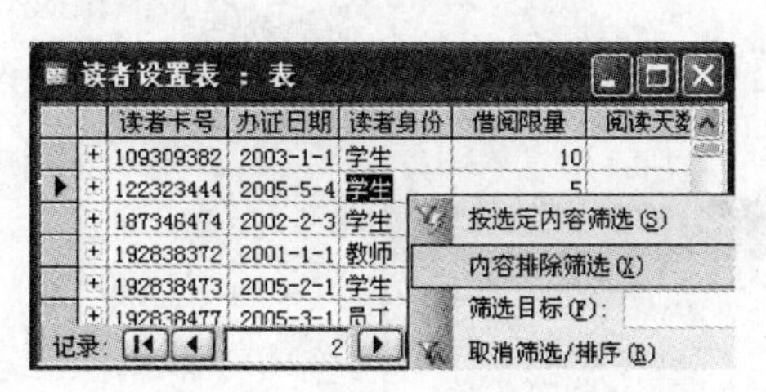

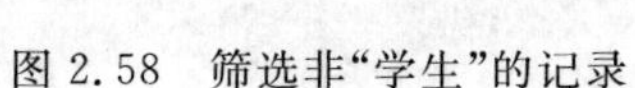

图 2.58 筛选非“学生”的记录

图 2.59 显示所有除“学生”以外的记录

③ 取消筛选时，单击工具栏中“取消筛选”按钮。

(3) 按窗体筛选

按窗体筛选是由用户在“按窗体筛选”对话框上设定筛选条件，然后进行筛选。当筛选条件比较多时，应采用“按窗体筛选”。

【说明】

设置在同一行的各条件筛选结果是同时满足所有条件的记录；设置在不同行的各条件筛选结果是至少满足其中一个条件的记录。单击“按窗体筛选”窗口下面的“或”选项，可以分行设置条件。

【例 2.10】 在“读者设置表”中，筛选 2005 年办证的学生。

操作步骤如下。

① 在数据表视图下打开“读者档案表”，单击工具栏中“按窗体筛选”按钮，打开“读者设置表:按窗体筛选”窗口，如图 2.60 所示。

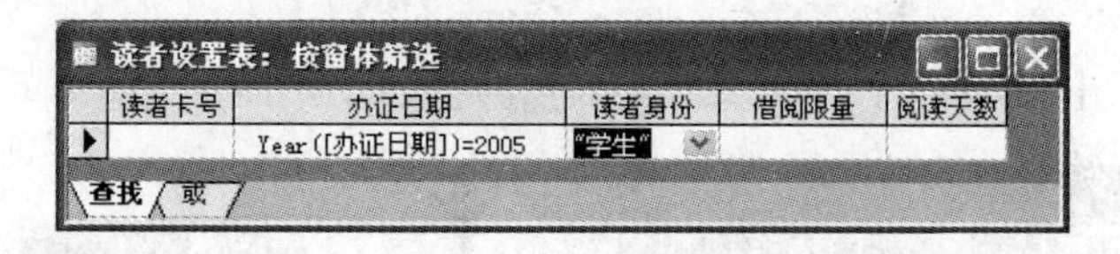

图 2.60 “读者设置表:按窗口筛选”设置筛选条件

② 在“办证日期”字段中输入“year([办证日期])＝2005”，在同一行的“读者身份”字段列表中选取“学生”。

③ 单击工具栏中“应用筛选”按钮执行筛选，筛选结果如图 2.61 所示。

读者设置表 ： 表

读者卡号	办证日期	读者身份	借阅限量	阅读天数
122323444	2005-5-4	学生	5	3
192838473	2005-2-1	学生	5	3
193837483	2005-3-1	学生	5	3
309283937	2005-5-4	学生	5	3

记录: 1 共有记录数: 4 (已筛选的)

图 2.61 显示 2005 年办证的学生记录

④ 取消筛选时，单击工具栏中“取消筛选”按钮。

(4) 高级筛选/排序

当需要设置多个筛选条件，或依据多个字段排序时，可以使用“高级筛选/排序”来筛选。

【例 2.11】 在“读者设置表”中，筛选 2005 年办证的学生，对筛选结果依据“办证日期”升序排序，如果“办证日期”相同，按“读者卡号”降序排序。

操作步骤如下。

① 在数据表视图下打开“读者设置表”，执行“记录”|“筛选”|“高级筛选/排序”命令，打开高级筛选/排序窗口，如图 2.62 所示。

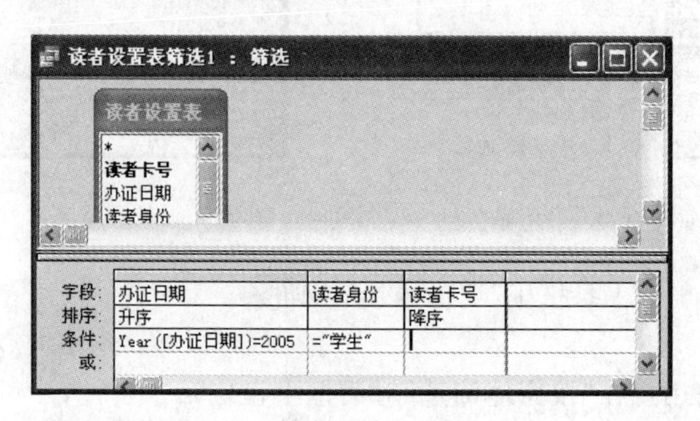

图 2.62 高级筛选/排序窗口

② 在第一列“字段”下拉列表中选择“办证日期”字段，在“排序”下拉列表中选择“升序”，在“条件”框中输入“year([办证日期])＝2005”；在第二列“字段”下拉列表中选择“读者身份”，对应的“条件”框中输入“＝"学生"”；第三列“字段”下拉列表中选择“读者卡号”，对应的“排序”下拉列表中选择“降序”(汉字排序依据拼音字典排序)。

③ 单击工具栏中“应用筛选”按钮执行筛选，筛选结果与图 2.61 相似，只是按“办证日期”升序排列，“办证日期”相同时，按“读者卡号”降序排列。

④ 取消筛选时，单击工具栏中“取消筛选”按钮。

实际上，前面介绍的几种筛选，每个设置完之后，筛选条件都保存在“高级筛选/排序”窗口中。

2.9.7 索引

索引就是建立索引文件，索引文件包括指定表的一个字段或多个字段，按字段的值将记录排序。建立索引之后，如果查找索引字段中的数据，将按照基于二分法的快速查找算法，先在索引文件中查找数据的记录号，然后根据记录号来找到记录。例如，当为姓名字段创建索引后，就可快速搜索某个姓名。主键是特殊的索引。

索引字段的数据类型可以是“文本”、“数字”、“货币”及“日期/时间”等类型，主键字段会自动索引，但 OLE 对象和备注字段等不能设置索引。

1. 索引的种类

(1) 索引按功能分类，包括唯一索引、普通索引和主索引。

① 唯一索引表示每个记录的索引字段值都是唯一的，不允许相同。

② 普通索引含义是索引字段允许有相同的值。

③ 主索引要求是在唯一索引的基础上，索引字段不允许出现 Null 值。

在同一个表中，允许创建多达 32 个索引，但是只能创建一个主索引。Access 将主索引字段作为当前排序字段。

在表设计视图和索引窗口中，主索引字段的行选定器上会显示一个钥匙符号，可见主索引就是主键。

(2) 按索引字段个数分类，包括单个字段索引和多个字段索引。多字段索引是指为多个字段联合创建的索引，其中允许包含的字段可达 10 个。若要在索引查找时区分表中字段值相同的记录，必须创建包含多个字段的索引。多个字段索引是先按第一个索引字段排序，对于字段值相同的记录再按第二个索引字段来排序，依此类推。

2. 创建索引

创建索引就是为字段设置索引属性。可在表的设计视图和索引窗口中设置索引属性。

利用设计视图创建索引的过程是：

首先打开“表设计视图”，先在上面窗格中选择要创建索引的字段(一个或多个)，然后在对应的“字段属性”窗格中“索引”属性列表内设置索引。

【说明】

① 在“索引”列表里包括 3 个可选项，其中“无”表示未建索引；“有(有重复)”表示普通索引；“有(无重复)”表示唯一索引。

② 选择索引字段后，单击工具栏“主键”按钮，可以设置主索引，即主键(主键字段的“行选定器”呈现标记)。

③ 在“设计视图”下创建的索引，对索引字段升序排列。

④ 对字段创建索引后，当数据更新时，索引文件会自动更新。

利用索引窗口创建索引的过程是：

(1) 打开表的“设计视图”，单击工具栏中“索引”按钮，弹出“索引”窗口，如图 2.63 所示。

(2)“索引”窗口集中了创建、查看和编辑索引的功能，上部窗格的一行可以设置一个索引字段。其中“索引名称”单元是必填项，既可沿用字段名称，也可由用户重新定义；“字段名称”和“排序次序”均在各自单元格组合框的列表中选取。下窗格用于设置“唯一索引”、“主索引”和“忽略 Nulls”属性。

图 2.63 “索引”窗口

【说明】

① 在“索引”窗口中设置字段索引时，允许“降序”排列。

② 如果创建多字段索引时，只需在第一个字段前输入“索引名称”，其他字段在“索引名称”框中空白。

③ “忽略 Nulls”组合框中若选“是”，表示该索引排除值为“Null”的记录，“否”为默认选项。

3. 删除索引

删除索引就是取消对字段的索引。可以使用以下两种方法：

① 在索引窗口中，选定一行或多行，然后按“Delete”键。

② 在设计视图中，在字段的“索引”属性组合框中选则“无”。

取消主索引(主键)也可以在设计视图中选定主键字段，然后单击工具栏中“主键”按钮。

2.10 建立表间关联关系

在数据库中通常要建立若干表，这些表之间常常存在着联系。在 Access 数据库中需要把有联系的表之间建立起关联关系，表中数据才能更有效地利用。

2.10.1 表间关系

为了下面讨论方便，下面给出“高校图书馆管理系统”数据库中除前面提到的“读者档案表”外的其他表的结构。

(1) 图书编目表([书籍编号]，文本(10)，[书籍名称]，文本(30)，[ISBN 编号]，文本(17)，[书籍版次]，文本(6)，[著者信息]，文本(15)，[出版社编号]，文本(10)，[书籍定价]，货币，[书籍开本]，文本(4)，[所属语种]，文本(10)，[书籍类别]，文本(30)，[出版时间]，日期/时间，[书籍页码]，数字(整型)，[书籍封面]，OLE，[书籍简介]，备注)。

(2) 读者借阅表([读者卡号]，文本(10)，[书籍编号]，文本(10)，[借阅日期]，日期/时间，[归还日期]，日期/时间，[管理员编号]，文本(10))。

(3) 超期罚款表([管理员编号]，文本(10)，[读者卡号]，文本(10)，[书籍编号]，文本(10)，[超期天数]，数字(整型)，[罚款总额]，货币型)。

(4) 图书管理员权限表(管理员编号，文本(10)，姓名，文本(6)，性别，是/否，密码，文本(20)，管理员权限，文本(10))。

带下划线的字段为主键。

1. 表的关联

表的关联，是指通过表之间的公共字段建立关系，使两个表的相关记录能通过关联字段实现联系。

在关联两个表中，总有一个是主表，一个是子表。例如“读者档案表”与“读者借阅表”建立关联时，前者为主表，后者为子表。

在建立关系的两个表中，关联字段的字段名称允许不同，但类型必须相同。对于自动编号型主键与数字型字段关联时例外，只要求它们的“字段大小”属性相同，比如均为长整型。如果是两个数字型字段，则要求“字段大小”属性必须相同。

2. 关联的类型

在关系模型中，每个记录即为实体，按照实体之间的关联类型，表间关系可分为一对一、一对多和多对多类型。

(1) 一对一关系。如果主表中的每个记录仅能在子表中有一个匹配的记录，并且子表中的每个记录仅能在主表中有一个匹配记录，这种关系类型称为一对一关系。这种关系类型并不常用，因为通常这些数据都可列在一个表中。

(2) 一对多关系。如果主表的某一记录能与子表的多条记录匹配，但是子表中的任意记录仅能与主表的一条记录匹配，这种关系称为一对多关系。

(3) 多对多关系。如果主表中的某一记录能与子表中的多条记录匹配，并且子表中的某一记录也能与主表中的多条记录匹配。这种关系称为多对多关系。对于这种关系，可以先定义一个连接表，并将原表中能用作主键的字段添加到连接表中，从而转化为以连接表为子表，原来两个表分别为主表的两个一对多关系。

3. 主键和外键

在第 1 章介绍“关系模型”时，提到了“主键”和“外键”的概念，同时在前面“创建索引”部分中叙述了主键的创建方法。由于表间关系的创建通常是通过“主键”和“外键”联系的，所以下面把这两个概念再明确一下。

(1) 主键。主键值能唯一标识表中的每个记录。所以主键必须是唯一索引，且不允许存在 Null 值。在编辑数据时，主键字段既不能空也不能重复。

主键一般为单字段。当所选字段不能保证唯一时，可以将两个或更多的字段指定为主键。

(2) 外键。在关联表中，若一个表用主键作为关联字段，则另一个表的关联字段称为该表的外键。主键和外键表明了表间关系。与主键不一样，除非要建立一对一关系，通常外键不要求具有唯一性，且不能是自动编号字段。

2.10.2 创建关系

以创建“读者档案表”和“读者借阅表”之间关系为例，说明创建关系的方法。这两个表之间的关系类型是一对多的关系，因为一名读者可以借阅多本书。

(1) 打开“高校图书馆管理系统”数据库，单击工具栏中“关系”按钮，打开“关系”窗口，同时弹出“显示表”对话框，如图 2.64 所示。

如果没有自动弹出“显示表”，可以单击工具栏中“显示表”按钮，打开“显示表”对话框。

(2) 在“显示表”对话框中，选择“表”选项卡，分别单击“读者档案表”和“读者借阅表”及“添加”按钮，把这两个表的字段列表添加到“关系”窗口中，然后单击“关闭”按钮，关闭“显示表”对话框，如图 2.65 所示。

图 2.64 “关系”窗口及“显示表”对话框

(3) 将主表“读者档案表”中主键“读者卡号”用鼠标拖放到“读者借阅表”中外键“读者卡号”上，弹出“编辑关系”对话框，如图 2.66 所示。

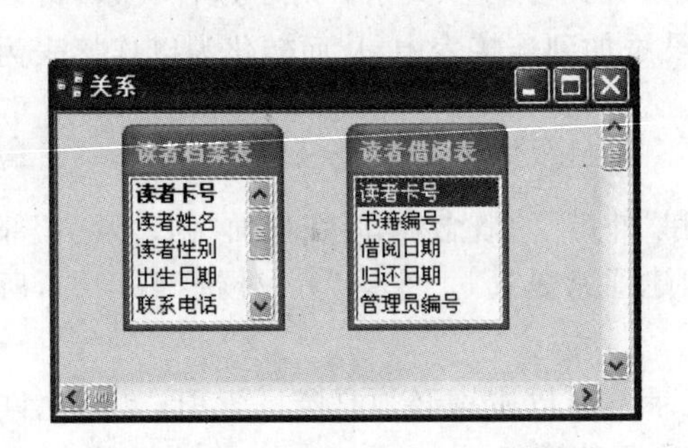

图 2.65 添加字段列表的“关系”窗口

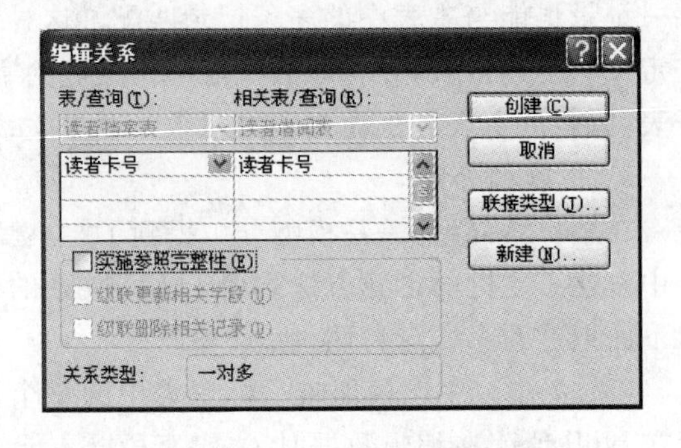

图 2.66 “编辑关系”对话框

(4)“编辑关系”对话框中“表/查询”框对应主表的字段列表，如果修改字段，可以单击对应的下拉按钮重新选择；“相关表/查询”框对应子表的字段列表，也可以重新选择子表字段。“实施参照完整性”选项和“联接类型”按钮等在后面单独介绍。这时单击“创建”按钮，即创建了两个表之间的关系，如图 2.67 所示。当两个表建立关系后，再打开主表时，会看到表的左侧有一列加号“＋”，单击“＋”，会展开与此加号所在记录相关联的子表记录。

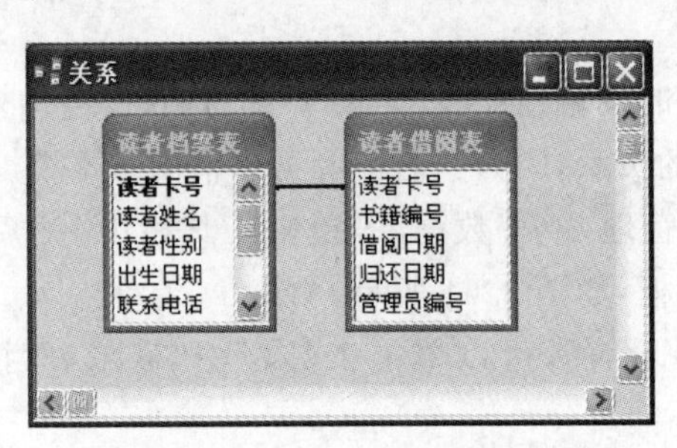

图 2.67 建立表间关联关系

2.10.3 编辑关系

下面介绍一下联接类型和编辑关系。

1. 联接类型

联接类型是指查询的有效范围,即对哪些记录进行选择,对哪些记录执行操作。联接类型分3种:内部联接、左外部联接和右外部联接。系统默认是内部联接。

在"编辑关系"对话框中,单击"联接类型"按钮,弹出"联接属性"对话框,如图2.68所示。在"联接属性"对话框中有3个单选按钮,分别介绍如下。

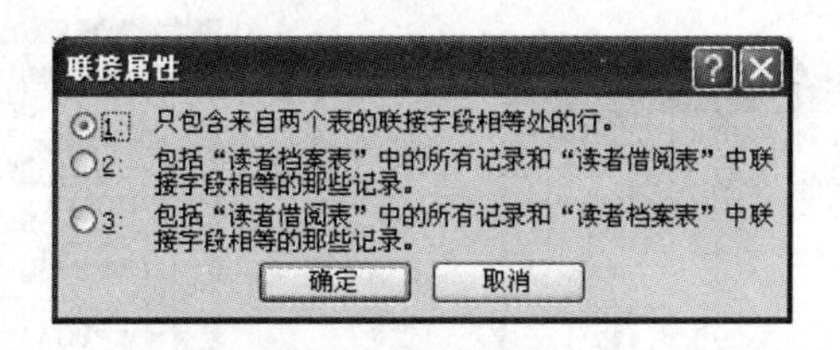

图2.68 "联接属性"对话框

(1) 内部联接。联接字段满足特定条件时,才合并两个表中的记录并将其添加到查询结果中。

(2) 左外部联接。将主表中全部记录添加到查询结果中,子表中仅当与主表有相匹配的记录才添加到查询结果中。

(3) 右外部联接。将子表中全部记录添加到查询结果中,主表中仅与子表有相匹配的记录才添加到查询结果中。

这几种联接类型的显示结果,在下一章介绍查询时可以得到验证。

2. 编辑关系

表间关系按照上述方法建立后,如果需要修改或删除,可以按下面方法操作。

(1) 关闭所有打开的表,因为不能修改已打开的表之间的关系。

(2) 在数据库窗口下,单击工具栏"关系"按钮,如果没有显示要编辑的表,可以单击工具栏上的"显示表"按钮,并双击每一个所要添加的表,显示结果如图2.67所示。

(3) 在两个表连线上右击,弹出快捷菜单(编辑关系、删除),如图2.69所示。单击"编辑关系"打开"编辑关系"对话框,可以修改关系;单击"删除",可以取消两个表间关系。

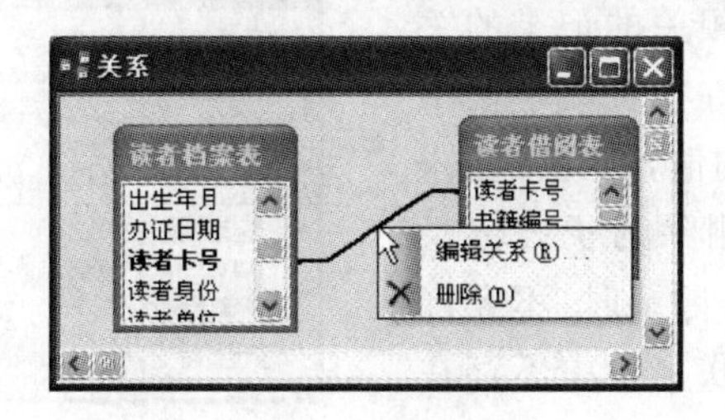

图2.69 编辑关系

2.10.4 参照完整性

字段有效性规则是对表字段内限制的,参照完整性规则属于表间规则,用于在编辑记录时维持已定义的表间关系。

对于相关联的两个表，主表“读者档案表”，如图 2.70 所示，子表“读者借阅表”，如图 2.71 所示。如果在更新、删除或插入记录时只改变其中一个表，而另一个表不随之改变，会影响数据的完整性。例如，修改主表“读者档案表”中关联字段“读者卡号”的值，比如把第四条记录的“读者卡号”由原来的 193837483，修改为 193837000，或者把此条记录删除，而子表“读者借阅表”的关联字段“读者卡号”的值未作相应修改或删除，这样就会出现子表中的记录失去对应关系；如果在子表中插入一条记录，比如“读者卡号”值为“190000000”的记录，而主表不变，也将使该条记录没有对应记录。这些使关联字段值不保持相关联的情况，就是违背了表间数据的参照完整性。

读者档案表 ：表

读者卡号	读者姓名	读者性别	出生日期
193834748	齐心	☐	1969-7-
193837349	王一如	☑	1987-6-
193837481	张天定	☑	1986-5-
193837483	杨春兰	☐	1988-6-
193838374	段汴霞	☐	1968-9-
193839485	汪东声	☑	1971-1-
193898485	张玉兰	☐	1969-9-

记录： 1

图 2.70 读者档案表

读者借阅表 ：表

读者卡号	书籍编号	借阅日期
309283937	7118022071	2007-3-
193839485	7118022071	2007-5-1
193837483	7118026778	2007-6-
291928393	7302047804	2006-4-
291928393	7302049734	2008-3-
839283833	7320043116	2007-3-
193837483	7320043116	2008-3-1
193837483	7508307348	2008-5-2

记录： 1

图 2.71 读者借阅表

为了保持参照完整性，Access 提供了参照完整性的一组规则，以及实施参照完整性的操作界面。

1. 实施参照完整性的条件

（1）两表必须关联，而且主表的关联字段是主键，或具有唯一索引。

（2）子表中任一关联字段值在主表关联字段值中必须存在。

2. 参照完整性的规则与其实施

参照完整性规则包括更新规则、删除规则和插入规则等 3 组规则。具体实施时包括 3 个方面，即“实施参照完整性”、“级联更新相关记录”和“级联删除相关记录”。下面分别介绍其具体含义。

（1）实施参照完整性。在“编辑关系”对话框中单击“实施参照完整性”复选框，表示两个关联表之间建立了实施参照完整性规则，如图 2.72 所示。

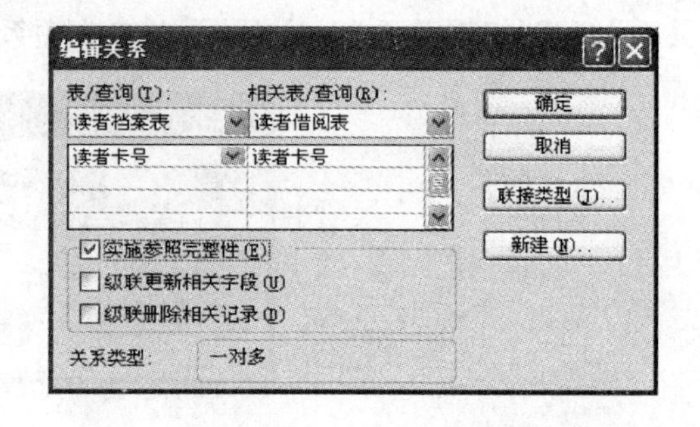

图 2.72 选择“实施参照完整性”复选框

当两个表间建立参照完整性规则后，在主表中不允许更改与子表相关的记录的关联字段值；在子表中，不允许在关联字段中输入主表关联字段不存在的值，但允许输入 Null 值；不允许在主表中删除与子表记录相关的记录；在子表中插入记录时，不允许在关联字段中输入主表关联字段中不存在的值，但可以输入 Null 值。

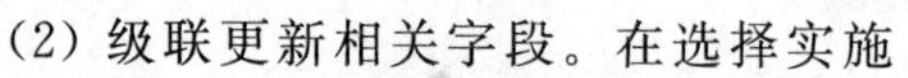

（2）级联更新相关字段。在选择实施参照完整性后，在“编辑关系”对话框中单击“级联更新相关字段”复选框，表示关联表间可以级联更新。

当关联表间实施参照完整性并级联更新时，若更改主表中关联字段值时，则子表所有相关记录的关联字段值就会随之更新。但在子表中，不允许在关联字段输入除 Null 值以外的主表关联字段中不存在的值。

(3) 级联删除相关字段。在选择实施参照完整性后，在“编辑关系”对话框中单击“级联删除相关记录”复选框，表示关联表间可以级联删除。

当关联表间实施参照完整性并级联删除时，若删除主表中的记录，子表中的所有相关记录就会随之删除。

如果关联表间不实施参照完整性，也就是不选“实施参照完整性”的复选框，这时对主表或子表的更新、删除和插入不受限制。

当两个相关表间实施参照完整性以后，表间连线依据关系类型，将显示出一对一、一对多等标志，图 2.73 是“高校图书馆管理系统”数据库中表间关系图，所有关系均实施了参照完整性规则。

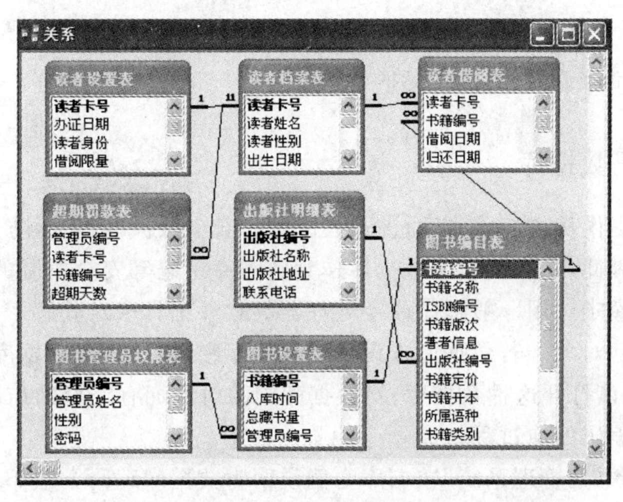

图 2.73 “高校图书馆管理系统”数据库的“关系”窗口

2.11 Access 系统安全措施

数据库系统的安全性主要是防止非法用户使用或访问系统中应用程序和数据。为避免应用程序及数据遭到意外、故意地修改或破坏，Access 系统提供了一系列保护措施，包括设置访问密码、进行加密、保存为 MDE 文件、设置用户级安全机制等。

2.11.1 数据库访问密码

数据库访问密码是为打开数据库而设置的密码。它是一种保护 Access 数据库的简便方法。设置密码后，每次打开数据库时都将显示要求输入密码的对话框，只有键入了正确密码方能打开数据库。

由于 Access 对键入的密码进行了加密，即使查看数据库文件也无法得到密码，保证了输入密码的安全性。

(1) 数据库密码的设置。设置密码的数据库必须以独占方式打开。选择“工具”菜单下“安全”子菜单中“设置数据库密码”命令，打开“设置数据库密码”对话框，如图 2.74 所示。该对话框专门用于为打开数据库设置密码。

若遗忘了定义好的密码，无法打开数据库，将导致不能继续设计数据库的后果。所以在设置数据库密码之前，必须为数据库制作一个副本。

(2) 数据库密码的撤销。撤销密码是指取消密码设置，并非删除通过输入所定义的密码。密码撤销后，打开数据库时就不再有密码限制。与设置密码一样，撤销密码的设置也必须事先以独占方式打开数据库。其步骤一般为：打开设置过密码的数据库，执行“工具”|“安全”|“撤销数据库密码”命令(一旦设置密码，原来的“设置数据库密码”命令即变成“撤销数据库密码”命令)，将显示如图2.75所示的“撤销数据库密码”对话框。在该对话框的“密码”框中键入原来定义的密码，然后单击“确定”按钮关闭对话框，所设置的密码就被撤销。

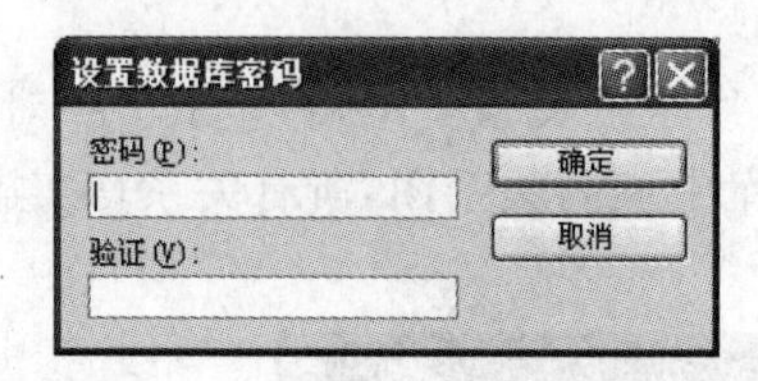

图2.74 “设置数据库密码”对话框

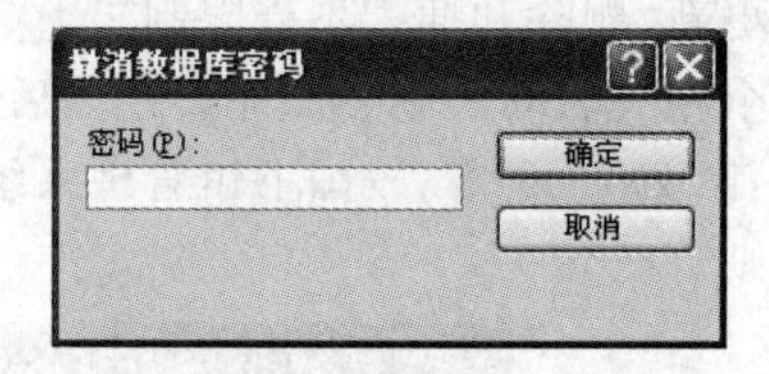

图2.75 “撤销数据库密码”对话框

2.11.2 编码数据库

数据库密码仅提供从Access界面进入数据库的安全保护，但不能防止使用其他手段来打开数据库文件。因此，常利用编码数据库作为数据库密码等安全机制的补充。

编码后的数据库难以用一般程序或字处理器等软件工具来对其解密。但编码后的数据库并不限制用户访问对象。若数据库未设置过数据库密码，尽管对数据库进行了编码，任何人仍可在Access窗口打开这种数据库，对数据库中的对象拥有完全的访问权。

数据库解码是编码的逆过程。

下面以“高校图书馆管理系统”数据库为例说明为数据库编码方法。

(1) 启动Access系统，在Access窗口中，选择“工具”|“安全”|“编码/解码数据库”命令，将显示“编码/解码数据库”对话框，如图2.76所示。选择“高校图书馆管理系统”数据库文件，并单击“确定”按钮，将弹出“数据库编码后另存为”对话框，如图2.77所示。

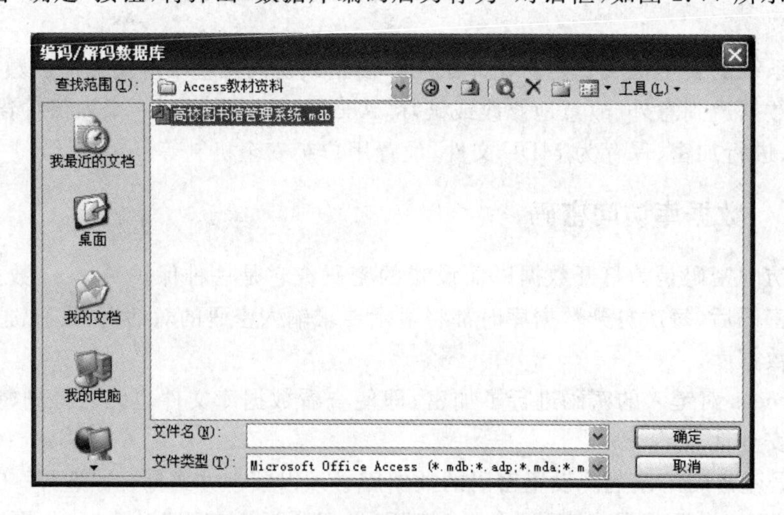

图2.76 “编码/解码数据库”对话框

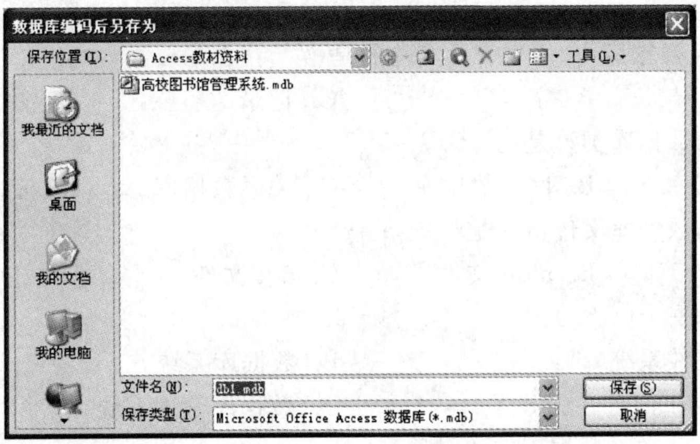

图 2.77 “数据库编码后另存为”对话框

(2) 在“数据库编码后另存为”对话框的“文件名”框中键入“高校图书馆管理_编码”，单击“保存”按钮将对话框关闭，“高校图书馆管理_编码”数据库文件随之建立。对编码后的数据库操作与编码前数据库没有什么不同。

数据库系统的安全性是一项十分重要的工作，在 Access 系统中提供了一系列保护措施，包括设置访问密码、进行加密、保护为 MDE 文件、设置用户级安全机制等。其中的密码保护又有数据库密码、VBA 工程密码和安全密码 3 种，可供 Access 数据库应用程序开发者选用。

安全保护不仅对多用户环境显得必要，即使单机环境也是必不可少的。只是由于环境差异，保护的程度也有所不同。

习 题

一、填空题

1. OLE 对象数据类型字段通过“链接”或______方式接收数据。

2. 字段的“格式”属性分为标准格式与______两种。

3. 参照完整性是一个准则系统，Access 使用这个系统用来确保相关表中记录之间______的有效性，并且不会因意外而删除或更改相关数据。

4. 在 Access 数据库中数据类型主要包括自动编号、文本、备注、数字、日期/时间、是/否、OLE 对象、______和查阅向导等。

5. 表是数据库中最基本的操作对象，也是整个数据库系统的______。

6. 字段有效性规则是在给字段输入数据时所设置的______。

7. 字段输入______是给字段输入数据时设置的某种特定的输入格式。

8. 表结构的设计及维护是在______窗口中完成的。

9. 在 Access 数据库中，创建表有数据表视图、______、表向导、导入表、链接表等 5 种方法。

10. Access 数据库中，表与表之间的关系分为一对一、______和多对多等 3 种。

二、选择题

1. 在 Access 数据库中，用来表示实体的是(　　)。

A. 域　　B. 字段　　C. 记录　　D. 表

2. Access 的数据库类型是(　　)。

A. 层次数据库　　B. 网状数据库　　C. 关系数据库　　D. 面向对象数据库

3. Access 的数据库文件格式是(　　)。

A. txt 文件　　B. mdb 文件　　C. dot 文件　　D. xls 文件

4. Access 是一个(　　)。

A. 数据库文件系统　　B. 数据库系统

C. 数据库应用系统　　D. 数据库管理系统

5. 不是 Access 关系数据库中的对象为(　　)。

A. 查询　　B. Word 文档　　C. 数据访问页　　D. 窗体

6. 在 Access 数据库系统中，共有(　　)种数据对象。

A. 5　　B. 6　　C. 7　　D. 8

7. 下面是关于"是/否"类型字段的自定义格式，正确的是(　　)。

A. "男","女"　　B. "男";"女"　　C. ;"男";"女"　　D. ;"男/女"

8. Access 不能对(　　)数据类型进行排序或索引。

A. 文本　　B. 备注　　C. 数字　　D. 自动编号

9. OLE 对象数据类型字段所嵌入的数据对象的数据存放在(　　)。

A. 数据库中　　B. 外部文件中　　C. 最初的文档中　　D. 以上都是

10. 查找数据时，设查找内容为"b[! aeu]ll"，则可以找到的字符串是(　　)。

A. bill　　B. ball　　C. bell　　D. bull

11. 必须输入字母或数字的输入掩码是(　　)。

A. A　　B. &　　C. 9　　D. ?

12. 在"日期/时间"数据类型中，每个字段需要(　　)个字节的存储空间。

A. 4　　B. 8　　C. 12　　D. 16

13. 在 Access 数据库中，下面关于空值 NULL 叙述错误的是(　　)。

A. 尚未存储数据的字段的值　　B. 空值是默认值

C. 查找空值的方法与查找空字符串相似　　D. 空值的长度为零

14. 货币数据类型是(　　)数据类型的特殊类型。

A. 数字　　B. 文本　　C. 备注　　D. 自动

15. 不合法的表达式是(　　)。

A. [姓名]="张三"or [姓名]="王立"　　B. [性别] like "男"or[性别]="女"

C. [性别] Like"女"　　D. [性别]="女"

16. 合法的表达式是(　　)。

A. 教师编号 between 100000 and 200000

B. [性别]="男"or [性别]="女"

C. [基本工资]>=1000 [基本工资]<=10000

D. [性别]like"男"=[性别]="女"

17. 在文本类型字段的"格式"属性中，使用"@;尚未输入"，则下列叙述正确的是(　　)。

A. @代表所有输入的数据　　B. 只可输入“@”符号

C. 此栏不可以是空白　　D. 默认值是“尚未输入”4 个字

18. 下面关于主关键字段叙述错误的是(　　)。

A. 数据库中的每个表都必须有一个主关键字段

B. 主关键字段值是唯一的

C. 主关键字可以是一个字段,也可以是一组字段

D. 主关键字段中不许有重复值和空值

19. 在对表中某一字段建立索引时,若其值有重复,可选择(　　)。

A. 主　　B. 有(无重复)　　C. 无　　D. 有(有重复)

20. 建立两个表之间的关系是通过(　　)建立起来的。

A. 两个表中任取一个字段　　B. 两个表中取相同数据类型的两个字段

C. 同名的字段　　D. 都不对

三、简答题

1. Access 数据库包括哪几个对象?

2. 字段有哪几种数据类型?

3. 常用的建立表的方法有哪几种?

4. 字段有效性规则属性、格式属性和字段的掩码属性其作用各是什么?

5. 字段索引属性包括哪几类? 索引与主键有什么关系?

6. 表间关系有哪几种?

7. 关联表间实施参照完整性的含义是什么?

8. 主键和外键的取值有什么限制? 在建立表间关系时它们各起什么作用?

9. 关联表间的级联更新和级联删除的含义是什么?

第3章　查询创建与使用

数据库的主要用途是存储和提取信息。当使用前两章介绍的方法建立数据库、数据表，并向数据表中输入数据后，数据库中包含了一些数据表，但这些数据纯粹是静态记录的集合，无法有效地加以运用及组织。对数据库的操作来说，数据的统计、计算与检索在日常工作中占很大的一部分。尽管在数据表或窗体中也可以做筛选、排序、浏览等操作，但在执行数据计算以及检索多个表的数据时，数据表就显得无能为力了。使用查询，则可以轻而易举地完成这些数据处理工作。查询是专门用来进行数据检索、数据加工的一种重要的数据库对象。

本章主要介绍查询的概念、功能与类型以及各种类型查询的创建与使用，并讲解 SQL 查询语句的使用。

3.1　查询的概念、功能与类型

3.1.1　查询的概念

在设计一个数据库时，为了节省存储空间，通常会将数据分类，并分别存放在多个数据表中，但这却使浏览数据变得复杂了。很多时候需要从一个或多个表中检索出符合条件的数据，或是对数据库中的数据进行计算，这就需要依靠查询来实现。在 Access 数据库中，查询是一个重要的对象。

查询是指在一个或多个数据表(或查询)中根据用户设置的条件检索适合用户要求的数据，并同时对数据执行一定的统计、分类和计算，也可以按用户的要求对数据进行排序。查询是操作的集合。查询的操作结果是动态记录的集合，当数据表中的数据发生变化时，查询到的数据也会随之改变，从而创建记录集。因此，查询的结果总是与数据来源中的数据保持同步。

查询可以作为结果，也可以作为数据来源创建表、查询、窗体、报表或数据访问页对象。

3.1.2　查询的功能

查询的主要功能如下。

(1) 选择表：能从单个数据表或通过某些公共数据相关联的多个表中获取信息。

(2) 选择字段：能指定在结果动态数据集中显示某个表中的字段。

(3) 选择记录：能根据特定的条件筛选在结果动态数据集中显示的记录。

(4) 排序记录：能按指定的顺序查看动态数据集信息。

(5) 执行计算：利用数据来源中的数据可以进行数据的计算，如求和、求平均值或计数等,也可以添加新字段。

(6) 数据分析:可以将表中的字段分为左边和顶端两组,而在两组字段的交叉点显示与两组字段相关的总计值(合计、计算以及平均),从而更好地查看和分析数据。

(7) 操作表:利用操作查询可以生成表,更新、删除以及追加表中记录。

(8) 使用查询作为其他查询的数据源(子查询):可以使用查询所选择的记录集再建立辅助查询,它基于先前查询中所选择的动态集,根据需要缩小检索的范围,从而查看更为需要的内容。

3.1.3 查询的类型

Access 支持多种不同类型的查询,查询类型通常分为选择查询、参数查询、交叉表查询、操作查询及 SQL 查询。

1. 选择查询

选择查询是最常见的查询类型,主要用于浏览、检索和统计数据库中的数据。

选择查询是从一个或多个数据表或其他查询中检索数据,并按照所需的排列次序以动态数据库表的形式显示查询结果。选择查询还可以对记录进行分组,并且对记录作总计、计数、平均值以及其他种类的计算。例如,在高校图书馆管理系统中,要查询图书编目表中的“书籍名称”,或者查询读者借阅表中每个读者的“归还日期”等问题都可以通过选择查询解决。

利用选择查询可以方便地查看一个或多个表中的部分数据,查询的结果是一个数据记录的动态集,可以对动态集中的数据记录进行修改、删除,也可以增加新记录,对动态集所作的修改会自动写入与动态集相关联的表中。

2. 参数查询

参数查询是通过运行查询时输入的参数值,创建动态查询结果,以便更方便地检索有用的信息。

参数查询是一种询问方式的动态查询模式。它并不是一种独立的查询,而是在其他查询中增加了可变化的参数。用户在各种类型的查询中都可以设置查询条件,当用户需要的查询每次都要改变查询条件时,就可以使用参数查询。参数查询在运行时首先显示条件对话框,要求用户输入所需的查询条件,然后 Access 会根据用户输入的信息作为查询条件,将符合条件的记录按指定的形式显示出来。因为用户输入的条件可以随时变化,所以查询结果也不固定,会随条件的变换而动态变化,从而扩大了查询的灵活性。例如,要查询不同身份的读者信息,在读者身份情况查询中可以设计一个参数来提示用户输入要查询的读者身份,然后 Access 检索属于该身份的所有读者记录。

3. 交叉表查询

交叉表查询能够根据用户的需要将查询结果进行组织和排列,同 Microsoft Excel 中设置数据透视表分析数据的显示方式基本类似,具有很强的实用性。

使用交叉表查询可以计算并重新组织数据的结构,可以非常方便地分析数据。交叉表查询显示来源于数据表(或查询)中某个字段的统计值(总计、平均值、计数或其他计算)。这种数据可分为两组信息:一组行标题在数据表的左侧(最多可以有 3 个字段),另一组列标题在数据表的顶端(只能有一个字段),在数据表行和列的交叉处显示该字段的计算结果。

4. 操作查询

操作查询主要用于数据库中数据的更新、删除及生成新表，使得数据库中数据的维护更便利。

操作查询也称为动作查询。操作查询能够创建新表或者修改现有表中的数据（删除、更新和追加）。在操作查询中，一次操作可以更改或移动多条记录。

操作查询有4种类型：删除查询、更新查询、追加查询和生成表查询。

(1) 删除查询：从一个或多个表中删除指定的一组记录。例如，可以使用删除查询来删除在指定日期内借阅图书的读者信息。使用删除查询，一般对整个记录进行删除，而不仅是记录中所选择的某个字段。

(2) 更新查询：根据指定的条件对一个或多个表中的一组记录作全局的更改。例如，将读者设置表中的"借阅限量"增加5本，或将阅读天数提高10%等。使用更新查询，可以更改已有表中符合条件的所有数据。

(3) 追加查询：把一个或多个表中的一组记录添加到一个或多个表的末尾处。例如，有两个不同出版社的"图书信息表"需要合并，可以在其中一个表中添加另一个表中已有的数据记录。

(4) 生成表查询：利用一个或多个表中的全部或部分数据创建新表。生成表查询有助于将创建的表导出到其他Access数据库，利用它还可以创建表的备份。

5. SQL查询

SQL查询是通过SQL语句创建的选择查询、参数查询、数据定义查询及操作查询。

SQL是一种结构化查询语言，是数据库操作的工业化标准语言，使用SQL可以对任何的关系数据库管理系统进行操作。SQL语句必须在SQL视图中书写。用户使用SQL语句可以查询、更新和管理Access关系数据库。

SQL查询又可分为联合查询、传递查询、数据定义查询和子查询。

(1) 联合查询：可以将两个或多个表（或查询）所对应的多个字段的记录合并为一个查询中的记录。

(2) 传递查询：直接将命令发送到ODBC数据库，在服务器上进行查询操作，它使用服务器能接受的命令。

(3) 数据定义查询：主要用于创建、修改或删除数据表对象。

(4) 子查询：包含在另一个选择查询或操作查询中的SQL SELECT语句。在查询设计视图的"字段"行中输入这些语句来定义新字段，或在"条件"行定义字段的条件。

实际上Access数据库中的各种查询都可以通过SQL查询来实现，但是通常只有这几种特殊的查询才使用SQL查询。在查询设计视图中创建查询时，Access将在后台生成相应的SQL语句。

3.2 查询视图

Access中提供了5种视图方式来显示查询的结果，创建或修改查询。这5种视图分别是数据表视图、设计视图、SQL视图、数据透视表视图和数据透视图视图。各种视图可以通过"视图"菜单切换，也可以单击工具栏上"视图"按钮旁的向下三角号，然后选择某种视图切换。本节将介绍前3种视图。

3.2.1 数据表视图

数据表视图主要用于在行和列的格式下显示表、查询以及窗体中的数据，如图 3.1 所示。用户可以通过查询的数据表视图打开查询；对查询内容进行修改，包括修改字段值、添加和删除记录（要求查询是可更新的）；对查询进行排序、筛选并查找所需记录；还可以改变视图的显示风格，包括调整行高、列宽和单元格显示风格。

图书借阅查询 : 选择查询

书籍编号	书籍名称	读者卡号	读者姓名	借阅日期	归还日期
7118022071	编译原理	309283937	宋若涛	2007-3-5	2007-5-5
7118022071	编译原理	193839485	汪东声	2007-5-10	2007-6-10
7118026778	Delphi 5.0 数据库开发与专业应用	193837483	杨春兰	2007-6-2	2007-7-2
7302047804	精通中文版Access 2002 数据库	291928393	田远	2006-4-7	2006-5-7
7302049734	Delphi 6 编程基础	291928393	田远	2008-3-4	2008-6-4
7320043116	Visual FoxPro 及其应用系统	839283833	王萱	2007-3-3	2007-4-3
7320043116	Visual FoxPro 及其应用系统	193837483	杨春兰	2008-3-10	2008-4-10
7508307348	Windows 游戏编程大师技巧	193837483	杨春兰	2008-5-20	2008-6-20
7560720994	中国对外贸易通论	210299283	杨海军	2006-3-5	2006-4-5
7800047601	英语专业四级词汇	193837483	杨春兰	2007-3-5	2007-5-5
7800048381	英语网上文摘	192838372	苏士梅	2007-3-3	2007-4-3
7810672245	大学英语词汇记忆点津与考点要览	291832938	钟倩	2007-6-21	2007-7-21
7980044649	Delphi第三方控件使用大全	309283937	宋若涛	2008-4-1	2008-5-1

记录: 1 共有记录数: 13

图 3.1 查询的数据表视图

3.2.2 设计视图

设计视图是一个设计查询的窗口，包含了创建或修改查询所需要的各个组件。打开查询设计视图有两种方法：一种是建立一个新查询，另一种是打开已有的查询设计窗口。查询设计视图如图 3.2 所示。

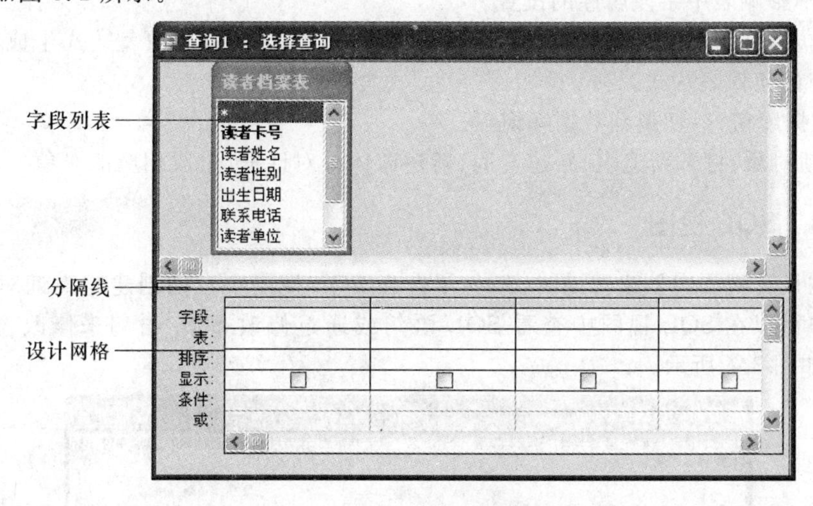

图 3.2 查询设计视图

窗口标题栏中显示查询的名称及类型，设计视图的窗口分为上下两部分，上部是表或查询的字段列表，显示添加到查询中的数据表或查询的字段列表；下部是查询设计网格，每一列都对应着查询动态集中的一个字段，每一行是字段的属性和要求。在设计网格中可以定义查询的字段，设置条件限制查询的结果，对查询的结果按指定方式排序等。中间是分隔线，可以调节上部和下部的高度。

设计网格中具体内容的功能如下。

(1) 字段:每个查询中至少包括一个字段。与字段对应的“显示”复选框选中时表示该字段会显示在查询的结果中。

(2) 表:指定查询的数据来源表或查询。

(3) 排序:指定查询的结果是否进行排序。包含 3 种排序方式——升序、降序和不排序。

(4) 条件:指定字段的限制条件。

查询设计视图的工具栏如图 3.3 所示,具体功能如下。

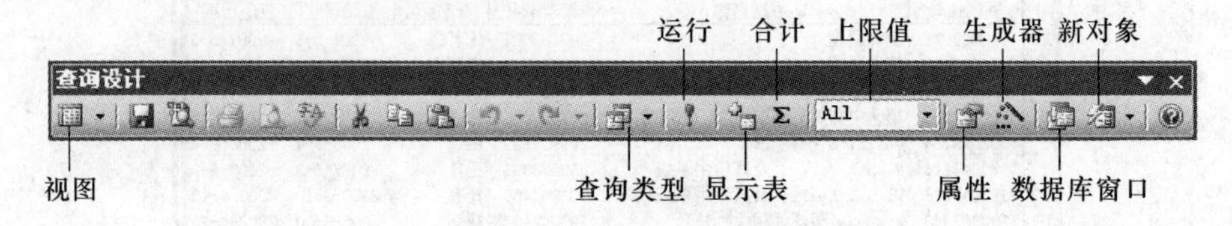

图 3.3 查询设计工具栏

(1) 视图:在查询的各种视图之间切换。

(2) 查询类型:可以在选择查询、交叉表查询、生成表查询、更新查询、追加查询和删除查询之间切换。

(3) 运行:执行查询,以表的形式显示结果。

(4) 显示表:打开显示表对话框,列出当前数据库中所有的表和查询,方便用户选择。

(5) 合计:在查询设计网格中增加“总计”行,用来进行各种统计计算。

(6) 上限值:对查询结果的显示进行约定,并在文本框中指定所要显示的范围。

(7) 属性:显示光标处的对象属性对话框,可以对字段属性修改,但只改变字段在查询中的属性,不影响表中字段属性的设置。

(8) 生成器:当光标位于查询设计网格中的条件单元格时,显示表达式生成器对话框,用来生成查询条件表达式。

(9) 数据库窗口:切换到数据库窗口。

(10) 新对象:打开新建表、新建查询、新建窗体等对话框,生成相应的对象。

3.2.3 SQL 视图

用户在设计视图中创建查询时,Access 会在 SQL 视图中自动创建与查询对应的 SQL 语句。用户可以在 SQL 视图中查看 SQL 语句或通过修改 SQL 语句来修改查询。查询 SQL 视图如图 3.4 所示。

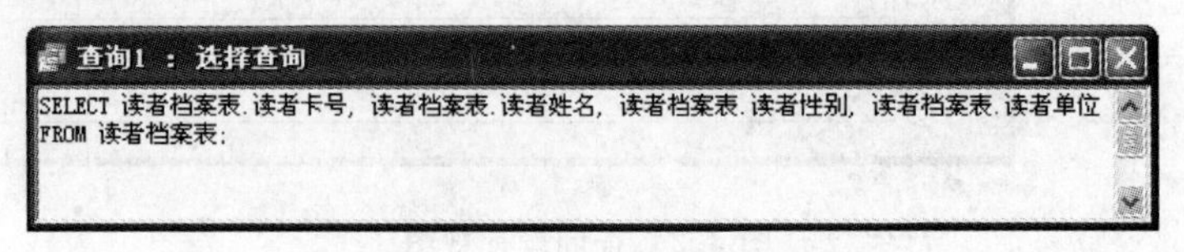

图 3.4 查询 SQL 视图

3.3 利用向导创建查询

与使用向导创建表一样,Access 查询向导能够有效地引导用户创建查询,并且详细地解释在创建查询的过程中所要作出的选择,同时以图形的方式显示结果。因此,用户根据要创建的查询类型选择不同的向导,通过 Access 系统提供的查询向导的引导就能完成创建查询的整个操作过程。创建查询后，也可以在查询设计视图中对向导所创建的查询作进一步修改，以适应特定需要。

在数据库窗口中，单击“对象”下的“查询”，可以看到创建查询的两个命令的快捷方式，分别是“使用向导创建查询”和“在设计视图中创建查询”。也可以单击数据库窗口中的“新建”命令按钮 新建(N)，打开“新建查询”对话框，如图 3.5 所示。

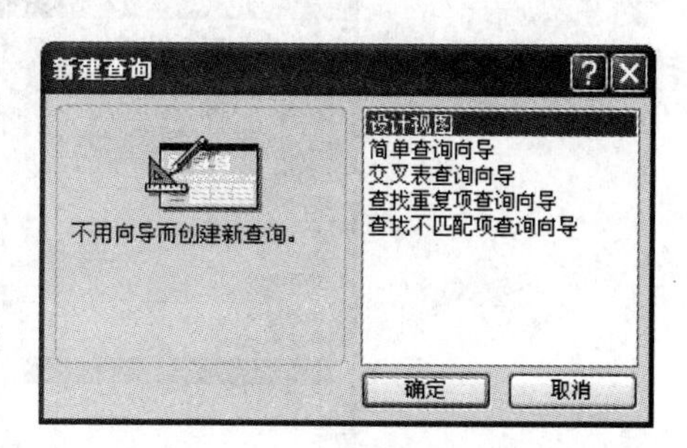

图 3.5 “新建查询”对话框

可以看到，在此对话框中一共提供了 4 种创建查询的向导，分别为简单查询向导、交叉表查询向导、查找重复项查询向导和查找不匹配项查询向导，下面分别进行介绍。

3.3.1 简单查询向导

简单查询向导是应用最广泛的一种查询向导，使用简单查询向导可以快速创建选择查询。简单查询向导创建的查询用于对一个或多个表(或查询)中的数据按照指定的条件进行检索，还可以对数据进行汇总计算。

下面利用高校图书馆管理系统数据库，通过两个具体实例来介绍如何使用简单查询向导创建查询。

【例 3.1】 创建读者档案信息查询。查询读者档案表中的记录，包括“读者卡号”、“读者姓名”、“出生日期”和“读者单位”字段。

操作步骤如下。

(1) 打开“高校图书馆管理系统”数据库，单击“对象”下的“查询”，再单击数据库窗口上的“新建”按钮 新建(N)，打开“新建查询”对话框。

(2) 在“新建查询”对话框中，选择“简单查询向导”，然后单击“确定”按钮，打开“简单查询向导”对话框，如图 3.6 所示。

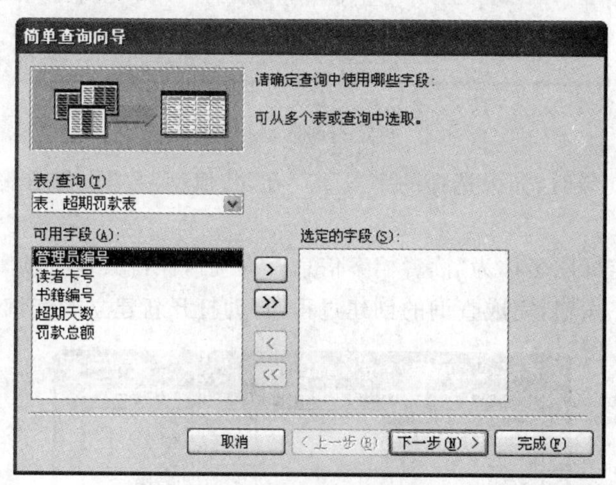

图 3.6 “简单查询向导”对话框

(3) 在“表/查询”下拉列表中选择作为数据来源的数据表或查询，然后在左侧下方“可用字段”列表中选择需要的字段，双击鼠标或单击 > 按钮依次添加到右侧“选定的字段”列表中。本例选择“读者档案表”中的“读者卡号”、“读者姓名”、“出生日期”、“读者单位”字段后，如图 3.7 所示。

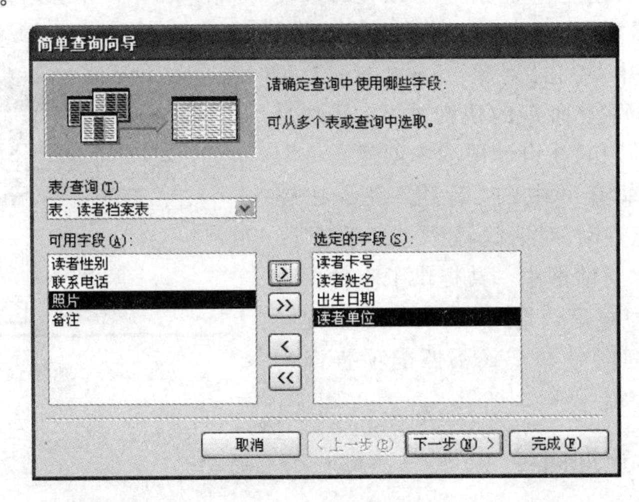

图 3.7 确定字段

(4) 单击“下一步”按钮，弹出指定查询标题和其他选项对话框，如图 3.8 所示。

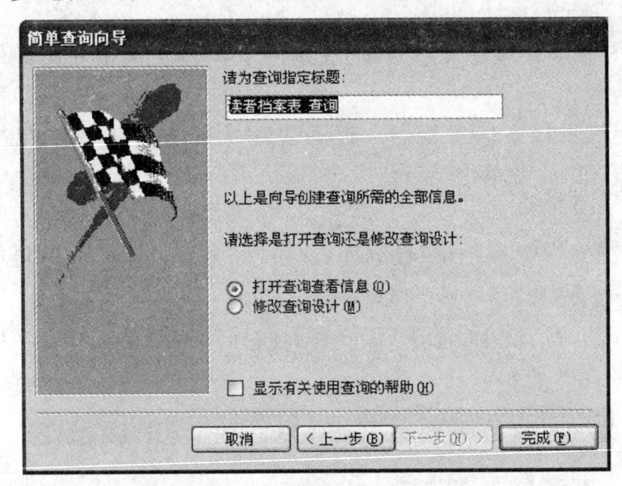

图 3.8 指定查询标题和其他选项

使用简单查询向导时，如果选择的字段不存在“数值型”数据，会用默认的“明细”作为查询的方式。

(5) 为查询指定标题名称为“读者档案信息查询”后，保持其他选项默认。

(6) 单击“完成”按钮，完成查询的创建过程，自动打开新建立的查询，如图 3.9 所示。

读者档案信息查询 ： 选择查询

读者卡号	读者姓名	出生日期	读者单位
109309382	马跃峰	1986-3-2	英语021
122323444	李端	1986-5-4	经贸032
187346474	范文暄	1986-3-8	数学021
192838372	苏士梅	1984-9-5	通信学院
192838473	王大昕	1988-7-5	经贸031
192838477	齐浩	1979-6-4	后勤
192938292	吕亭亭	1968-4-3	外语学院

记录：1 共有记录数：42

图 3.9 显示指定字段的查询结果

关闭图 3.9,在数据库窗口中查询对象右侧可以看到新建的“读者档案信息查询”,如图 3.10 所示。

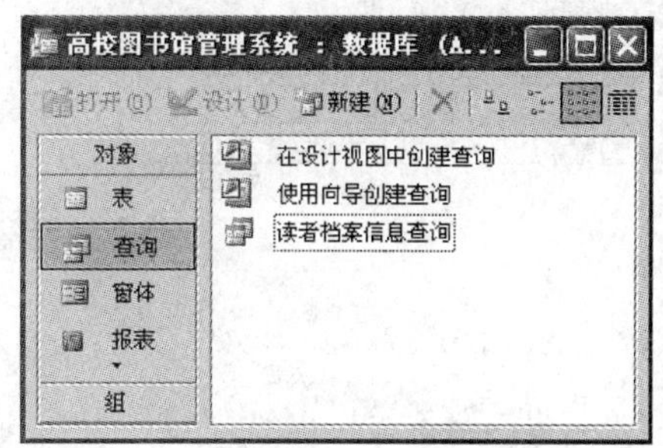

图 3.10　新建的查询

查询的目的是筛选出用户需要的数据记录,在创建多表间的查询时,应事先创建好表间的关系,否则会提示出错。

【例 3.2】 创建“汇总”查询,汇总读者设置表中不同身份读者的借阅限量和阅读天数。

操作步骤如下。

(1) 在“新建查询”对话框中,选择“简单查询向导”,然后单击“确定”按钮,打开“简单查询向导”对话框。

(2) 在“表/查询”下拉列表中选择作为数据来源的数据表“读者设置表”,然后在左侧下方“可用字段”列表中选择“读者身份”、“借阅限量”和“阅读天数”字段,添加到右侧“选定的字段”列表中。

(3) 单击“下一步”按钮,弹出确定是否汇总对话框,此对话框中默认选中“明细(显示每个记录的每个字段)”,若需要统计查询中数值字段的总和、最大值、最小值、平均值,需要选择“汇总”单选按钮,如图 3.11 所示。

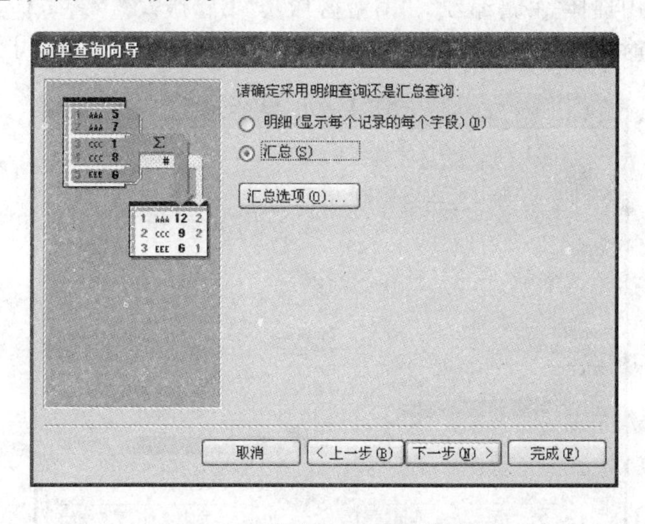

图 3.11　确定是否汇总对话框

(4) 此时“汇总选项”按钮变得可用,单击“汇总选项”按钮会出现“汇总选项”对话框。此对话框中列出了当前设计查询中的所有可以统计数字的字段,可以为某一字段设置统计内容。选中“借阅限量”字段和“阅读天数”字段对应的汇总复选框,如图 3.12 所示。

(5) 单击“确定”按钮,返回到图 3.11 中。

(6) 单击“下一步”按钮,为查询指定标题名称为“不同身份读者借阅限量及阅读天数汇总查询”,保持其他选项默认。

(7) 单击“完成”按钮,完成查询的创建过程,自动打开新建立的查询,如图 3.13 所示。

【例 3.3】 创建图书信息查询。查询图书编目表中的“书籍编号”、“书籍名称”、“书籍版次”、“著者信息”、“书籍定价”、“书籍类别”、“出版时间”字段和图书设置表中的“总藏书量”、“现存数量”字段。

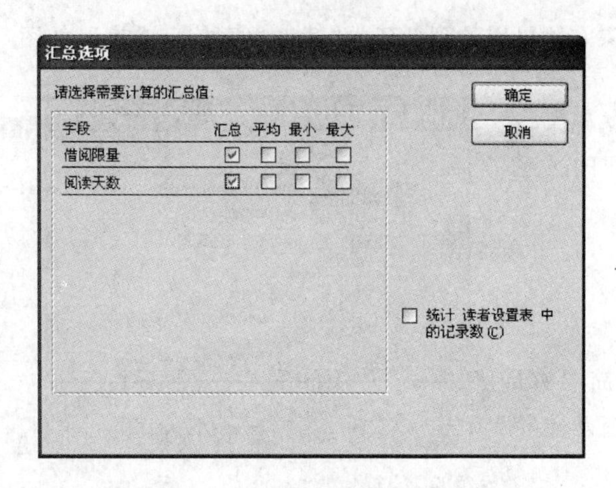

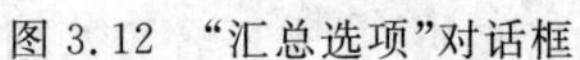
图 3.12 “汇总选项”对话框

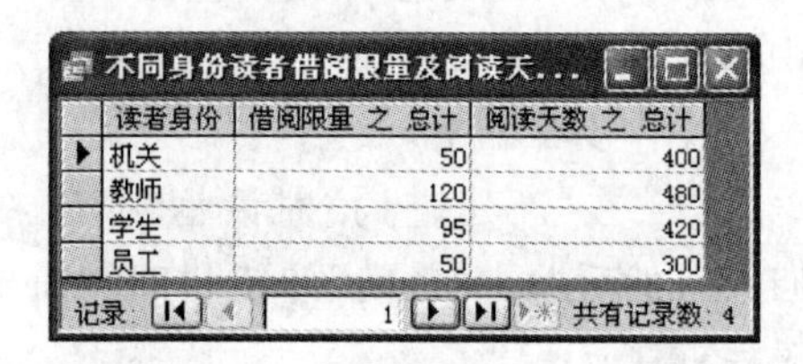
不同身份读者借阅限量及阅读天...

读者身份	借阅限量 之 总计	阅读天数 之 总计
机关	50	400
教师	120	480
学生	95	420
员工	50	300

记录: 1 共有记录数: 4

图 3.13 运行查询查看信息

操作步骤如下。

(1) 在“新建查询”对话框中，选择“简单查询向导”，然后单击“确定”按钮，打开“简单查询向导”对话框。

(2) 在“表/查询”下拉列表中选择作为数据来源的数据表“图书编目表”，然后在左侧下方“可用字段”列表中选择“书籍编号”、“书籍名称”、“书籍版次”、“著者信息”、“书籍定价”、“书籍类别”、“出版时间”字段，添加到右侧“选定的字段”列表中，如图 3.14 所示。

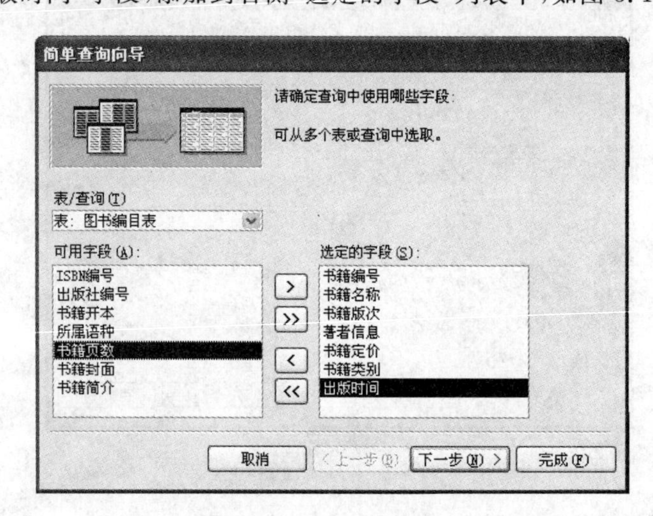

图 3.14 选取图书编目表中字段

(3) 在“表/查询”下拉列表中继续选择作为数据来源的数据表“图书设置表”，然后在左侧下方“可用字段”列表中选择“总藏书量”、“现存数量”字段，添加到右侧“选定的字段”列表中，如图 3.15 所示。

(4) 单击“下一步”按钮，弹出确定是否汇总对话框，如图 3.11 所示。此处保持默认设置。

(5) 单击“下一步”按钮，为查询指定标题名称为“图书信息查询”，保持其他选项默认。

(6) 单击“完成”按钮，完成查询的创建过程，自动打开新建立的查询，如图 3.16 所示。

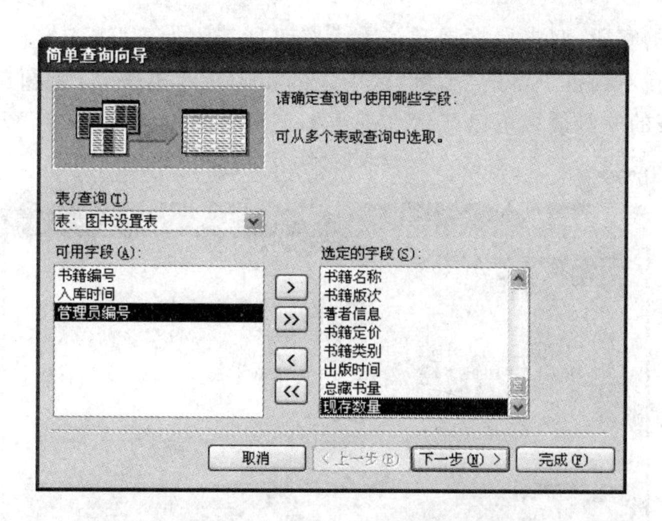

图 3.15 选取图书设置表中字段

图书信息查询 : 选择查询

书籍编号	书籍名称	书籍版次	著者信息	书籍定价	书籍类别	出版时间	总藏书量	现存数量
7040100959	C++程序设计语言(特别版)	第二版	Special Stroust	55.6	程序设计、软件工程	2003-3-1	16	10
7111080408	Delphi 5 开发人员指南	第一版	Steve Teixeira	138.7	数据库系统	2003-4-1	13	5
7113044336	C++函数库查询辞典	第三版	陈正凯	28.6	计算机的应用	2003-9-2	14	7
7115093229	Access 2002 数据库管理实务	第一版	东名,吴名月	52.8	数据库系统	2005-5-3	16	9
7118022071	编译原理	第一版	陈火旺,刘春林	31.2	微处理机	2001-2-3	9	9
7118026778	Delphi 5.0 数据库开发与专业应用	第一版	敬铮,杨锋	29	数据库系统	2004-5-4	13	12
7302008992	版主答疑-Delphi高级编程技巧	第一版	岳庆生	49	数据库系统	2005-3-1	9	6
7302020043	PASCAL 程序设计	第一版	郑启华	18.9	程序设计、软件工程	2006-6-1	10	8
7302040958	计算机组成与结构	第二版	王爱英	32	微型计算机	2002-7-8	9	9
7302047804	精通中文版Access 2002 数据库	第一版	梁书斌,张振峰	49	程序设计、软件工程	2001-7-2	15	14
7302049734	Delphi 6 编程基础	第一版	肖建	36	计算机软件	2003-6-2	8	8
7302052769	Visual C++ 6 程序设计导学	第一版	马安鹏	38.8	计算机软件	2003-6-3	5	5
7320043116	Visual FoxPro 及其应用系统	第二版	汤观全,倪绍勇	12	计算机软件	2005-6-1	12	4

记录: 1 共有记录数: 26

图 3.16 多表查询运行结果

3.3.2 交叉表查询向导

交叉表查询不但可以显示数据,还能对数据进行总计、平均值、计数或其他类型的统计汇总和分析。创建交叉表查询时,必须在一个数据表或查询中选择字段,因此,在创建多表之间数据的交叉表查询时,可以先利用简单查询向导创建数据来源。

下面通过具体实例来介绍如何使用交叉表查询向导创建查询。

【例 3.4】 查询读者档案表中不同单位的男女读者人数。

操作步骤如下。

(1) 在图 3.5“新建查询”对话框中,选择“交叉表查询向导”,然后单击“确定”按钮,打开“交叉表查询向导”对话框,如图 3.17 所示。

(2) 在“交叉表查询向导”对话框中选择需要使用的数据表或查询。在“视图”框中有 3 个选项,即“表”、“查询”和“两者”。由于此向导必须在一个表中选择字段,所以应把需要查询的数据表(或查询)提前准备好。本例选择“读者档案表”,如图 3.17 所示。

在对话框下方“示例”区中有一个空表结构,由用户自己设置行标题、列标题及数据汇总项。

(3) 单击“下一步”按钮,打开由用户选择行标题字段的对话框。从“可用字段”列表中选择作为行标题的字段，双击鼠标或单击 > 按钮将其添加到“选定字段”列表中。用户所选择的行标题会在对话框下部的“示例”区中表的左侧显示出来，行标题最多可以设定 3 个字段，即在交叉表的左侧最多可以显示 3 个数据信息。本例选择“读者单位”字段作为行标题，如图 3.18 所示。

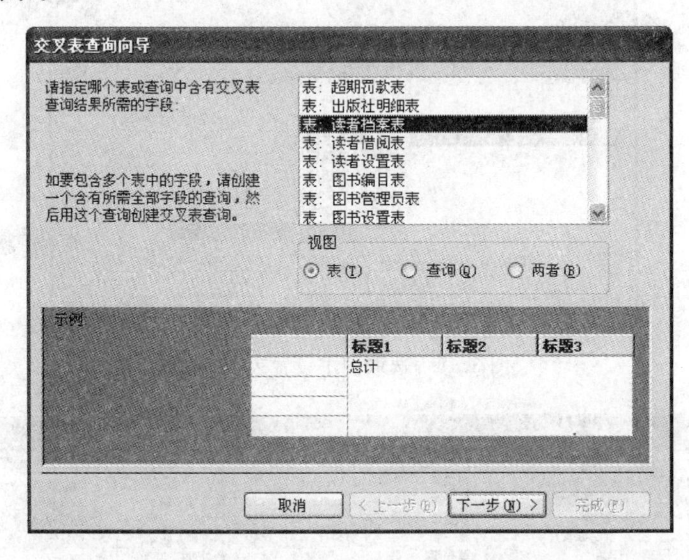

图 3.17 “交叉表查询向导”对话框

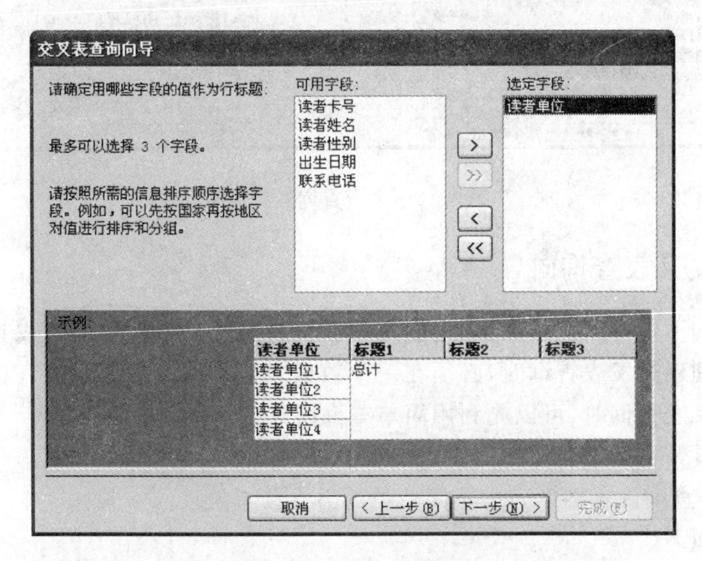

图 3.18 确定行标题

(4) 单击“下一步”按钮，打开由用户选择列标题字段的对话框。从“字段”列表中选择作为列标题的字段。用户选择的列标题会出现在交叉表的上方，列标题只能设置一个字段。本例选择“读者性别”字段作为列标题，如图 3.19 所示。

(5) 单击“下一步”按钮，打开由用户选择交叉点字段的对话框。交叉点也就是要将那个数据作为统计的对象。从“字段”列表中选择交叉表中交叉单元格所要显示的字段，在“字段”列表框右侧“函数”列表框中选择计算方式。

本例对“读者卡号”字段计数，并保存左侧的默认选项“是，包括各行小计”，如图 3.20 所示。

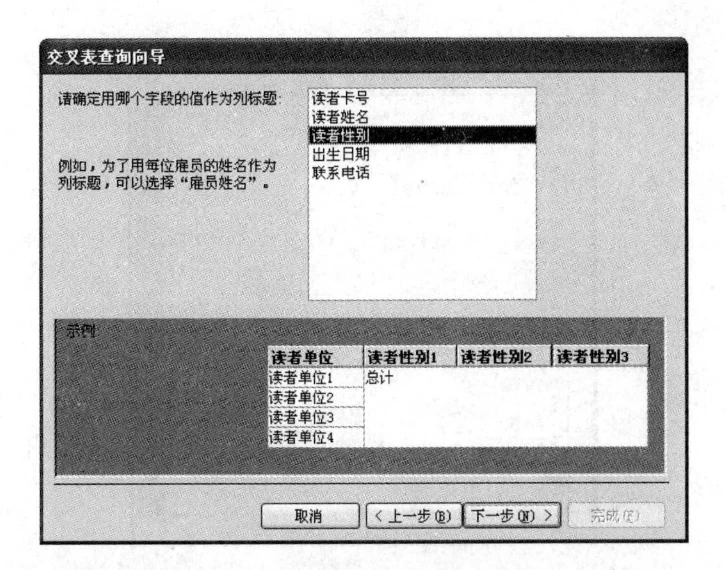

图 3.19 确定列标题

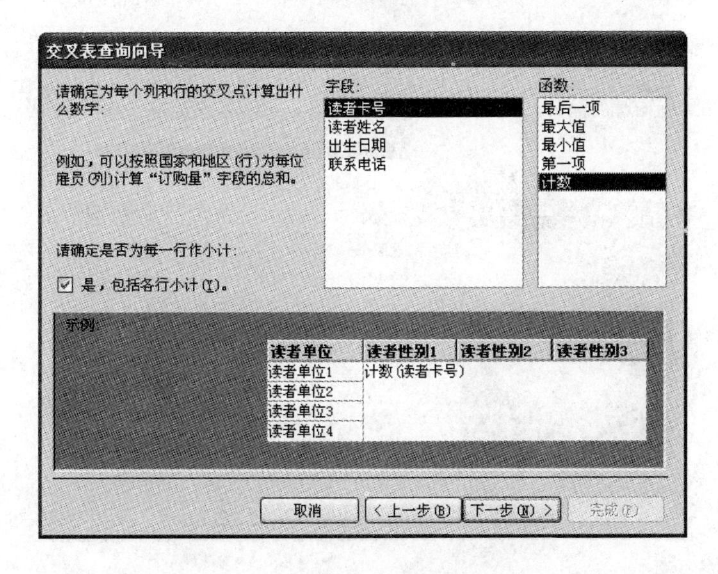

图 3.20 确定交叉点的计算类型

(6) 单击“下一步”按钮，为查询指定标题名称为“不同单位的男女读者人数查询”，还可以选择完成向导后是要查看查询运行结果还是要进一步修改查询。

(7) 单击“完成”按钮结束向导运行，完成交叉表查询的创建。自动打开新建立的查询，如图 3.21 所示。

【例 3.5】 查询图书信息查询中不同类别图书各个版次的现存数量。

操作步骤如下。

(1) 在图 3.5“新建查询”对话框中，选择“交叉表查询向导”，然后单击“确定”按钮，打开“交叉表查询向导”对话框。

(2) 在“交叉表查询向导”对话框中选择需要使用的数据表或查询。在“视图”框中选择“查询”选项，在查询列表中选择“图书信息查询”，如图 3.22 所示。

(3) 单击“下一步”按钮，选择行标题字段。从“可用字段”列表中选择“书籍类别”作为

不同单位的男女读者人数查询 : 交叉表查询

读者单位	总计 读者卡号	-1	0
办公室	2	2	
财务处	1		1
地理041	1		1
后勤	10	5	5
化工学院	1	1	
教务处	4	3	1
经管学院	1	1	
经贸031	3	2	1
经贸032	2	1	1
历史041	2	1	1
人事处	2		2
人文学院	2	2	
数学021	1	1	
数学023	1	1	
通信学院	2	1	1
图书馆	1		1
外语学院	2		2
无机041	1		1
英语012	1		1
英语021	1	1	
中文021	1	1	

记录: 1 共有记录数: 21

图 3.21 按读者单位查看男女读者的人数

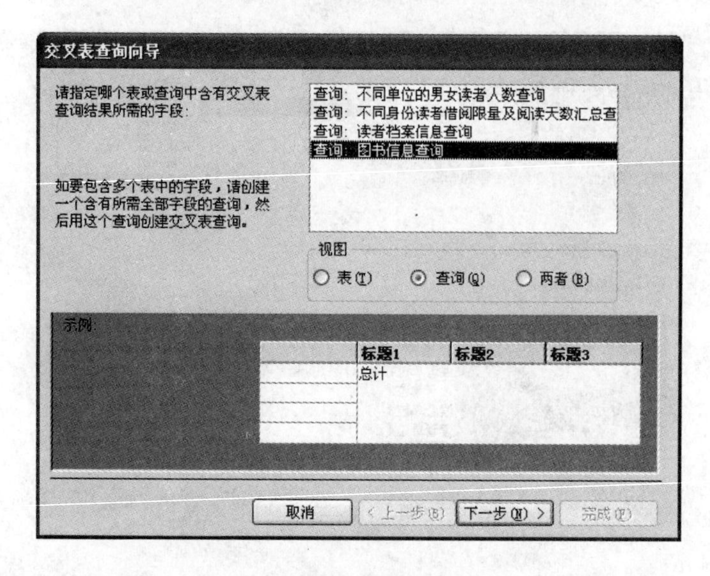

图 3.22 选择查询作为数据来源

行标题，双击鼠标或单击 > 按钮将其添加到“选定字段”列表中，如图 3.23 所示。

(4) 单击“下一步”按钮，选择列标题字段。从“字段”列表中选择“书籍版次”作为列标题，如图 3.24 所示。

(5) 单击“下一步”按钮，选择交叉点字段。本例对“现存数量”字段求和，并保存左侧的默认选项“是，包括各行小计”，如图 3.25 所示。

(6) 单击“下一步”按钮，为查询指定标题名称为“不同类别图书各个版次的现存数量查询”，保持其他选项默认。

(7) 单击“完成”按钮结束向导运行，完成交叉表查询的创建。自动打开新建立的查询，如图 3.26 所示。

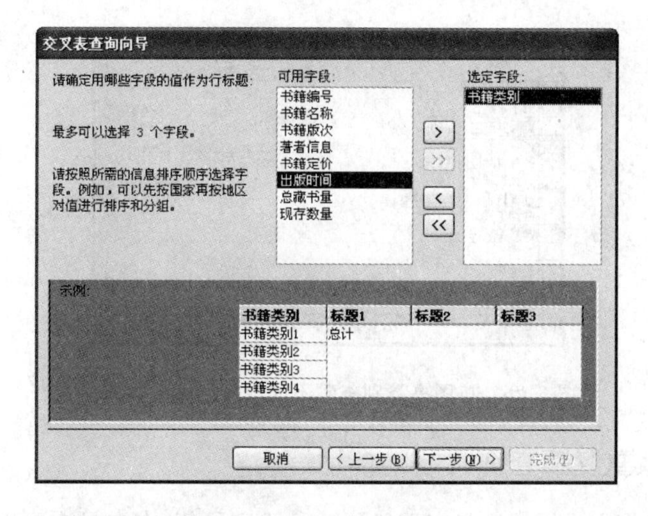

图 3.23 确定行标题

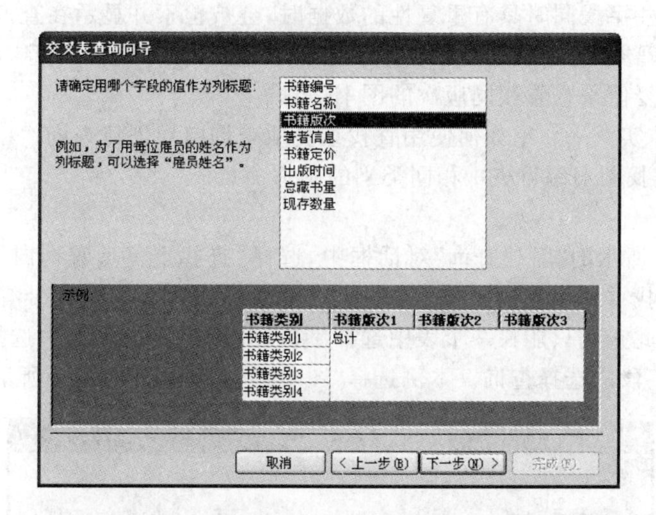

图 3.24 确定列标题

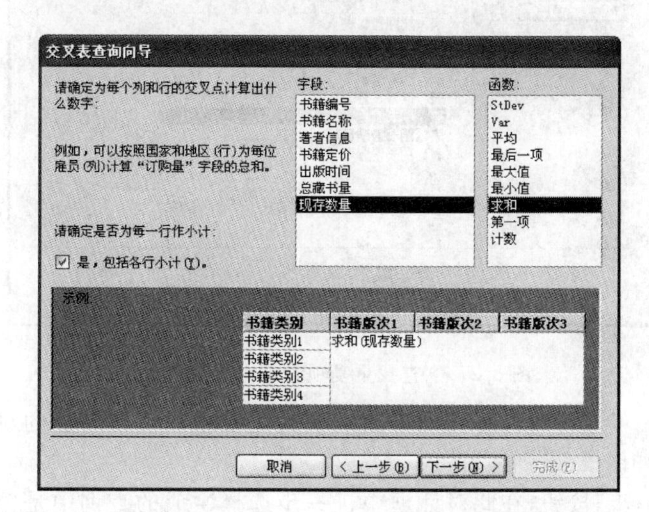

图 3.25 确定交叉点的计算类型

不同类别图书各个版次的现存数量查询 : 交叉表查询

书籍类别	总计 现存数量	第二版	第三版	第一版
程序设计、软件工程	32	10		22
邓小平著作	6			6
国际共产主义运动	10	10		
国际贸易	7			7
计算机的应用	7		7	
计算机软件	17	4		13
计算技术、计算机技术	9			9
软件工具、工具软件	7			7
数据库系统	32			32
数学	3			3
微处理机	9			9
微型计算机	30	9		21
语义、词汇、词义	37	11		26

记录: 1 共有记录数: 13

图 3.26 按图书类别查看不同版次图书现存数量

3.3.3 查找重复项查询向导

查找重复项查询向导用来查找有重复的记录或字段值，在向导中可以把多个查询字段设置为条件，当这些字段同时具有重复性的数据时，会被检索并显示在查询中。如可以搜索图书编目表中“书籍类别”字段的重复值来确定属于相同类别的图书信息，或者可以搜索“书籍版次”字段的重复值来查看相同版次的图书信息。

下面通过具体实例来介绍如何使用查找重复项查询向导创建查询。

【例 3.6】 查找图书编目表中相同类别的图书信息。

操作步骤如下。

(1) 在图 3.5 所示的“新建查询”对话框中，选择“查找重复项查询向导”，然后单击“确定”按钮，打开“查找重复项查询向导”对话框，在此对话框中确定检索带有重复字段数据的表或查询。同样，此查询只能在一个表中选择字段，如果需要在多表中选择字段时，应该事先创建一个多表字段的选择查询。本例选择“图书编目表”，如图 3.27 所示。

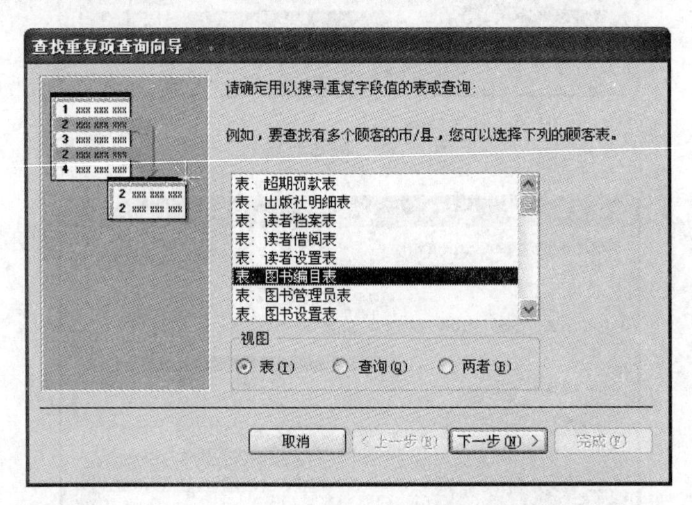

图 3.27 “查找重复项查询向导”对话框

(2) 单击“下一步”按钮，打开让用户指定查找重复项的字段名称的对话框。本例选择“书籍类别”字段，如图 3.28 所示。

(3) 单击“下一步”按钮，在此对话框中进一步选择生成的查询中是否包含除重复字段之外的其他字段，这些字段只是显示在表中没有其他作用。本例选择可用字段中的“书籍编号”、“书籍名称”、“书籍版次”、“书籍定价”、“出版时间”字段，如图 3.29 所示。

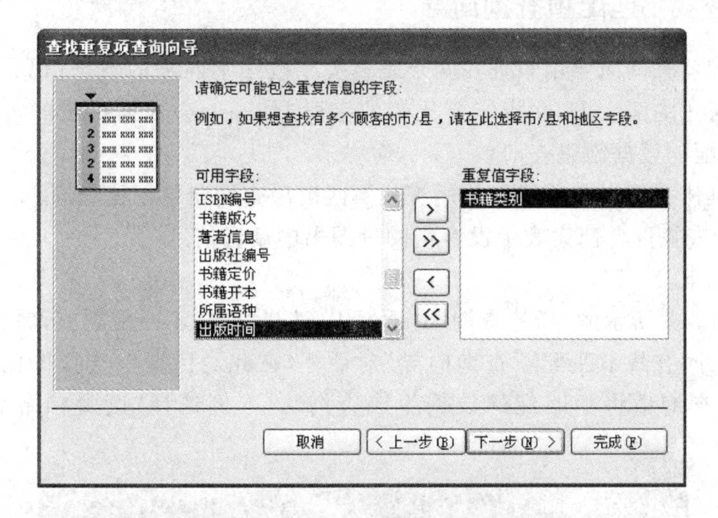

图 3.28　确定包含重复值的字段

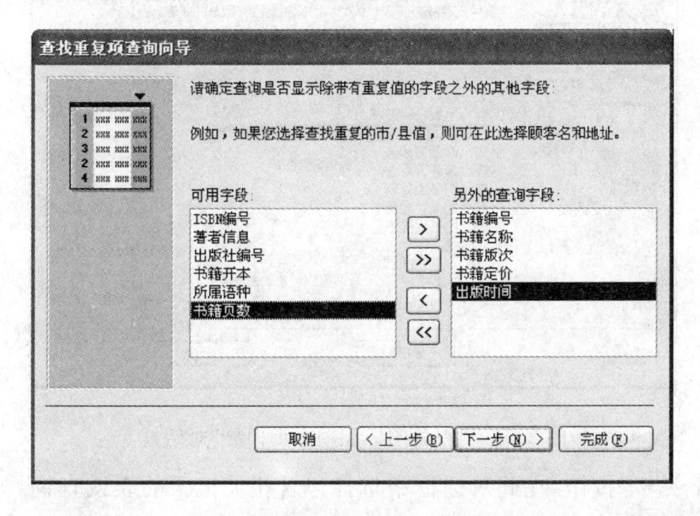

图 3.29　确定其他字段

(4) 单击“下一步”按钮，为查询指定标题名称为“相同类别的图书信息查询”，保持其他选项默认。

(5) 单击“完成”按钮结束向导运行，完成查找重复项查询的创建，如图 3.30 所示。

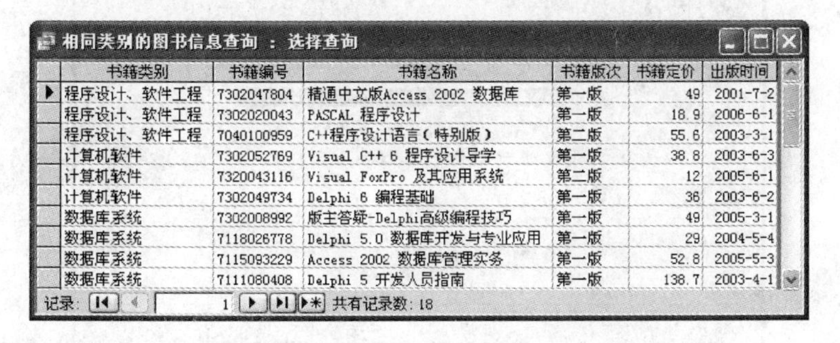

相同类别的图书信息查询 : 选择查询

书籍类别	书籍编号	书籍名称	书籍版次	书籍定价	出版时间
程序设计、软件工程	7302047804	精通中文版Access 2002 数据库	第一版	49	2001-7-2
程序设计、软件工程	7302020043	PASCAL 程序设计	第一版	18.9	2006-6-1
程序设计、软件工程	7040100959	C++程序设计语言(特别版)	第二版	55.6	2003-3-1
计算机软件	7302052769	Visual C++ 6 程序设计导学	第一版	38.8	2003-6-3
计算机软件	7320043116	Visual FoxPro 及其应用系统	第二版	12	2005-6-1
计算机软件	7302049734	Delphi 6 编程基础	第一版	36	2003-6-2
数据库系统	7302008992	版主答疑-Delphi高级编程技巧	第一版	49	2005-3-1
数据库系统	7118026778	Delphi 5.0 数据库开发与专业应用	第一版	29	2004-5-4
数据库系统	7115093229	Access 2002 数据库管理实务	第一版	52.8	2005-5-3
数据库系统	7111080408	Delphi 5 开发人员指南	第一版	138.7	2003-4-1

记录: 1 共有记录数: 18

图 3.30　图书编目表中类别相同的图书信息

3.3.4 查找不匹配项查询向导

查找不匹配项查询向导用来查找两个表相关字段中不匹配的数据信息，也就是说用户可以选择需要对比的两个表，并指定要比较的字段，Access 会根据指定的表和字段自动进行比较，用不匹配的数据创建查询。

下面通过具体实例来介绍如何使用查找不匹配项查询向导创建查询。

【例 3.7】 查找读者档案表中没有借阅过图书的读者信息。

操作步骤如下。

(1) 在如图 3.5 所示的"新建查询"对话框中，选择"查找不匹配项查询向导"，然后单击"确定"按钮，打开"查找不匹配项查询向导"对话框，在此对话框中选择待比较的表或查询（最终在此表或查询中将不匹配的数据生成查询）。本例选择"读者档案表"，如图 3.31 所示。

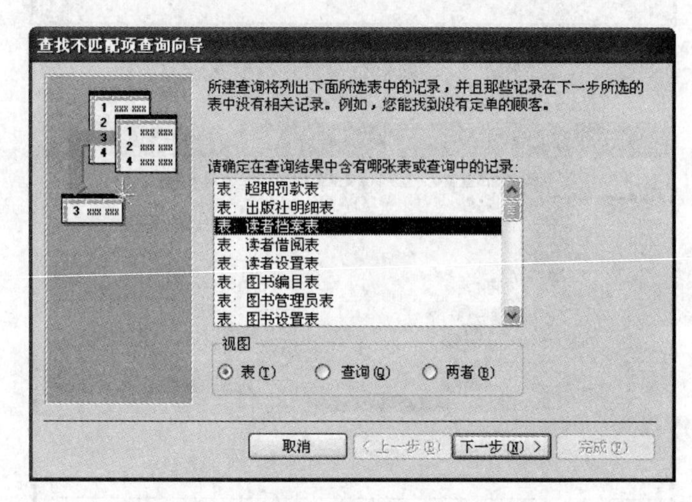

图 3.31 "查找不匹配项查询向导"对话框

(2) 单击"下一步"按钮，在此对话框中选择包含相关记录的表或查询，如图 3.32 所示。本例选择"读者借阅表"。

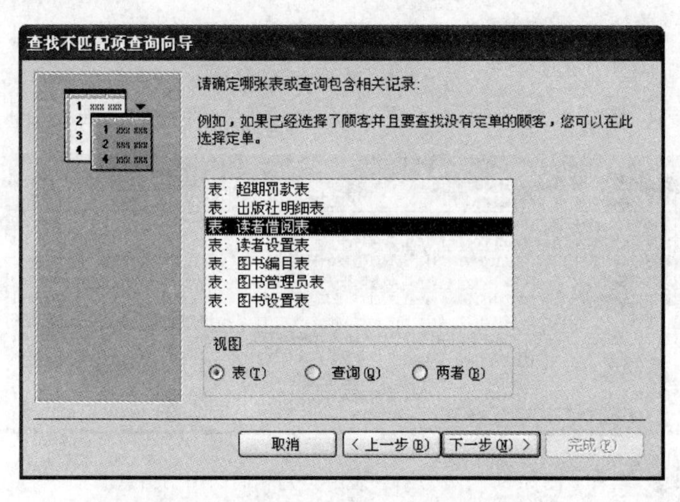

图 3.32 确定包含相关记录的表或查询

(3) 单击"下一步"按钮,在此对话框中选择两个表中待比较的字段,此字段应该是两个表中共有的字段,如图 3.33 所示。本例选择"读者卡号"字段,然后单击<=>按钮。

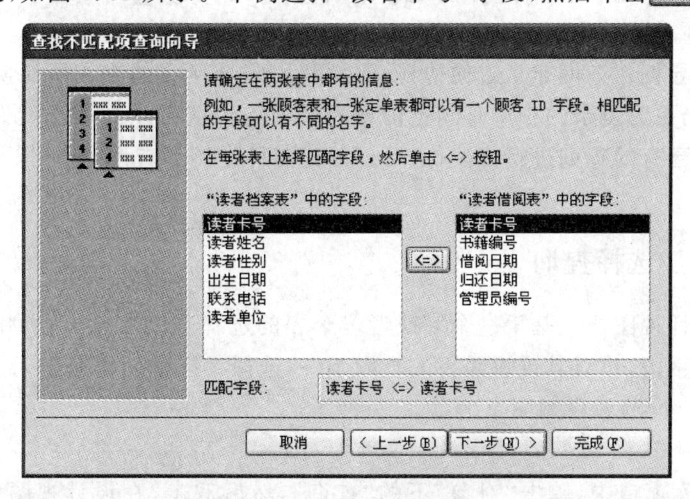

图 3.33　两个表中相关字段匹配

(4) 单击"下一步"按钮,在此对话框中选择生成的查询中需要显示的字段。本例选择"读者姓名"、"读者性别"、"读者卡号"及"读者单位"字段,如图 3.34 所示。

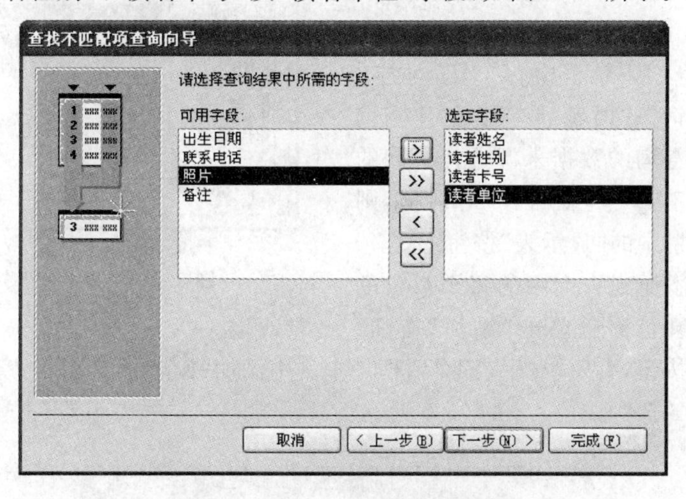

图 3.34　选择创建查询包含的字段

(5) 单击"下一步"按钮,确定查询的名称,还可以选择完成向导后是要查看查询运行结果还是要进一步修改查询。

(6) 单击"完成"按钮结束向导运行,完成查找不匹配项查询的创建,如图 3.35 所示。

读者档案表 与 读者借阅表 不匹配 : 选择查询

读者姓名	读者性别	读者卡号	读者单位
马跃峰	☑	109309382	英语021
李端	☑	122323444	经贸032
范文暄	☑	187346474	数学021
王大昕	☑	192838473	经贸031
齐浩	☑	192838477	后勤
吕亭亭	☐	192938292	外语学院
kate	☐	192988918	英语012

记录: 1 共有记录数: 34

图 3.35　未借阅图书读者信息

3.4 利用设计视图创建查询

利用查询向导创建查询非常方便快捷，但是利用向导建立的查询所能实现的功能比较单一，要想设计出更为复杂的查询来满足信息的检索需求就必须利用查询设计视图。查询设计视图可以对已有的查询进行修改，也可以创建多种类型的查询，还可以利用查询表达式来协助操作。

3.4.1 创建选择查询

利用查询设计视图建立基于一个表或者多个表的选择查询非常方便，用户首先选择一个或多个表中的字段，再对其设置需要的查询条件，选择查询就创建完毕了。

【例 3.8】 查询读者借阅图书信息。

操作步骤如下。

(1) 在数据库窗口中，单击“对象”下的“查询”，然后双击“在设计视图中创建查询”选项，或在图 3.5“新建查询”对话框中，选择“设计视图”，然后单击“确定”按钮，都可以打开查询设计窗口，并同时打开“显示表”对话框，如图 3.36 所示。

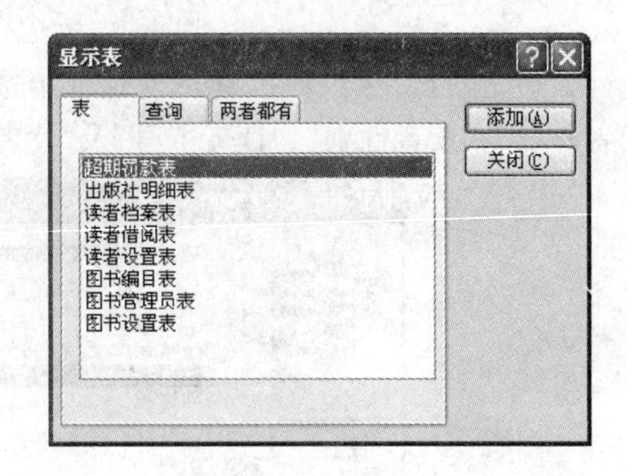

图 3.36 “显示表”对话框

(2) 在“显示表”对话框中有 3 个选项卡，分别是“表”、“查询”、“两者都有”。创建查询时可以根据建立查询的数据来源选择不同的选项卡。如果没有显示“显示表”对话框，则单击主窗口工具栏中的“显示表”按钮。

(3) 双击要添加到查询中的每个对象的名称，或选定对象名称后单击“添加”按钮。然后单击“关闭”按钮，关闭“显示表”对话框。本例中添加“读者档案表”、“读者借阅表”、“图书编目表”，如图 3.37 所示。

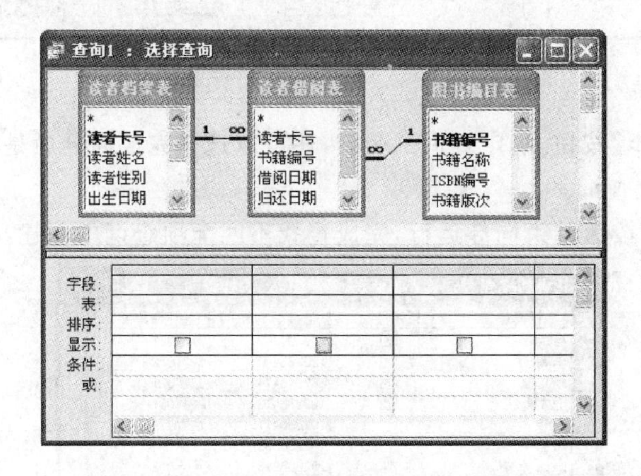

图 3.37 添加数据来源的设计视图

由于在设计"高校图书馆管理系统"数据库时已经设计了表之间的关系，因此，在设计视图窗口上方可以看到各个数据表之间的关系，如果没有设置关系，便会使查询操作失败。创建多表查询的前提是设置表关系，只有建立了表与表之间的连接，Access 才能知道信息是如何相关的。

(4) 在设计视图窗口下方可以设置查询中包含的字段、字段来自于哪个表以及设定字段的条件。选择字段时可以采用不同的方式。本例将"读者卡号"字段从"读者档案表"中拖到设计网格第一列的"字段"中，这时，"字段"行中显示字段名称，"表"行显示表名称；在"读者档案表"中双击"读者姓名"字段，也可以选定该字段；或者在设计视图窗口下方设计网格中"字段"右侧单击向下的箭头直接在给定的字段列表中选取，如图 3.38 所示。

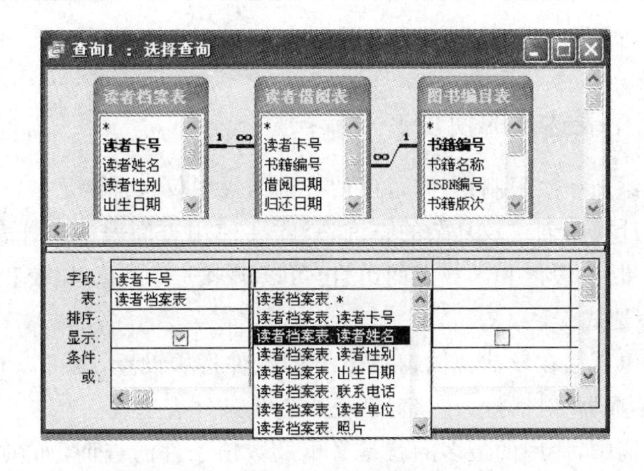

图 3.38　添加字段

再依次将"读者档案表"中的"读者性别"和"读者借阅表"中的"书籍编号"、"借阅日期"、"归还日期"以及"图书编目表"中的"书籍名称"、"书籍类别"字段添加到设计网格中，如图 3.39 所示。

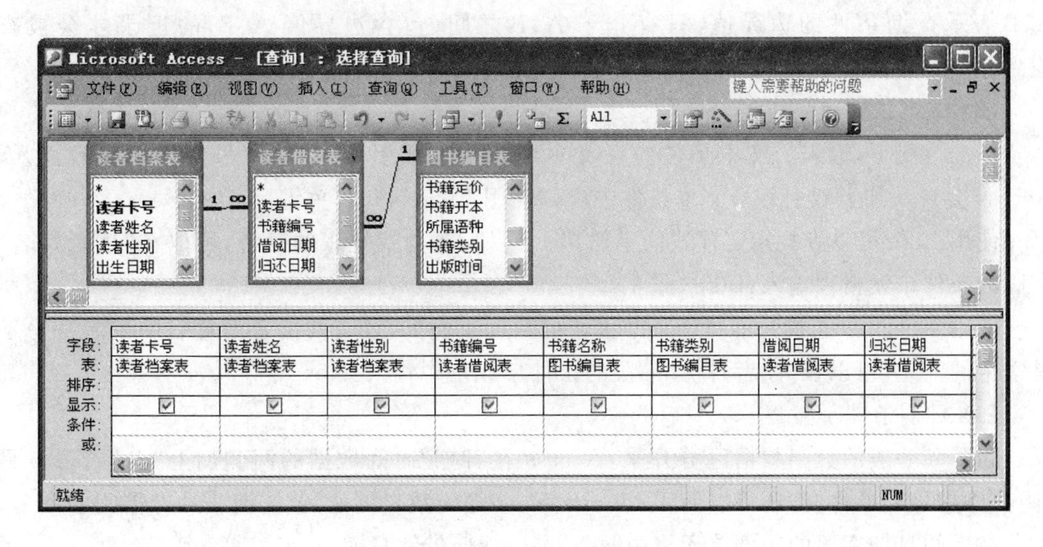

图 3.39　添加字段的设计视图

(5) 单击主窗口工具栏上的"保存"按钮，在打开的"另存为"对话框的"查询名称"框中输入新创建的查询的名称，如"读者借阅图书信息查询"，然后单击"确定"按钮。

(6) 要查看查询的结果，单击主窗口工具栏上的"视图"按钮即可，如图 3.40 所示。

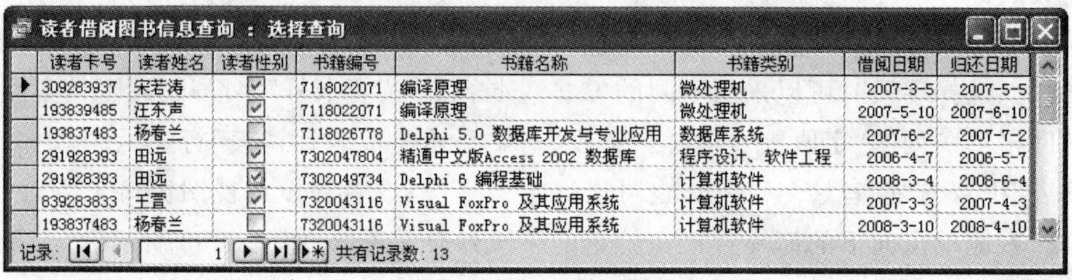

读者借阅图书信息查询 ：选择查询

读者卡号	读者姓名	读者性别	书籍编号	书籍名称	书籍类别	借阅日期	归还日期
309283937	宋若涛	☑	7118022071	编译原理	微处理机	2007-3-5	2007-5-5
193839485	汪东声	☑	7118022071	编译原理	微处理机	2007-5-10	2007-6-10
193837483	杨春兰	☐	7118026778	Delphi 5.0 数据库开发与专业应用	数据库系统	2007-6-2	2007-7-2
291928393	田远	☑	7302047804	精通中文版Access 2002 数据库	程序设计、软件工程	2006-4-7	2006-5-7
291928393	田远	☑	7302049734	Delphi 6 编程基础	计算机软件	2008-3-4	2008-6-4
839283833	王萱	☑	7320043116	Visual FoxPro 及其应用系统	计算机软件	2007-3-3	2007-4-3
193837483	杨春兰	☐	7320043116	Visual FoxPro 及其应用系统	计算机软件	2008-3-10	2008-4-10

记录：1 共有记录数：13

图 3.40 读者借阅图书信息查询

3.4.2 查询中表达式的使用

在创建查询时添加一些限制条件，可以使查询结果中仅包含满足查询条件的数据记录。

如果想利用设计视图创建较复杂的查询，就需要使用查询表达式。表达式是算术运算符、逻辑运算符、常量、字段值和函数等的组合，可以用来进行计算、比较和逻辑判断。

1. 简单条件表达式

条件表达式可以直接在设计视图窗口下方的条件栏中设置，也可以利用"Ctrl＋F2"组合键打开"表达式生成器"对话框，在该对话框中创建条件表达式。

在数据库的查询中，使用的最多的就是文本及数值条件的查询，如在"高校图书馆管理系统"数据库中查找特定的图书数量、出版社、作者等。

(1) 数值条件

数值条件包含数字及货币类型的数据，实际中常用来统计或比较。常见的比较操作符有"＜"、"＞"、"＝"等，如果要表示某个范围的数字，还可使用 Between A And B，其中，A、B 表示查询条件的边界值，只有介于 A、B 之间(包含边界值 A、B)的记录才会被查找到。

(2) 文本条件

标准情况下，输入的文本条件应在文本两侧加上双引号(半角符号)，如果没有加入，Access 会自动加上双引号。文本条件中可以使用 Like、Not 等关键字。

使用 Like 可以查找指定样式的字符串。例如，要查找姓张的读者，可以在"读者姓名"字段的条件单元格中输入：Like "张 *"。

使用 Not 可以查找到不属于某个集合的数据。例如，要查找读者设置表中读者身份不是学生的信息，可以在"读者身份"字段的条件单元格中输入：Not "学生"。

(3) 日期条件

为了和一般的数字数据区分开来，Access 在日期/时间数据的两侧加上"#"符号。另外，在添加日期条件时，还可以使用 Month、Year 等函数。例如，要查询 3 月份借阅的图书，可以在借阅日期字段的条件单元格中输入：Month([借阅日期])＝3。

带有数据类型的字段条件表达式的输入方法，见表 3.1。

表 3.1　带有数据类型的查询表达式输入的方法

数据类型	条件表达式输入方法
数字	直接在条件框中输入数字
文本	在条件框中直接输入文本，或者在文本两侧使用双引号""（半角符号）
日期/时间	按照日期或时间的格式直接输入，例如 10/01/2008 或 2008-10-01，或者在日期/时间数据的两侧加上"#"符号，例如#10/01/2008#
是/否	直接输入 Yes(是)和 No(否)

【例 3.9】　对"读者借阅图书信息查询"修改，只显示借阅计算机软件类图书的读者信息。

操作步骤如下。

(1) 选择已经创建的"读者借阅图书信息查询"，单击数据库窗口中的设计按钮 设计(D)，在设计视图中打开查询。

(2) 在"书籍类别"的"条件"单元格中输入"计算机软件"，如图 3.41 所示。

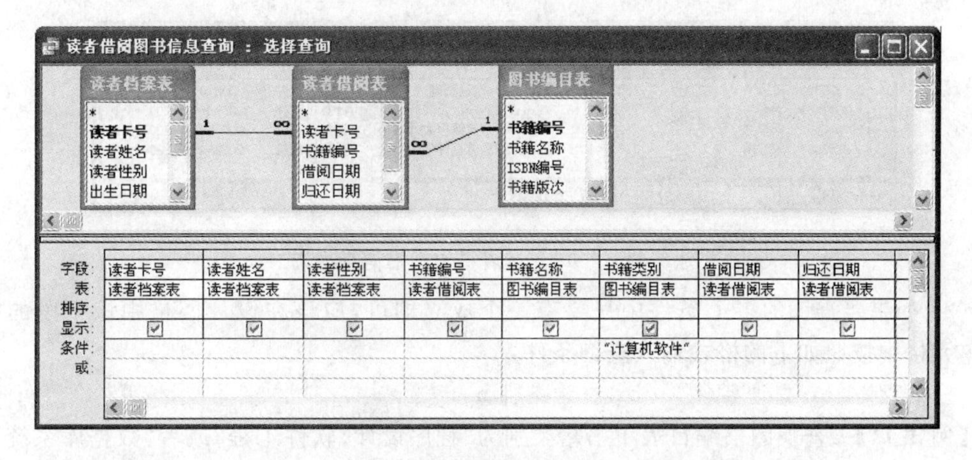

图 3.41　指定书籍类别的读者借阅图书信息查询

(3) 查询结果如图 3.42 所示。

读者借阅计算机软件类图书信息查询 ： 选择查询

读者编号	读者姓名	读者性别	书籍编号	书籍名称	书籍类别	借阅日期	归还日期
1092022	田远	☑	7302049734	Delphi 6 编程基础	计算机软件	2008-3-4	2008-6-4
2903944	王萱	☑	7320043116	Visual FoxPro 及其应用系统	计算机软件	2007-3-3	2007-4-3
1090866	杨春兰	☐	7320043116	Visual FoxPro 及其应用系统	计算机软件	2008-3-10	2008-4-10

记录: 1　共有记录数: 3

图 3.42　读者借阅计算机软件类图书信息查询

2. 在一个字段中输入多个条件

Access 将使用 and 或 or 运算符连接多个条件。

(1) 如果要查询的多个条件同时成立，应该在设计网格中该字段的"条件"单元格中按照如下的格式输入查询条件：

查询条件 1 and 查询条件 2…and 查询条件 n

【例 3.10】　对"读者借阅图书信息查询"修改，只显示借阅日期在 2008-1-1 到 2008-12-

31之间的图书借阅信息，设计视图中设置“借阅日期”字段条件，如图 3.43 所示。

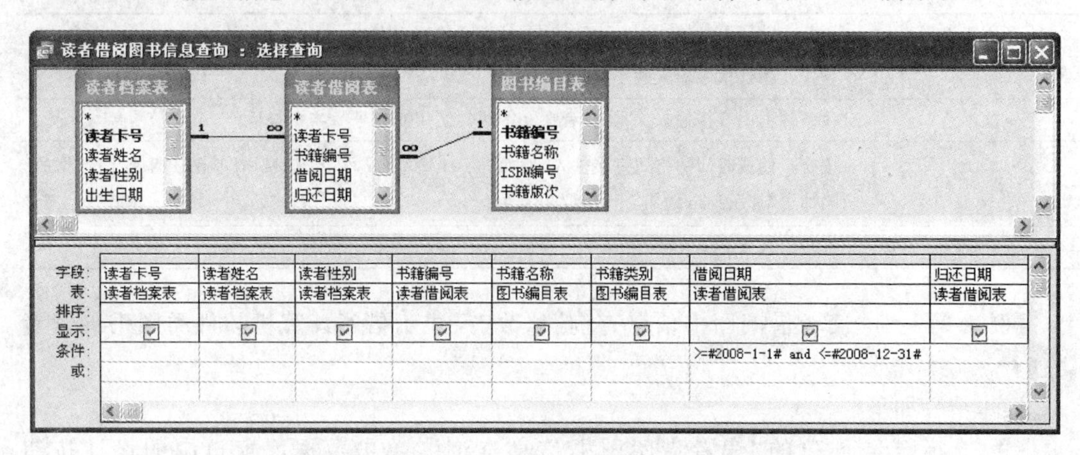

图 3.43 指定借阅日期的读者借阅图书信息查询

查询结果如图 3.44 所示。

08年读者借阅图书信息查询 ：选择查询

读者卡号	读者姓名	读者性别	书籍编号	书籍名称	书籍类别	借阅日期	归还日期
291928393	田远	☑	7302049734	Delphi 6 编程基础	计算机软件	2008-3-4	2008-6-4
193837483	杨春兰	☐	7320043116	Visual FoxPro 及其应用系统	计算机软件	2008-3-10	2008-4-10
193837483	杨春兰	☐	7508307348	Windows 游戏编程大师技巧	微型计算机	2008-5-20	2008-6-20
309283937	宋若涛	☑	7980044649	Delphi第三方控件使用大全	微型计算机	2008-4-1	2008-5-1

记录：1 共有记录数：4

图 3.44 2008 年读者借阅图书信息查询

（2）如果要查询的多个条件中只要有一个成立即可，应该在设计网格中该字段的“条件”单元格中按照如下的格式输入查询条件：

查询条件 1 or 查询条件 2…or 查询条件 n

【例 3.11】 查找图书编目表中书籍类别为“程序设计、软件工程”或者“数据库系统”的图书信息，设计视图中设置“书籍类别”字段条件，如图 3.45 所示。

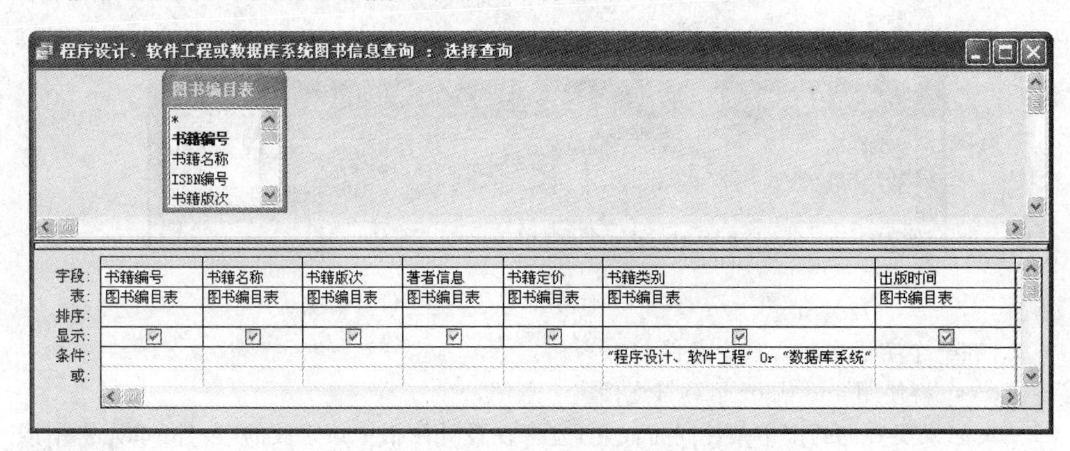

图 3.45 指定书籍类别的图书信息查询

查询结果如图 3.46 所示。

程序设计、软件工程或数据库系统图书信息查询 ：选择查询

书籍编号	书籍名称	书籍版次	著者信息	书籍定价	书籍类别	出版时间
7040100959	C++程序设计语言（特别版）	第二版	Special Stroust	55.6	程序设计、软件工程	2003-3-1
7111080408	Delphi 5 开发人员指南	第一版	Steve Teixeira	138.7	数据库系统	2003-4-1
7115093229	Access 2002 数据库管理实务	第一版	东名，吴名月	52.8	数据库系统	2005-5-3
7118026778	Delphi 5.0 数据库开发与专业应用	第一版	敬铮，杨锋	29	数据库系统	2004-5-4
7302008992	版主答疑-Delphi高级编程技巧	第一版	岳庆生	49	数据库系统	2005-3-1
7302020043	PASCAL 程序设计	第一版	郑启华	18.9	程序设计、软件工程	2006-6-1
7302047804	精通中文版Access 2002 数据库	第一版	梁书斌，张振峰	49	程序设计、软件工程	2001-7-2

记录：1 共有记录数：7

图 3.46 指定书籍类别查询

3. 在多个字段中输入多个条件

（1）如果要查询的多个字段设置的多个条件同时成立，用户应该在设计网格中所有需要输入查询条件的字段的“条件”单元格中输入相应的查询条件。

【例 3.12】 查询 2008 年读者借阅计算机软件类图书信息，在“读者借阅图书信息查询”设计视图中设置“书籍类别”、“借阅日期”字段条件，如图 3.47 所示。

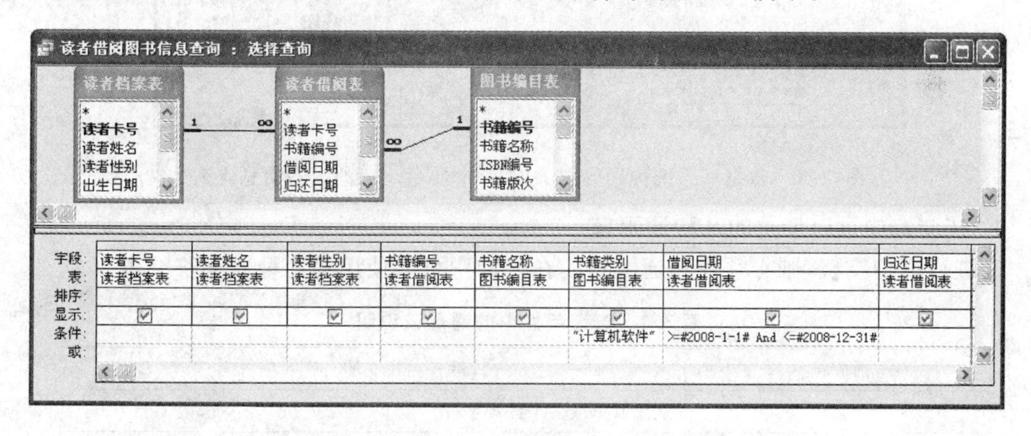

图 3.47 指定书籍类别和借阅日期查询

查询结果如图 3.48 所示。

2008年读者借阅计算机软件类图书信息查询 ：选择查询

读者卡号	读者姓名	读者性别	书籍编号	书籍名称	书籍类别	借阅日期	归还日期
291928393	田远	☑	7302049734	Delphi 6 编程基础	计算机软件	2008-3-4	2008-6-4
193837483	杨春兰	☐	7320043116	Visual FoxPro 及其应用系统	计算机软件	2008-3-10	2008-4-10
193837483	杨春兰	☐	7508307348	Windows 游戏编程大师技巧	微型计算机	2008-5-20	2008-6-20
309283937	宋若涛	☑	7980044649	Delphi第三方控件使用大全	微型计算机	2008-4-1	2008-5-1

记录：1 共有记录数：4

图 3.48 2008 年读者借阅计算机软件类图书信息查询

（2）如果要查询的多个字段设置的多个条件中只要有一个成立即可，需要在其中一个字段的“条件”单元格中输入该字段的查询条件，而在其他字段的不同行的“或”单元格中分别输入对应这些字段的查询条件。

【例 3.13】 查找数据库系统类别或 2005 年后出版的图书信息，设计视图中设置“书籍类别”、“出版时间”字段条件，如图 3.49 所示。

查询结果如图 3.50 所示。

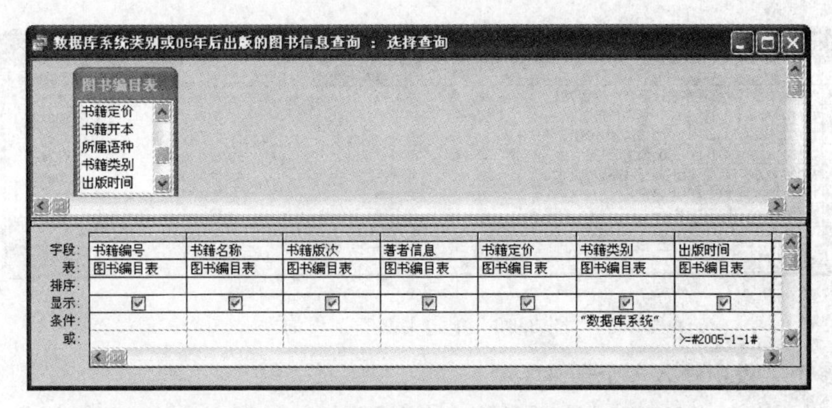

图 3.49 指定书籍类别或出版时间的图书信息查询

数据库系统类别或05年后出版的图书信息查询 : 选择查询

书籍编号	书籍名称	书籍版次	著者信息	书籍定价	书籍类别	出版时间
7111080408	Delphi 5 开发人员指南	第一版	Steve Teixeira	138.7	数据库系统	2003-4-1
7115093229	Access 2002 数据库管理实务	第一版	东名，吴名月	52.8	数据库系统	2005-5-3
7118026778	Delphi 5.0 数据库开发与专业应用	第一版	敬铮，杨锋	29	数据库系统	2004-5-4
7302008992	版主答疑-Delphi高级编程技巧	第一版	岳庆生	49	数据库系统	2005-3-1
7302020043	PASCAL 程序设计	第一版	郑启华	18.9	程序设计、软件工程	2006-6-1
7320043116	Visual FoxPro 及其应用系统	第二版	汤观全，倪绍勇	12	计算机软件	2005-6-1
7506243504	征服-大学英语六级新大纲6600词汇	第二版	王湘云	18	语义、词汇、词义	2005-9-1
7561210063	高等数学(下)教与学参考	第一版	张宏志	17.6	数学	2005-4-7

记录: 1 共有记录数: 12

图 3.50 数据库系统类别的图书或 2005 年后出版的图书信息查询

4. 在查询中可以使用的几种通配符

要进行模糊查找,则必须使用通配符。在查询中可以使用的几种通配符见表 3.2。

表 3.2 查询条件中的通配符说明

通配符	说 明
*	表示 0 个或多个任意字符
?	表示一个任意字符
#	表示一个任意数字(0～9)
[字符表]	表示在字符表的范围
[! 字符表]	表示不在字符表的范围

【例 3.14】 查找出版社明细表中"人民"开头的出版社信息,设计视图中设置"出版社名称"字段条件,如图 3.51 所示。

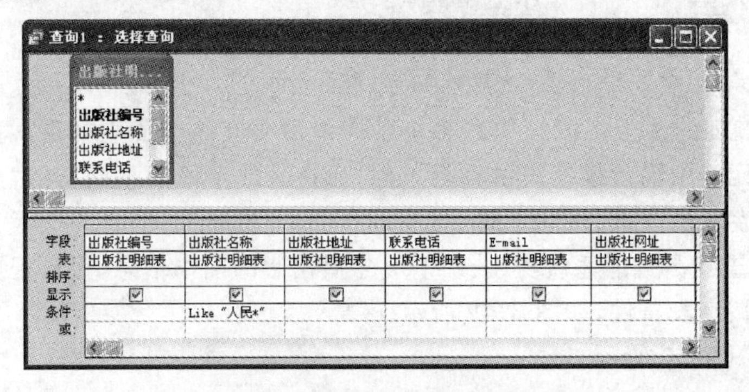

图 3.51 设置出版社名称字段条件

查询结果如图 3.52 所示。

"人民"开头的出版社信息查询 ： 选择查询

出版社编号	出版社名称	出版社地址	联系电话	E-mail	出版社网址
102011	人民交通出版社	人民交通出版社	010-3452349	renminjiaotong@163.com	http://www.rmjt.net
102012	人民邮电出版社	人民邮电出版社	010-9283948	renminyoudian@163.com	http://www.rmyd.net
102014	人民出版社	人民出版社	010-5849548		
102019	人民卫生出版社	人民卫生出版社	010-4847838		
102021	人民音乐出版社	人民音乐出版社	010-8484838		
102023	人民教育出版社	人民教育出版社	010-4894589		

记录：1 共有记录数：6

图 3.52　"人民"开头的出版社信息查询

【例 3.15】 查找读者档案表中姓"张"且姓名为两个字的读者信息，设计视图中设置"读者姓名"字段条件，如图 3.53 所示。

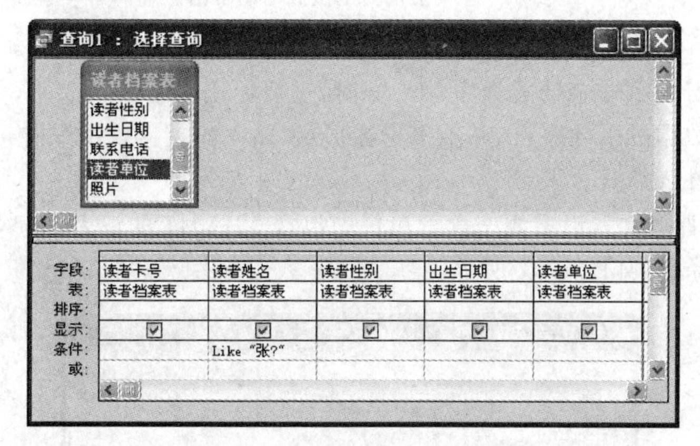

图 3.53　设置读者姓名字段条件

查询结果如图 3.54 所示。

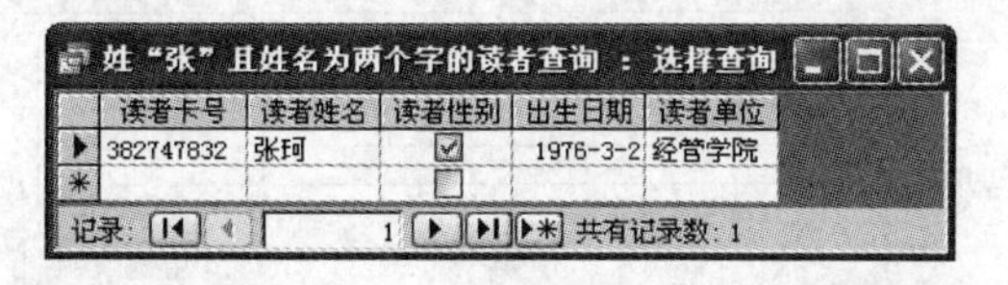

姓"张"且姓名为两个字的读者查询 ： 选择查询

读者卡号	读者姓名	读者性别	出生日期	读者单位
382747832	张珂	☑	1976-3-2	经管学院

记录：1 共有记录数：1

图 3.54　姓"张"且姓名为两个字的读者查询

【例 3.16】 查找图书设置表中总藏书量为个位数的图书信息，设计视图中设置"总藏书量"字段条件，如图 3.55 所示。

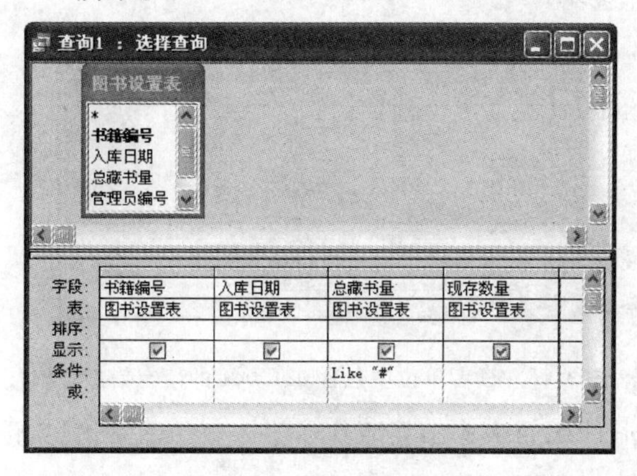

图 3.55　设置总藏书量字段条件

查询结果如图 3.56 所示。

总藏书量为个位数的图书信息查询 : 选择查询

书籍编号	入库日期	总藏书量	现存数量
7118022071	2004-8-1	9	9
7302008992	2005-7-1	9	6
7302040958	2003-5-5	9	9
7302049734	2004-9-2	8	8
7302052769	2004-5-3	5	5
7508307348	2002-5-1	7	6
7560013481	2005-3-1	8	8
7560720994	2006-6-7	8	7
7561210063	2006-5-4	4	3
7563612041	2008-6-1	9	9

记录: 1 共有记录数: 10

图 3.56　总藏书量为个位数的图书信息查询

【说明】

使用#通配符表示一个任意数字(0～9)时，需要使用双引号括起来，如"#"。否则系统会将#当做日期数据的引导字符，并给出出错提示"输入的表达式中含有一个无效日期值"，要求用户修改条件表达式。

【例 3.17】　查找读者档案表中读者单位中包含 021、041 的读者信息，设计视图中设置"读者单位"字段条件，如图 3.57 所示。

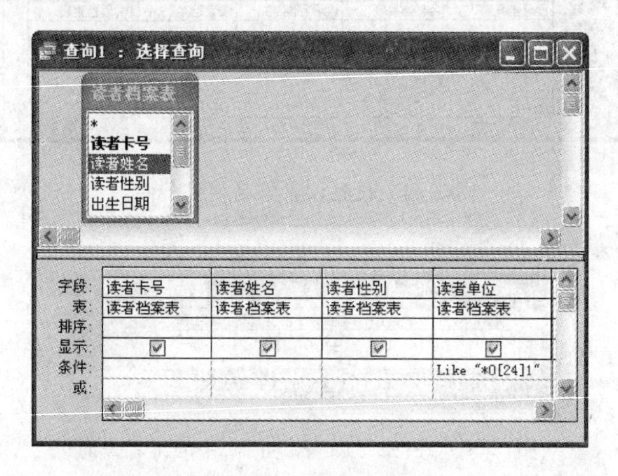

图 3.57　设置读者单位字段条件

查询结果如图 3.58 所示。

读者单位中包含021、031的读者信息查询...

读者卡号	读者姓名	读者性别	读者单位
109309382	马跃峰	☑	英语021
187346474	范文暄	☑	数学021
193837481	张天定	☑	历史041
193837483	杨春兰	☐	无机041
291928393	田远	☑	中文021
294848479	冯媛媛	☐	历史041
298774847	贾金利	☐	地理041

记录: 1 共有记录数: 7

图 3.58　读者单位中包含 021、041 的读者信息查询

【例 3.18】　查找图书编目表中书籍版次非第一版的图书信息，设计视图中设置"书籍版次"字段条件，如图 3.59 所示。

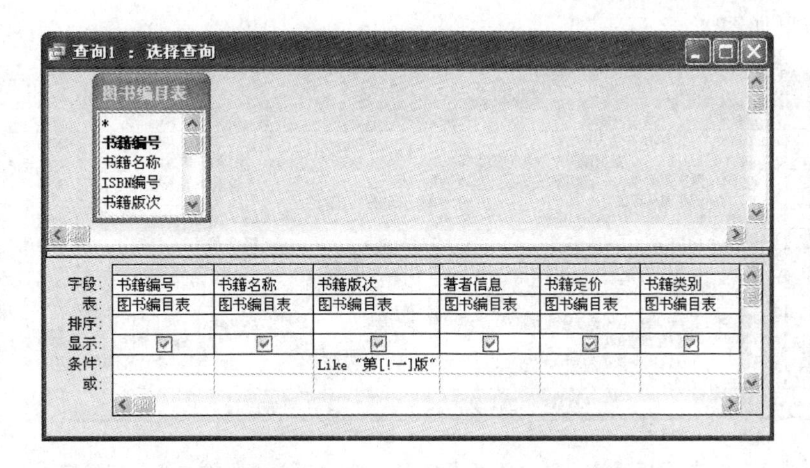

图 3.59　设置书籍版次字段条件

查询结果如图 3.60 所示。

非第一版的图书信息查询 ：选择查询

书籍编号	书籍名称	书籍版次	著者信息	书籍定价	书籍类别
7040100959	C++程序设计语言(特别版)	第二版	Special Stroust	55.6	程序设计、软件工程
7113044336	C++函数库查询辞典	第三版	陈正凯	28.6	计算机的应用
7302040958	计算机组成与结构	第二版	王爱英	32	微型计算机
7320043116	Visual FoxPro 及其应用系统	第二版	汤观全，倪绍勇	12	计算机软件
7506243504	征服-大学英语六级新大纲6600词汇	第二版	王湘云	18	语义、词汇、词义
7800047539	世界著名政治家英语经典演说辞典	第二版	郭小伟	5	国际共产主义运动
7800047601	英语专业四级词汇	第二版	马德高	25.5	语义、词汇、词义

记录：1 共有记录数：7

图 3.60　非第一版的图书信息查询

3.4.3　指定查询结果按某字段排序

在查询设计视图中，单击某指定字段对应的排序单元格右侧向下的箭头，选择排序方式：升序、降序或不排序。

【例 3.19】　对“数据库系统类别或 05 年后出版的图书信息查询”修改，按出版时间升序排列，如图 3.61 所示。

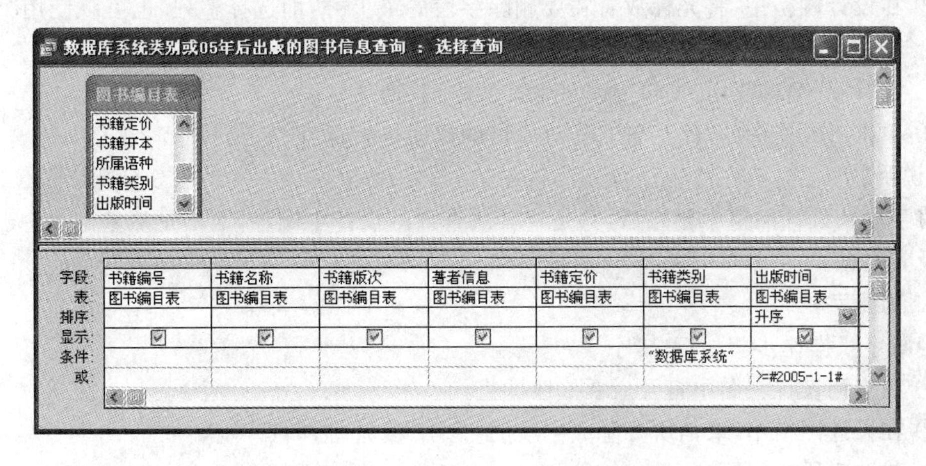

图 3.61　设置出版时间字段排序方式

查询结果如图 3.62 所示。

数据库系统类别或05年后出版的图书信息升序查询 ： 选择查询

书籍编号	书籍名称	书籍版次	著者信息	书籍定价	书籍类别	出版时间
7111080408	Delphi 5 开发人员指南	第一版	Steve Teixeira	138.7	数据库系统	2003-4-1
7118026778	Delphi 5.0 数据库开发与专业应用	第一版	敬铮，杨锋	29	数据库系统	2004-5-4
7302008992	版主答疑-Delphi高级编程技巧	第一版	岳庆生	49	数据库系统	2005-3-1
7899996309	编程黑马真言	第一版	王轶男	25	软件工具、工具软件	2005-3-4
7980044649	Delphi第三方控件使用大全	第一版	刘艺	98.6	微型计算机	2005-3-7
7561210063	高等数学（下）教与学参考	第一版	张宏志	17.6	数学	2005-4-7
7115093229	Access 2002 数据库管理实务	第一版	东名，吴名月	52.8	数据库系统	2005-5-3
7320043116	Visual FoxPro 及其应用系统	第二版	汤观全，倪绍勇	12	计算机软件	2005-6-1
7506243504	征服-大学英语六级新大纲6600词汇	第二版	王湘云	18	语义、词汇、词义	2005-9-1
7810672245	大学英语词汇记忆点津与考点要览	第一版	马德高	16.7	语义、词汇、词义	2006-1-3
7302020043	PASCAL 程序设计	第一版	郑启华	18.9	程序设计、软件工程	2006-6-1
7563612041	计算机文化基础 Windows 95	第一版	山东省教育委员会	20	计算技术、计算机技术	2008-5-3
*						

记录： 1 共有记录数：12

图 3.62 数据库系统类别的图书或 2005 年后出版的图书按出版时间升序查询

3.4.4 查询字段操作

查询建立后可以增加字段、删除字段、隐藏字段、修改字段的标题或改变字段的顺序。

1. 增加字段

增加字段的操作步骤如下。

① 在查询设计视图中打开所要修改的查询。

② 若一次增加一个字段，可以直接双击字段列表中的某一字段，或将选定字段拖动到设计网格中；也可以在空白的“字段”单元格中单击向下的箭头，在打开的列表中选取。

若一次增加多个字段，可以按下“Ctrl”键并在字段列表中单击多个字段，然后直接拖动到设计网格中。

若想添加字段列表中的全部字段，直接双击字段列表中的“*”，或拖动字段列表中的“*”到设计网格中。

2. 删除字段

删除字段操作步骤如下。

① 在查询设计视图中打开所要修改的查询。

② 在设计网格中，将光标放置在要删除字段的最上方，即选择整列，也可以使用“Shift”键配合选取多个字段。

③ 按“Del”键或使用“编辑”菜单中的“删除列”命令。

④ 单击工具栏中的“保存”按钮，对所做的修改进行保存。

【说明】

将字段从设计网格中删除后，只是将其从查询的设计中删除，而不是从基础表中删除了字段及其数据。

3. 隐藏字段

隐藏字段操作步骤如下。

① 在查询设计视图中打开所要修改的查询。

② 在设计网格中，取消所要隐藏字段的“显示”复选框即可。

4. 修改字段的标题

一般情况下，在设计网格中“字段”中的字段名都会直接显示在查询的数据表视图中，如果要显示与字段名信息不同的内容,可以修改字段的标题。

修改字段标题的操作步骤如下。

① 在查询设计视图中打开所要修改的查询。

② 将光标移动到要修改的字段上,单击工具栏中的“属性”按钮,打开“字段属性”对话框。

③ 在“常规”选项卡中的“标题”栏中输入字段的标题,关闭“字段属性”对话框。

④ 单击工具栏中的“保存”按钮,对所作的修改保存。

5. 改变字段的顺序

在创建一个查询后,设计视图中字段之间的排列顺序就是在查询数据表视图中显示的顺序,如果对该顺序不满意,可以使用拖动的方法改变字段的排列顺序。

改变字段的顺序操作步骤如下。

① 在查询设计视图中打开所要修改的查询。

② 单击要改变顺序的字段的顶部,按住鼠标左键拖动该字段到新的位置上(新位置以黑竖线的形式显示),然后释放鼠标即可。

3.4.5 运行查询

对于一个设计完成的查询,可以在数据库窗口的查询对象中看到查询的图标,在一个查询对象上双击,即可运行查询。使用查询对象操作数据也就是运行查询语句,称为运行查询。一个运行着的查询一般以查询的数据表视图显示。

在数据库窗口中,首先选择要打开的查询对象图标,然后单击数据库窗口上的“打开”按钮也可以运行查询。

在查询设计视图中,单击工具栏中的运行按钮,或单击菜单中的“查询”|“运行”命令,同样可以运行查询。

3.5 在查询中执行计算

Access 数据库中的查询不但可以查找数据表中的数据,而且可以对数据执行某些计算。本节中将介绍如何进行计算查询。

在查询中可以执行许多类型的计算。如可以计算一个字段值的总和或平均值,也可以进行较为复杂的计算。在查询中有两种基本计算:预定义计算和自定义计算。

1. 预定义计算

预定义计算可以对查询中的全部记录、一个或多个记录组进行计算。在查询设计视图中,单击工具栏上的“总计”按钮Σ,Access 自动在设计网格中增加“总计”行。使用设计网格“总计”行的函数选项可以实现各种计算。函数包括总和、平均值、计数、最小值、最大值、标准偏差或方差以及分组、第一条记录、最后一条记录、表达式和条件。

在“总计”行下拉式列表中的常用函数见表 3.3。

表 3.3 在“总计”行下拉式列表中的常用函数

函数名	功能
总计	计算一组记录中某字段值的总和
平均值	计算一组记录中某字段值的平均值
最大值	计算一组记录中某字段值的最大值
最小值	计算一组记录中某字段值的最小值
计数	计算一组记录中记录的个数
分组	以该字段的值来分组
第一条记录	返回表的第一个记录的字段值
最后一条记录	返回最后一个记录的字段值
表达式	创建表达式中包含合计函数的计算字段。通常在表达式中使用多个函数时，将创建计算字段
条件	指定不用于分组的字段条件。如果选中此选项，Access 将清除“显示”复选框，隐藏查询结果中的这个字段

【例 3.20】 统计“读者设置表”中每个身份的读者人数。

操作步骤如下。

(1)在查询设计视图中添加“读者设置表”中的“读者身份”、“读者卡号”字段，如图 3.63 所示。

(2) 在查询设计视图中，单击工具栏上的Σ按钮，就会在设计网格中增加“总计”行，各个字段“总计”行中默认显示的是“分组”。要统计不同身份的读者人数应先按读者身份分组，在读者卡号“总计”行下拉式列表中选择函数“计数”，如图 3.64 所示。

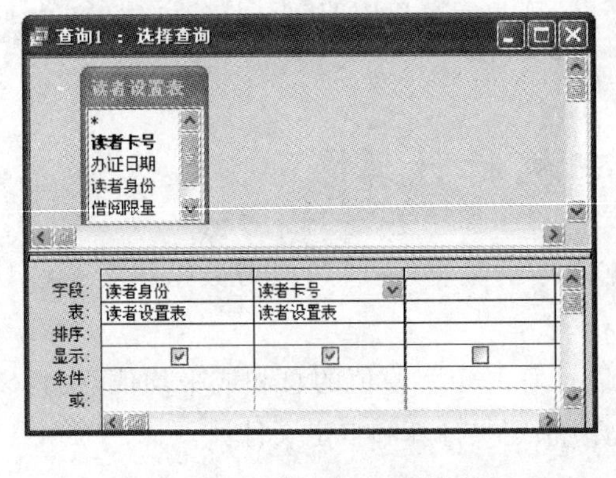

图 3.63 计算查询字段的添加

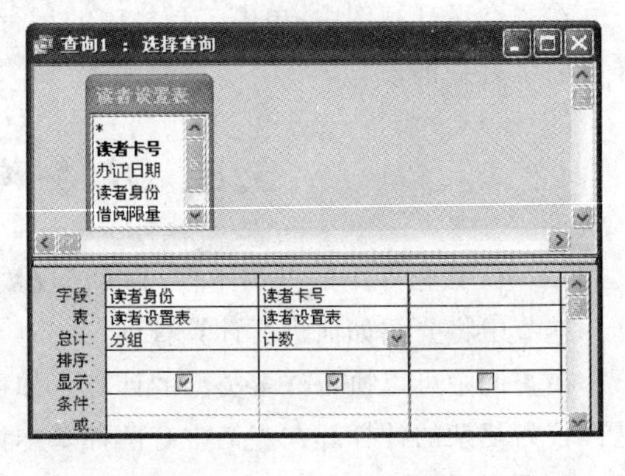

图 3.64 总计行的设置

(3) 切换到数据表视图下，可以查看到查询的结果，如图 3.65 所示。

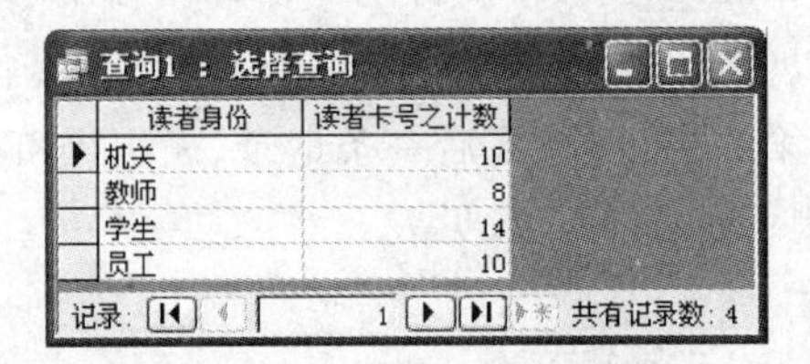

读者身份	读者卡号之计数
机关	10
教师	8
学生	14
员工	10

图 3.65 不同身份读者人数

（4）将数据表视图下显示的“读者卡号之计数”字段名修改为“读者人数”，在设计视图中“读者卡号”前输入“读者人数:”（冒号为半角的），如图 3.66 所示。将查询保存为“不同身份读者人数查询”，切换到数据表视图下，如图 3.67 所示。

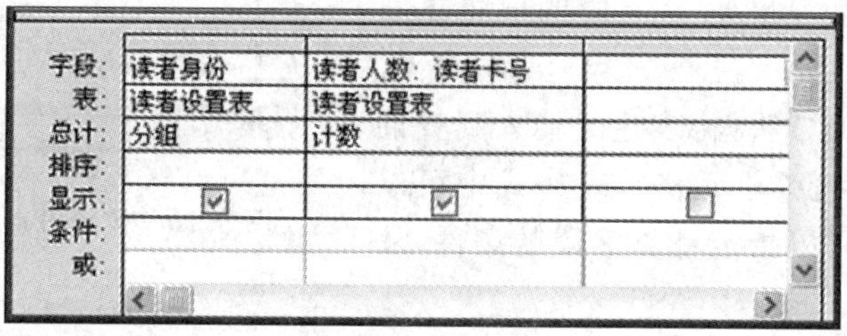

字段:	读者身份	读者人数: 读者卡号	
表:	读者设置表	读者设置表	
总计:	分组	计数	
排序:			
显示:	☑	☑	☐
条件:			
或:			

图 3.66 修改字段名

不同身份读者人数查询 : 选择查询

读者身份	读者人数
机关	10
教师	8
学生	14
员工	10

记录: 1 共有记录数: 4

图 3.67 不同身份读者人数

【例 3.21】 按年份查询总藏书量。

操作步骤如下。

（1）在查询设计视图中添加“图书设置表”中的“入库日期”和“总藏书量”字段，如图 3.68 所示。

（2）将查询保存为“按年份查询总藏书量”。

（3）在查询设计视图中，单击工具栏上的Σ按钮，就会在设计视图中增加“总计”行，各个字段“总计”行中默认显示的是“分组”。要按入库年份统计总藏书量应先按入库年份即 Year([入库日期])分组，然后在总藏书量“总计”行下拉式列表中选择“总计”，如图 3.69 所示。

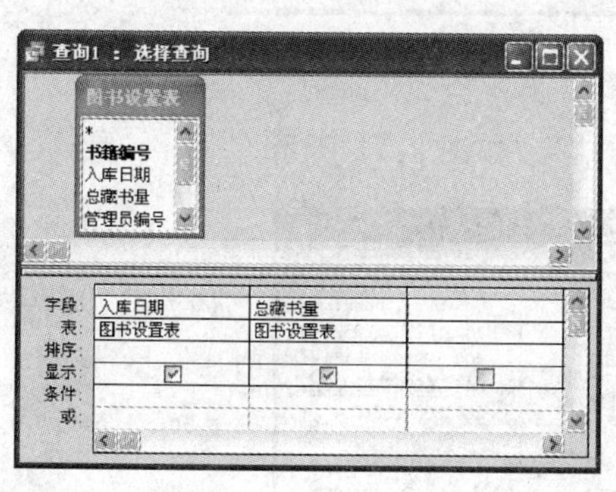

图 3.68 按年份查询总藏书量字段的添加

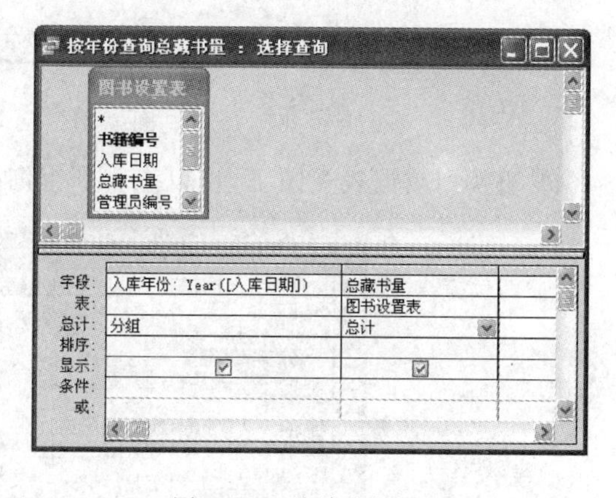

图 3.69 总计行的设置

（4）切换到数据表视图下，可以查看到查询的结果，如图 3.70 所示。

2. 自定义计算

如果想用一个或多个字段的值执行数值、日期和文本计算，需要在查询设计网格中直接添加计算字段。计算字段是在查询中自定义的字段，它可以显示表的计算结果，执行这类计算时，在字段中显示的计算结果并不存储在基础表中。当表中数据发生变化时该字段的值将重新计算。

创建计算字段的方法：将表达式输入到查询设计视图中的空“字段”单元格。表达式中可以使用多种运算。也可以指定计算字段的条件，从而影响计算的结果。

按年份查询总藏书量 ： 选择查询

入库年份	总藏书量之总计
2002	22
2003	9
2004	77
2005	91
2006	90
2007	10
2008	9

记录： 1 共有记录数：7

图 3.70 按年份查询总藏书量结果

【例 3.22】 查询每本图书总价。

操作步骤如下。

(1) 在查询设计视图中添加“图书编目表”中的“书籍名称”、“书籍定价”和“图书设置表”中的“总藏书量”字段。

(2) 将查询保存为“每本图书总价查询”。

(3) 在“总藏书量”字段右侧的空白字段单元格中输入“价格合计:[书籍定价]*[总藏书量]”，其中“价格合计”为新生成的字段名，[书籍定价]*[总藏书量]为新字段产生的规则，字段名和新字段产生的规则间用半角的冒号“:”分隔，如图 3.71 所示。

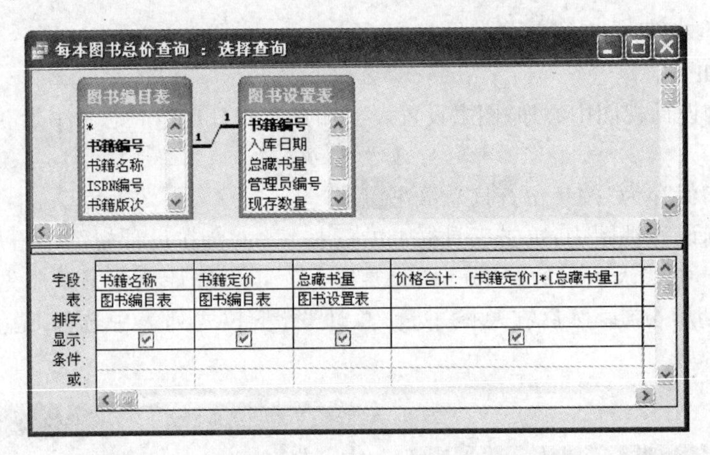

图 3.71 定义新字段

(4) 切换到数据表视图下，可以查看到查询的结果，如图 3.72 所示。

每本图书总价查询 ： 选择查询

书籍名称	书籍定价	总藏书量	价格合计
C++程序设计语言（特别版）	55.6	16	889.599975585938
Delphi 5 开发人员指南	138.7	13	1803.09997558594
C++函数库查询辞典	28.6	14	400.399993896484
Access 2002 数据库管理实务	52.8	16	844.799987792969
编译原理	31.2	9	280.800018310547
Delphi 5.0 数据库开发与专业应用	29	13	377
版主答疑-Delphi高级编程技巧	49	9	441
PASCAL 程序设计	18.9	10	189
计算机组成与结构	32	9	288
精通中文版Access 2002 数据库	49	15	735

记录： 1 共有记录数：26

图 3.72 运行结果

3.6 参数查询

参数查询在运行查询的过程中根据输入的参数值自动设置查询规则，然后依据参数生成查询结果。

1. 创建参数查询

【例 3.23】 根据读者身份查询每个类别的读者情况。

操作步骤如下。

(1) 首先创建或打开一个选择查询，然后切换到设计视图中。

本例在查询设计视图中添加“读者档案表”中的“读者卡号”、“读者姓名”、“读者性别”、“出生日期”、“读者单位”和“读者设置表”中的“读者身份”、“借阅限量”、“阅读天数”字段。

(2) 在要作为参数使用的某一字段的“条件”单元格中，键入括在方括号内的相应提示。如在“读者身份”字段的条件单元格中输入参数表达式“[请输入要查询的读者身份类别:]”，如图 3.73 所示。

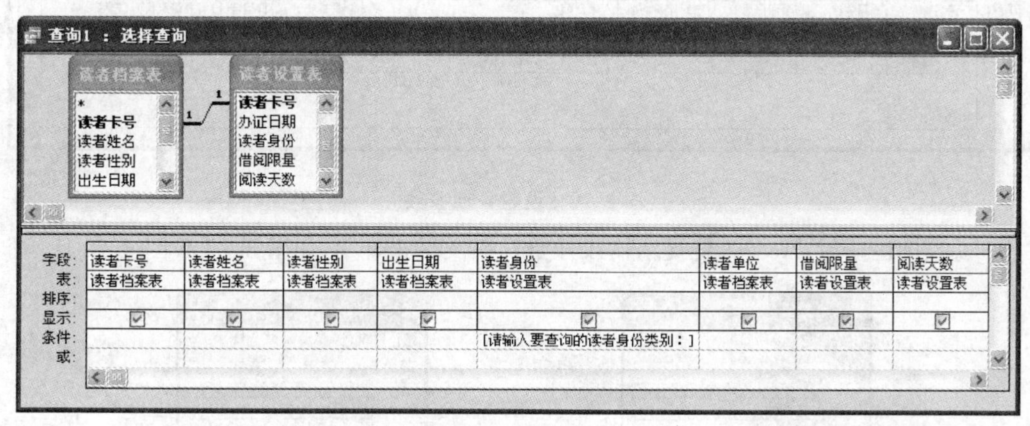

图 3.73 设置参数

(3) 将查询保存为“根据读者身份查询读者情况”。

(4) 查询运行时，Access 将显示提示，如图 3.74 所示。

(5) 在“输入参数值”对话框中输入“学生”，查询结果如图 3.75 所示。

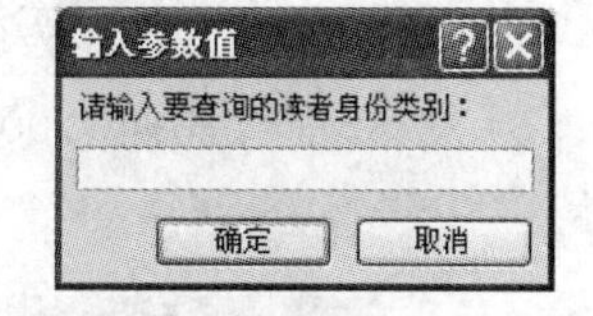

图 3.74 “输入参数值”对话框

对于显示日期的字段，可以显示类似于“起始日期:”和“终止日期:”这样的提示，以指定输入值的范围。方法是在字段的“条件”单元格中，键入“Between[起始日期:] And [终止日期:]”。

根据读者身份查询读者情况 : 选择查询

读者卡号	读者姓名	读者性别	出生日期	读者身份	读者单位	借阅限量	阅读天数
109309382	马跃峰	☑	1986-3-2	学生	英语021	10	30
122323444	李端	☑	1986-5-4	学生	经贸032	5	30
187346474	范文喧	☑	1986-3-8	学生	数学021	5	30
192838473	王大昕	☑	1988-7-5	学生	经贸031	5	30
192988918	kate	☐	1981-3-12	学生	英语012	10	30
193837481	张天定	☑	1986-5-2	学生	历史041	10	30
193837483	杨春兰	☐	1988-6-6	学生	无机041	5	30
198300493	Tom	☑	1989-3-15	学生	数学023	5	30

记录: 1 共有记录数: 14

图 3.75 参数查询结果

【例 3.24】 根据入库日期查询图书价格合计情况。

操作步骤如下。

（1）在查询设计视图中添加“图书编目表”中的“书籍名称”、“书籍版次”、“著者信息”、“书籍定价”和“图书设置表”中的“入库日期”、“总藏书量”字段，并增加“价格合计：[书籍定价]*[总藏书量]”字段。

（2）将查询保存为“根据入库日期查询图书价格合计情况”。

（3）在要作为参数使用的入库日期字段的“条件”单元格中，输入参数表达式“Between [开始日期：] And [截止日期：]”，如图 3.76 所示。

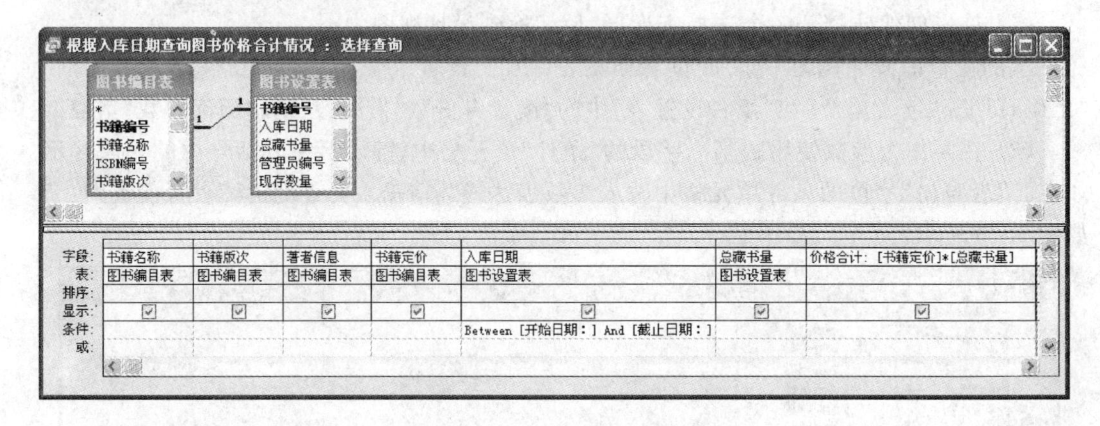

图 3.76 设置日期参数

（4）查询运行时，Access 将提示输入开始日期及截止日期，如图 3.77 和图 3.78 所示。

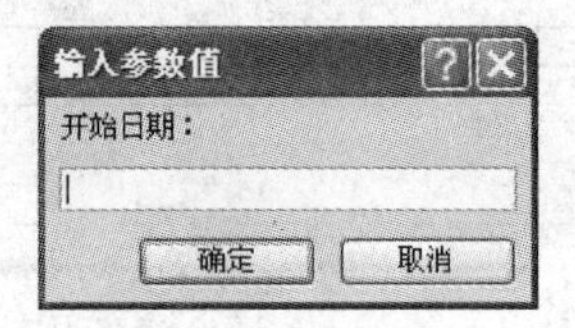

图 3.77 输入开始日期

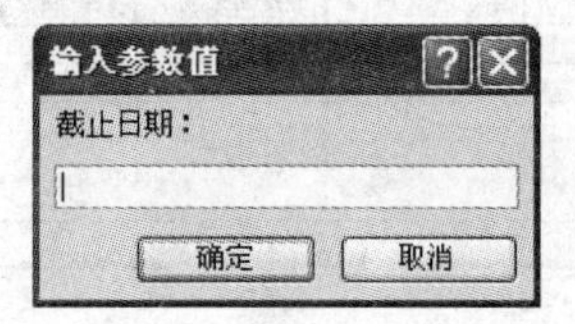

图 3.78 输入截止日期

（5）输入开始日期“2005-1-1”，截止日期“2005-12-31”后，查询运行结果如图 3.79 所示。

根据入库日期查询图书价格合计情况 ： 选择查询

书籍名称	书籍版次	著者信息	书籍定价	入库日期	总藏书量	价格合计
C++程序设计语言（特别版）	第二版	Special Stroust	55.6	2005-7-3	16	889.5999756
Delphi 5.0 数据库开发与专业应用	第一版	敬铮，杨锋	29	2005-6-3	13	377
版主答疑-Delphi高级编程技巧	第一版	岳庆生	49	2005-7-1	9	441
邓小平理论概述	第一版	教育部社会科学研究	17.8	2005-4-3	13	231.3999939
新概念英语-3	第一版	亚历山大，何其莘	19	2005-3-1	8	152
世界著名政治家英语经典演说辞典	第二版	郭小伟	5	2005-5-4	12	60
英语网上文摘	第一版	董素华	5	2005-6-5	20	100

记录：1 共有记录数：7

图 3.79 指定日期参数查询

创建参数查询时，不仅可以使用一个参数，还可以使用多个参数。多个参数的查询创建过程与一个参数查询的创建过程一样，在查询设计视图中将多个参数都放在条件单元格中即可。

2. 为查询参数指定数据类型

【例 3.25】 按读者身份及单位查询读者信息。

操作步骤如下。

(1) 在查询设计视图中打开例 3.23 所建立的“根据读者身份查询读者情况”查询。

(2) 单击菜单中的“查询”|“参数”命令,打开“查询参数”对话框,如图 3.80 所示。

(3) 在“参数”列中输入参数名称,在“数据类型”列中,单击右边的箭头,选择数据类型,再依次设置其他各参数。如设置参数“请输入读者身份”、“请输入读者单位”,数据类型均为“文本”,如图 3.81 所示。

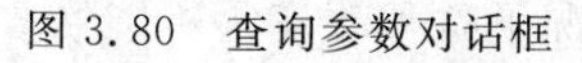
图 3.80 查询参数对话框

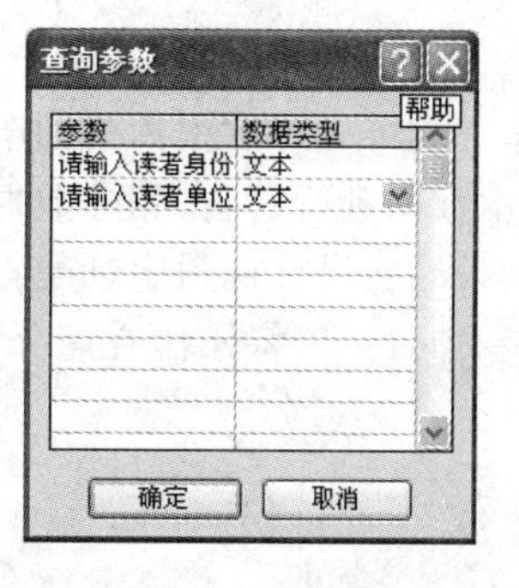

图 3.81 设置参数及数据类型

(4) 单击“确定”按钮,关闭“查询参数”对话框,完成参数类型的设置。

(5) 将查询保存为“按读者身份及单位查询读者信息”。返回设计视图,设置“读者身份”及“读者单位”字段的条件,如图 3.82 所示。

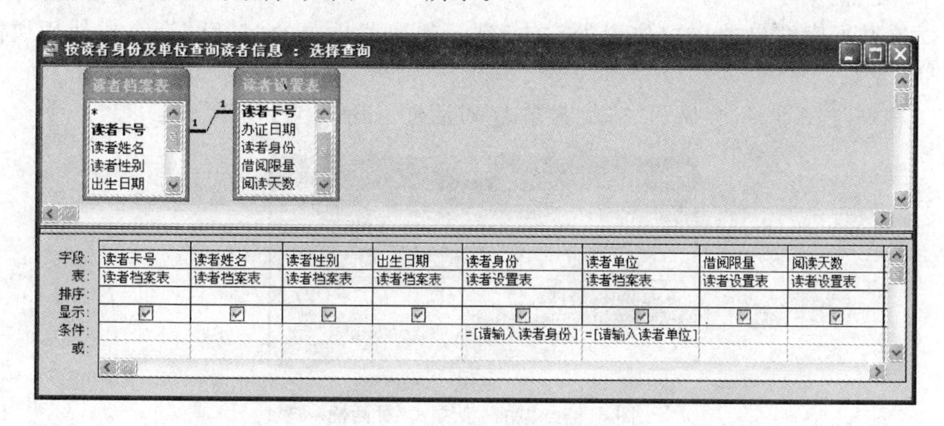

图 3.82 用参数设置查询条件

(6) 查询运行时,Access 将依次显示提示,如图 3.83 所示。

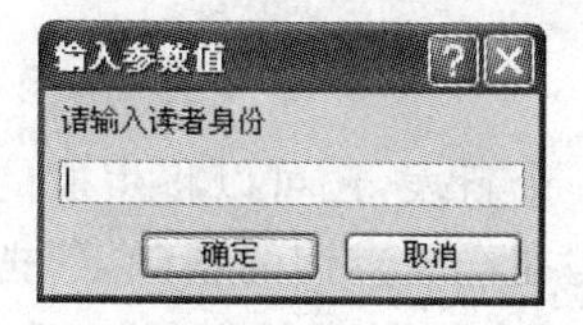

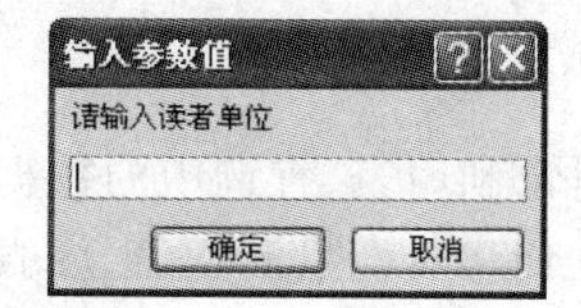

图 3.83 输入参数值对话框

依次输入“教师”及“外语学院”，查询运行结果如图 3.84 所示。

按读者身份及单位查询读者信息 : 选择查询

读者卡号	读者姓名	读者性别	出生日期	读者身份	读者单位	借阅限量	阅读天数
192938292	吕亭亭	☐	1968-4-3	教师	外语学院	15	60
198393891	张玉玲	☐	1969-9-2	教师	外语学院	15	60
*		☐					

记录: 1 共有记录数: 2

图 3.84　运行结果

3.7　操作查询

利用操作查询可以对数据库表进行多种操作，包括：从现有的数据表中复制指定的数据，对数据表中数据进行更新，删除数据表中符合条件的数据，将数据追加到指定的数据表中。操作查询只能在设计视图中创建，它是对数据进行统一操作的有效工具。

根据功能不同，可以将操作查询分为 4 种类型：删除查询、更新查询、追加查询和生成表查询。

3.7.1　数据表备份

操作查询运行时会改变已有表中的数据，多数情况下这种改变是不能恢复的，因此在创建操作查询时应注意备份数据。

数据表备份的操作步骤如下。

(1) 在数据库窗口中选定要备份的数据表，使用快捷菜单中“复制”命令或使用快捷键“Ctrl+C”复制。

(2) 在数据库窗口的空白位置处右击，选择快捷菜单中的“粘贴”命令或使用快捷键“Ctrl+V”粘贴。

(3) 粘贴时，Access 会显示“粘贴表方式”对话框，如图 3.85 所示。

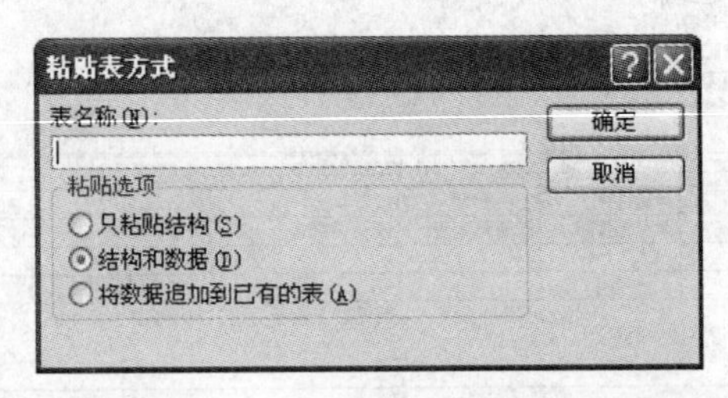

图 3.85　“粘贴表方式”对话框

(4) 选中“结构和数据”单选按钮，并在“表名称”中为备份表命名，最后，单击“确定”按钮后新表添加到数据库窗口中。

3.7.2　生成表查询

生成表查询可以利用表、查询中的数据创建一个新表，还可以将生成的表导出到数据库中。选择查询只是创建查询数据，而生成表查询是在选择查询的基础上，把查询结果生成一个数据表。生成表查询将一个查询生成的动态集以表的形式固定保存下来，可以节省查询所使用的时间。当然，建立了新表，生成表就不能再反映数据库中的记录的变化。

【例 3.26】 创建"借阅信息生成表查询",生成一个基于"读者借阅表"、"图书编目表"和"读者档案表"的新表"借阅信息表",包括"读者卡号"、"读者姓名"、"读者单位"、"书籍编号"、"书籍名称"、"借阅日期"和"归还日期"字段。

操作步骤如下。

(1) 在"新建查询"对话框中选择"设计视图"选项,单击"确定"按钮,或者直接双击"在设计视图中创建查询",进入"选择查询"窗口并弹出"显示表"对话框。

(2) 在"显示表"对话框中的"表(查询、两者都有)"选项卡内选择包含要放到新表中记录的"表"或"查询"的名称,单击"添加"按钮,或直接双击此"表(或查询)"名称,将其添加到"选择查询"窗口中,然后单击"关闭"按钮,将此对话框关闭。本例中添加"读者借阅表"、"图书编目表"和"读者档案表"3 个表。

(3) 单击工具栏中的"查询类型"按钮,在弹出的下拉菜单中选择"生成表查询"命令,或在"查询"菜单下选择"生成表查询"命令,将弹出"生成表"对话框,如图 3.86 所示。

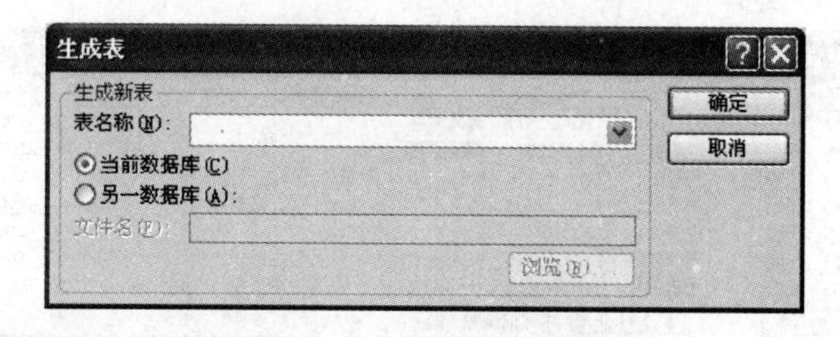

图 3.86 "生成表"对话框

(4) 在"表名称"框中输入表的名称,如果所建表位于当前打开的数据库中,则单击"当前数据库"单选按钮;如果不在当前打开的数据库中则单击"另一数据库"单选按钮,然后在"文件名"文本框中输入存储该表的数据库的路径或单击"浏览"按钮,在弹出的"生成表"对话框中的"文件名"文本框中输入数据库的路径,单击"确定"按钮。然后再单击"生成表"对话框中的"确定"按钮。本例中新表的名称为"借阅信息表"。

(5) 此时,"选择查询"窗口将转换成"生成表查询"窗口,然后在"生成表查询"窗口中的字段列表中将要创建新表的字段拖至查询设计网格中,可以在"条件"单元格中为此查询设置条件。本例中添加"读者档案表"中的"读者卡号"、"读者姓名"、"读者单位"字段,"读者借阅表"中的"书籍编号"、"借阅日期"、"归还日期"字段和"图书编目表"中的"书籍名称"字段后,将查询保存为"借阅信息生成表查询",如图 3.87 所示。

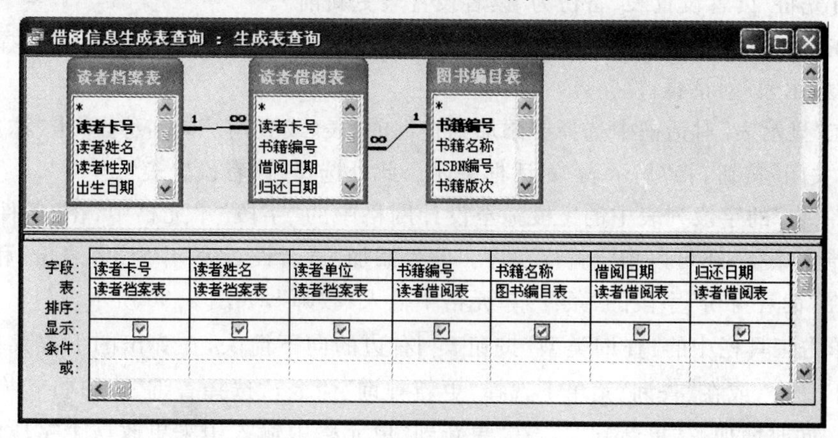

图 3.87 生成表查询设计视图

(6) 设计一个生成表查询之后，可以单击菜单中的“查询”|“运行”命令，或单击工具栏上的按钮来运行该查询，然后窗口中将出现一个确认对话框，如图 3.88 所示。该对话框提示用户在新表中将创建多少行。

图 3.88 运行生成表查询

(7) 单击“是”按钮可以创建新表并插入行。切换到数据库窗口中，然后单击“表”右侧列表中可以看到新表的名字。双击数据表即可查看新表中包含的数据，如图 3.89 所示。

借阅信息表 : 表

读者卡号	读者姓名	读者单位	书籍编号	书籍名称	借阅日期	归还日期
309283937	宋若涛	经贸031	7118022071	编译原理	2007-3-5	2007-5-5
193839485	汪东声	教务处	7118022071	编译原理	2007-5-10	2007-6-10
193837483	杨春兰	无机041	7118026778	Delphi 5.0 数据库开发与专业应用	2007-6-2	2007-7-2
291928393	田远	中文021	7302047804	精通中文版Access 2002 数据库	2006-4-7	2006-5-7
291928393	田远	中文021	7302049734	Delphi 6 编程基础	2008-3-4	2008-6-4
839283833	王置	通信学院	7320043116	Visual FoxPro 及其应用系统	2007-3-3	2007-4-3
193837483	杨春兰	无机041	7320043116	Visual FoxPro 及其应用系统	2008-3-10	2008-4-10

记录: 1 共有记录数: 13

图 3.89 生成的借阅信息表

(8) 关闭表窗口及查询设计视图窗口。

3.7.3 更新查询

更新查询的作用是根据查询条件更新现有数据表中的数据，一旦对数据表修改后，便无法直接通过撤销命令还原数据，因此在操作时一定要慎重，最好先对要更新的数据表进行备份。

【例 3.27】 将“读者设置表”中教师的借阅限量字段值增加 5 天。

操作步骤如下。

(1) 首先将“读者设置表”备份为“读者设置表更新前”。

(2) 在“新建查询”对话框中单击“设计视图”选项，单击“确定”按钮，进入“选择查询”窗口并弹出“显示表”对话框。

(3) 在“显示表”对话框中选择要添加到查询的“表(或查询)”的名称，单击“添加”按钮，然后单击“关闭”按钮，将“显示表”对话框关闭。此处选择“读者设置表”。

(4) 将“表”的字段列表中的字段拖至设计网格中的“字段”单元格中，在“条件”单元格中为字段指定条件，还可以指定排序次序。此处添加“读者设置表”中“读者身份”和“借阅限量”字段，在“读者身份”字段的“条件”单元格中输入“教师”，如图 3.90 所示。

(5) 单击工具栏中的“查询类型”按钮右边的向下箭头，在弹出的下拉菜单中选择“更新查询”命令，或在“查询”菜单下选择“更新查询”命令，“选择查询”窗口将转换成“更新查询”窗口，同时增加了“更新到”行，在“更新到”单元格中输入用来更改这个字段的表达式或数值。本例在“借阅限量”字段下的“更新到”行输入“[借阅限量]+5”，如图 3.91 所示。

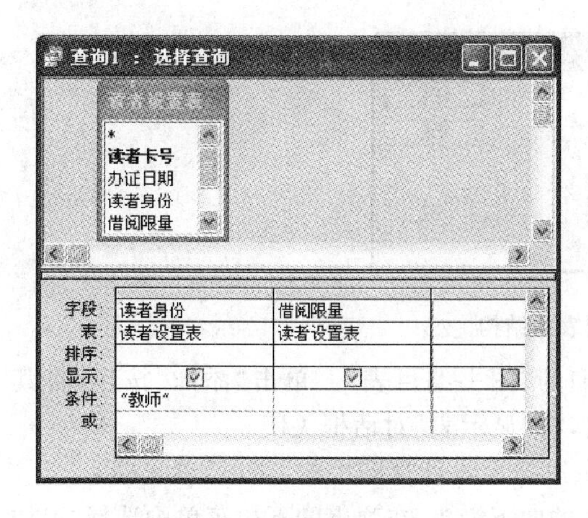

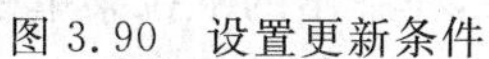
图 3.90　设置更新条件

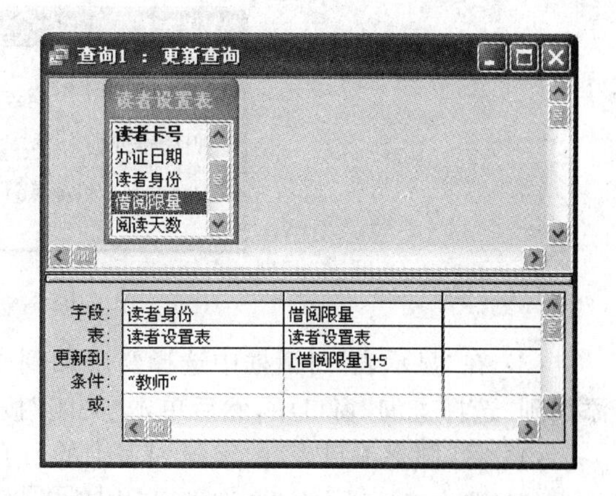

图 3.91　"更新查询"设计视图

(6) 设计一个更新查询之后，可以选择"查询"菜单中的"运行"命令，或是单击工具栏上的 ! 按钮来运行该查询，然后窗口中将出现一个确认对话框，如图 3.92 所示。

(7) 单击"是"按钮可以更新表中的符合条件的记录，如图 3.93 所示。

图 3.92　运行更新查询

读者设置表 ：表

读者卡号	办证日期	读者身份	借阅限量	阅读天数
192838372	2001-1-1	教师	20	60
192938292	2001-1-1	教师	20	60
198393891	2001-1-1	教师	20	60
198398396	2001-1-1	教师	20	60
210299283	2003-1-1	教师	20	60
382747832	2004-3-3	教师	20	60
839283833	2003-2-1	教师	20	60
928384748	2001-1-1	教师	20	60
			0	0

记录：1　共有记录数：8（已筛选的）

图 3.93　更新查询运行后

(8) 当关闭查询窗口时，根据对话框的提示将查询保存为"教师借阅限量更新查询"。

3.7.4　追加查询

追加查询的作用是将多个表的数据添加(追加)到指定的数据表中。要添加记录的表必须是一个已经存在的表，这个表可以是同一个数据库文件的表，也可以是其他 Access 数据库文件中的表。但追加表和被追加表的结构要一致。

追加查询虽然不是向其他数据库中添加数据记录最快的一种方法，但通过追加查询，可以将一个表中的数据记录按照一定的条件添加到其他表中。

【例 3.28】　在"高校图书馆管理系统"数据库中先将"图书编目表"的结构复制为"定价超过 50 元的图书编目表"表，创建"书籍定价超过 50 追加查询"，将"图书编目表"中书籍定价大于等于 50 元的记录追加到"定价超过 50 元的图书编目表"中。

操作步骤如下。

(1) 首先将"图书编目表"的结构备份，在"粘贴表方式"对话框的粘贴选项中选择"只粘贴结构"，定义表名为"定价超过 50 元的图书编目表，如图 3.94 所示。

(2) 在"新建查询"对话框中单击"设计视图"选项，单击"确定"按钮，进入"选择查询"窗口并弹出"显示表"对话框。

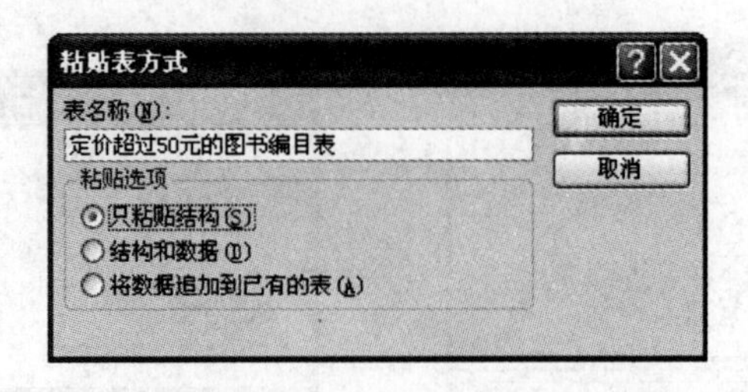

图 3.94 复制表的结构

(3) 在"显示表"对话框中选择要添加到查询的"图书编目表"。单击"添加"按钮，将其添加到"选择查询"窗口中，然后单击"关闭"按钮，将"显示表"对话框关闭。

(4) 将"图书编目表"的字段列表中的所有字段拖至设计视图中的"字段"单元格。

(5) 单击工具栏中的"查询类型"按钮右边的向下箭头，在弹出的下拉菜单中选择"追加查询"命令，或在"查询"菜单下选择"追加查询"命令，将弹出"追加"对话框，如图 3.95 所示。

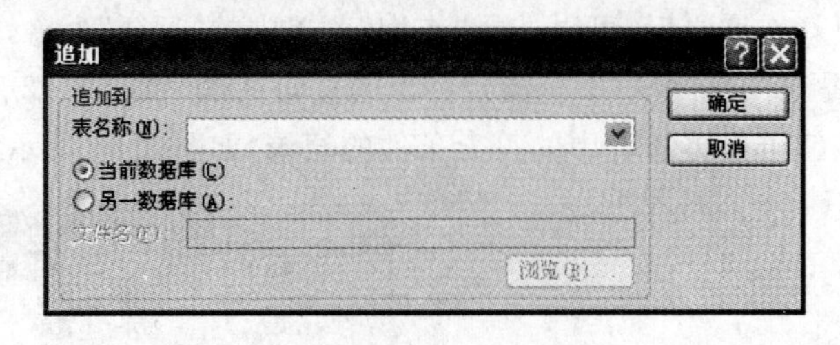

图 3.95 "追加"对话框

在"表名称"文本框中输入需要追加记录的表的名称，或单击文本框右边的下拉列表按钮，然后选择要向其追加记录的"表"。如果表位于当前打开的数据库中，则单击"当前数据库"单选按钮；如果不在当前打开的数据库中则单击"另一数据库"单选按钮，然后在"文件名"文本框中输入存储该表的数据库的路径或单击"浏览"按钮，在弹出的"追加"对话框中的"文件名"文本框中输入数据库的路径，单击"确定"按钮。然后再单击"追加"对话框中的"确定"按钮。本例中追加表选择"定价超过 50 元的图书编目表"表。

(6) 此时，"选择查询"窗口将转换成"追加查询"窗口，在"追加查询"窗口设置记录追加的条件。本例中设置"书籍定价"字段的"条件"单元格为"＞＝50"，如图 3.96 所示。

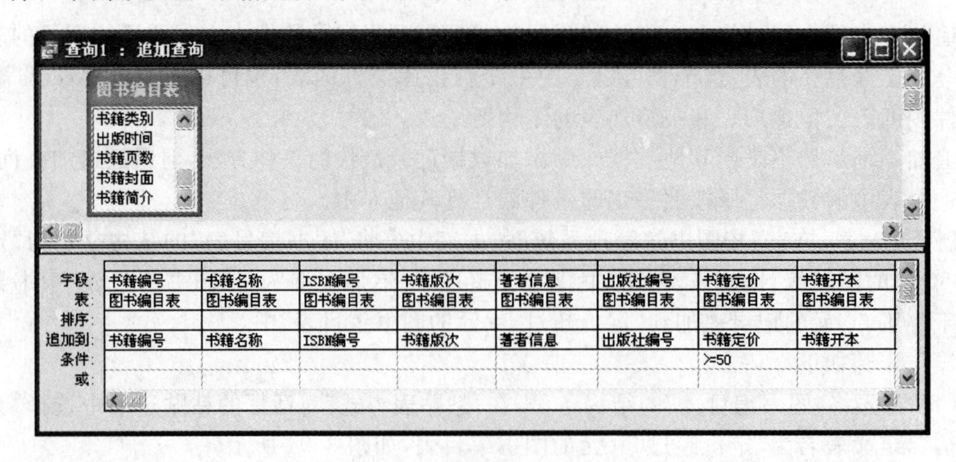

字段:	书籍编号	书籍名称	ISBN编号	书籍版次	著者信息	出版社编号	书籍定价	书籍开本
表:	图书编目表	图书编目表	图书编目表	图书编目表	图书编目表	图书编目表	图书编目表	图书编目表
排序:								
追加到:	书籍编号	书籍名称	ISBN编号	书籍版次	著者信息	出版社编号	书籍定价	书籍开本
条件:							>=50	
或:								

图 3.96 追加查询设计视图

(7) 设计一个追加查询之后,可以选择“查询”菜单中的“运行”命令,或是单击工具栏上的![]按钮来运行该查询,然后窗口中将出现一个确认对话框,如图 3.97 所示。

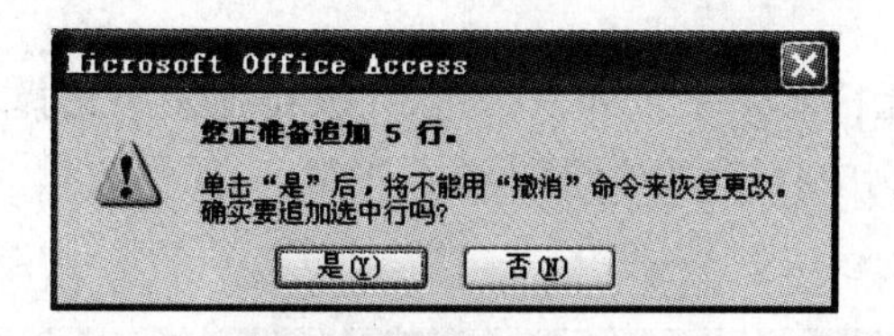

图 3.97　运行追加查询

(8) 单击“是”按钮可以将表中的相应记录追加到指定表中,追加记录后“定价超过 50 元的图书编目表”如图 3.98 所示。

定价超过50元的图书编目表 : 表

书籍编号	书籍名称	ISBN编号	书籍版次	著者信息	出版社编号	书籍定价
7040100959	C++程序设计语言(特别版)	977-4-0001-1549-2	第二版	Special Stroust	102011	55.6
7111080408	Delphi 5 开发人员指南	976-2-2209-2345-7	第一版	Steve Teixeira	102019	138.7
7115093229	Access 2002 数据库管理实务	977-4-8509-0055-5	第一版	东名,吴名月	102014	52.8
7508307348	Windows 游戏编程大师技巧	982-3-0355-2667-1	第一版	Andre Lamothe	102029	89
7980044649	Delphi第三方控件使用大全	940-4-9568-1949-0	第一版	刘艺	102012	98.6

记录: 1 共有记录数: 5

图 3.98　运行追加查询后的“定价超过 50 元的图书编目表”

(9) 当关闭查询窗口时,根据对话框的提示将查询保存为“书籍定价超过 50 追加查询”。

3.7.5　删除查询

删除查询是一种将数据记录删除的操作查询。在删除查询中也可以设置条件,当查询到符合条件的记录时会自动删除记录。由于此操作无法撤销,所以在执行删除查询时也要谨慎小心,事先预览一下即将被删除的数据。用户最好随时对数据进行备份,这样若不小心删除了数据,就可以从备份的数据中将其恢复。

利用删除查询可以删除一组记录。在某些情况下,执行删除查询可能会同时删除相关表中的记录,即使它们并不包含在此查询中。当查询只包含一对多关系中的“一”端的表,并且允许对这些关系使用级联删除时就可能会发生这种情况。在“一”端的表中删除记录,同时也会删除了“多”端的表中的记录。如果允许级联删除,就可以利用单一删除来删除一个表、一对一关系或一对多关系中的多个表的记录。

【例 3.29】 使用备份的图书设置表建立库存为 0 的删除查询。

操作步骤如下。

(1) 将“图书设置表”备份为“图书设置表备份”。

(2) 在“新建查询”对话框中单击“设计视图”选项,单击“确定”按钮,进入“选择查询”窗口并弹出“显示表”对话框。

(3) 在“显示表”对话框中的“表”选项卡内选择要删除记录所在的“表”的名称,单击“添加”按钮,将其添加到“选择查询”窗口中,然后单击“关闭”按钮,将“显示表”对话框关闭。本例中添加“图书设置表备份”。

(4) 将字段列表中用来指定删除条件的字段拖至查询设计网格中。本例中添加总藏书量和现存数量字段,并增加一个新字段“库存为零:[总藏书量]-[现存数量]”。

(5) 单击工具栏中的“查询类型”按钮右边的向下箭头，在弹出的下拉菜单中选择“删除查询”命令，或在“查询”菜单下选择“删除查询”命令，此时“选择查询”窗口将会转换成“删除查询”窗口。

(6) 单击“删除”单元格右侧下拉列表按钮，在下拉列表中选择 Where，在“条件”单元格中设置删除的条件。本例中在“库存为零:[总藏书量]-[现存数量]”字段的“条件”单元格中输入 0，如图 3.99 所示。

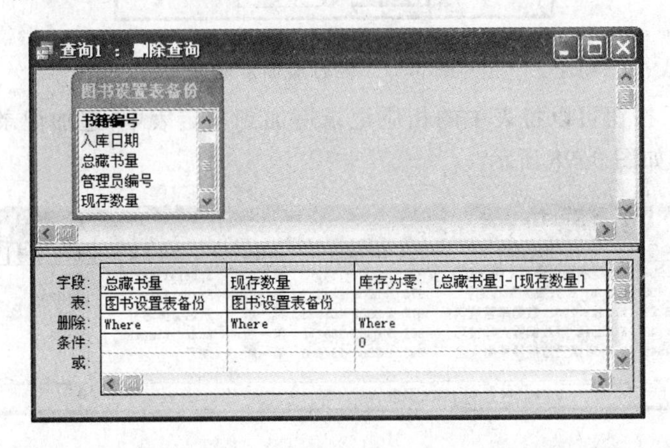

图 3.99 删除查询设计视图

(7) 设计删除查询后，运行查询。然后窗口中将出现一个确认对话框，如图 3.100 所示。

(8) 单击“是”按钮可以删除表中的相应记录，如图 3.101 所示。

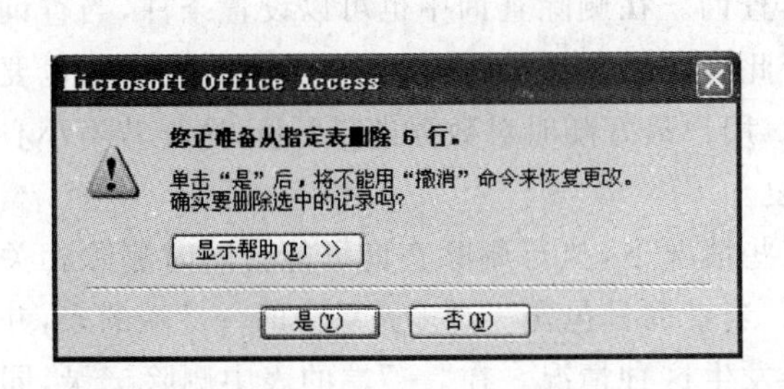

图 3.100 运行删除查询

图 3.101 删除查询运行后

(9) 当关闭查询窗口时，根据对话框的提示将查询保存为“库存为 0 的删除查询”。

通过以上几个例子可以看出，操作查询本身并没有数据，只是保存操作方法，每次运行后可以重新对数据表进行指定的操作。

3.8 SQL 查询

结构化查询语言(SQL)是目前使用最为广泛的关系数据库查询语言，它是一种用于查询和更新数据库表的标准语言。使用 SQL 查询可以完成比较复杂的查询工作。SQL 作为一种通用的数据库操作语言，并不是 Access 用户必须要掌握的，但在实际的应用中使用 SQL 能完成一些特殊的工作。

从形式上看，在 Access 中创建查询一般不使用 SQL 语句，通过查询向导和查询设计视图可以轻松创建查询。但实际上，每一个 Access 查询后面都是 SQL 语句，在有些情况下，使用 SQL 会更方便。

SQL 语句的功能在第 1.3.2 小节“SQL 基本语句的功能”中已经介绍过了。数据查询的一般格式：

```
SELECT [ALL|DISTINCT] 字段名 1[,字段名 2…]
FROM 表名 [[INNER|LEFT|RIGHT JOIN] 表名 ON ＜联接条件＞…]
[WHERE 条件表达式]
[GROUP BY 字段名]
[HAVING 条件表达式]
[ORDER BY 字段名 [ASC|DESC]]
```

语句含义：在 FROM 后给出的表名中找出满足 WHERE 条件表达式的记录，然后按照 SELECT 后列出的字段名形成结果表。如果含有 JOIN…ON 子句，表示建立表间连接；如果有 GROUP BY，结果表按 GROUP BY 后指定字段的值分组输出；当有 HAVING 时，GROUP BY 后的字段名按照 HAVING 后的条件分组；如果有 ORDER BY，按照 ORDER BY 后的字段名排序，ASC 表示升序，是默认值，DESC 表示降序。

【例 3.30】 根据读者借阅表和读者设置表查询读者借阅图书是否超期。

操作步骤如下。

(1) 在 SQL 视图下使用如下语句：

```
SELECT 读者借阅表.读者卡号，读者借阅表.书籍编号，读者借阅表.借阅日期，读者借阅表.归还日期，读者设置表.阅读天数，[归还日期]-[借阅日期]>[阅读天数] AS 是否超期
FROM 读者借阅表 INNER JOIN 读者设置表 ON 读者借阅表.读者卡号 = 读者设置表.读者卡号
```

(2) 将查询保存为“读者借阅图书是否超期查询”，并运行查询，如图 3.102 所示。

读者借阅图书是否超期查询 : 选择查询

读者卡号	书籍编号	借阅日期	归还日期	阅读天数	是否超期
309283937	7118022071	2007-3-5	2007-5-5	30	-1
193839485	7118022071	2007-5-10	2007-6-10	40	0
193837483	7118026778	2007-6-2	2007-7-2	30	0
291928393	7302047804	2006-4-7	2006-5-7	30	0
291928393	7302049734	2008-3-4	2008-6-4	30	-1
839283833	7320043116	2007-3-3	2007-4-3	60	0
193837483	7320043116	2008-3-10	2008-4-10	30	-1
193837483	7508307348	2008-5-20	2008-6-20	30	-1
210299283	7560720994	2006-3-5	2006-4-5	60	0
193837483	7800047601	2007-3-5	2007-5-5	30	-1
192838372	7800048381	2007-3-3	2007-4-3	60	0
291832938	7810672245	2007-6-21	2007-7-21	30	0
309283937	7980044649	2008-4-1	2008-5-1	30	0

记录: 13 共有记录数: 13

图 3.102 SQL 多表查询例

【例 3.31】 查找读者借阅图书是否超期查询中的超期记录信息。

操作步骤如下。

(1) 在 SQL 视图下使用如下语句：

```
SELECT 读者借阅图书是否超期查询.读者卡号，读者借阅图书是否超期查询.书籍编号，读者借阅图书是否超期查询.借阅日期，读者借阅图书是否超期查询.归还日期，读者
```

```
借阅图书是否超期查询.阅读天数，读者借阅图书是否超期查询.是否超期
  FROM 读者借阅图书是否超期查询
  WHERE 读者借阅图书是否超期查询.是否超期 = -1
```

(2) 将查询保存为“读者借阅图书超期查询”,并运行查询,如图 3.103 所示。

读者借阅图书超期查询 : 选择查询

读者卡号	书籍编号	借阅日期	归还日期	阅读天数	是否超期
309283937	7118022071	2007-3-5	2007-5-5	30	-1
291928393	7302049734	2008-3-4	2008-6-4	30	-1
193837483	7320043116	2008-3-10	2008-4-10	30	-1
193837483	7508307348	2008-5-20	2008-6-20	30	-1
193837483	7800047601	2007-3-5	2007-5-5	30	-1

记录: 1 共有记录数: 5

图 3.103 SQL 查询做数据来源例

3.8.1 联合查询

联合查询就是将多个查询结果合并起来,形成一个完整的查询结果。执行联合查询时,将返回所包含的表或查询中对应字段的记录。使用 UNION 关键字可以连接两个或两个以上 SELECT 语句。

在将多个查询结果合并起来形成一个完整的查询结果时,系统会自动去掉重复的记录。如果不想返回重复记录,请使用带有 UNION 运算的 SQL SELECT 语句;如果要返回重复记录,请使用带有 UNION ALL 运算的 SQL SELECT 语句。

【说明】

① 联合查询时,查询结果的列标题为第一个查询语句的列标题。因此,要定义列标题必须在第一个查询语句中定义。

② 要对联合查询结果排序时,也必须使用第一查询语句中的列名、列标题或者列序号。

③ 在使用 UNION 运算符时,应保证每个联合查询语句有相同数量的字段,并且对应的字段都需要有兼容的数据类型,或是可以自动将它们转换为相同的数据类型。在自动转换时,对于数值类型,系统将低精度的数据类型转换为高精度的数据类型。但是有一个例外:可以将数字字段和文本字段作为对应的字段。

④ 如果将联合查询转换为另一类型的查询(如选择查询),将丢失输入的 SQL 语句。

【例 3.32】 根据读者借阅表生成 2007 年借阅图书表及 2008 年借阅图书表,将两表中记录结合生成新表,如图 3.104 所示。

2007、2008年借阅图书查询 : 联合查询

读者卡号	书籍编号	借阅日期	归还日期	管理员编号
192838372	7800048381	2007-3-3	2007-4-3	20104
193837483	7118026778	2007-6-2	2007-7-2	20102
193837483	7320043116	2008-3-10	2008-4-10	20103
193837483	7508307348	2008-5-20	2008-6-20	20103
193837483	7800047601	2007-3-5	2007-5-5	20105
193839485	7118022071	2007-5-10	2007-6-10	20101
291832938	7810672245	2007-6-21	2007-7-21	20105
291928393	7302049734	2008-3-4	2008-6-4	20101
309283937	7118022071	2007-3-5	2007-5-5	20101
309283937	7980044649	2008-4-1	2008-5-1	20105
839283833	7320043116	2007-3-3	2007-4-3	20104

记录: 1 共有记录数: 11

图 3.104 联合查询例

操作步骤如下。

(1) 在查询设计视图中添加“读者借阅表”中的全部字段,并设置“借阅日期”字段的条件为 Year([借阅日期])=2007,单击菜单中的“查询”|“生成表查询”,指定新表的名字为“2007 年借阅图书表”,将查询保存为“2007 年借阅图书查询”。运行查询,生成 2007 年借阅图书表。

(2) 相同方法创建“2008 年借阅图书查询”。运行查询,生成 2008 年借阅图书表。

(3) 在 SQL 视图下使用如下语句:

```
SELECT 读者卡号,书籍编号,借阅日期,归还日期, 管理员编号
FROM 2007 年借阅图书表
UNION SELECT 读者卡号,书籍编号,借阅日期,归还日期, 管理员编号
FROM 2008 年借阅图书表
```

(4) 将查询保存为“2007、2008 年借阅图书查询”,运行查询。

3.8.2 传递查询

传递查询可以直接将命令发送到 ODBC 数据库服务器上,如 SQL Sever 等大型的数据库管理系统。ODBC 即开放式数据库连接,是一个数据库的工业标准,就像 SQL 一样,任何数据库管理系统都运行 ODBC 连接。

【例 3.33】 通过传递查询直接使用其他数据库管理系统中的表。

操作步骤如下。

(1) 打开查询设计视图,关闭显示表对话框。

(2) 单击菜单中的“查询”|“SQL 特定查询”|“传递”命令,进入 SQL 传递查询编辑窗口。

(3) 单击菜单中的“视图”|“属性”命令,打开“查询属性”对话框,如图 3.105 所示。

(4) 在“ODBC 连接字符串”中指定数据源的位置,如果不想让数据库服务器返回记录,可以把返回记录选项改为否。

(5) 关闭“查询属性”对话框,在查询设计窗口中输入相应的 SQL 语句,就像操作本地数据库一样,系统会自动到指定数据源中取回数据记录。

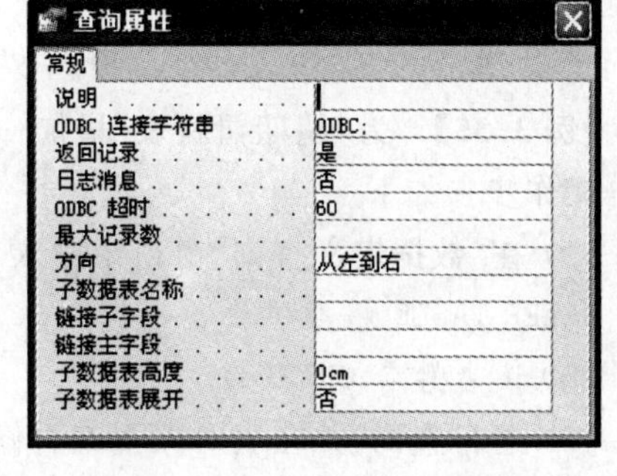

图 3.105 “查询属性”对话框

(6) 保存所做的操作,单击执行命令运行查询。如果想查看返回的结果,可以单击工具栏中的“视图”按钮。

3.8.3 数据定义查询

数据定义查询可以在数据库中创建、删除、更改表,也可以为表创建索引,每个数据定义查询只包含一条数据定义语句。

使用数据定义查询的操作步骤如下。

(1) 在数据库窗口中选择“查询”作为操作对象,双击右侧的“在设计视图中创建查询”。

(2) 在打开的“显示表”对话框中不选择数据来源,单击“显示表”对话框中的“关闭”按

钮，直接关闭“显示表”对话框。

（3）选择“查询”菜单中的“SQL 特定查询”命令，在打开的子菜单中选择“数据定义”，在“数据定义查询”窗口中输入 SQL 语句。

【例 3.34】 建立一个“超期罚款表”，包含读者卡号、书籍编号、超期天数、罚款总额字段。

操作步骤如下。

（1）在“数据定义查询”窗口中输入如下 SQL 语句：

```
CREATE TABLE 超期罚款表(管理员编号 CHAR(10),读者卡号 CHAR(10),书籍编号 CHAR
(10),超期天数 INTEGER,罚款总额 CURRENCY)
```

（2）运行查询，并在表对象下查看建立的“超期罚款表”的结构，如图 3.106 所示。

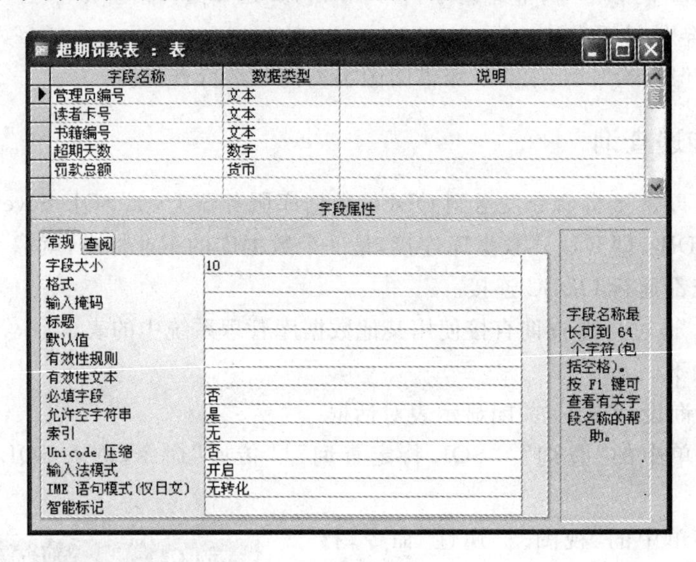

图 3.106 数据定义查询建表

【例 3.35】 为“超期罚款表”增加一个读者姓名字段。

操作步骤如下。

（1）在“数据定义查询”窗口中输入 SQL 语句：

```
ALTER TABLE 超期罚款表
ADD 读者姓名 CHAR(8)
```

（2）运行查询，并在表对象下查看修改后的“超期罚款表”的结构，如图 3.107 所示。

【例 3.36】 设置“出版社明细表”中出版社编号字段为主键。

操作步骤如下。

（1）在“数据定义查询”窗口中输入 SQL 语句：

```
CREATE INDEX 索引 ON 出版社明细表(出版社编号) WITH PRIMARY
```

（2）运行查询，并在表对象下查看修改后的“出版社明细表”的结构，如图 3.108 所示。

【例 3.37】 删除“出版社明细表”。

操作步骤如下。

（1）在“数据定义查询”窗口中输入 SQL 语句：

```
DROP TABLE 出版社明细表
```

(2) 运行查询,并在"表"对象下查看。

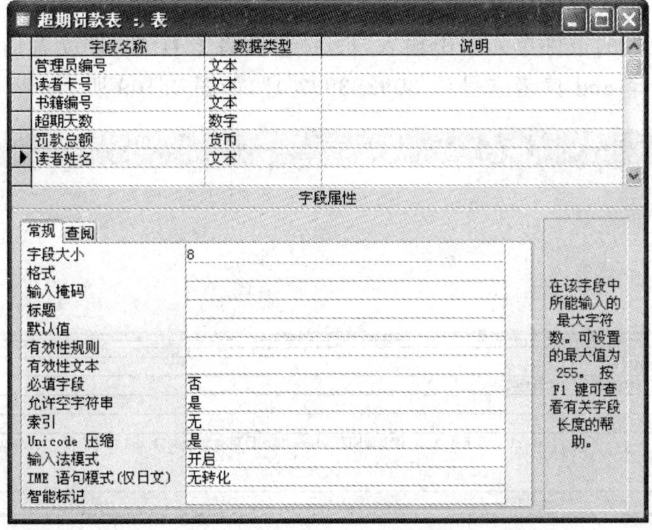

图 3.107 数据定义查询修改表

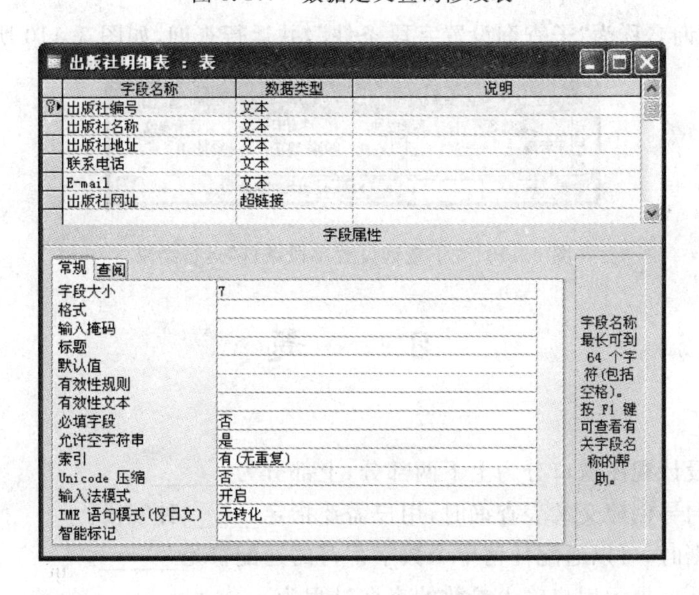

图 3.108 数据定义查询设置主键

3.8.4 子查询

子查询可以定义字段或字段的条件。使用子查询在查询设计网格的字段行输入一条 SELECT 语句可以定义新字段,在条件单元格中输入一条 SELECT 语句并把该语句放置在括号内可以定义字段的条件。

【说明】 子查询最多只能返回一个记录。

【例 3.38】 查找读者档案表中的读者姓名、读者性别、读者卡号及读者单位,要求读者卡号为"309283937"并且该读者的借阅日期在 2007-3-5 号之后。

操作步骤如下。

（1）在查询设计视图中添加“读者档案表”中的读者姓名、读者性别、读者卡号、读者身份、读者单位字段。

（2）在读者卡号的条件单元格中输入“(select 读者卡号 from 读者借阅表 where 借阅日期＞＃2007-3-5＃ and 读者卡号＝"309283937")”，如图 3.109 所示。

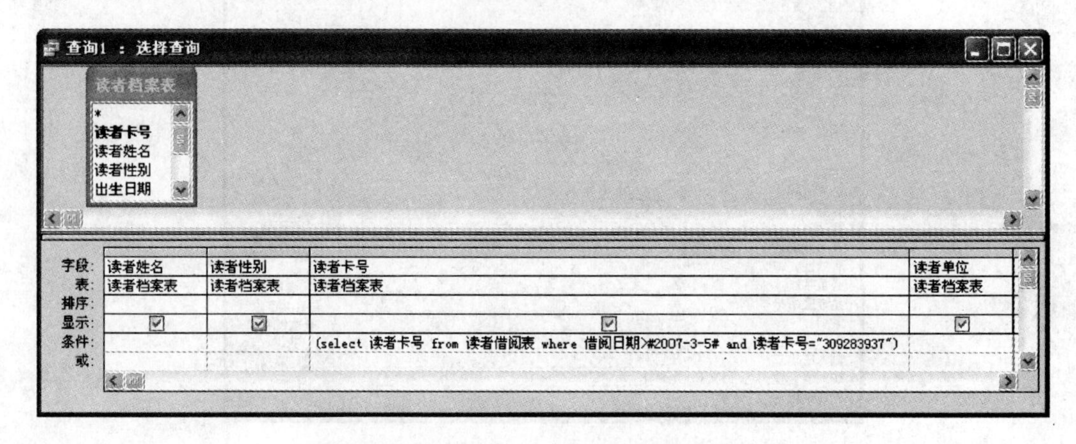

图 3.109　使用子查询设置字段的条件

（3）保存查询名称为“子查询设置字段条件”，并运行查询，如图 3.110 所示。

图 3.110　“子查询设置字段条件”运行结果

习　　题

一、填空题

1. “查询”设计视图窗口分为上下两部分，上部分为______。

2. 在使用向导创建交叉表查询时，用户需要指定______种字段。

3. 查找数据时，可以通配任何单个数字字符的通配符是______。

4. 利用对话框提示用户输入参数的查询过程为______。

5. 将表 A 的记录复制到表 B 中，且不删除表 B 中的记录，可以使用的查询是______。

6. 使用向导创建交叉表查询的数据源是______。

7. 如果要在已创建的查询中查找某个字段值以“A”开头，以“Z”结尾的所有记录，则应该使用的查询条件是______。

8. 参数查询是通过运行查询时的______来创建的动态查询结果。

9. ______查询是仅在一个操作中更改许多记录的一种查询。

10. SQL 查询主要包括______查询、传递查询、数据定义查询和子查询 4 种。

二、选择题

1. 在 Access 中，从表中访问数据的速度与从查询中访问数据的速度相比（　　）。

A. 要快　　　B. 相等　　　C. 要慢　　　D. 无法比较

2. 下列说法中，正确的是（ ）。

A. 创建好查询后，不能更改查询中字段的排列顺序

B. 对已创建的查询，可以添加或删除其数据来源

C. 对查询的结果，不能进行排序

D. 上述说法都不正确

3. 以下关于查询的叙述，错误的是（ ）。

A. 查询与数据表不可同名　　B. 查询只能以数据表为数据来源

C. 查询结果视记录变动而定　　D. 查询可作为窗体来源

4. 对查询中的字段的操作不包括（ ）。

A. 添加、删除字段　B. 复制字段　C. 移动字段　D. 更改字段名

5. 身份证号码是无重复的，但是由于位数较长，难免产生输入错误，为了查找出表中是否有重复值，应该采用的最简单的查找方法是（ ）。

A. 简单查询向导　　B. 交叉表查询向导

C. 查找重复项查询　　D. 查找不匹配项查询

6. 如果使用向导创建交叉表查询的数据源来自多个表，可以先建立一个（ ），然后将其作为数据源。

A. 表　B. 虚表　C. 查询　D. 动态集

7. 在交叉表查询中有且只能有一个的是（ ）。

A. 行标题和列标题　　B. 行标题和值

C. 行标题、列标题和值　　D. 列标题和值

8. 参数查询在执行时显示一个对话框用来提示用户输入信息，定义参数后，只要将一般查询准则中的数据用（ ）括起，并在其中输入提示信息，就形成了参数查询。

A. ( )　B. ＜＞　C. { }　D. [ ]

9. 下面表达式中，（ ）执行后的结果是在“平均分”字段中显示“语文”、“数学”、“英语”3个字段分数和的平均值（结果取整数）。

A. 平均分:([语文]＋[数学]＋[英语])\3

B. 平均分:([语文]＋[数学]＋[英语])/3

C. 平均分:语文＋数学＋英语\3

D. 平均分:语文＋数学＋英语/3

10. 操作查询主要不是用于数据库中数据的（ ）。

A. 更新　B. 删除　C. 索引　D. 生成新表

11. 在查询“设计视图”窗口中，（ ）不是字段列表框中的选项。

A. 排序　B. 显示　C. 类型　D. 条件

12. 在课程表中要查找课程名称中包含“计算机”的课程，对应“课程名称”字段的正确准则表达式是（ ）。

A. "计算机"　　B. "*计算机"

C. Like "*计算机*"　　D. Like"计算机"

13. 假设某数据库表中有一个姓名字段，查找姓名不是张三的记录的条件是（ ）。

A. Not"张三*"　B. Not"张三"　C. Like"张三"　D. "张三"

14. 若上调产品价格，最方便的方法是使用以下（ ）查询。

A. 追加查询　　B. 更新查询　　C. 删除查询　　D. 生成表查询

15. 查找数据时，设查找内容为"b[！aeu]ll"，则可以找到的字符串是（　　）。

A. bill　　B. ball　　C. bell　　D. bull

16. 下列关于追加查询的说法不正确的是（　　）。

A. 在追加查询与被追加记录的表中，只有匹配的字段才被追加

B. 在追加查询与被追加记录的表中，无论字段是否匹配都将被追加

C. 在追加查询与被追加记录的表中，不匹配的字段将被忽略

D. 在追加查询与被追加记录的表中，不匹配的字段将不被追加

17. 如果在数据库中已有同名的表，（　　）查询将覆盖原有的表。

A. 删除　　B. 追加　　C. 生成表　　D. 更新

18. SQL 的功能有（　　）。

A. 数据定义　　B. 查询　　C. 操纵和控制　　D. 选项 A、B 和 C

19. 在 SELECT 语句中，WHERE 引导的是（　　）。

A. 表名　　B. 字段列表　　C. 条件表达式　　D. 列名

20. 若取得"学生"数据表的所有记录及字段，其 SQL 语句应是（　　）。

A. select 姓名 from 学生　　B. select * from 学生

C. select * from 学生 where 学号=12　　D. 以上皆非

三、简答题

1. 什么是查询？

2. 查询的数据来源有哪些？

3. 查询分为几类？分别是什么？

4. 创建查询有几种方法？

5. 什么是参数查询？

6. 操作查询分为哪几种？

7. SQL 查询分为哪几种类型？

8. 使用简单查询向导创建"每个读者借阅图书情况查询"，根据"读者档案表"、"读者借阅表"和"图书编目表"查找每个读者借阅图书情况，其中包括读者卡号、读者姓名、书籍编号、书籍名称、借阅日期和归还日期字段。

9. 创建交叉表查询，统计读者档案表及读者设置表中各单位不同身份读者的人数。

10. 创建参数查询，查询不同书籍版次的图书信息。

11. 创建更新查询，将读者设置表中的阅读天数增加 50%。

12. 创建生成表查询，根据"图书编目表"生成书籍版次为"第一版"的"图书信息表"。

13. 创建追加查询，将"图书编目表"中书籍版次为"第二版"的图书信息追加到"图书信息表"中。

14. 创建删除查询，删除读者借阅表中归还日期与借阅日期相差一个月的借阅记录。

第4章　窗体设计与应用

窗体是 Access 数据库中功能最强的对象之一，是最重要的数据维护工具。窗体在 Access 数据库中的数据与用户之间发挥着桥梁作用，是 Access 数据库中数据输入、输出的常用界面。利用窗体可以将整个应用程序组织起来，从而能够合理、有效地控制应用程序的流程，形成一个完整的应用系统。

本章主要介绍窗体的基本概念、窗体的创建、窗体中控件的使用以及窗体中的数据操作等内容。

4.1　窗体概述

窗体作为 Access 数据库中数据输入、输出的常用界面，既可以接受用户的输入，并对输入内容的有效性、合理性进行判断，又可以输出记录集中的文字、图形、图像、音频、视频等信息。利用窗体可以有效地管理数据库中的数据，方便用户对数据的添加、修改、查找和删除等操作。另外，每个窗体都可以与函数或子程序结合使用，还可以调用宏和使用 VBA 代码编写应用程序，提供更加强大的数据管理功能。

4.1.1　窗体的组成

Access 数据库中的窗体一般由多个部分组成，每个部分称为一个“节”。在一个窗体中，最多可以使用 5 个节，分别是：窗体页眉、页面页眉、主体节、页面页脚和窗体页脚，如图 4.1 所示。每个窗体都有主体节，除了主体节外，其他节可以通过设置来确定其有无。用户可以在窗体的“设计”视图中，单击“视图”菜单下的“页面页眉/页脚”菜单项，在窗体上显示或隐藏页面页眉和页面页脚；类似地，单击“视图”菜单下的“窗体页眉/页脚” 菜单项，可以显示或隐藏窗体页眉和窗体页脚。

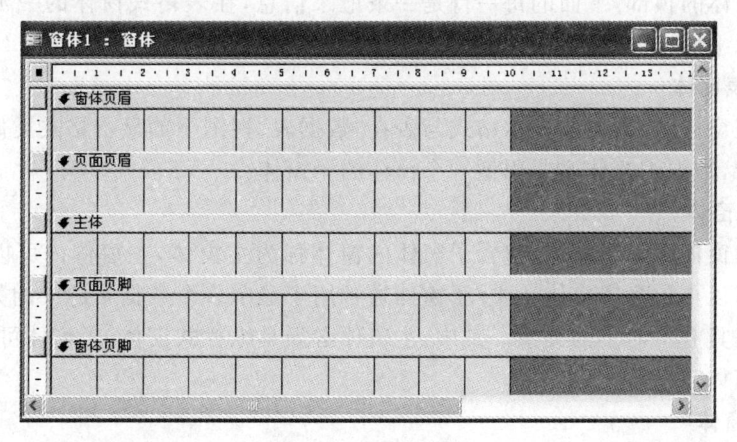

图 4.1　窗体的组成

1. 窗体页眉

窗体页眉位于窗体的顶部，主要用于显示窗体标题、窗体使用说明或者放置命令按钮等。在打印时，窗体页眉显示在第一个打印页的开头。

2. 页面页眉

页面页眉用于显示窗体在打印时的页头信息，如标题、图像等。页面页眉只显示在打印页中。

3. 主体节

主体节用于显示窗体的记录，可以只显示一条记录，也可以显示多条记录。主体节是Access数据库系统中数据处理的主要工作场所。

4. 页面页脚

页面页脚用于显示窗体在打印时的页脚信息，如日期、页码等。与页面页眉一样，页面页脚也只显示在打印页中。

5. 窗体页脚

窗体页脚位于窗体的底部，主要用于显示对记录的操作说明，或者用来设置命令按钮以及接受输入的未绑定控件。在打印时，窗体页脚显示在最后一个打印页中的最后一个主体节之后。

4.1.2 窗体的种类

在Access数据库中，窗体对象的种类可以按照不同的方式进行划分。按照窗体的功能来划分，可以把窗体分为数据交互型窗体和命令选择型窗体；按照窗体的作用划分，可以把窗体分为数据输入窗体、切换面板窗体和弹出式窗体；按照数据记录的显示方式划分，可以把窗体分为纵栏式窗体、表格式窗体、数据表窗体、主/子窗体、图表窗体和数据透视表窗体。

下面分别介绍按照数据记录的显示方式划分的6种类型的窗体。

1. 纵栏式窗体

纵栏式窗体是将窗体中的一条记录按列分隔，每列的左边显示字段名，右边显示字段内容，通常在同一时刻只能显示一条记录的信息，常用于数据信息的输入。

2. 表格式窗体

如果一条记录的内容比较少，可以使用表格式窗体。在表格式窗体中，记录的所有字段名都显示在窗体的顶部，下面的每一行是一条记录信息，在表格式窗体的一个画面中，可以显示数据来源中的多条记录。

3. 数据表窗体

在数据表窗体中，数据的显示格式与表在“数据表”视图下的显示格式类似，通常显示最多的数据记录，数据表窗体主要用做一个窗体的子窗体。

4. 主/子窗体

窗体中的窗体称为子窗体，包含子窗体的窗体称为主窗体，主窗体内可以包含子窗体，子窗体内还可以再包含子窗体。主/子窗体通常用于显示多个数据来源中的数据，这些数据来源中的数据具有一对多的关系。其中，主窗体必须是纵栏式窗体，子窗体可以是数据表窗体或表格式窗体。

5. 图表窗体

图表窗体是利用Microsoft Office提供的Microsoft Graph程序以图表方式来显示数

据。用户可以单独使用图表窗体,也可以将它嵌入到其他窗体中。Access 提供了多种图表,包括折线图、柱型图、饼图、圆环图、面积图、三维条型图,等等。

6. 数据透视表窗体

数据透视表是一种交互式的表,可以完成用户选定的计算。数据透视表窗体是以指定的数据来源产生一个 Microsoft Excel 分析表,进而建立起来的一种窗体,允许用户对表格内的数据进行一些扩展和其他操作。

4.1.3 窗体的视图

在 Access 数据库中,窗体的视图方式主要有"设计"视图、"窗体"视图、"数据表"视图、"数据透视表"视图和"数据透视图"视图五种。利用 Access 数据库系统中的"视图"菜单或工具栏上的"视图"按钮,可以在窗体的不同视图之间进行切换。

窗体的"设计"视图是窗体设计的一个重要窗口,可以用来创建新的窗体,也可以实现对已有窗体的修改、美化操作,利用该视图方式下所提供的多种控件,可以对窗体进行更为完善的功能设计;窗体的"窗体"视图主要用于显示窗体的记录信息,是窗体运行时的显示形式,可以实现表中数据的添加或修改;在窗体的"数据表"视图中,窗体中的数据以行、列的格式显示,可以对窗体中数据进行添加、删除、修改等编辑操作;"数据透视表"视图使用"Office 数据透视表组件",易于进行交互式数据分析;"数据透视图"视图使用"Office Chart 组件",便于创建动态的交互式图表。

4.2 窗体的创建

在 Access 数据库中,窗体的创建方法有多种。利用"自动窗体"方式,用户只需要完成选择数据来源等基本的操作,系统就会迅速地自动生成多种类型的窗体;按照"窗体向导"提供的操作提示,用户可以根据实际需要,快速地创建出所需布局和样式的窗体;"图表向导"和"数据透视表向导"能够引导用户创建带有图表或数据透视表的窗体;此外,用户还可以利用窗体的"设计视图"来创建和修改任何类型的窗体,窗体的"设计视图"可以帮助用户创建出更加符合自己需求的窗体。

4.2.1 使用"自动窗体"创建窗体

利用"自动窗体",用户可以方便地创建纵栏式窗体、表格式窗体和数据表窗体,还可以在"数据透视表"视图和"数据透视图"视图中自动生成窗体,在"数据透视表"视图中自动生成的窗体可以实现对大量数据的快速汇总和筛选,还可以用来显示选定区域的数据明细;在"数据透视图"视图中自动生成的窗体同样支持数据的交互操作,如添加、筛选和排序数据等。

【例 4.1】 在"高校图书馆管理系统"数据库中,创建纵栏式的"图书信息窗体"。

操作步骤如下。

(1) 在数据库窗口中,单击"对象"下的"窗体",再单击数据库窗口上的"新建"按钮 新建(N),打开"新建窗体"对话框,如图 4.2 所示。

(2) 在"新建窗体"对话框中,先在上面的列表框中选择"自动创建窗体:纵栏式",然后在"请选择该对象数据的来源表或查询:"下拉列表框中选择表或查询作为数据来源,在此选择"图书信息查询",如图 4.3 所示。

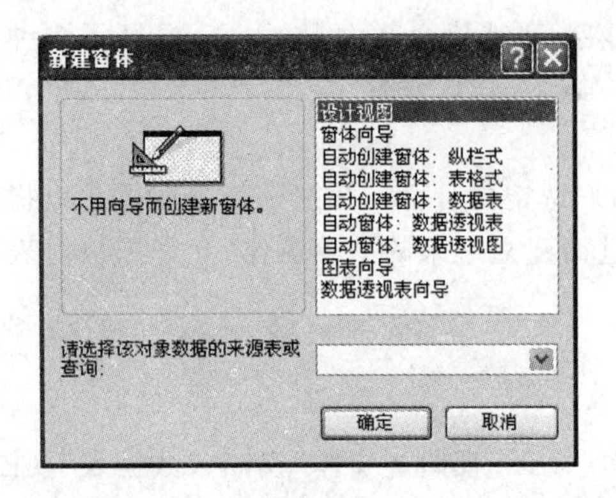

图 4.2 “新建窗体”对话框

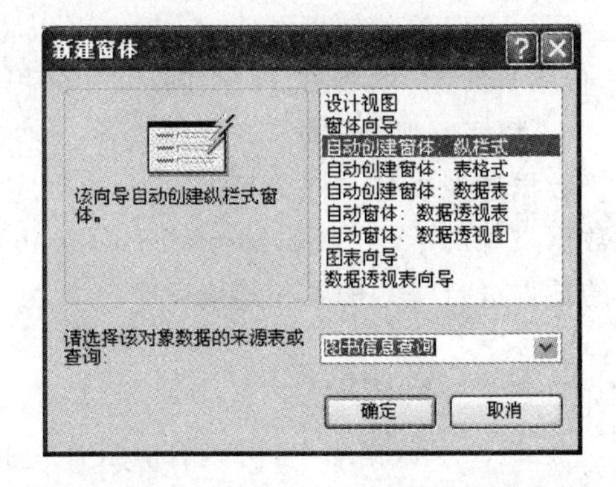

图 4.3 使用“自动窗体”创建纵栏式窗体

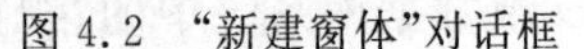

(3) 单击“确定”按钮，打开系统自动创建的纵栏式窗体，如图 4.4 所示。

(4) 单击工具栏上的“保存”按钮，在弹出的“另存为”对话框中，将“窗体名称”设置为“图书信息窗体”，如图 4.5 所示，最后单击“确定”按钮，完成窗体的创建。

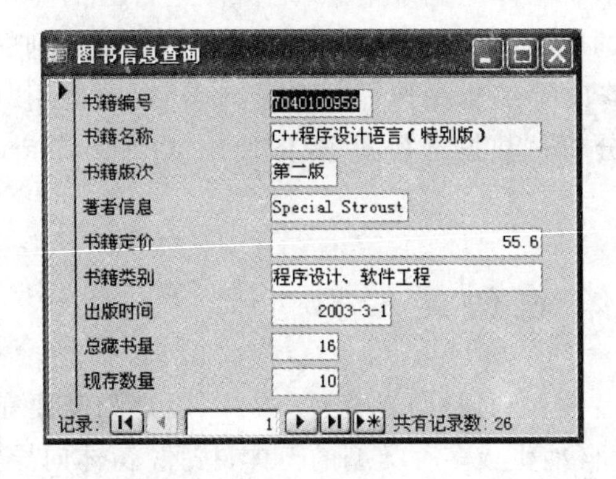

图 4.4 自动创建的纵栏式窗体

图 4.5 “另存为”对话框

4.2.2 使用“窗体向导”创建窗体

用户可以使用“窗体向导”来创建窗体，所创建窗体的数据源可以是一个表或查询，也可以是多个表或查询。在利用“窗体向导”创建窗体时，用户可以从所使用的数据源中选择需要的字段，还可以对窗体的布局和样式进行定义。

【例 4.2】 在“高校图书馆管理系统”数据库中，创建“图书编目窗体”。

操作步骤如下。

(1) 在图 4.2 所示的“新建窗体”对话框中，选择“窗体向导”，并在“请选择该对象数据的来源表或查询：”下拉列表框中选择“图书编目表”作为数据来源，如图 4.6 所示。

(2) 单击“确定”按钮，打开用于确定窗体所需字段的对话框，将窗体所需要的字段从“可用字段”列表框中添加到“选定的字段”列表框。这里向“选定的字段”列表框中添加

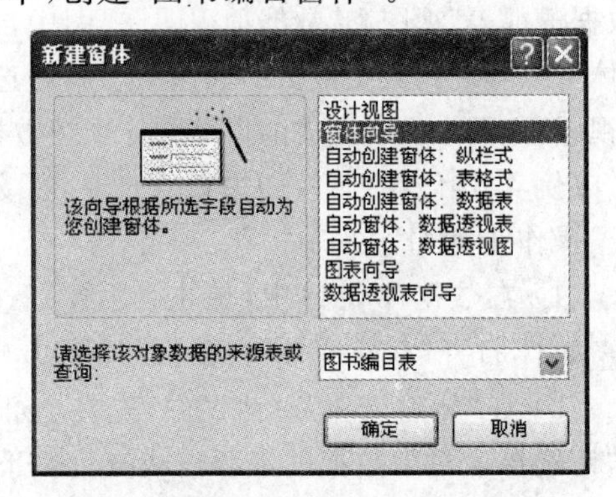

图 4.6 使用“窗体向导”创建窗体

“书籍编号”、“书籍名称”、“著者信息”、“书籍定价”、“书籍类别”、“出版时间”6个字段，如图4.7所示。

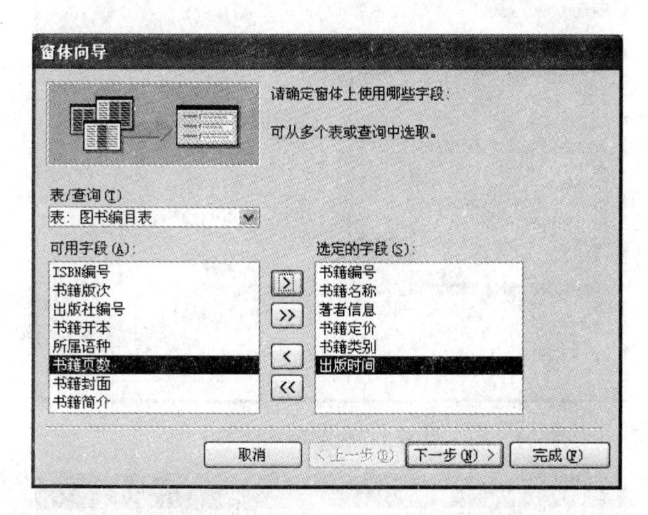

图4.7 确定窗体字段

(3) 单击“下一步”按钮，打开用于确定窗体所需布局的对话框，这里选择系统默认的“纵栏表”布局，如图4.8所示。

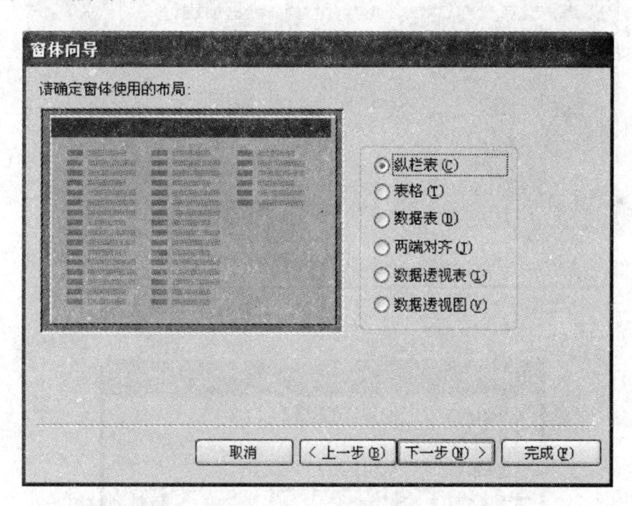

图4.8 确定窗体布局

(4) 单击“下一步”按钮，打开用于确定窗体所需样式的对话框，这里选择系统默认的“标准”样式，如图4.9所示。

(5) 单击“下一步”按钮，打开用于确定窗体标题的对话框，在“请为窗体指定标题”输入栏内设置窗体的标题，在此将窗体的标题设置为“图书编目窗体”。然后用户可以根据需要选择“打开窗体查看或输入信息”，也可以选择“修改窗体设计”，从而继续进行不同的操作，这里选择系统默认的“打开窗体查看或输入信息”，如图4.10所示。

(6) 单击“完成”按钮，结束窗体的创建。所创建的窗体如图4.11所示。

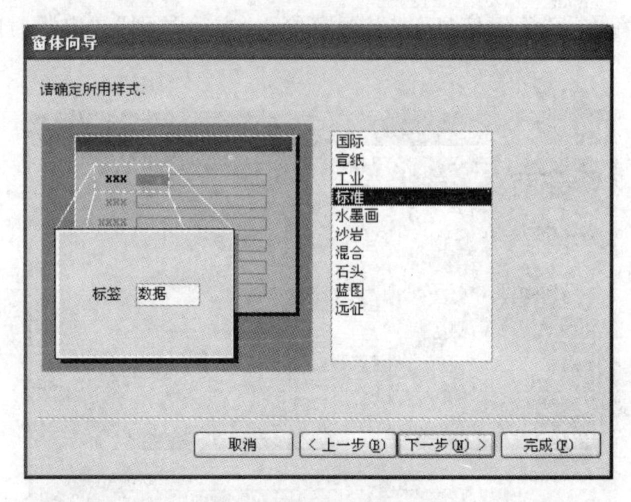

图 4.9　确定窗体样式

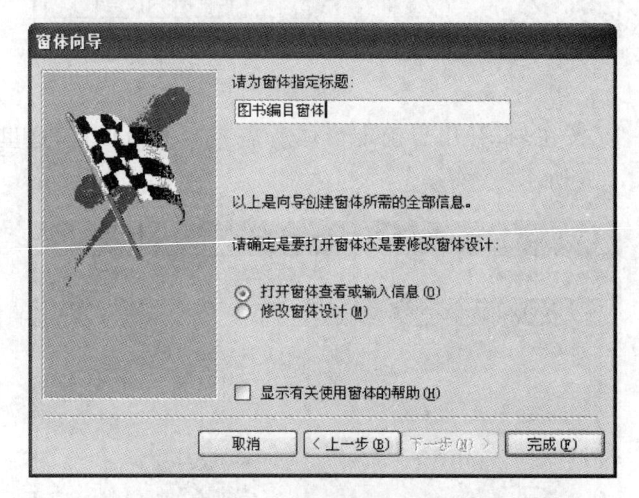

图 4.10　确定窗体标题

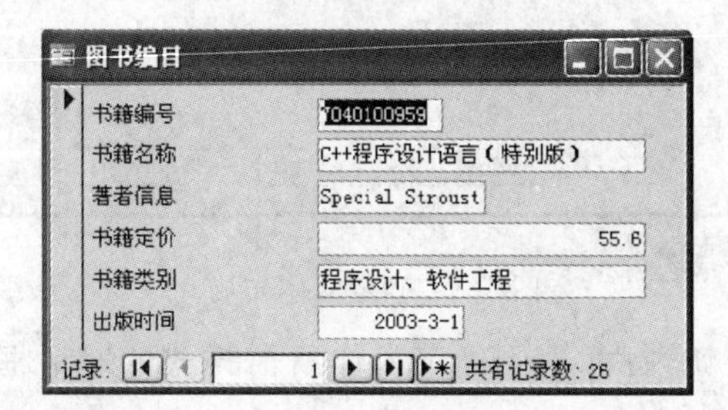

图 4.11　“图书编目”窗体

4.2.3　在“设计视图”中创建窗体

利用窗体的“设计视图”，用户可以创建新的窗体，也可以对已有的窗体进行修改。窗体的“设计视图”能够帮助用户最大限度地设计窗体，从而满足用户一系列具有个性化的需要，例如，在窗体中添加各种按钮、实现数据的检索、加入说明性信息、打开或关闭 Access 数据库对象等，在窗体的“设计视图”中可以设计出功能更强大、界面更友好的窗体。

【例 4.3】 在“高校图书馆管理系统”数据库中，创建“读者档案窗体”。

操作步骤如下。

(1) 在图 4.2 所示的“新建窗体”对话框中，选择系统默认的“设计视图”，并在“请选择该对象数据的来源表或查询”下拉列表框中选择“读者档案表”作为数据来源，如图 4.12 所示。

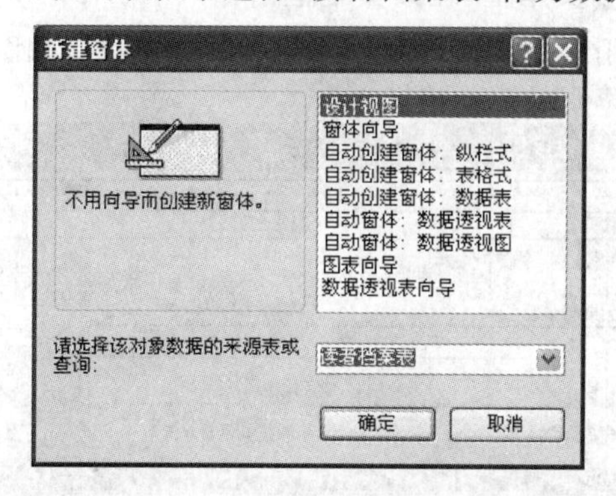

图 4.12　使用“设计视图”创建窗体

(2) 单击“确定”按钮，进入窗体设计的设计视图，如图 4.13 所示。

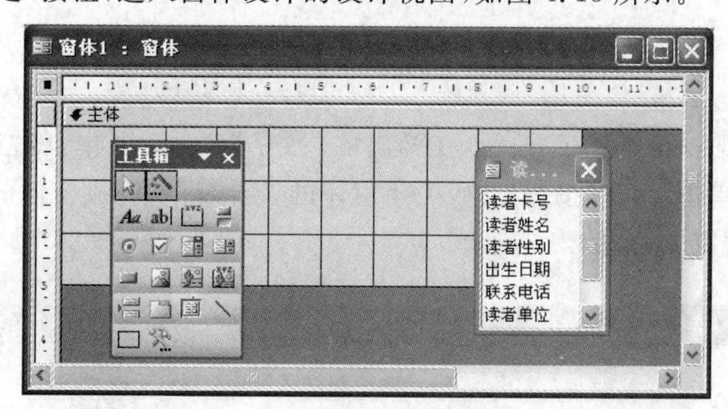

图 4.13　窗体设计的“设计视图”

【说明】

若没有显示“工具箱”窗口，可以单击“视图”菜单中的“工具箱”菜单项；类似地，如果“字段列表”没有显示，可以单击“视图”菜单中的“字段列表”菜单项。

(3) 从字段列表中，将“读者卡号”、“读者姓名”、“联系电话”、“读者单位”4 个字段拖拽到窗体的适当位置上，如图 4.14 所示。

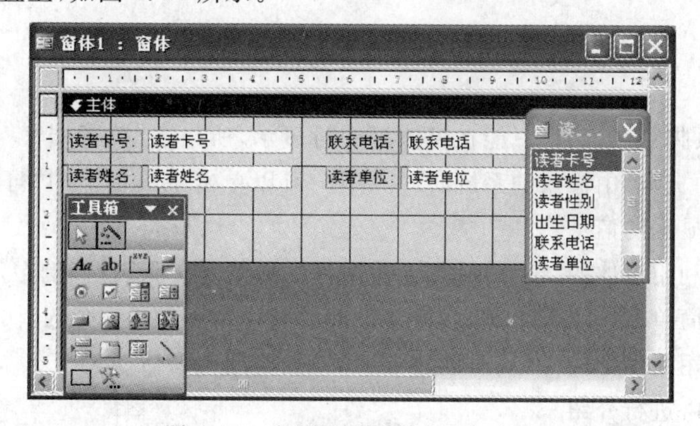

图 4.14　在“设计视图”中添加字段

(4) 单击“视图”菜单，选择“页面页眉/页脚”、“窗体页眉/页脚”可以分别向窗体添加页面页眉、页面页脚和窗体页眉、窗体页脚。接下来，单击工具箱中的“标签”控件Aa，在窗体页眉中拖拽出一个标签，并在标签内输入“读者档案信息”；单击工具箱中的“文本框”控件ab|，在页面页脚中创建一个文本框，在该文本框内输入“=Now()”（该计算表达式可以用来显示系统时间）。最后利用鼠标拖拽，适当地调整控件的位置，如图 4.15 所示。

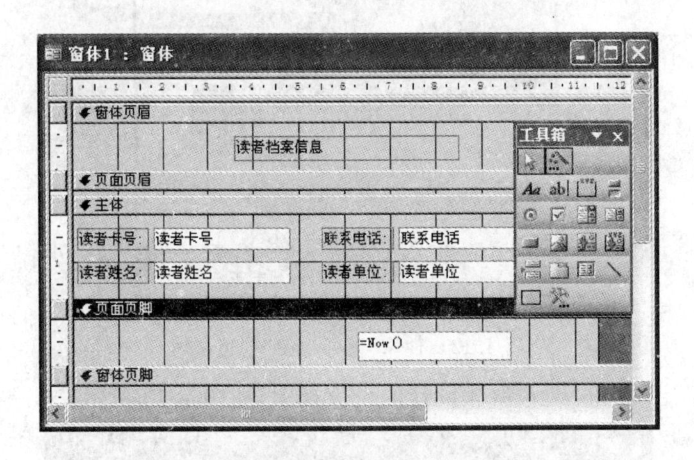

图 4.15　添加窗体页眉/页脚、页面页眉/页脚

(5) 单击工具栏上的“保存”按钮，在弹出的“另存为”对话框中，将“窗体名称”设置为“读者档案窗体”，单击“确定”按钮，最后关闭窗体的设计视图，完成窗体的创建。所创建的“读者档案窗体”的窗体如图 4.16 所示。

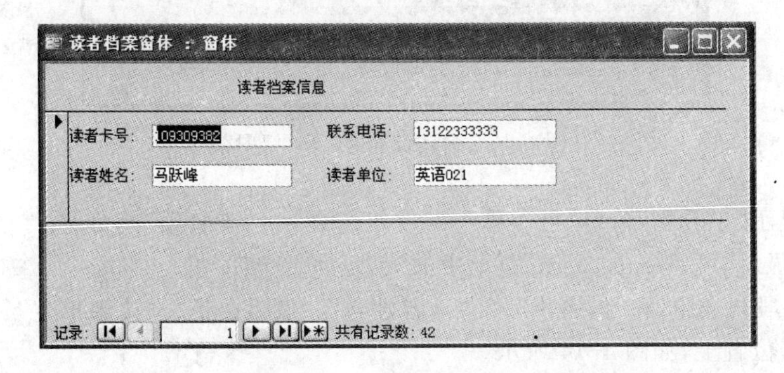

图 4.16　“读者档案”窗体

【说明】

由于“页面页脚”中的信息只能在窗体打印时显示，所以在“读者档案”窗体的窗体视图中无法看到“页面页脚”中输入的系统时间。用户可以单击工具栏上的“打印预览”按钮，查看“页面页脚”中显示的信息。

以上介绍了利用窗体的“设计视图”创建窗体的最基本步骤，在该例中，只对工具箱中少数的控件进行了简单地应用。事实上，窗体设计的核心就是控件对象设计，在窗体设计的应用中往往需要使用更多的控件，从而创建更加美观、实用的窗体。关于窗体中控件的具体使用将在第 4.3 节中进行介绍。

4.2.4 使用图表向导创建带有图表的窗体

在实际应用中，有时需要利用图表来更加形象地描述数据与数据之间的关系，使用图表向导可以创建带有图表的窗体。

【例 4.4】 在“高校图书馆管理系统”数据库中，以“读者设置表”作为数据来源，创建带有图表的“读者设置——图表窗体”，以图表的形式统计不同身份读者的阅读天数。

操作步骤如下。

(1) 在图 4.2 所示的“新建窗体”对话框中，选择“图表向导”，并在“请选择该对象数据的来源表或查询”下拉列表框中选择“读者设置表”作为数据来源，如图 4.17 所示。

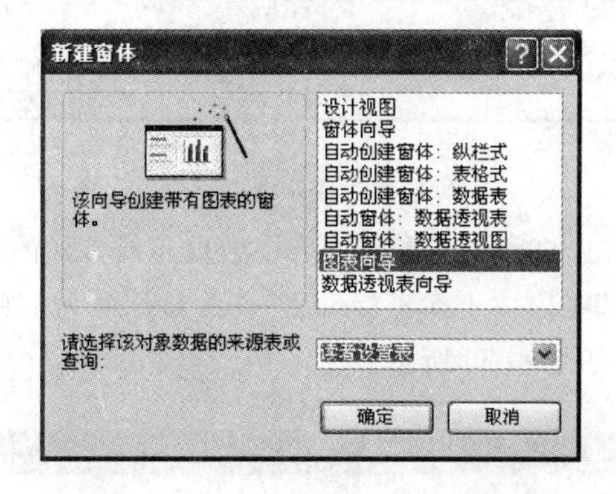

图 4.17 使用“图表向导”创建窗体

(2) 单击“确定”按钮，打开用于选择图表数据所在字段的对话框，将图表所需要的字段从“可用字段”列表框中移到“用于图表的字段”列表框。这里向“用于图表的字段”列表框中添加“读者身份”、“阅读天数”字段，如图 4.18 所示。

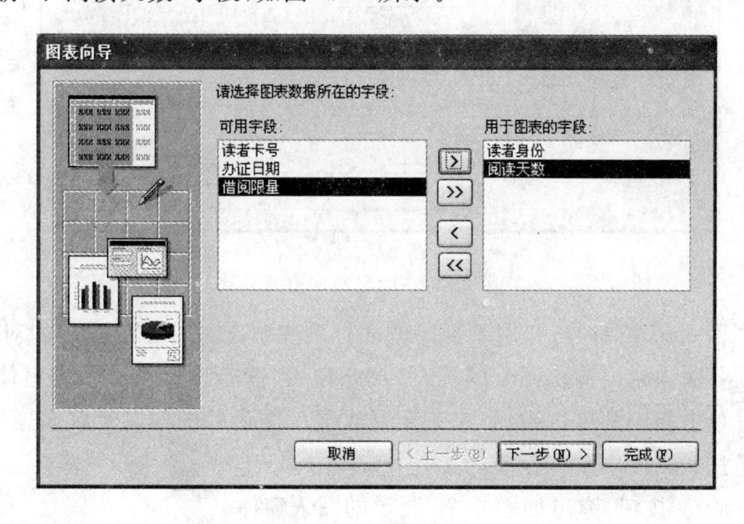

图 4.18 选择所需字段

(3) 单击“下一步”按钮，打开用于选择图表类型的对话框，在此选择系统默认的“柱形图”，如图 4.19 所示。

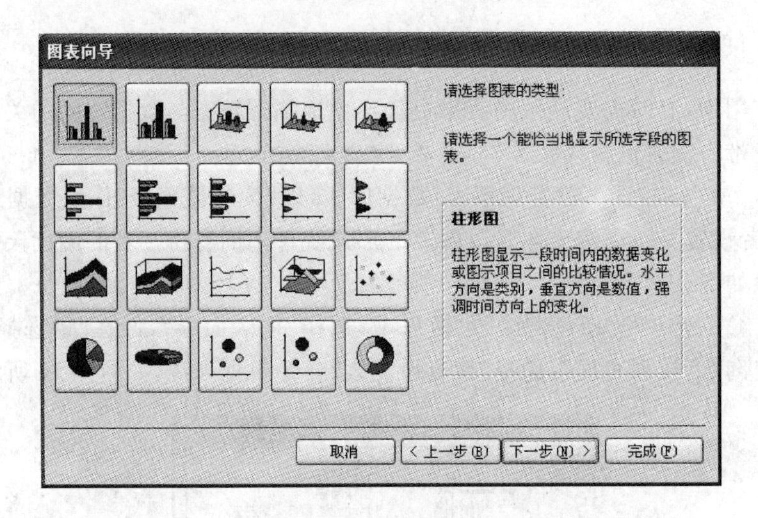

图 4.19　选择图表类型

(4) 单击“下一步”按钮，打开用于指定图表中数据布局方式的对话框。在本例中，通过拖拽的方法，使“读者身份”字段位于横坐标轴上，作为分组字段；使“阅读天数”字段位于纵坐标轴上，作为汇总字段，如图 4.20 所示。

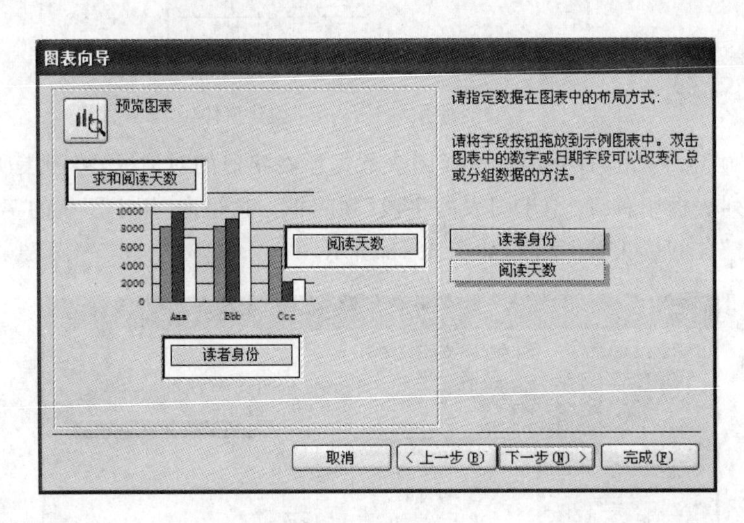

图 4.20　指定布局方式

(5) 单击“下一步”按钮，打开用于指定图表标题和确定是否显示图表的对话框。在“请指定图表的标题”输入栏内输入图表的标题，在此输入“读者设置——图表窗体”，如图 4.21 所示，然后通过单击相应的单选按钮，来确定是否显示图表的图例以及在向导创建完图表之后所需的操作，在此均使用默认设置。

(6) 单击“完成”按钮，弹出如图 4.22 所示的图表窗体。

(7) 单击工具栏上的“保存”按钮，在弹出的“另存为”对话框中，将“窗体名称”设置为“读者设置——图表窗体”，最后单击“确定”按钮，完成带有图表窗体的创建。

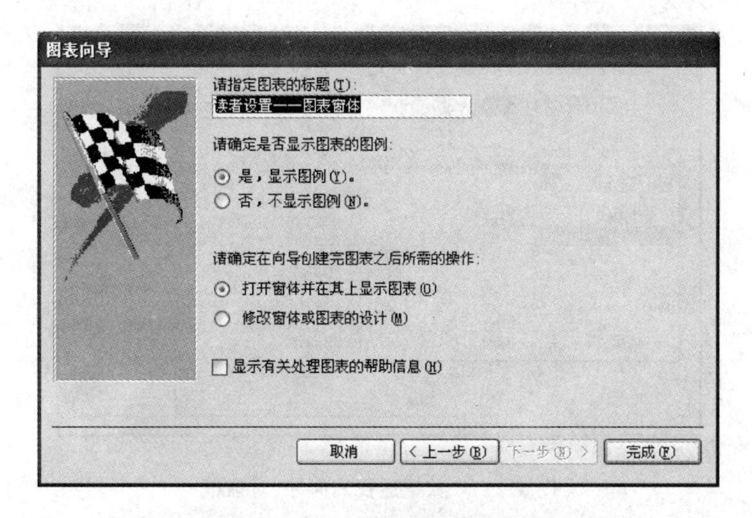

图 4.21 指定图表标题

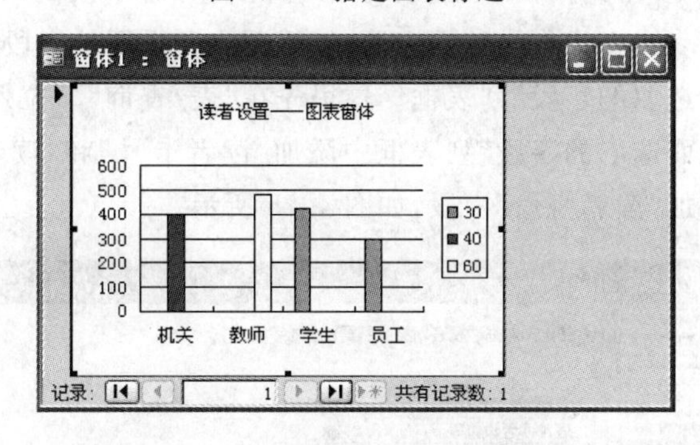

图 4.22 读者设置——图表窗体

4.2.5 使用数据透视表向导创建带有数据透视表的窗体

"数据透视表"对象是一种能用所选格式和计算方法来汇总大量数据的交互表。利用数据透视表向导，可以方便、快速地生成含有"数据透视表"对象的 Access 窗体，并可以利用 Microsoft Excel 对所生成的"数据透视表"对象进行进一步的编辑。

【例 4.5】 在"高校图书馆管理系统"数据库中，以"读者档案表"和"读者设置表"作为数据来源，创建带有数据透视表的"读者档案与设置——数据透视表窗体"。本例用于统计各个单位不同身份的读者个数。

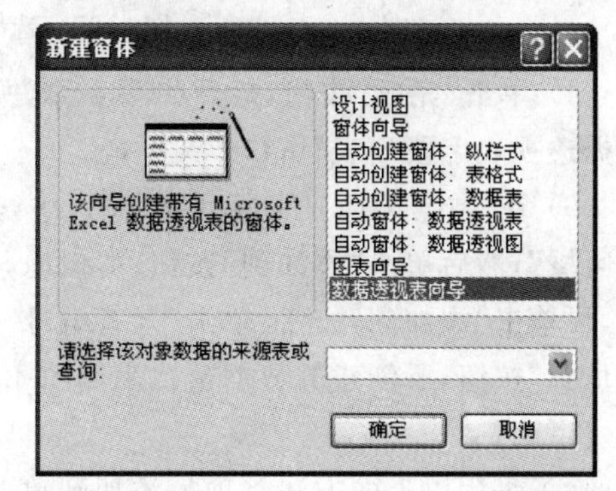

图 4.23 使用"数据透视表向导"创建窗体

操作步骤如下。

(1) 在图 4.2 所示的"新建窗体"对话框中，选择"数据透视表向导"，在下面的"请选择该对象数据的来源表或查询:"下拉列表框处先不作选择，如图 4.23 所示。

(2) 单击"确定"按钮，打开如图 4.24 所示的对话框。

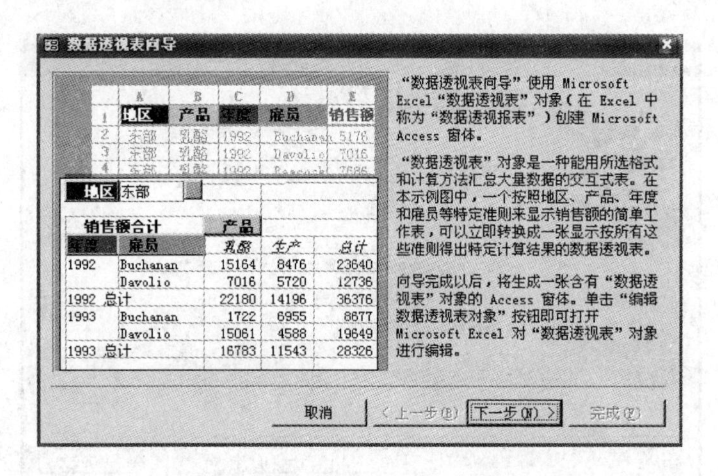

图 4.24 "数据透视表向导"对话框

(3) 单击"下一步"按钮,打开用于选择数据透视表所需字段的对话框,首先在"表/查询"下拉列表框处选择表或查询作为数据来源,然后再将所需要的字段从"可用字段"列表框中移到"为进行透视而选取的字段"列表框。这里先在"表/查询"下拉列表框处选择"读者档案表",向"为进行透视而选取的字段"列表框中添加"读者卡号"和"读者单位"字段;接着选择"读者设置表",并添加"读者身份"字段,如图 4.25 所示。

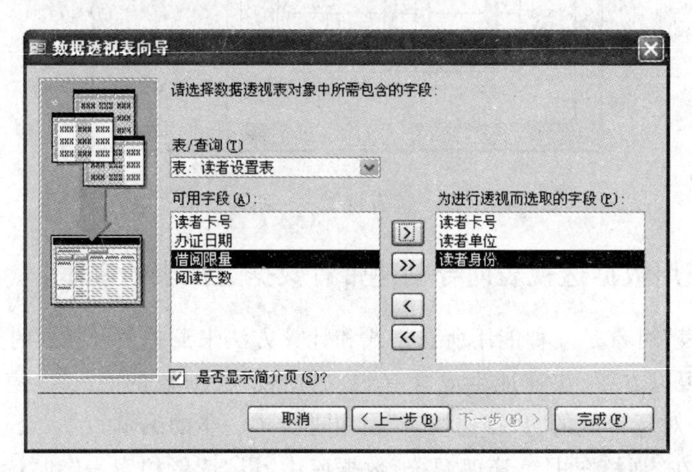

图 4.25 选择透视表所需字段

(4) 单击"完成"按钮,打开如图 4.26 所示的"读者档案表"窗口,在该窗口中还显示了"数据透视表字段列表"窗口。

(5) 在"数据透视表字段列表"窗口中,先单击"读者单位",此时下面的列表框中显示为"行区域",然后单击"添加到"按钮;类似地,单击"读者身份",从下面的列表框中选择"列区域",再单击"添加到"按钮;单击"读者编号",从下面的列表框中选择"数据区域",最后单击"添加到"按钮,所创建的数据透视表如图 4.27 所示。

【说明】

除了采用以上的方法将项目添加到数据透视表列表外,也可以利用鼠标的拖拽操作直接将"数据透视表字段列表"窗口中的字段拖拽到窗口左侧的"将行字段拖至此处"、上方的"将列字段拖至此处"或其他相应的位置处。

图 4.26 “读者档案表”窗口

读者设置表

将筛选字段拖至此处

读者单位	读者身份：机关 读者卡号 的计数	教师 读者卡号 的计数	学生 读者卡号 的计数	员工 读者卡号 的计数	总计 读者卡号 的计数
办公室	2				2
财务处	1				1
地理041			1		1
后勤				10	10
化工学院		1			1
教务处	4				4
经管学院		1			1
经贸031			3		3
经贸032			2		2
历史041			2		2
人事处	2				2
人文学院		2			2
数学021			1		1
数学023			1		1
通信学院		2			2
图书馆	1				1
外语学院		2			2
无机041			1		1
英语012			1		1
英语021			1		1
中文021			1		1
总计	10	8	14	10	42

图 4.27 将项目拖至数据透视表列表

(6) 此时的“数据透视表字段列表”窗口如图 4.28 所示，可以根据需要继续进行类似于步骤(5)的其他操作。

(7) 单击工具栏上的“保存”按钮，在弹出的“另存为”对话框中，将“窗体名称”设置为“读者档案与设置——数据透视表窗体”，单击“确定”按钮，完成带有数据透视表的窗体的创建。

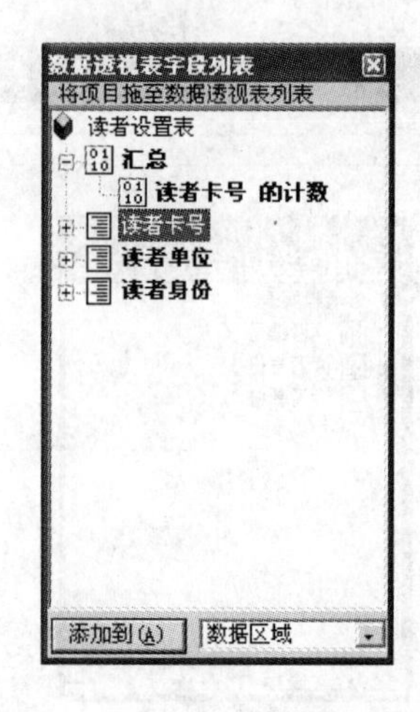

图 4.28 “数据透视表字段列表”窗口

4.3 窗体中的基本控件及其应用

在 Access 数据库中，进入窗体的“设计视图”，执行“视图”菜单下的“工具箱”命令，就会弹出“工具箱”窗口，如图 4.29 所示。工具箱是在窗体设计时使用最多的工具，在工具箱中集成了许多控件，利用这些控件，用户可以查看和处理窗体的数据来源中的相关数据。

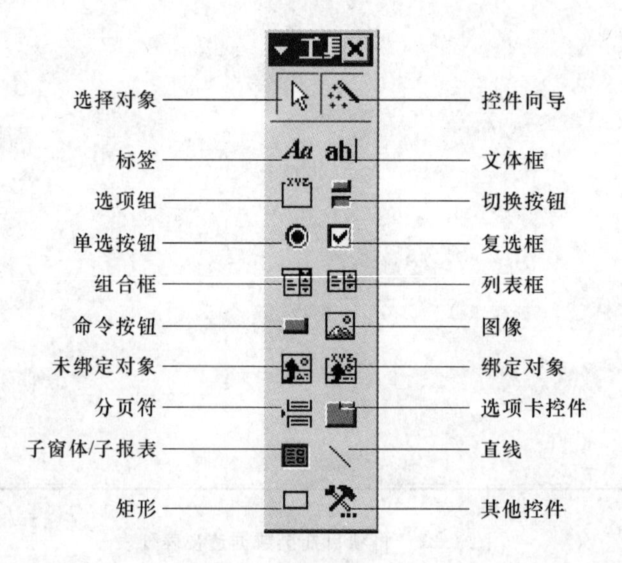

图 4.29 “工具箱”窗口

在“工具箱”窗口中，系统提供了 4 类控件，分别是：数据类控件、图形类控件、控制类控件和其他类控件。数据类控件包括标签、文本框、组合框、列表框、选项卡控件和子窗体/子报表控件；图形类控件包括直线、矩形、图像、未绑定对象和绑定对象；控制类控件包括选项组、切换按钮、单选按钮、复选框、命令按钮和分页符；其他类控件包括选择对象、控件向导和其他控件。

4.3.1 窗体中的基本控件

在如图 4.29 所示的“工具箱”窗口中，包含了窗体设计所需要的基本控件。在这些控件中，使用较为频繁的有：标签、文本框、命令按钮、列表框、组合框、选项组和子窗体/子报表控件等。

1. 标签

标签主要用于在窗体上显示说明性的文字，Access 中的标签可以分为未绑定标签和绑定标签两种类型。未绑定标签通常单独使用，其内容在“数据表视图”中不显示；绑定标签通常与文本框、组合框、列表框等其他控件链接在一起，联合使用。例如，图 4.15 的窗体页眉中使用的标签就是未绑定标签，而主体节中使用的标签则属于绑定标签。

2. 文本框

文本框不仅用来显示文本，还能用来接受用户的输入。Access 中的文本框可以根据创建方法的不同分为绑定的文本框和未绑定的文本框。绑定的文本框可以显示某个表或查询中所绑定字段的数据，所显示的数据可以在窗体视图中进行修改；未绑定的文本框通常只用来接受用户的输入，而且所输入的内容一般不需要保存。

3. 命令按钮

命令按钮用来实现某种功能操作，如“打开窗体”、“关闭窗体”和“编辑窗体筛选”等。当用户使用命令按钮时，用户的特定动作将触发一个相应的事件，该事件可以完成特定的操作任务。此外，命令按钮的控件向导提供了很多类别的操作，用户可以直接将这些操作指定给命令按钮使用。

4. 列表框和组合框

列表框和组合框为用户提供一个选项列表，用户可以从中选择所需要的选项。列表框要求用户只能从选项列表中选择一个选项；组合框实际上是列表框与文本框的组合，用户既可以从其所提供的选项列表中选择选项，也可以将自己需要的数据输入到文本框中。Access中的列表框和组合框都可分为绑定的和未绑定的两种。

5. 选项组

选项组通常与单选按钮、复选框、切换按钮等搭配使用，用于提供一组选项，用户每次只能从这组选项中选择一项。使用选项组控件，用户只需要单击所需要的值即可，因此操作起来更加直观、方便。

6. 子窗体/子报表控件

利用子窗体/子报表控件，用户可以创建来自多个数据来源的子窗体。所谓子窗体是指窗体中的窗体，其所在的窗体称为主窗体，主窗体内可以包含子窗体，子窗体内还可以再包含子窗体。主窗体可以用来显示窗体的某个数据来源（表或查询）里的记录，子窗体则可以显示其他数据来源中与主窗体里的记录相关的多条记录。

除了以上介绍的几种常用的基本控件以外，Access 所提供的其他基本控件也都具有强大的功能，下面分别简要地进行介绍。

- 选择对象：单击该按钮，用于选择窗体上的各种控件。

- 控件向导：按下该按钮，可以在添加列表框、组合框、选项组、命令按钮、子窗体、报表等具有向导的控件时弹出“控件向导”对话框。
- 切换按钮：该按钮有两种可选状态，当用来结合到“是/否”字段时，按下该按钮表示字段的值为“是”，没有按下该按钮表示字段的值为“否”。
- 单选按钮：该按钮有两种可选状态，常用来结合到“是/否”字段。在由两个以上的单选按钮组成的一组选项中，同一时刻只能选择一个。
- 复选框：该按钮有两种可选状态，常用来结合到“是/否”字段。一组选项中的多个复选框可以用来表示多项选择。
- 图像：用来在窗体上显示静态图片。
- 未绑定对象：用来在窗体中显示未绑定的OLE对象，即此对象与窗体所基于的表或查询无关。
- 绑定对象：用来在窗体中显示绑定的OLE对象。
- 分页符：用于在打印窗体上开始一个新的窗体页面。
- 选项卡控件：用于创建多页的选项卡对话框。
- 直线：用来在窗体上绘制直线。
- 矩形：用来在窗体上绘制矩形框。
- 其他控件：用于向窗体中添加其他可用的控件。

4.3.2 在窗体上放置控件

在窗体的“设计视图”中，用户可以使用“工具箱”或者“字段列表”向窗体添加控件。

1. 利用“工具箱”添加控件

在利用“工具箱”添加控件时，首先在“工具箱”上单击需要使用的控件，此时光标会变为十字形，然后再到窗体的适当位置处“画”出该控件，如果所添加的控件具有“控件向导”，可以按照向导的提示，逐步完成对控件的添加操作。在控件被放置到窗体上之后，还可以对控件的大小和位置进行进一步的调整。

【例4.6】 在“高校图书馆管理系统”数据库中的“图书编目窗体”上，利用向导创建一个名为“书籍页数”的文本框，并将修改后的窗体命名为“图书编目窗体——添加控件”。

操作步骤如下。

(1) 在数据库窗口中，双击打开“图书编目窗体”，然后单击“视图”菜单中的“设计视图”菜单项，切换到窗体的设计视图。

(2) 按下工具箱上的“控件向导”按钮，然后单击工具箱中的“文本框”控件，在窗体的适当位置“画”出一个方框，系统自动打开“文本框向导”对话框，如图4.30所示。在该对话框中，用户可以设置文本框中文本的格式，在此均采用系统的默认设置。

(3) 单击“下一步”按钮，打开用于设置输入法模式的对话框，如图4.31所示。

(4) 单击“下一步”按钮，打开用于设置文本框名称的对话框。在“请输入文本框的名称：”输入栏内输入所创建的文本框的名称为“书籍页数”，如图4.32所示。

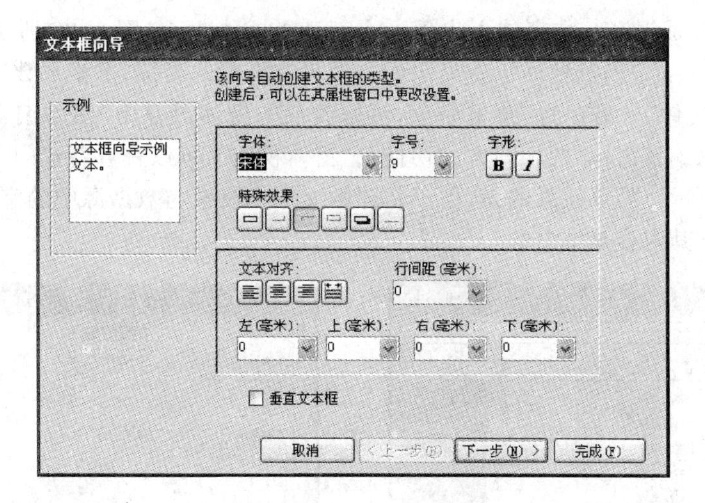

图 4.30　设置文本格式

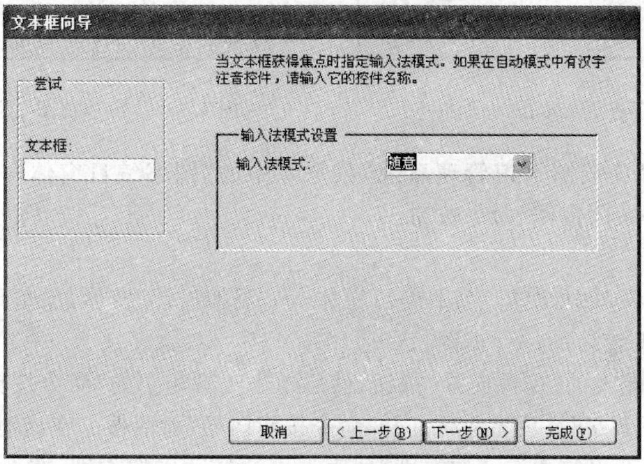

图 4.31　设置输入法模式

图 4.32　设置文本框名称

(5) 单击“完成”按钮，在窗体上出现一个新建的文本框，如图 4.33 所示。所创建的文本框内部显示“未绑定”，其前面标签显示的文本为文本框的名称“书籍页数”。

(6) 执行“文件”|“另存为”菜单命令，将修改后的窗体另存为“图书编目窗体——添加控件”。将“图书编目窗体”的视图方式切换到“窗体视图”，可以查看新建的“书籍页数”文本框，如图 4.34 所示。需要注意的是，由于新建的文本框没有与数据源中的字段进行绑定，所以在窗体视图下其内容是空白的。

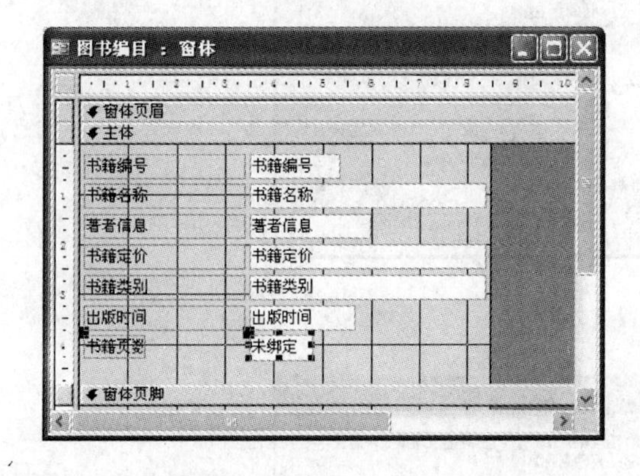

图 4.33 新建了文本框的窗体

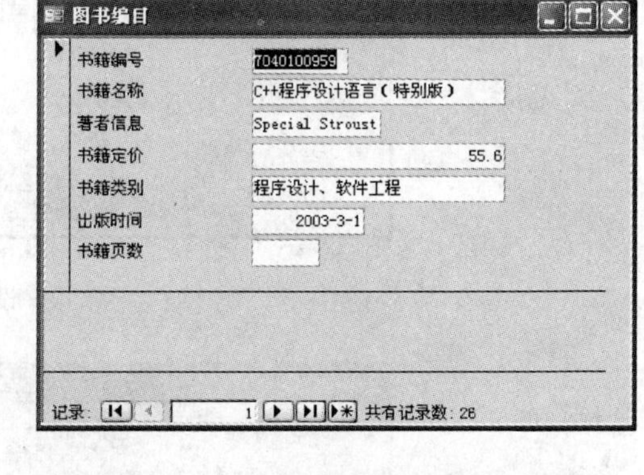

图 4.34 “窗体视图”下新建的文本框

【例 4.7】 在“高校图书馆管理系统”数据库中的“图书编目窗体——添加控件”窗体上，利用向导创建“关闭窗体”命令按钮。

操作步骤如下。

(1) 在数据库窗口中，单击“图书编目窗体——添加控件”窗体，然后单击数据库窗口中的“设计”按钮，打开窗体的设计视图。

(2) 按下工具箱上的“控件向导”按钮，然后单击工具箱中的“命令按钮”控件，在窗体的适当位置“画”出一个方框，系统自动打开“命令按钮向导”对话框。在该对话框中，用户可以选择按下按钮时所产生的动作：在“类别”列表框中选择动作的类别，在此选择“窗体操作”；在“操作”列表框中选择具体的操作，这里选择“关闭窗体”，如图 4.35 所示。

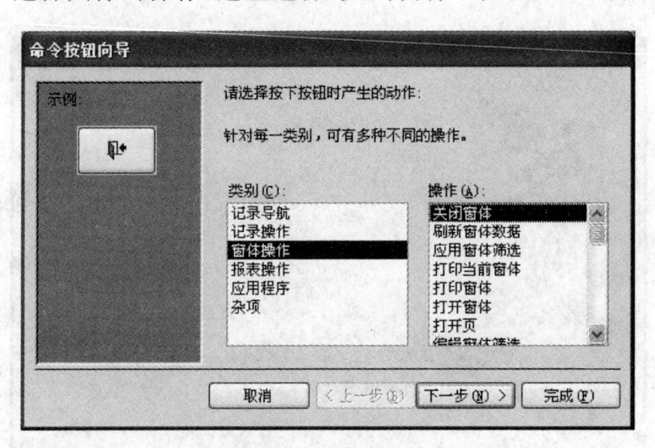

图 4.35 选择动作

(3) 单击“下一步”按钮，打开用于确定在按钮上显示文本还是图片的对话框。在此，单击“文本”单选按钮，即在按钮上显示“关闭窗体”文本，如图 4.36 所示。

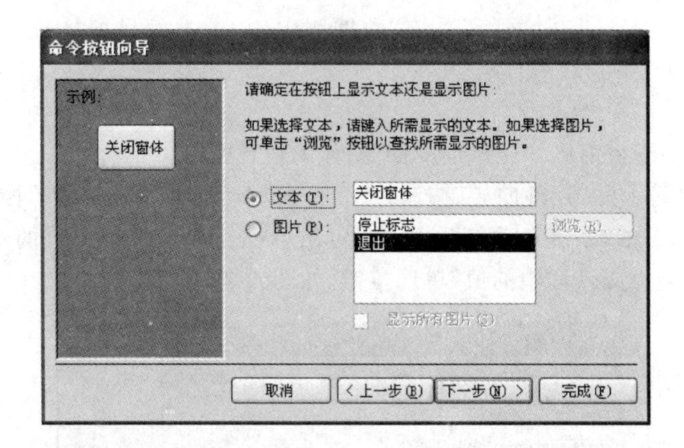

图 4.36　确定显示文本还是图片

(4) 单击“下一步”按钮，打开用于指定命令按钮名称的对话框。在“请指定按钮的名称”输入栏内输入按钮的名称，在此输入“关闭窗体”，如图 4.37 所示。

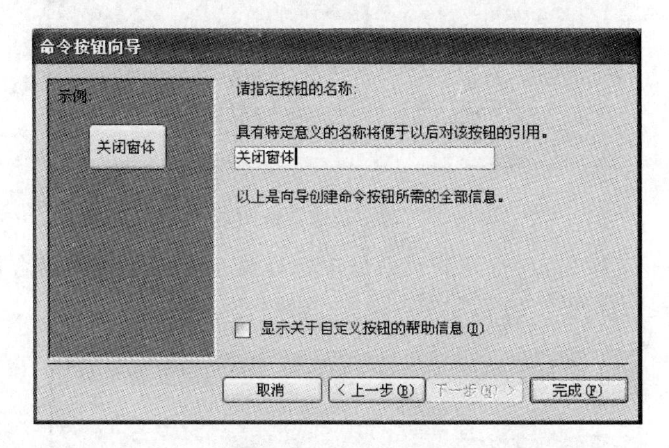

图 4.37　指定按钮名称

(5) 单击“完成”按钮，结束对命令按钮的创建，如图 4.38 所示。

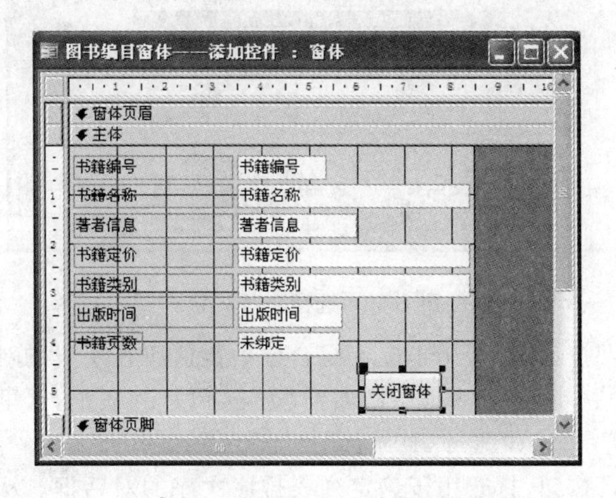

图 4.38　创建了命令按钮的窗体

(6) 单击工具栏上的“保存”按钮，保存对命令按钮的创建操作。

【例 4.8】 在“高校图书馆管理系统”数据库中的“图书编目窗体——添加控件”窗体上，创建“ISBN 编号”字段的组合框。

操作步骤如下。

(1) 打开“图书编目窗体——添加控件”窗体的设计视图。

(2) 按下工具箱上的“控件向导”按钮，然后单击工具箱中的“组合框”控件，在窗体的适当位置“画”出一个方框，系统自动打开用于确定组合框获取其数值方式的对话框。在此单击“使用组合框查阅表或查询中的值”单选按钮，如图 4.39 所示。

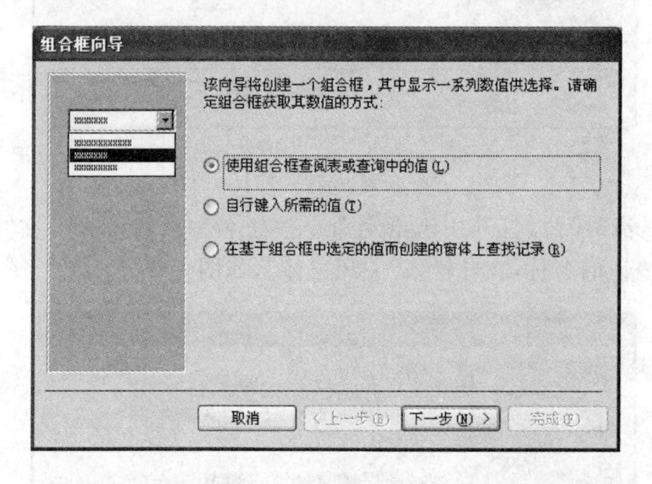

图 4.39 确定获取数值的方式

(3) 单击“下一步”按钮，在打开的对话框中选择某个表或查询为组合框提供数值。在此选择“图书编目表”，如图 4.40 所示。

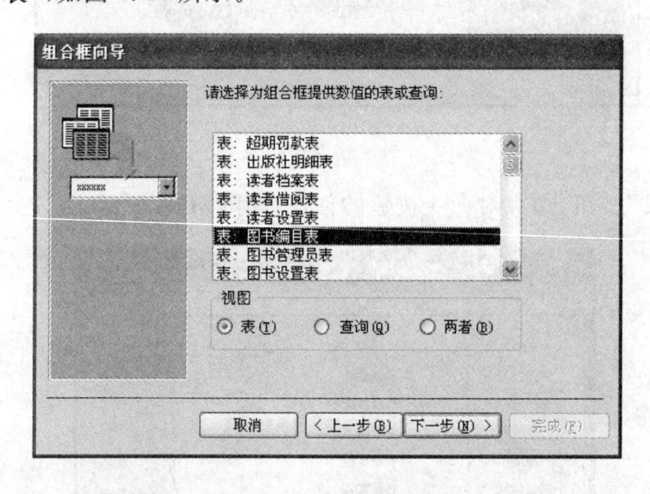

图 4.40 选择数据来源

(4) 单击“下一步”按钮，打开用于确定组合框中数值所在字段的对话框。将组合框中的数值所在字段从“可用字段”列表框中添加到“选定字段”列表框，这里向“选定字段”列表框中添加“ISBN 编号”字段，如图 4.41 所示。

(5) 单击“下一步”按钮，打开用于确定列表排序次序的对话框。从下拉列表中选择字段作为排序字段，按照该字段对记录进行升序或降序排序，如果需要按照字段降序排序，需要单击“升序”按钮，将“升序”切换为“降序”。在该对话框中最多可以按照 4 个字段对记录进行排序，设置 4 个字段的先后顺序决定了组合框中记录排序的次序。在此，从第一个下拉列表中选择“ISBN 编号”字段，按照升序排序，如图 4.42 所示。

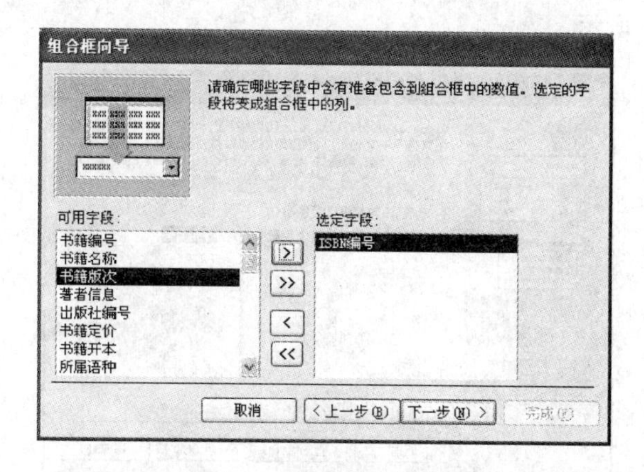

图 4.41　确定数值所在字段

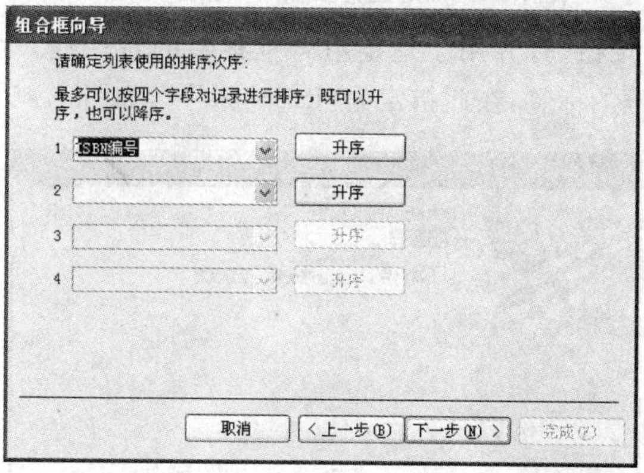

组合框向导
请确定列表使用的排序次序：
最多可以按四个字段对记录进行排序，既可以升序，也可以降序。
1 ISBN编号 升序
2 升序
3 升序
4 升序
取消　< 上一步(B)　下一步(N) >　完成(F)

图 4.42　确定排序次序

(6) 单击“下一步”按钮，打开用于指定列宽的对话框，如图 4.43 所示。将鼠标指向某个字段名称的右边缘，此时鼠标指针变成双向箭头，按住鼠标左键向左或向右拖拽，调整列的宽度。用户还可以在将鼠标指向字段名称的右边缘以后，双击鼠标左键，获取列的合适宽度。在此对列宽暂不作调整。

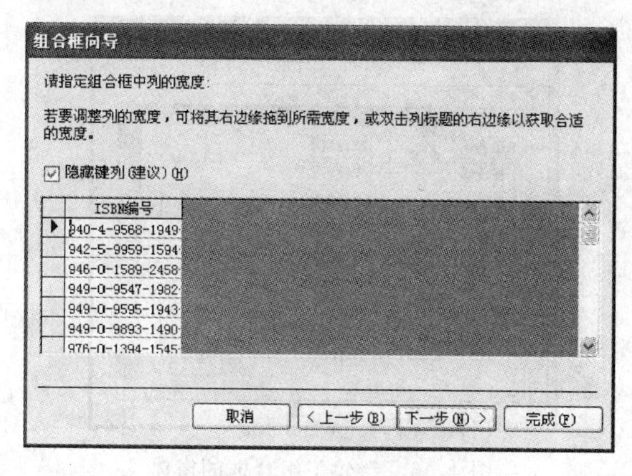

图 4.43　指定列宽

（7）单击“下一步”按钮，在打开的对话框中单击某个单选按钮，确定在选择数值以后的动作。在此单击“将该数值保存在这个字段中”单选按钮，并从后面的下拉列表中选择“ISBN 编号”，如图 4.44 所示。

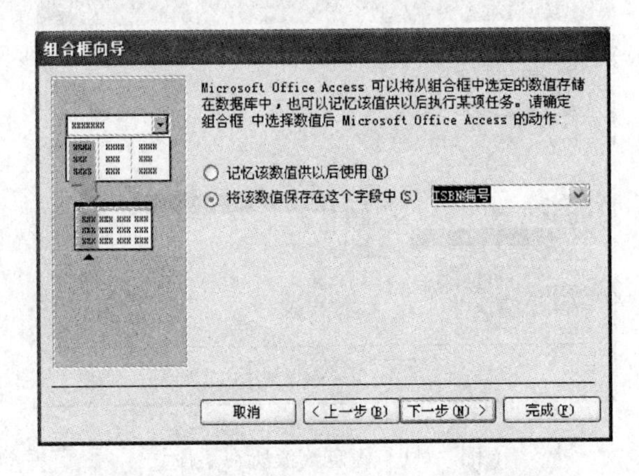

图 4.44 确定选择数值后数据库的动作

（8）单击“下一步”按钮，打开用于指定组合框标签的对话框。在“请为组合框指定标签”输入栏内指定组合框的标签，在此指定为“ISBN 编号”，如图 4.45 所示。

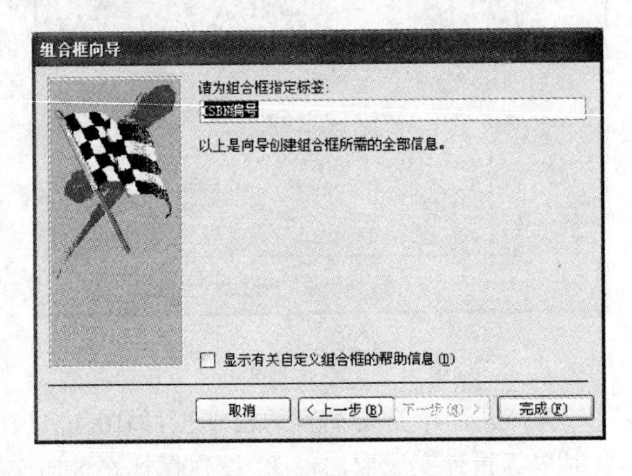

图 4.45 指定组合框标签

（9）单击“完成”按钮，结束组合框的创建，如图 4.46 所示。

图 4.46 新建了组合框的窗体

(10) 单击工具栏上的"保存"按钮,对组合框的创建进行保存。将"图书编目窗体——添加控件"窗体的视图方式切换到"窗体视图",对新建的组合框进行查看,如图 4.47 所示。

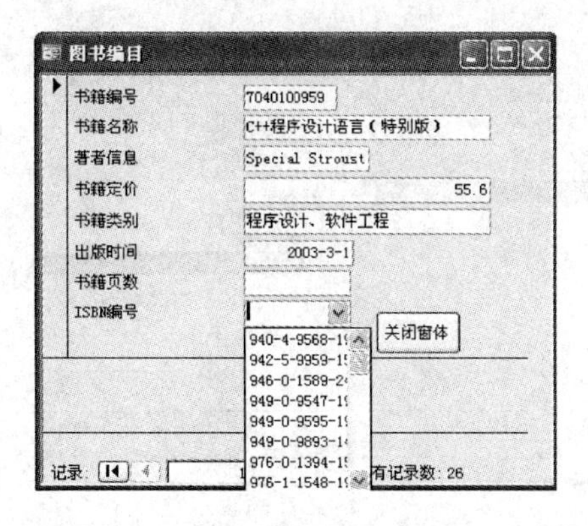

图 4.47 "窗体视图"下新建的组合框

【例 4.9】 在"高校图书馆管理系统"数据库中的"读者档案窗体"上,利用子窗体控件创建以"读者借阅表"作为数据来源的子窗体。

操作步骤如下。

(1) 打开"读者档案窗体"的设计视图。

(2) 按下工具箱上的"控件向导"按钮,然后单击工具箱中的"子窗体/子报表"控件,在窗体的适当位置"画"出一个方框,此时系统会打开"子窗体向导"对话框。在该对话框中,用户可以从现有的表和查询中为子窗体选择数据来源,也可以从现有的窗体中选择。在此单击"使用现有的表和查询"单选按钮,如图 4.48 所示。

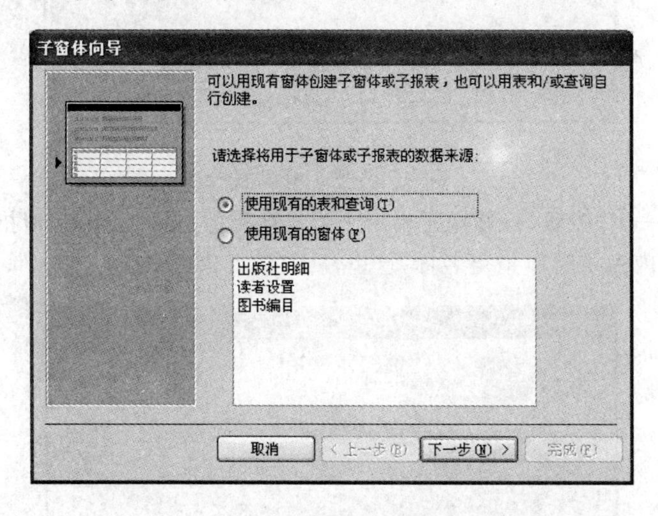

图 4.48 选择数据来源

(3) 单击"下一步"按钮,在打开的对话框中,首先从"表/查询"下拉列表中选择作为数据来源的表或查询,然后将子窗体所需要的字段从"可用字段"列表框中移到"选定字段"列表框。这里选择"读者借阅表"作为数据来源,向"选定字段"列表框中添加"读者卡号"、"书籍编号"、"借阅日期"和"归还日期"4 个字段,如图 4.49 所示。

(4) 单击"下一步"按钮,在打开的对话框中,确定是从列表中选择还是自行定义用于将主窗体链接到子窗体的字段。这里单击"从列表选择"单选按钮,如图 4.50 所示。

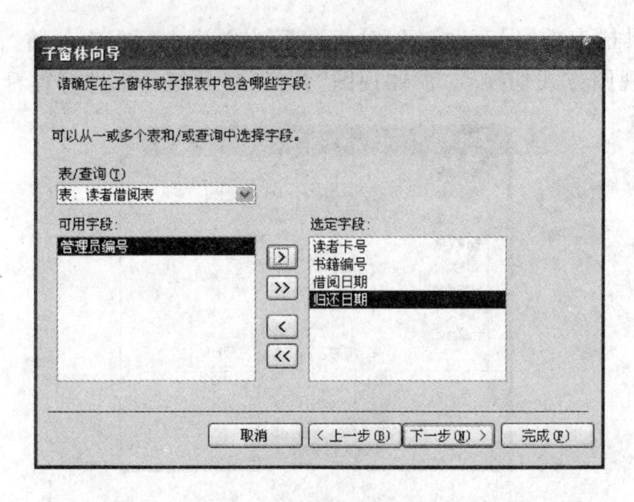

图 4.49　确定字段

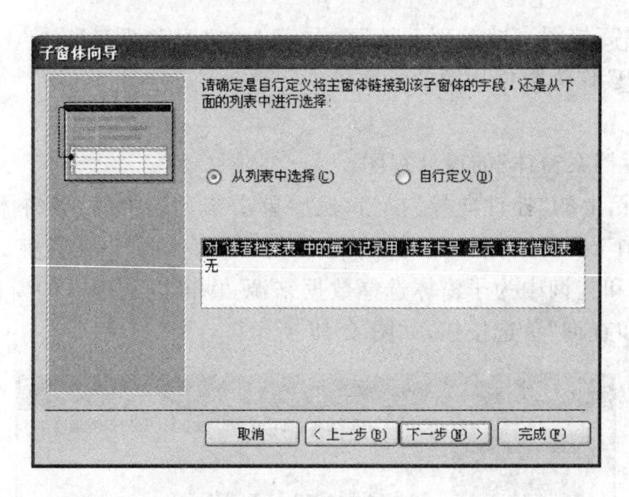

图 4.50　确定链接字段

（5）单击"下一步"按钮，打开用于指定子窗体名称的对话框。在"请指定子窗体或子报表的名称"输入栏内为子窗体指定名称，这里输入"读者借阅——子窗体"，如图 4.51 所示。

图 4.51　确定子窗体名称

(6) 单击“完成”按钮。此时在“读者档案窗体”中创建了以“读者阅读表”作为数据来源的子窗体,该主/子窗体的窗体如图 4.52 所示,同时,系统还将“读者借阅——子窗体”创建为一个单独的窗体。

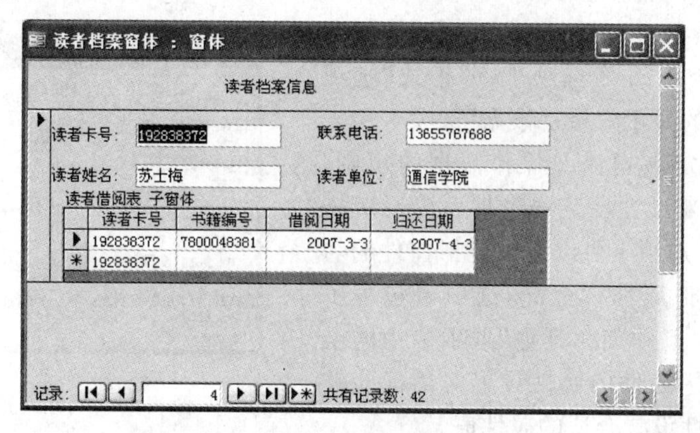

图 4.52 在主窗体中创建了子窗体

(7) 执行“文件”|“另存为”菜单命令,将创建了子窗体后的窗体保存为“读者档案窗体——带子窗体”。

2. 利用“字段列表”添加控件

“字段列表”实际上是一个列表框,列出了作为窗体数据来源的表或查询中的字段,如图 4.53 所示。用户可以单击“视图”菜单中的“字段列表”菜单项来显示或隐藏“字段列表”。

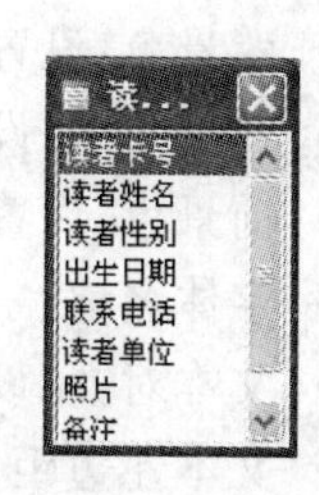

图 4.53 字段列表

用户可以在“字段列表”中单击选择需要添加到窗体上的字段,并按住鼠标左键不放,将该字段所对应的控件拖拽到窗体上。例如,例 4.3 中的第(3)步,就是利用“字段列表”向窗体上添加了所需要的控件。

4.3.3 控件的属性及其设置

属性用来描述和反映对象的特征。在 Access 数据库中,每一个窗体、报表、节和控件都有自己的属性,利用属性可以设置对象的外观和行为。

在 Access 中,用户可以对一个或一组控件进行属性设置。在对一个或一组控件进行属性设置之前,通常需要按照以下方式先选定这一个或一组控件:

- 如果要选定一个控件,则单击该控件上的任意位置。
- 如果要选定相邻的多个控件,则首先单击某个控件外的任意点,然后按住鼠标左键进行拖拽,并使拖拽出现的矩形框包含所有需要选定的控件。
- 如果要选定不相邻的多个控件,则在按住“Shift”键的同时,单击需要选定的每一个控件。

设置控件的属性有多种方法,最常用的方法是利用控件的属性设置对话框进行设置。在窗体的设计视图中,用户可以采用如下方法中的任何一种来打开该对话框:

- 选定一个或一组控件,单击“视图”菜单中的“属性”菜单项。
- 选定一个或一组控件,单击工具栏上的“属性”按钮。
- 将鼠标指向需要设置属性的控件,单击鼠标右键,在弹出的快捷菜单中执行“属性”

命令。

- 将鼠标指向需要设置属性的某一个控件，双击鼠标左键。

利用上述方法可以打开控件的属性设置对话框，如图 4.54 为文本框 Text0 的属性设置对话框，在该对话框中包括“格式”、“数据”、“事件”、“其他”和“全部”5 个选项卡。“格式”选项卡用来设置控件的显示效果；“数据”选项卡用来设置控件是否绑定数据以及操作数据的规则；“事件”选项卡用来设置当某些事件发生时所进行的操作；“其他”选项卡可以设置包括控件的名称属性在内的其他属性；“全部”选项卡包含了“格式”、“数据”、“事件”和“其他”选项卡中的全部属性。用户利用控件的属性设置对话框能够为控件的每个属性设置合适的属性值。

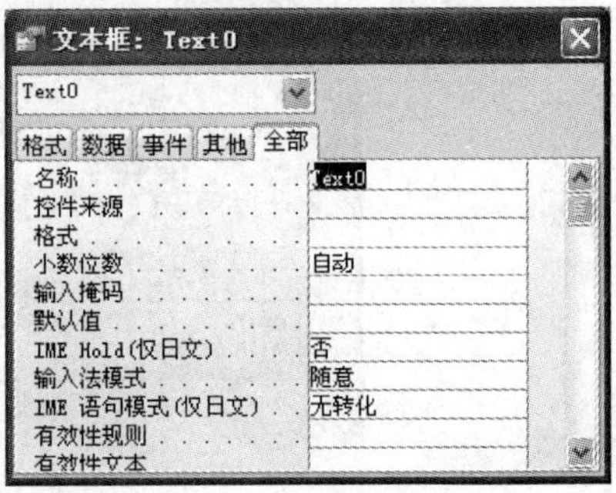

图 4.54 属性设置对话框

在 Access 中，控件的常用属性如下。

- 标题：设置控件上显示的文本信息。
- 背景样式：设置控件是否透明。
- 背景色：设置控件的背景颜色。
- 特殊效果：设置控件的显示效果。
- 前景色：设置控件上显示文本的颜色。
- 字体名称、字号、字体粗细、倾斜字体、下划线：设置文本的外观。
- 文本对齐：设置控件上文本的对齐方式。
- 文本左边距、文本上边距、右边距、下边距：分别用于设置控件上显示的文本与控件的左、上、右、下边界之间的距离。
- 行距：设置控件上文本的行间距。
- 小数位数：设置数字字段中小数的位数。
- 可见性：设置控件是否可见。
- 左边距、上边距：分别用于设置控件距离窗体左、上边界的距离。
- 宽度、高度：分别用于设置控件的宽度和高度。
- 列数：设置组合框或列表框中显示列的数目。
- 列标题：设置是否在组合框或列表框中显示列的标题。
- 列宽：设置组合框或列表框中列的宽度。
- 图片：设置控件上显示的图片。
- 控件来源：设置控件如何检索或保存在窗体中要显示的数据，可以设置为空、某个字段或者一个计算表达式。
- 输入掩码：设置控件中文本型或日期型数据的输入格式。
- 行来源类型：设置组合框或列表框中选择内容的来源，可以是表/查询、值列表或字段列表。
- 行来源：设置组合框或列表框中各行的来源。
- 默认值：设置计算型控件或非结合型控件的初始值。
- 有效性规则：设置在控件中输入数据的合法检查表达式。

- 可用：设置控件是否可以被使用。
- 名称：设置控件被引用时的标识名字。
- 控件提示文本：设置当鼠标在控件上停留时显示的文本。

需要注意的是，不同控件的属性不完全相同，但在某些不同的控件之间可能有许多共同的属性。标签的常用属性主要有标题、名称以及高度、宽度、背景样式、背景颜色、显示文本字体、字体大小、字体颜色、是否可见等格式属性；文本框主要有控件来源、输入掩码、默认值、有效性规则、有效性文本等属性；命令按钮主要有标题、标题的字体、前景颜色、是否有效、是否可见、图片等属性；组合框和列表框主要有行来源类型等属性。

【例 4.10】 对"图书编目窗体——添加控件"窗体进行修改，将"书籍页数"文本框控件与"图书编目表"中的"书籍页数"字段绑定。

操作步骤如下。

(1) 打开"图书编目窗体——添加控件"窗体的设计视图。

(2) 将鼠标指向"书籍页数"文本框控件，然后单击鼠标右键，在弹出的快捷菜单中执行"属性"命令，打开"文本框：书籍页数"属性设置对话框，切换到"全部"选项卡。

(3) 在"全部"选项卡中，将鼠标定位在"控件来源"后的输入框中，然后单击右侧的下拉按钮，从中选择"书籍页数"，如图 4.55 所示，最后关闭该对话框。

(4) 单击工具栏上的"保存"按钮，保存对文本框控件的修改。将"图书编目窗体——添加控件"窗体的视图方式切换到"窗体视图"，查看绑定后的"书籍页数"文本框，此时该文本框内显示书籍页数信息，如图 4.56 所示。

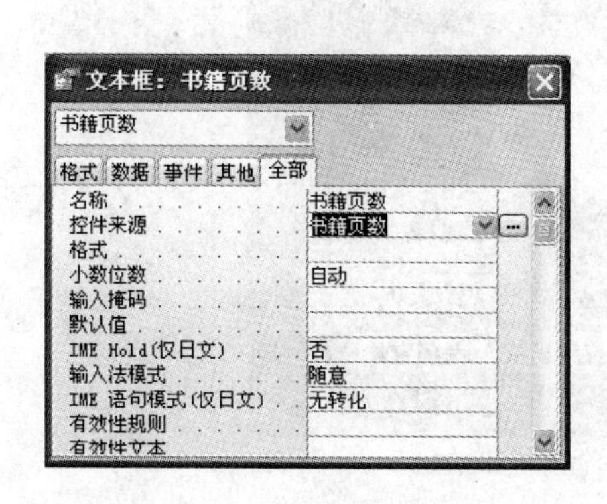

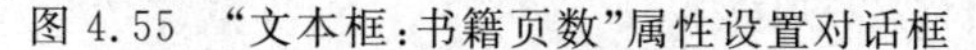
图 4.55 "文本框：书籍页数"属性设置对话框

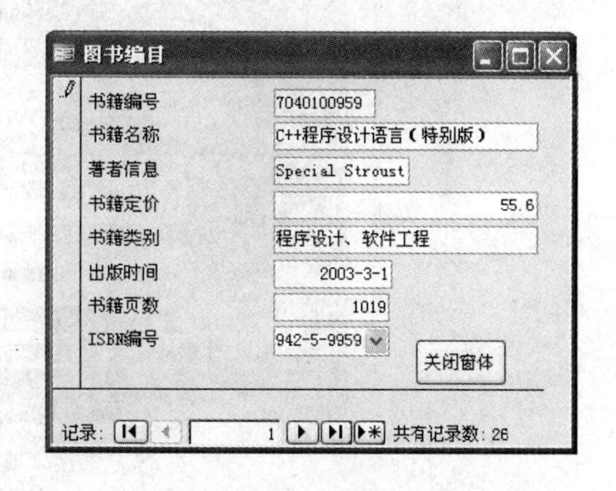

图 4.56 绑定后的"书籍页数"文本框

在 Access 中，除了控件具有自己的属性，窗体以及窗体中的节也具有自己的属性，其设置方法与控件属性的设置方法类似。窗体的常用属性主要有标题、默认视图、滚动条、分割线、最大化最小化按钮、弹出方式、菜单栏、工具栏、记录源等。

【例 4.11】 对"图书编目窗体"的主体节进行属性设置，使其背景颜色为浅蓝色。

操作步骤如下。

(1) 打开"图书编目窗体"的设计视图。

(2) 在窗体主体节的网格处的空白位上单击鼠标左键，在弹出的快捷菜单中选择"属性"命令，此时系统弹出主体节的属性设置对话框，如图 4.57 所示。

(3) 在"全部"选项卡中，单击"背景色"后面的输入栏，输入栏的右侧出现一个小按钮

[...]，单击该按钮，弹出“颜色”对话框，如图 4.58 所示。在该对话框中，先单击浅蓝色的颜色块，最后单击“确定”按钮。

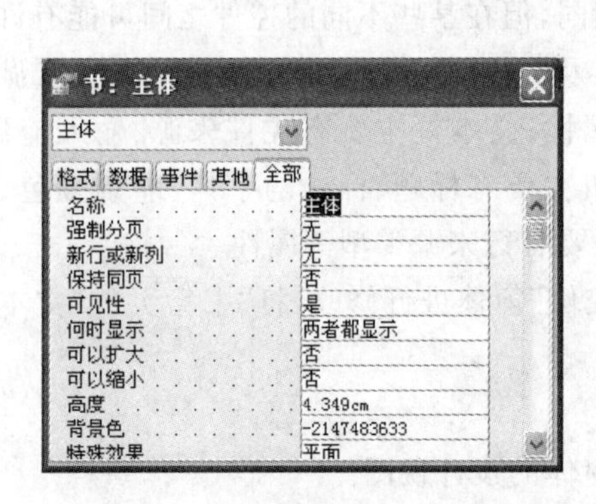

图 4.57 节的属性设置对话框

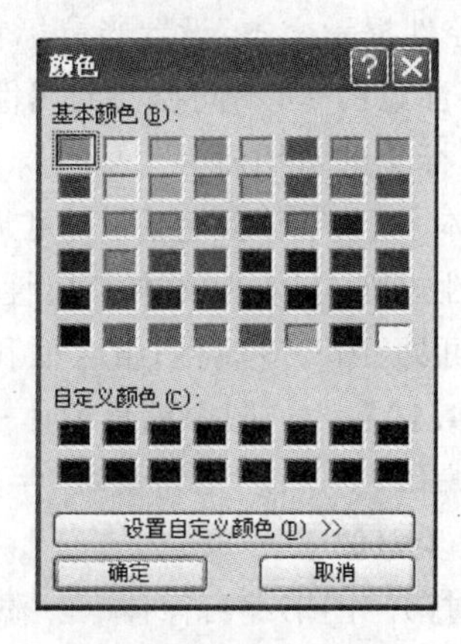

图 4.58 “颜色”对话框

(4) 单击工具栏上的“保存”按钮，保存对主体节上的颜色设置。

【例 4.12】 以“图书信息查询”作为数据来源，创建如图 4.59 所示的“图书编目信息处理窗体”。

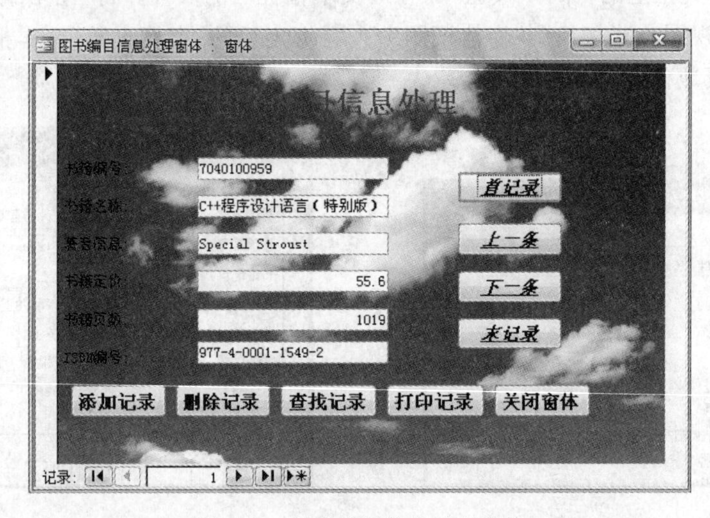

图 4.59 图书编目信息处理窗体

操作步骤如下。

(1) 在数据库窗口中，单击“对象”下的“窗体”，再单击数据库窗口上的“新建”按钮[新建(N)]，打开图 4.2 所示的“新建窗体”对话框，然后在该对话框中选择“设计视图”，最后单击“确定”按钮，进入新建窗体的设计视图。

(2) 将鼠标指向窗体的灰色区域的空白位置处，单击鼠标右键，从弹出的快捷菜单中选择“属性”命令，此时系统弹出属性设置对话框。在“格式”选项卡中，单击“图片”后面的输入栏，然后再单击输入栏右侧出现的小按钮[...]，弹出“插入图片”对话框，如图 4.60 所示。在该对话框中，选择一幅图片作为窗体的背景图片，最后单击“确定”按钮。接着在“格式”选项卡中，将“图片缩放模式”设置为“拉伸”。

(3) 在“数据”选项卡中,单击“记录源”后面的下拉列表,选择“图书信息查询”作为数据来源,自动打开图书信息查询的字段列表。

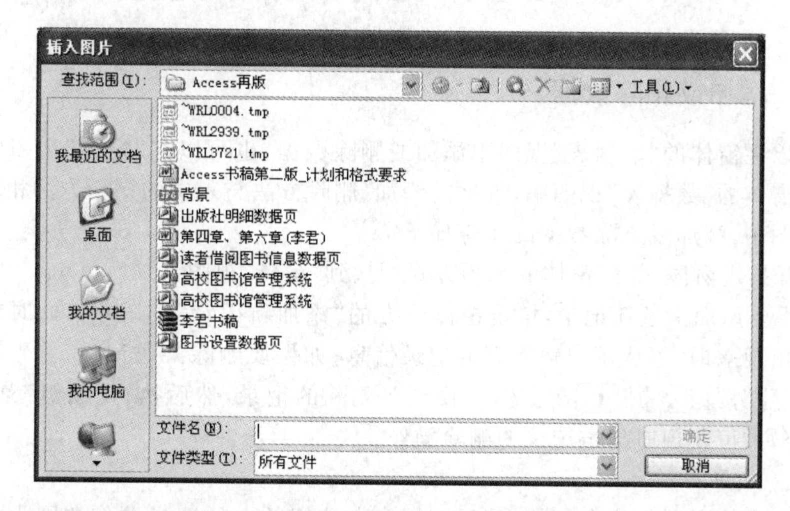

图 4.60 “插入图片”对话框

(4) 单击工具箱窗口中的标签控件,在窗体的上方进行拖拽,并在标签内输入“图书编目信息处理”。

(5) 单击所创建的标签控件,在属性设置对话框上方的组合框中显示的对象名称为 Label1。在该对话框中,单击“格式”选项卡,将“前景色”设置为红色,“字号”设置为 18,“字体粗细”设置为“加粗”。

(6) 从图书信息查询的字段列表中,将“书籍编号”、“书籍名称”、“著者信息”、“书籍定价”、“书藉页数”和“ISBN 编号”6 个字段拖拽到窗体的适当位置。

(7) 单击工具箱窗口中的命令按钮控件,在窗体的右边拖拽出一个命令按钮,在弹出的“命令按钮向导”对话框中从“类别”列表框中选择“记录导航”,从“操作”列表框中选择“转至第一项记录”,然后单击“下一步”按钮,在新弹出的对话框中选择默认的“文本”,并在后面的输入框中输入“首记录”,最后再单击“下一步”按钮,在对话框中单击“完成”按钮。

(8) 类似地,在窗体的右边再创建 3 个命令按钮,其功能分别是转到上一项记录、转到下一项记录和转到最后一项记录。

(9) 按下键盘上的“Shift”键,选定上述的 4 个命令按钮,然后在属性设置对话框中将“字号”设置为 11,“字体粗细”设置为“半粗”,“倾斜字体”设置为“是”。

(10) 选定上述的 4 个命令按钮,依次执行“格式”|“大小”|“至最高”、“格式”|“大小”|“至最宽”和“格式”|“对齐”|“靠左”菜单命令。

(11) 再在窗体的下方创建 5 个命令按钮,利用向导将其功能分别设置为添加记录、删除记录、查找记录、打印记录和关闭窗体。

(12) 选定上述的 5 个命令按钮,然后在属性设置对话框中将“字号”设置为 11,“字体粗细”设置为“加粗”。

(13) 选定上述的 5 个命令按钮,依次执行“格式”|“大小”|“至最高”、“格式”|“大小”|“至最宽”和“格式”|“对齐”|“靠上”菜单命令。

(14) 单击工具栏上的“保存”按钮,将所创建的窗体保存为“图书编目信息处理窗体”。

4.4 在窗体视图中操作数据

4.4.1 增加或删除数据

用户可以在窗体的“数据表”视图中添加或删除数据，也可以在“窗体”视图中添加或删除数据。在窗体的“数据表”视图中，数据的添加、删除方法与表中的操作方法相同。在窗体的“窗体”视图中，添加或删除数据的步骤如下：

（1）打开指定窗体，并将窗体的视图方式切换到“窗体”视图。

（2）如果要添加一条新记录，单击窗体下方的“添加新记录”按钮▶*，此时窗体中输入栏就会全部出现空白，等待用户输入新的记录信息；如果要删除某条记录，首先利用窗体下方的“记录定位”按钮◀或▶在窗体中找到要删除的记录，然后执行“编辑”菜单中的“删除记录”命令，即可实现对指定记录的删除操作。

【说明】

也可以在窗体上添加命令按钮，然后利用命令按钮的向导选择动作类别为“记录操作”内的操作，实现增删数据。

4.4.2 浏览并修改数据

用户可以在窗体的“数据表”视图或“窗体”视图中，利用窗体下方的“记录定位”按钮◀或▶在窗体中浏览数据。如果要对数据进行修改，操作步骤如下：

（1）打开指定窗体，并将窗体的视图方式切换到“数据表”视图或“窗体”视图。

（2）利用窗体下方的“记录定位”按钮◀或▶找到要修改的记录。

（3）在需要修改的字段处，删除原有数据，并输入新的数据信息。

（4）单击工具栏上的“保存”按钮，完成对指定数据的修改。

4.4.3 数据排序

在窗体的“数据表”视图或“窗体”视图中对数据进行排序的具体操作步骤如下：

（1）打开指定窗体，并将窗体的视图方式切换到“数据表”视图或“窗体”视图。

（2）将鼠标定位到要排序的字段中。

（3）单击菜单栏中的“记录”|“排序”|“升序排序或降序排序”命令项，使窗体中的数据按照指定的方式进行排序。

4.4.4 数据查找与替换

在窗体的“数据表”视图或“窗体”视图中，用户可以实现对数据的查找操作。具体操作步骤如下：

（1）打开指定窗体，并将窗体的视图方式切换到“数据表”视图或“窗体”视图。

（2）将鼠标定位到要查找的字段范围。

（3）单击菜单栏中的“编辑”|“查找”命令项，打开“查找与替换”对话框。

（4）在对话框中的“查找内容”输入栏内输入所要查找的数据信息，然后单击“查找下一个”按钮，在窗体中对指定内容进行查找。

（5）如果需要对查找到的内容进行替换，可以在“查找与替换”对话框中单击“替换”选项卡，然后在“替换为”输入栏中输入所要替换的数据信息，最后单击“替换”按钮或“全部替换”按钮，实现对数据的逐一替换或全部替换。

4.4.5　数据筛选

在窗体的“数据表”视图或“窗体”视图中，可实现对数据的筛选操作。筛选的方法主要有：按窗体筛选、选定内容筛选、内容排除筛选和高级筛选。

【例 4.13】 以“按窗体筛选”为例，在“图书编目窗体”中筛选出书籍定价小于 30 的记录。

操作步骤如下。

(1) 打开“图书编目窗体”，并将窗体的视图方式切换到“数据表”视图或“窗体”视图，在此切换至“窗体”视图。

(2) 单击菜单栏中的“记录”|“筛选”|“按窗体筛选”命令项，打开如图 4.61 所示的窗体。在该窗体中，左边显示字段名称，右边为用于设置筛选条件的空白输入栏。

(3) 设置筛选条件，在“书籍定价”后的输入框中输入“＜30”，如图 4.62 所示。

(4) 单击菜单栏中的“筛选”|“应用筛选/排序”命令项，显示筛选结果，如图 4.63 所示。

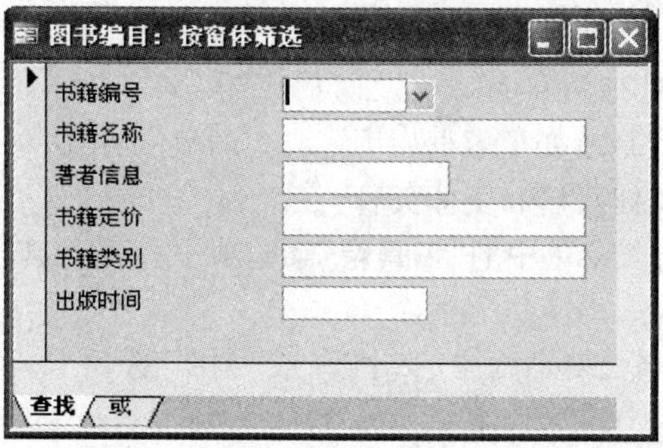

图 4.61　按窗体筛选

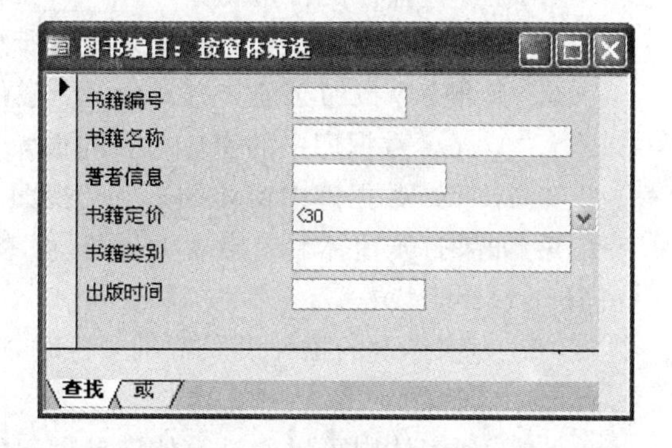

图 4.62　设置筛选条件

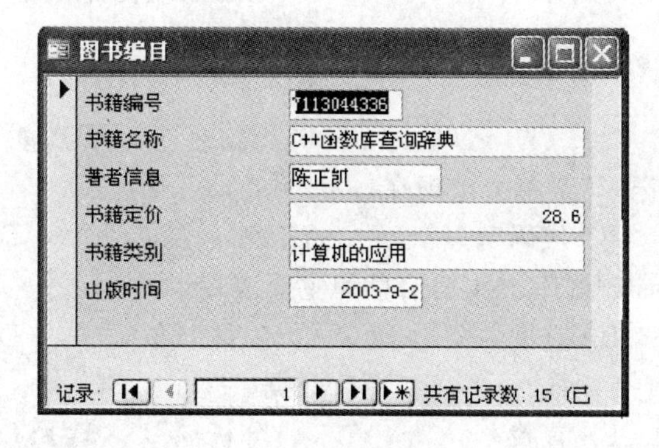

图 4.63　筛选结果

4.4.6　窗体的打印预览与打印

对窗体的打印预览或打印操作既可以在“数据库”窗口中进行，也可以在窗体的“设计”视图、“窗体”视图或“数据表”视图中进行。

1. 在“数据库”窗口中对窗体进行打印预览或打印

具体操作步骤如下：

(1) 在“窗体”对象中，选择要进行打印预览或打印的窗体。

（2）单击菜单栏中的“文件”|“打印预览或打印”命令项。

2. 在“设计”、“窗体”或“数据表”视图中对窗体进行打印预览或打印

具体操作步骤如下：

（1）打开指定窗体，并将窗体的视图方式切换到“设计”视图、“窗体”视图或“数据表”视图。

（2）单击菜单栏中的“文件”|“打印预览或打印”命令项。

习　题

一、填空题

1. 窗体的类型包括纵栏式窗体、表格式窗体、主/子窗体窗体、数据工作表窗体、______和数据透视表窗体。

2. 使用窗体设计器，一是可以创建窗体，二是可以______。

3. 窗体的每个部分都称为窗体的______。

4. 在一些控件的常用属性中，______属性可以指定控件是否透明。

5. 绑定的文本框显示的数据来自它所绑定的______。

6. 一个命令按钮必须具有对______事件进行处理的能力。

7. Access 数据库中的窗体与表的最大不同，就是改变了数据库中______的显示方式。

8. Access 数据库中窗体的______视图，没有窗体页眉和窗体页脚。

9. 如果打开窗体后未出现工具箱，可单击______菜单中的“工具箱”菜单项来打开工具箱窗口。

10. 为窗体上的控件设置背景颜色时，应选择属性对话框中的______或“全部”选项卡。

二、选择题

1. 下列窗体中可以通过窗体向导创建的是（　　）。

① 纵栏式窗体　② 表格式窗体　③ 数据表式窗体

④ 主/子窗体窗体　⑤ 图表式窗体　⑥ 数据透视表窗体

A. ①②③　B. ①②③⑥

C. ①②③⑤⑥　D. ①②③④⑤⑥

2. 在 Access 中，“记录”菜单会出现在（　　）。

A. 窗体视图　B. 代码窗口　C. 宏　D. 数据访问页视图

3.（　　）是 Access 数据库中数据信息的主要表现形式。

A. 表对象　B. 查询对象　C. 窗体对象　D. 报表对象

4. 在窗体中可以直接查看、（　　）和更改数据。

A. 排序　B. 查找　C. 分析　D. 输入

5. 在窗体上添加（　　）控件是为了实现某种功能操作。

A. 标签　B. 文本框　C. 命令按钮　D. 矩形控件

6. 自动窗体不包括（　　）。

A. 纵栏式　B. 新奇式　C. 表格式　D. 数据表

7. 在窗体的工具箱中，（　　）控件是创建多页窗体最容易且最有效的方法。

A. 选项卡　B. 多页　C. 其他控件　D. 组合框

8.（　　）的内容是窗体中不可缺少的关键内容。

A. 窗体页眉　B. 页面页眉　C. 主体节　D. 窗体页脚

9. 窗体页脚的作用是(　　)。

A. 放置控件

B. 用于在窗体开头放置信息

C. 用于在窗体页面的下方放置信息

D. 在窗体视图中屏幕的底部,或者在最后一个打印页的最后一个明细节后放置信息

10. 创建窗体的数据来源不能是(　　)。

A. 一个表　　B. 任意

C. 一个单表创建的查询　　D. 一个多表创建的查询

11. 下面选项中,(　　)是窗体的属性对话框中的选项卡。

A. 属性　　B. 准则　　C. 事件　　D. 控件

12. 不是窗体控件的为(　　)。

A. 表　　B. 标签　　C. 文本框　　D. 组合框

13. 下面选项中,(　　)不是窗体的视图。

A. 设计视图　　B. 窗体视图　　C. 数据表视图　　D. 版面预览视图

14. (　　)可以显示来自窗体、查询或表的信息。

A. 标签　　B. 子窗体/子报表　　C. 文本框　　D. 组合框

15. 在 Access 中,设置窗体中对象的背景色时,使用(　　)设置。

A. 工具箱　　B. 字段列表　　C. 属性　　D. 事件

16. 在 Access 中,窗体在设计视图和数据表视图之间转换,使用(　　)菜单。

A. 文件　　B. 编辑　　C. 视图　　D. 窗口

17. 在 Access 中,使用(　　)菜单中的命令可以对所选的多个控件进行对齐设置。

A. 编辑　　B. 视图　　C. 格式　　D. 记录

18. 利用窗体向导设计窗体的过程中,无法设置(　　)。

A. 窗体的布局　　B. 窗体的标题

C. 窗体的样式　　D. 窗体的控件大小

19. 在 Access 中,如果想使窗体中的文本框控件绑定到表中的一个字段,可在文本框的属性表中选择(　　)进行设置。

A. 名称　　B. 标题　　C. 控件来源　　D. 格式

20. 在 Access 数据库的窗体中,不能在设计视图中进行(　　)。

A. 创建控件　　B. 修改控件属性

C. 文本框输入数据操作　　D. 组合

三、简答题

1. 窗体有哪几种视图方式?

2. 窗体由哪几部分组成?

3. 窗体的主要创建方法有哪些?

4. 工具箱有哪些常用的控件对象? 各有何用处?

第5章 宏设计

宏对象是为了自动执行一项重复或者较为繁杂的操作，从而完成一个指定的任务。宏对象实际上是一个容器对象，包含操作序列、操作参数和操作执行的条件，为某些简单的事件响应提供事件处理方法，并且不用像 VBA 那样记忆命令代码、命令格式和语法规则，操作方便、容易学习。本章主要介绍宏的相关概念、宏的创建、宏的编辑、宏的调试和运行等。

5.1 宏与宏组的定义

宏是一个或多个操作命令组成的集合，每个操作都实现特定的功能，调用时只需运行宏对象名称即能顺次执行各个操作。另外，可以使用条件表达式确定运行宏时是否执行某个操作，宏还可以单独控制其他对象，从而做成菜单系统。

宏组是共同存储在一个宏对象名称下的一个或多个宏命令集合，即在打开宏设计器时，选择菜单栏“视图”|“宏名”命令项后，增加“宏名”列，对操作命令指定一个“宏名”，则生成的宏对象不再叫宏，而是称为宏组。

宏按宏对象名称调用，宏组中的宏名则按照“宏组名.宏名”格式调用，如果仍然像运行宏一样运行宏组名，则只执行宏组中第一个宏名中的操作命令。

宏是一种操作命令，它和菜单操作命令是一样的，只是它们对数据库施加作用时间有所不同，作用时的条件也有所不同。菜单命令一般用在数据库的设计过程中，而宏命令则用在数据库的执行过程中。菜单命令必须由使用者来施加这个操作，而宏命令则可以在数据库中自动执行，尤其能在启动 Access 数据库时自动运行，响应某些组合式功能键。

5.2 创建宏对象

在 Access 数据库中创建宏，只需要在宏设计视图中选择操作序列、设定相关参数，还可以设定宏名和条件，并不需要用户编写代码。

5.2.1 创建宏

1. 数据库窗口中创建宏

在数据库窗口中选定“宏”对象，然后单击“新建”按钮 新建(N)，打开宏设计视图，如图5.1所示。在设计视图窗口上面单击“操作”列右侧下拉箭头，从中选择宏操作，在宏设计视图窗口下面的操作参数中设置相关参数。

与创建其他对象有所不同，单击“新建”按钮之后，不会出现一个关于新建宏的向导对话框，宏对象只有设计视图一种方式。

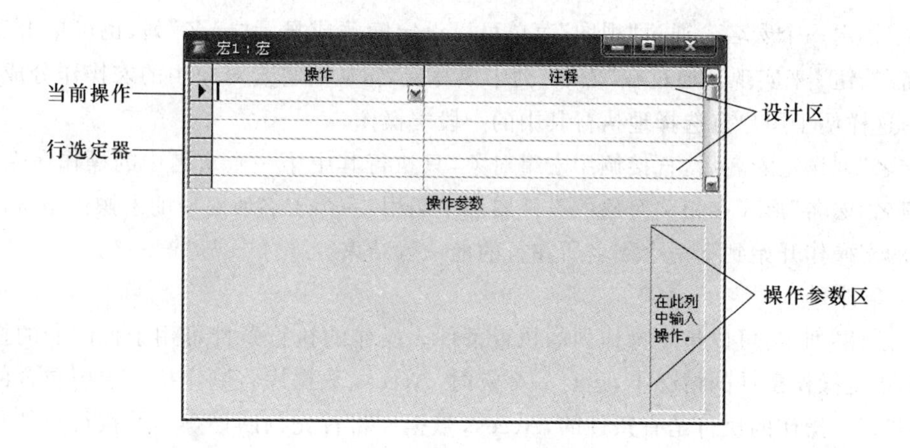

图 5.1　默认宏设计视图

2. 利用生成器创建宏

打开窗体或窗体控件属性对话框，单击“事件”选项卡，鼠标右击相应事件的列表框，在弹出的快捷菜单上选择“生成器”命令项，如图 5.2 所示，或者单击相应事件方法框右侧的“生成器”按钮[...]，打开“选择生成器”对话框，如图 5.3 所示。在“选择生成器”对话框中选定“宏生成器”，单击“确定”按钮，打开宏“另存为”对话框，输入相应的宏名后，打开宏设计视图窗口，如图 5.1 所示，即可在这个窗体上创建宏对象。

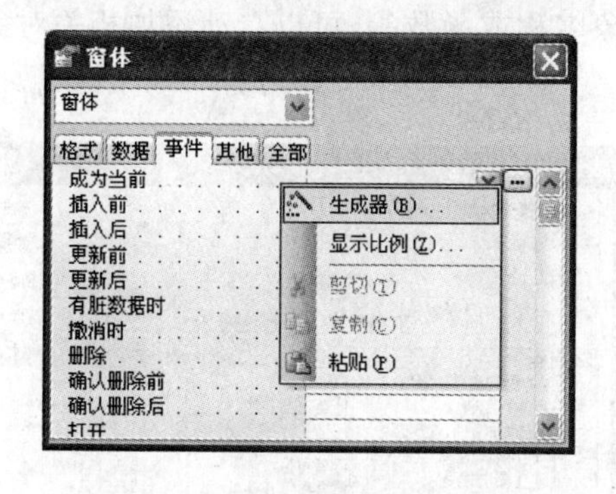

图 5.2　“窗体属性”对话框

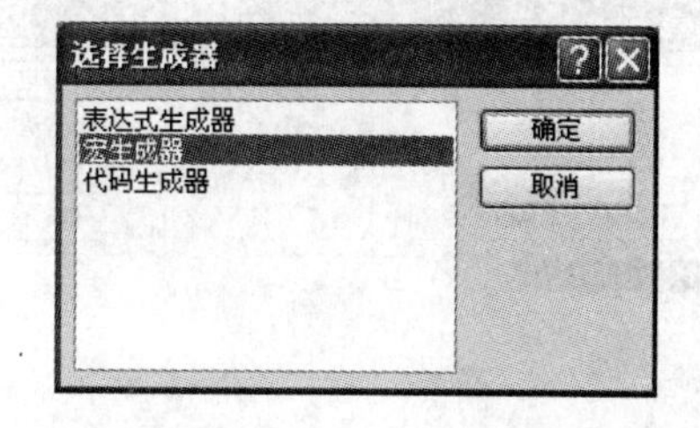

图 5.3　“选择生成器”对话框

创建一个宏对象后，该窗体控件对应的“事件”属性行中就会显示这个新创建的宏名，再次单击“生成器”按钮可以对该宏进行编辑、修改操作。

5.2.2　宏设计视图窗口结构

宏设计视图窗口分为上下两部分，分别为设计区和操作参数区，如图 5.1 所示，通过鼠标单击或按功能键“F6”键可以在两个区中移动光标。

1. 设计区

宏设计视图窗口的上半部分为设计区，包含 4 个参数列，分别为“宏名”、“条件”、“操作”和“注释”，默认只有“操作”和“注释” 两列，可以在设计区定义宏名、选定操作、确定操作执行的条件、填写注释文字等。

(1) 宏名列

宏对象可以是一个宏组，其间包含若干个宏。为了在宏组中区分各个不同的宏，需要为每一个宏指定一个宏名。通过“视图”菜单可以设定隐藏或显示“宏名”列，也可单击工具栏中“宏名”按钮来实现。通过在“宏名”列中填写宏名，从而将宏对象中的宏操作分成组，成为宏组，这样便于用户有选择地执行其中的一段宏操作。

“宏名”列设定宏名后，直接调用宏组对象，只执行其中第一个宏名中的操作命令，需要用“宏组名.宏名”形式在相关对象的事件属性中调用，一个宏名所对应的宏操作是从该宏名所在行的宏操作开始到下一个宏名所在行的前一行结束。

（2）条件列

在“条件”列中，可以指定操作列的执行条件。操作的执行条件可用于控制宏的操作流程，在不指定操作条件的情况下，运行一个宏时，Access 数据库将顺序执行宏中包含的所有操作。若某一操作的执行是有条件的，Access 数据库将首先判断该操作的执行条件是否成立，若条件成立，则执行该操作，以及紧接着此操作且在“条件”列内有省略号“…”的所有操作；若条件不成立，则不执行该操作，接着转去执行下一个操作。

单击菜单栏“视图”|“条件”命令项，可以设定隐藏或显示“条件”列，也可单击工具栏中“条件”按钮实现。

设定条件方法：在对应操作行的“条件”列中键入相应的逻辑表达式或鼠标右击弹出快捷菜单中选择“生成器”命令项，打开“表达式生成器”对话框，如图 5.4(a)所示，从中可以建立逻辑表达式。

在“表达式生成器”对话框中，通过双击对象名称或函数等，可以自动添加相关对象引用或函数表达式等，如图 5.4(b)所示。

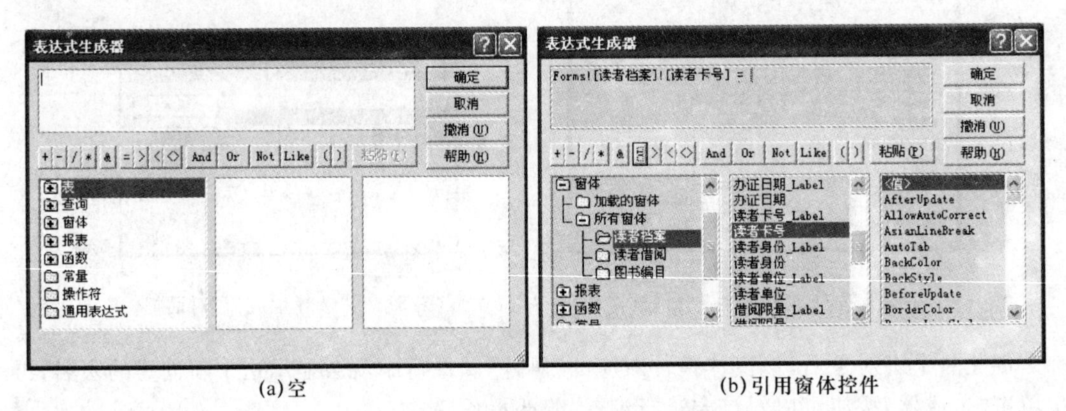

(a)空　　　　(b)引用窗体控件

图 5.4 “表达式生成器”对话框

在“条件列”中不可输入其他类型的表达式（如算术表达式），也不能使用 SQL 语句，即只能是逻辑表达式。

（3）操作列

在“操作”列中，可以从操作列表中选择一个宏操作或者直接输入一个宏操作命令，不同的操作有其相应的操作参数。

（4）注释列

在“注释”列中，可以填入文字，帮助说明每个操作的功能，便于以后对宏的修改和维护。

在上述 4 列中的内容，除了“操作”列中必须输入宏所要运行的操作之外，其他 3 列中的内容均可以省略。

2. 操作参数区

宏设计视图窗口的下半部分即操作参数区，是各个操作的“操作参数”列表框，用来定义各个操作所需的参数。当在设计区指定一个操作后，“操作参数”中将显示该操作所需的各项操作参数。

通常情况下，当用户单击操作参数列表框时，会在列表框的右侧弹出一个下拉按钮，单击此按钮，可在弹出的下拉列表框中选择操作参数。在某些特殊操作中，也可以使用拖放操作设置操作参数。例如，在操作参数中设置窗体名称时，可以从数据库窗口中将对应的窗体对象拖放到“操作参数”的“窗体名称”组合框，而且 Access 数据库会自动为这个操作设置合适的参数。

将数据库窗口中对应的表、查询、窗体、报表和宏等对象名称拖放到“操作”列时，系统自动选择打开该对象的操作命令，并为这个操作设置系统默认的操作参数。其中有些宏操作无操作参数。

【例 5.1】 在“高校图书馆管理系统”数据库中创建一个宏，命名为“打开表和窗体”宏，实现打开“读者档案表”表和“读者档案窗体”窗体，并弹出对话框显示“欢迎使用宏自动打开表和窗体！”。

操作步骤如下。

(1) 打开“高校图书馆管理系统”数据库，在数据库窗口中选择“宏”对象，单击“新建”按钮 新建(N)，打开宏设计视图，如图 5.1 所示。

(2) 在图 5.1 的设计区“操作”列中选择“MsgBox”操作，“注释”列中输入说明信息：弹出对话框显示“欢迎使用宏自动打开表和窗体！”。操作参数区“消息”框内输入：欢迎使用宏自动打开表和窗体！。“类型”选择“重要”。标题输入：执行“打开表和窗体”宏，如图 5.5 所示。

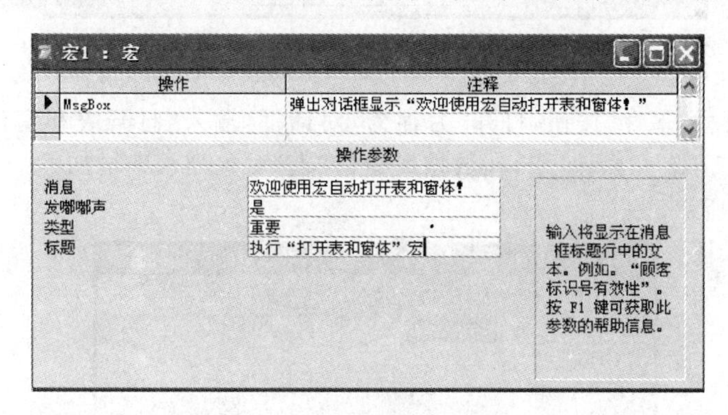

图 5.5 宏设计视图—MsgBox

【说明】

操作参数区“类型”选项包括“无”、“重要”、“警告？”、“警告！”和“信息”几种，选择不同的类型，执行宏时，将在消息框中显示对应的图标类型。

(3) 从“操作”列中选择“OpenTable”操作，“注释”列中输入说明信息“打开“读者档案表”表”，“操作参数”中设置“表名称”为“读者档案表”，“视图”设为“数据表”，“数据模式”设为“编辑”，如图 5.6 所示。

【说明】

操作参数区“视图”选项包括“数据表”、“设计”、“打印预览”、“数据透视表”和“数据透视图”几种，“数据模式”选项包括“增加”、“编辑”和“只读”3 种。执行宏时，将以对应视图打开表，并且进行不同的数据操作模式。

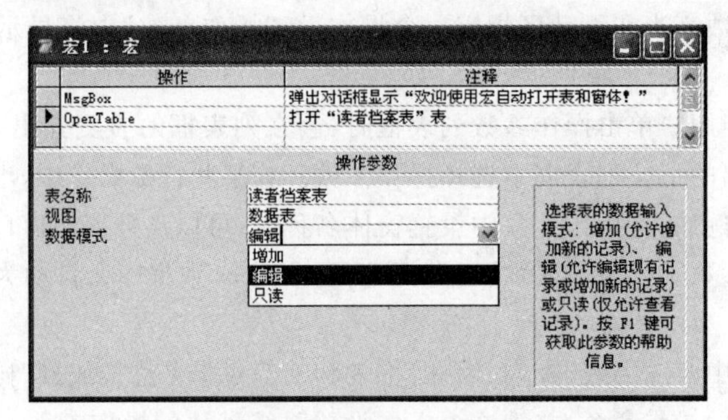

图 5.6　宏设计视图—OpenTable

(4) 从“操作”列中选择“OpenForm”操作，“操作参数”中设置“窗体名称”设为“读者档案窗体”，“视图”设为“窗体”，“窗口模式”为“普通”，如图 5.7 所示。

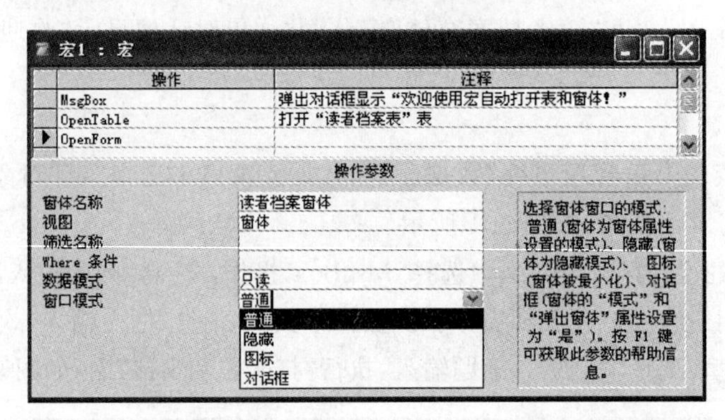

图 5.7　宏设计视图—OpenForm

(5) 单击工具栏“保存”按钮，打开“另存为”对话框，输入“打开表和窗体”，单击“确定”命令按钮，保存“打开表和窗体”宏，在数据库窗口“宏”对象列表中增加一个“打开表和窗体”宏对象，如图 5.8 所示。

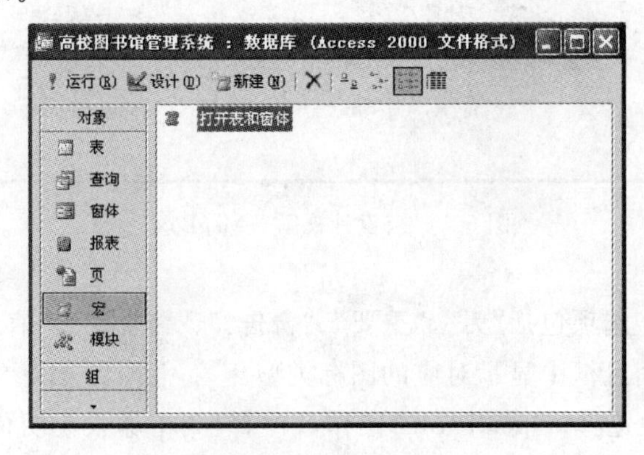

图 5.8　宏对象窗口

【例 5.2】　在“高校图书馆管理系统”数据库中创建“判断闰年平年”宏，实现在窗体中对输入年份判断是闰年还是平年(闰年是能被 4 整除但不能被 100 整除或者能被 400 整除的年份)。

操作步骤如下。

(1) 新建“设计视图”方式创建一个窗体,设置“记录选择器”、“导航按钮”和“分隔线”属性值均为“否”。添加一个标签、一个文本框和两个命令按钮控件,设置各控件属性值,保存窗体名为“判断闰年平年”,窗体设计视图如图 5.9 所示。

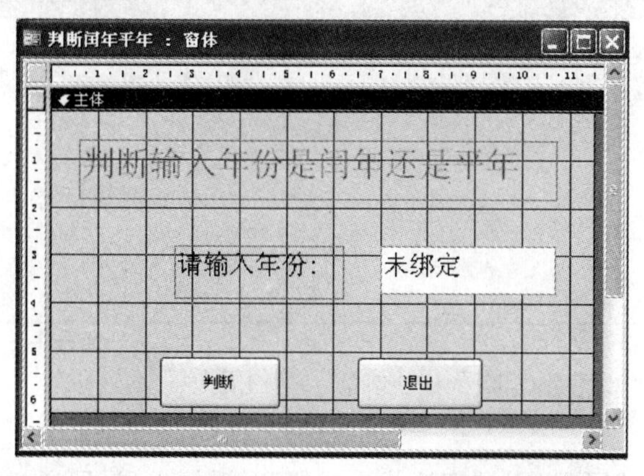

图 5.9 “判断闰年平年”窗体设计视图

(2) 在窗体设计视图中,打开“判断”命令按钮属性对话框,选择“事件”选项卡,单击“单击”事件的“生成器”按钮,如图 5.10 所示,弹出“选择生成器”对话框,选择“宏生成器”,单击“确定”命令按钮,打开宏“另存为”对话框,输入“判断闰年平年”,单击“确定”按钮,创建“判断闰年平年”宏并且打开宏设计视图。

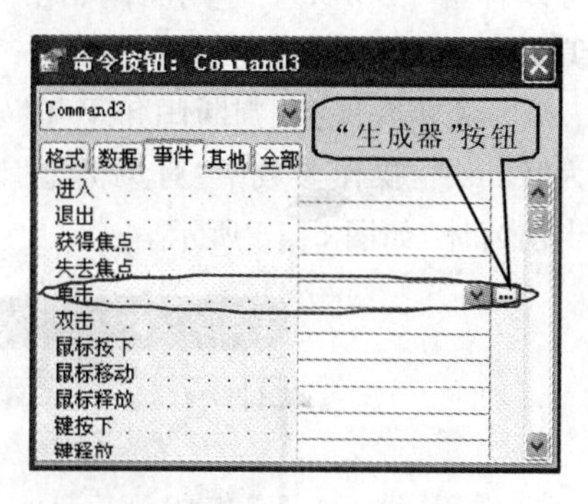

图 5.10 “判断”命令按钮属性窗口

(3) 在宏设计视图中,单击菜单栏“视图”|“条件”命令项,显示“条件”列。在设计区“条件”列输入“IsNull (Forms! [判断闰年平年]! [Text0])”表达式,“操作”列选择“MsgBox”操作命令,“注释”信息为“文本框内无数据时弹出消息”。设置操作参数区“消息”为“文本框内未输入年份!”,“类型”为“无”。再在“条件”列输入“…”,“操作”列选择“StopMacro”操作命令,“注释”信息为“终止当前宏”,如图 5.11 所示。

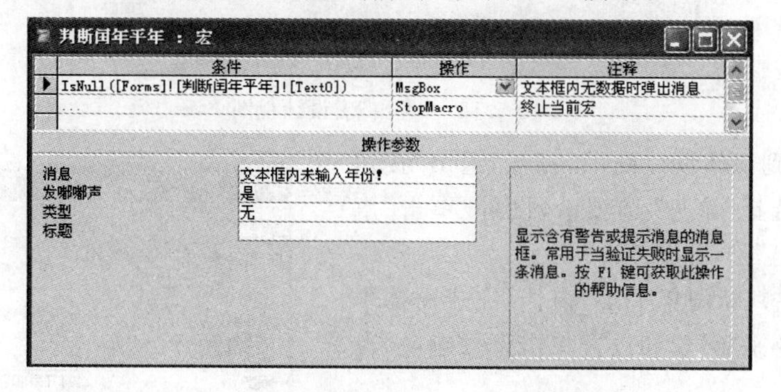

图 5.11 “判断闰年平年”- IsNull 函数

(4) 在“条件”列设置闰年表达式为“[Forms]! [判断闰年平年]! [Text0] Mod 4=0 And [Forms]! [判断闰年平年]! [Text0] Mod 100<>0 Or [Forms]! [判断闰年平年]! [Text0] Mod 400=0”,选择“操作”列命令“MsgBox”并设置其“消息”参数为“该年为闰年”;设置平年表达式为“Not ([Forms]! [判断闰年平年]! [Text0] Mod 4=0 And [Forms]! [判断闰年平

年]![Text0] Mod 100<>0 Or [Forms]![判断闰年平年]![Text0] Mod 400=0)",选择"操作"列命令"MsgBox"并设置其"消息"参数为"该年为平年",如图5.12所示。

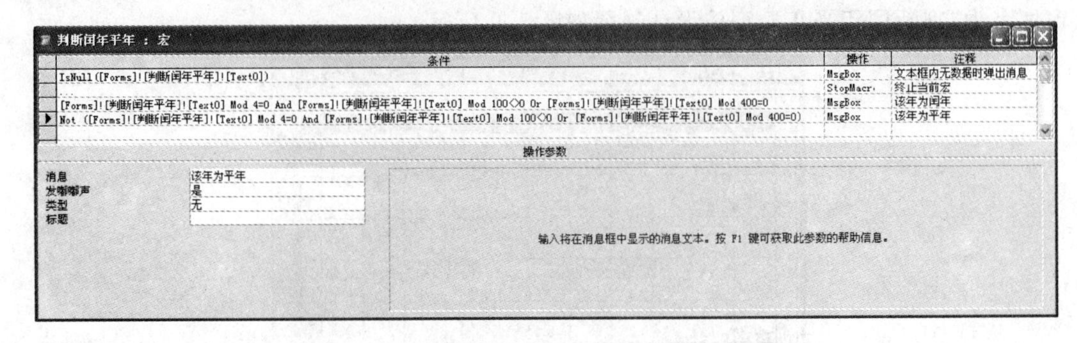

图5.12 创建"判断闰年平年"宏

【说明】

"条件"列中表达式可以通过"表达式生成器"对话框生成,即通过双击对象名称或函数,可以自动添加相关对象引用和函数表达式等。直接输入表达式时,当前窗体中的控件名称前可以省略"[Forms]![判断闰年平年]!",尤其需要注意按照窗体中实际的文本框名称进行编辑,也就是不一定为[Text0]。

(5) 关闭并保存"判断闰年平年"宏。单击数据库窗口宏对象,再创建一个"退出"宏,操作为"Close",操作参数中"对象类型"设为"窗体","对象名称"设为"判断闰年平年",实现关闭当前窗体,如图5.13所示。

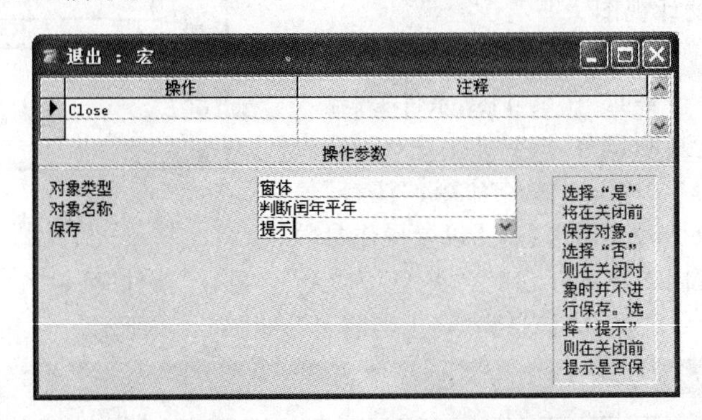

图5.13 "退出"宏设计视图

(6) 切换到窗体设计视图,打开"退出"按钮属性对话框,选择"事件"选项卡,设置"单击"事件响应为"退出"宏,如图5.14所示。

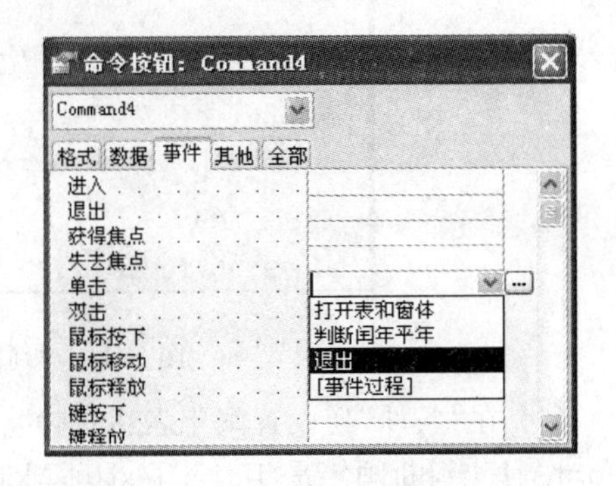

图5.14 "退出"命令按钮单击事件

(7) 保存"判断闰年平年"窗体,完成窗体中创建"判断闰年平年"宏和设置单击事件响应"退出"宏。

(8) 打开"判断闰年平年"窗体视图,在文本框中输入"2008",单击"判断"按钮,系统会弹出"该年为闰年"对话框,如图5.15所示,单击"退出"按钮关闭"判断闰年平年"窗体。

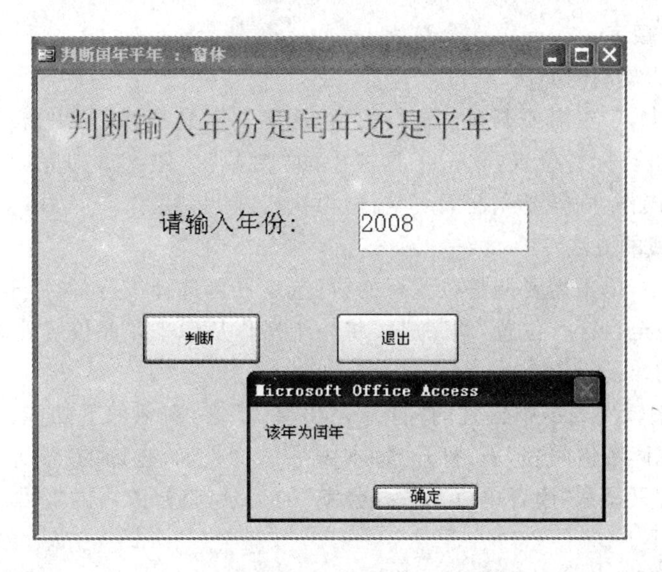

图 5.15 判断闰年平年窗体视图及判断结果

5.3 编辑宏对象

创建宏对象后,依据要求添加、更改和删除操作命令,改变操作命令顺序,调整操作参数,以及更换条件设置等。

在数据库窗口中选定建立的"宏"对象后,单击 "设计"按钮,打开宏设计视图,能够修改该宏对象的设计区及操作参数区等内容。

1. 添加操作

在末尾添加新的宏操作,可以在"操作"列中单击最下面的第一个空白行;如果新添的操作位于两个操作行之间,则单击工具栏上"插入行"按钮,也可右击,在弹出的快捷菜单中选择"插入行"命令。

2. 删除操作

选定欲删除的操作行(可以拖拽选择多行),单击工具栏中的"剪切"按钮;或单击鼠标右键,在弹出的快捷菜单中选择"删除行"命令;或单击工具栏上 "删除行"按钮;或按键盘"Delete"键。

3. 更换已经选定的操作

单击设计区中需要更改的操作,单击出现在该行"操作列"右端的下拉箭头,在打开的下拉列表中选取需要更换的操作。也可以直接输入需要更换的操作命令。

4. 修改操作参数

选定需要修改其操作参数的操作行,即可在设计区下方该操作对应的"操作参数"区中修改其操作参数。

5. 修改操作执行条件

选定需要修改的操作行,将光标定位在"条件列"内,单击鼠标右键,在弹出的快捷菜单中选择"生成器"命令项,打开"表达式生成器"对话框,修改表达式即可。也可在条件列中直接修改表达式。

6. 调整操作顺序

(1) 采用剪切复制的方法

在设计视图中，单击需要调整位置行的“行选定器”，选择该行，单击工具栏中的“剪切”按钮，然后单击目标行位置，单击工具栏中的“粘贴”按钮，即完成操作顺序的调整。若目标行已经有操作，则需要先插入一空行，再执行“粘贴”操作。

(2) 采用拖拽的方法

在设计视图中，单击需要调整位置行的“行选定器”，选择该行，然后再次单击该“行选定器”并将该行拖拽至目标行位置，即完成了将一个操作从原来顺序位置处调整至新位置处的操作。

【例 5.3】 编辑例 5.1 中创建的“打开表和窗体”宏，实现如下功能：不弹出对话框、以“只读”模式打开“读者借阅表”表、打开“每本图书总价查询”查询的“设计视图”、打开“读者档案窗体”窗体时只显示“读者单位”为“办公室”的记录，将修改后的宏另存为“编辑”宏。

操作步骤如下。

(1) 选定“打开表和窗体”宏，单击数据库窗口“设计”按钮，打开宏设计视图。

(2) 右击“MsgBox”操作行弹出快捷菜单中选择“删除行”命令，删除该操作。

(3) 单击“OpenTable”操作行，修改“注释”信息为“打开“读者借阅表”表”。在操作参数区修改“表名称”为“读者借阅表”，“数据模式”为“只读”模式，如图 5.16 所示。

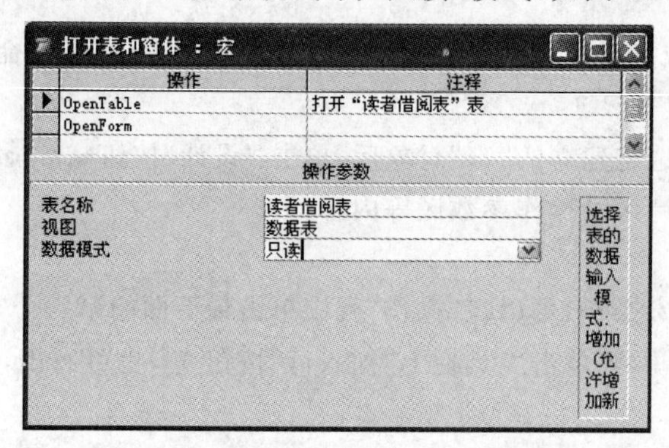

图 5.16 修改“OpenTable”宏设计视图

(4) 单击数据库窗口表对象，拖拽“每本图书总价查询”查询对象到宏设计视图中“OpenForm”操作行，则自动在该行插入“OpenQuery”操作，并且操作参数区“查询名称”自动设置为“每本图书总价查询”，修改“视图”为“设计”，完成插入“OpenQuery”操作，如图 5.17 所示。

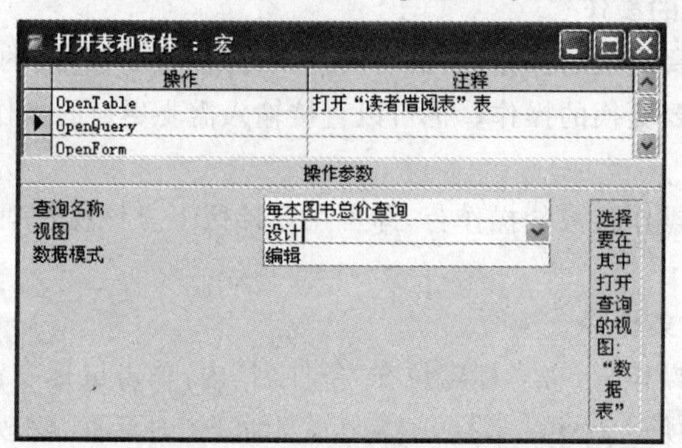

图 5.17 插入“OpenQuery”操作

【说明】

也可以右击“OpenForm”操作行，在弹出的快捷菜单中选择“插入行”命令项，选择“OpenQuery”操作，设置操作参数。

(5) 单击“OpenForm”操作行，在操作参数区设置“Where 条件”为“[读者单位]="办公室"”，如图 5.18 所示。

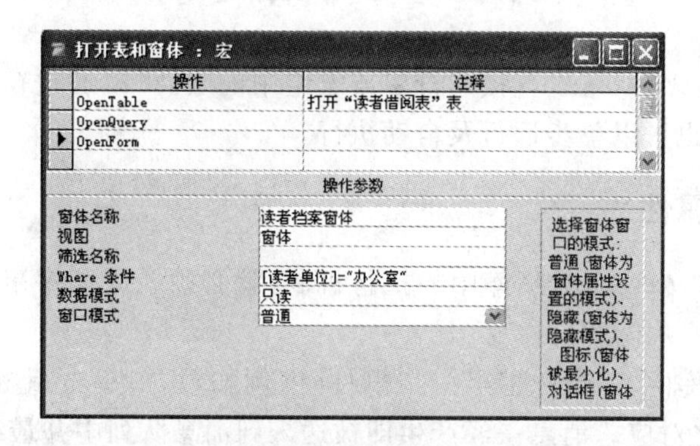

图 5.18 修改“OpenForm”宏设计视图

(6) 选择菜单栏“文件”|“另存为”命令项，打开“另存为”对话框，输入宏名“编辑”，如图 5.19 所示，单击“确定”按钮将“打开表和窗体”宏另存为“编辑”宏。

图 5.19 “另存为”对话框-“编辑”宏

【例 5.4】 编辑例 5.1 中创建的“打开表和窗体”宏，使之成为包含“提示”、“打开表”和“打开窗体”3 个宏名的宏组“打开表和窗体宏组”。

操作步骤如下。

打开“打开表和窗体”宏设计视图，单击工具栏中“宏名”按钮，在设计区增加“宏名”列，设置“MsgBox”、“OpenTable”和“OpenForm”3 个操作的宏名分别为“提示”、“打开表”和“打开窗体”，另存宏名为“打开表和窗体宏组”，如图 5.20 所示。

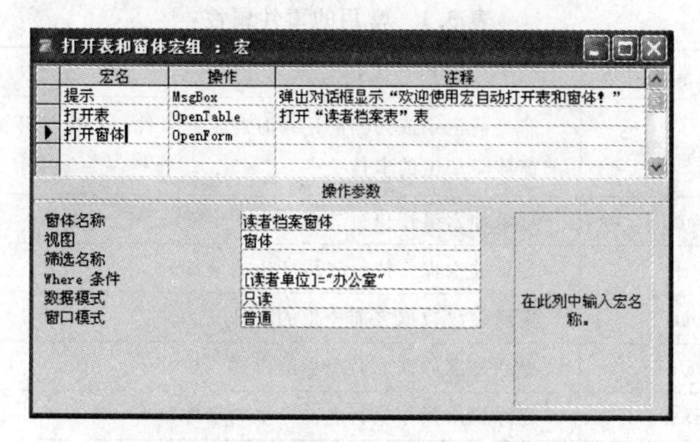

图 5.20 “打开表和窗体宏组”设计视图

【说明】

再次单击工具栏中“宏名”按钮或者选择菜单栏“视图”|“宏名”命令项,只是隐藏“宏名”列,若要删除宏名必须删除“宏名”列的文本。

5.4 运行宏对象

宏的运行方式有多种,可以直接运行宏或宏组中的宏,可以通过窗体、报表及其控件属性事件响应运行宏,也可以单步运行及自动执行。

5.4.1 事件属性

要了解宏对象在 Access 数据库中的执行机制,就必须首先了解事件、消息与消息映射的概念。

在 Access 数据库中,每当产生了一个事件时(例如,用户单击鼠标左键产生“单击”事件),总会有消息与之对应。消息一经产生即被送入到消息队列中并最终被窗口对象感知。

消息的产生是随机的,怎样才能保证消息一经产生就会很快被窗口对象所感知?这将完全依靠消息的循环机制,即窗口对象总是不断地到它自己的消息队列中寻找消息。一旦某个消息到达队列,窗口对象便能立即感知到。

在 Access 数据库中,窗体对象、报表对象及其内部的控件均为窗口对象,即 Access 数据库的窗体、报表及其内部的控件可以感知消息。

消息一旦产生并且被窗体、报表或控件感知以后,如何激活一个宏对象以响应消息,这就需要依靠消息映射。消息映射是指将某一个消息与指定的宏对象建立起一一对应的关系。一旦消息产生,Access 数据库立即自动执行指定的宏或模块对象。

在 Access 数据库中,消息映射是通过在窗体、报表及其内部的控件中设置事件属性来实现的。在指定的窗体、报表或控件的事件属性中填写一个宏对象名就意味着该消息与填入的宏对象建立起了映射关系,将来一旦窗体、报表或控件感知到该消息就转去执行指定的宏对象或模块。所以,在 Access 数据库中凡是具有事件属性的对象都可以感知消息并进行消息映射。

在 Access 关系数据库中,事件属性的使用最为频繁,也最为关键。常用的事件属性见表 5.1。

表 5.1 常用的事件属性

事件属性	说明
成为当前(On Current)	非当前记录成为当前记录时产生的事件。首次打开窗体或非当前窗体成为当前窗体时产生的事件
插入前(Before Insert)	记录插入操作执行之前产生的事件
插入后(After Insert)	记录插入操作执行之后产生的事件
更新前(Before Update)	更新磁盘数据之前产生的事件
更新后(After Updata)	更新磁盘数据之后产生的事件
删除(On Delete)	删除记录操作执行之前产生的事件
确认删除前(Before Del Confirm)	删除操作交给用户确认之前产生的事件

续表

事件属性	说　明
确认删除后(After Del Confirm)	删除操作被用户确认之后产生的事件
打开(On Open)	窗体或报表被打开但还未显示记录时产生的事件
加载(On Load)	窗体被装入内存但还未显示窗体时产生的事件
调整大小(On Resize)	窗体的大小改变之后产生的事件
卸载(On Unload)	窗体从内存撤销之前产生的事件
关闭(On Close)	窗体或报表被关闭并清屏之前产生的事件
激活(On Activate)	窗体或报表由非活动状态变为活动状态时产生的事件
停用(On Deactivate)	窗体或报表由活动状态变为非活动状态时产生的事件
获得焦点(On Got Focus)	窗口对象获得焦点之后产生的事件
失去焦点(On Lost Focus)	窗口对象失去焦点之前产生的事件
单击(On Click)	在窗口对象上单击鼠标产生的事件
双击(On Dbl Click)	在窗口对象上双击鼠标产生的事件
鼠标按下(On Mouse Down)	在窗口对象上按下鼠标键产生的事件
鼠标移动(On Mouse Move)	在窗口对象上移动鼠标产生的事件
鼠标释放(On Mouse Up)	在窗口对象上鼠标键弹起产生的事件
出错(On Error)	在窗口对象上发生操作错误时产生的事件
计时器触发(On Timer)	时间中断事件。该事件产生的频率由"计时器间隔"属性决定。"计时器间隔"(Timer Interval)属性值决定了连续两个时间中断事件的间隔时间。它的值越大,时间中断事件出现的频率越低。但是当它的值为0时,时间中断事件不再出现
进入(On Enter)	光标进入控件之时产生的事件
退出(On Exit)	光标离开控件之时产生的事件

5.4.2 执行宏

1. 直接执行宏

直接执行宏的方法有以下几种。

(1) 在"宏"设计视图窗口中单击工具栏上的"执行"按钮执行宏。

(2) 在数据库窗口的宏对象中双击相应的宏名执行宏。

(3) 在数据库窗口的宏对象中选中一个宏名,单击"运行"按钮 运行(R) 执行宏。

(4) 利用数据库窗口的菜单选项执行宏。

单击菜单栏"工具"|"宏"|"运行宏"命令项 运行宏(M)...,打开"执行宏"对话框,如图5.21所示。在该对话框的下拉式列表中选取需要执行的宏,然后单击"确定"按钮,即可执行这个指定的宏。

图5.21 "执行宏"对话框

【例 5.5】 执行例 5.1 中创建的“打开表和窗体”宏和例 5.4 中创建的“打开表和窗体宏组”宏，体会宏中“MsgBox”、“OpenTable”和“OpenForm”操作命令执行效果。

操作步骤如下。

(1) 在数据库窗口的宏对象列表中，双击“打开表和窗体”宏，打开“执行“打开表和窗体””对话框，如图 5.22 所示。单击“确定”按钮后，关闭该对话框，自动打开“读者档案表”表和“读者档案窗体”窗体，如图 5.23 所示。

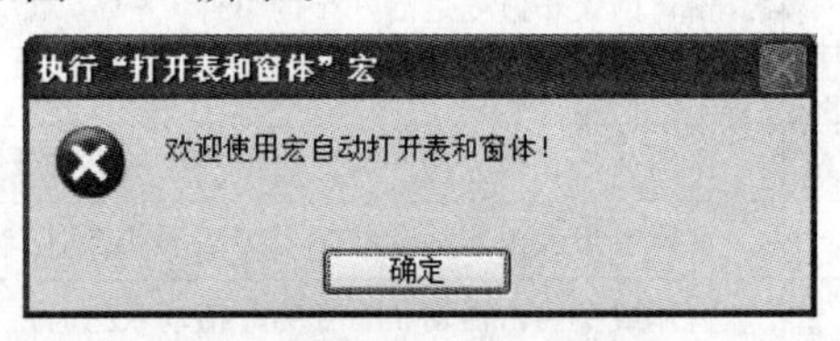

图 5.22 “MsgBox”操作执行效果

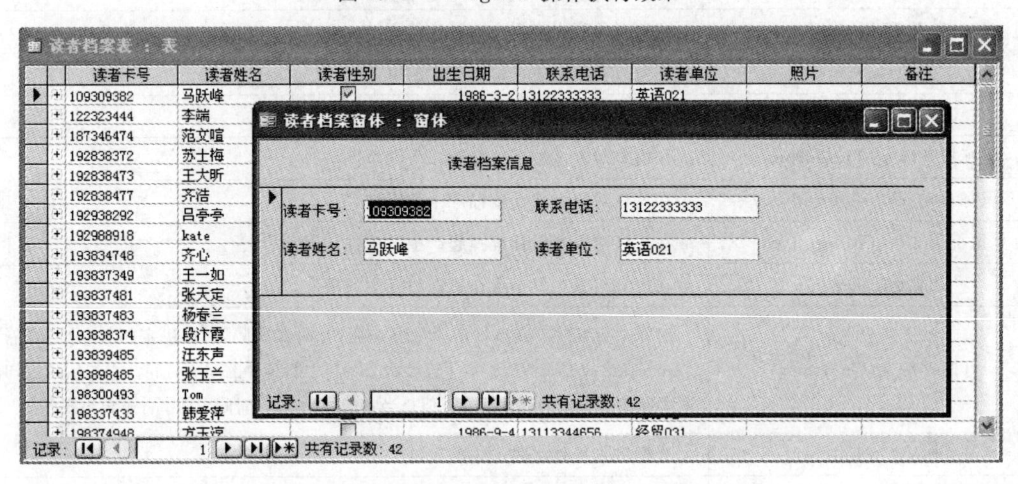

图 5.23 “OpenTable”和“OpenForm”操作执行效果

(2) 在数据库窗口的宏对象列表中，选中“打开表和窗体宏组”宏，单击“运行”按钮 运行(R) 执行该宏组，打开“执行“打开表和窗体””对话框，如图 5.22 所示。单击“确定”按钮后，关闭该对话框，结束宏组的执行。

【说明】

宏组直接运行时，只执行宏组中第一个“宏名”中的所有操作，因此执行“打开表和窗体宏组”宏并不打开“读者档案表”表和“读者档案窗体”窗体。

2. 以事件响应方式执行宏

将一个窗体或窗体控件属性对话框中的事件的响应操作指定为一个宏或 VBA 代码。例如，在窗体中“命令按钮”控件属性中的“单击”事件设置为要执行的“打开表和窗体”宏，如图 5.24 所示。

图 5.24 窗体控件以事件响应方式执行宏

【例 5.6】 执行例 5.3 中创建的“编辑”宏，体会窗体事件响应方式执行宏的方法。

操作步骤如下。

(1) 用设计视图方式新建一个窗体，从“工具箱”中选择“命令按钮”控件，单击“工具箱”中“控件向导”使其处于选中状态，然后在窗体“主体”节中添加一个“命令按钮”控件，此时自动打开“命令按钮向导”对话框，在“类别”列表中选择“杂项”，在“操作”列表中选择“运行宏”，如图 5.25 所示。

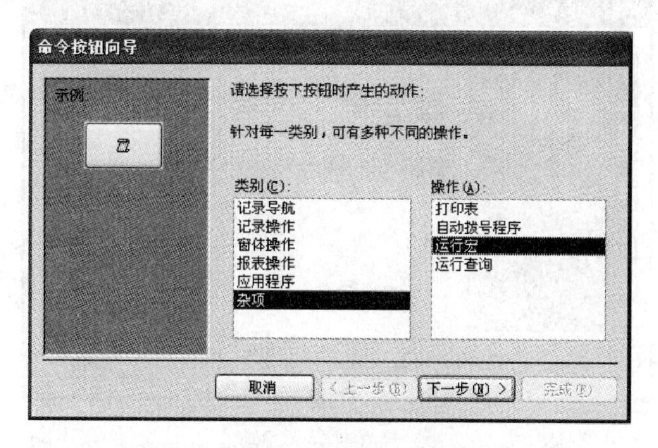

图 5.25 “命令按钮向导”对话框

(2) 单击“下一步”按钮，打开“命令按钮向导”对话框-运行宏名，选择要运行的宏名“编辑”，如图 5.26 所示。

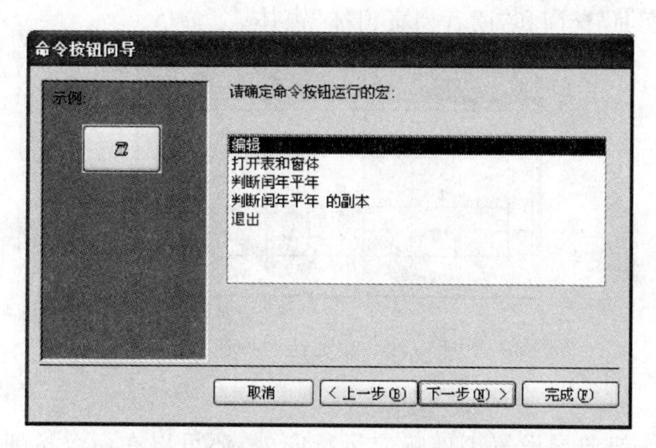

图 5.26 “命令按钮向导”对话框-运行宏名

(3) 单击“下一步”按钮，打开“命令按钮向导”对话框-按钮显示方式，选择“图片”单选按钮，再在右侧列表中选择“运行宏”图片，如图 5.27 所示。

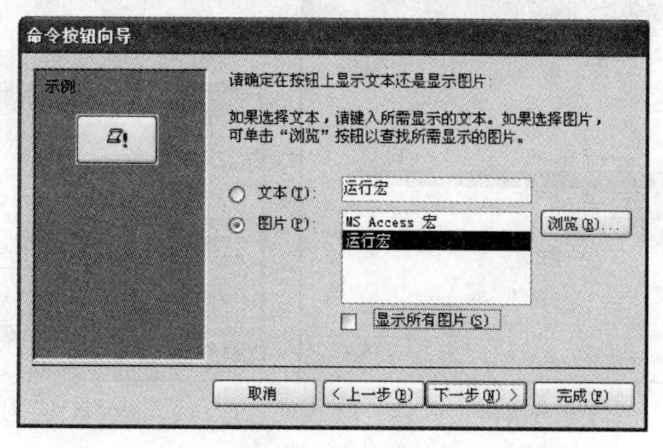

图 5.27 “命令按钮向导”对话框-按钮显示方式

(4) 单击"下一步"按钮，打开"命令按钮向导"对话框-按钮名称，使用默认的名称"Command0"，如图 5.28 所示。

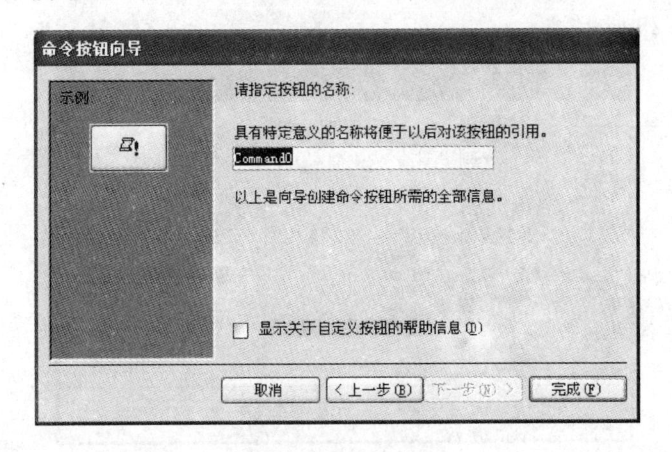

图 5.28 "命令按钮向导"对话框-按钮名称

(5) 单击"完成"按钮，在窗体"主体"节中添加一个命令按钮，如图 5.29 所示。切换到窗体视图，单击窗体中的命令按钮，自动执行"编辑"宏中的 3 个操作，打开"读者借阅表"表、"每本图书总价查询"查询和"读者档案窗体"窗体。

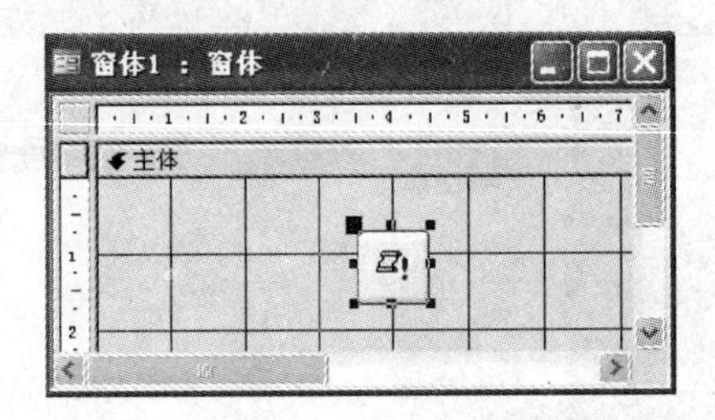

图 5.29 添加命令按钮

【说明】

除了使用命令按钮向导设置事件响应运行宏外，还可以在命令按钮"属性"窗口的"事件"选项卡中设置事件响应运行宏(见图 5.24)。运行宏组中第一个"宏名"以后的"宏名"时，要通过设置事件响应运行宏，而且设置的宏名为"宏组.宏名"，如图 5.30 所示。

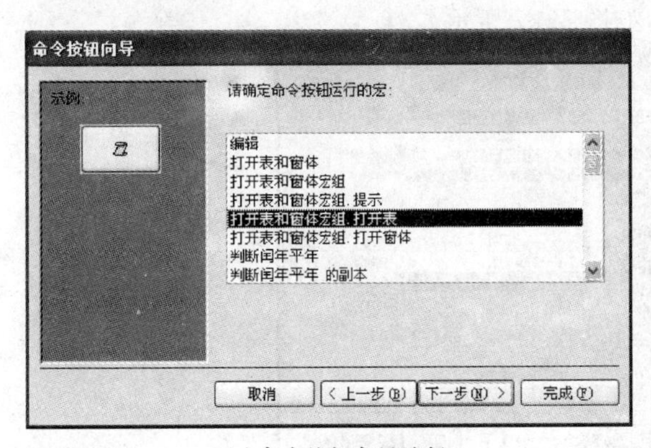

(a)命令按钮向导选择

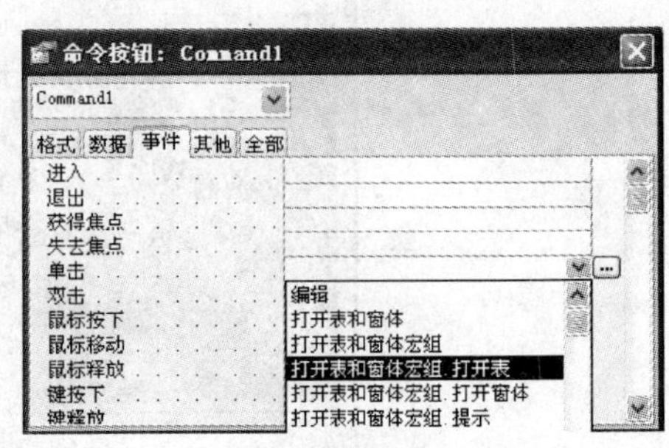

(b)"属性" 对话框设置

图 5.30 宏组运行设置

3. 用宏间接运行宏或宏组

宏对象中操作列选择“RunMacro”宏命令，操作参数选择被调用的宏或宏组名，即实现该宏中又调用另一个宏的操作。

4. 单步执行宏

为了测试一个宏设计的正确性，往往需要逐个地观察宏中每一个操作执行的情况，这就需要设定宏的单步执行状态。使用单步执行宏可以观察到宏的流程和每一个操作的执行结果，可以找到排除导致错误或产生非预期结果的处理方法。

下面通过单步执行例 5.1 中创建的“打开表和窗体”宏，说明如何设定宏的单步执行状态，如何进行宏的单步执行，以及如何观察单步执行过程中的各个操作执行情况。

（1）设定宏的单步执行状态

打开宏设计视图，单击工具栏中“单步”按钮，使其呈选定状态，即可设定宏的单步执行状态。再次单击“单步”按钮，使其恢复初始状态，表示宏的连续执行状态。

（2）查看操作执行前的执行状态

在已经设定了宏的单步执行状态的情况下，执行任一个宏都是以单步方式进行的，即打开“单步执行宏”对话框，如图 5.31 所示。

在宏的单步执行状态下，执行宏中的每一个操作之前，Access 数据库都会显示一个称为“单步执行宏”的对话框。在这个对话框中显示当前待执行操作的各项操作参数以及操作条件的逻辑值，据此可以观察一个操作执行前的执行状态。图 5.31 所示即为“打开表和窗体”宏中第一条操作“MsgBox”的执行状态，它表示执行条件为“真”，标题为：执行“打开表和窗体”宏的“重要”类型“欢迎使用宏自动打开表和窗体！”消息对话框。单击“单步执行”按钮 单步执行(S)，即可执行“MsgBox”操作，执行结果如图 5.22 所示，单击图 5.22 对话框中的“确定”命令按钮，接着将准备执行宏中第二条操作“OpenTable”，在“单步执行宏”的对话框中显示操作“OpenTable”的执行状态，它表明：执行条件为“真”，并将以“编辑”数据模式打开“读者档案表”表的“数据表”视图，如图 5.32 所示。

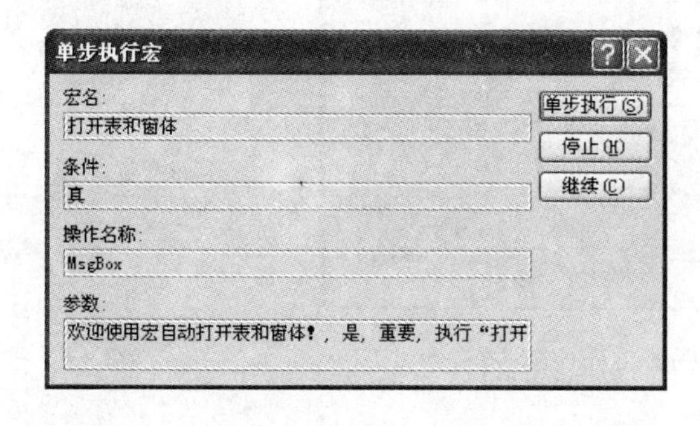

图 5.31 “单步执行宏”对话框-MsBox 操作

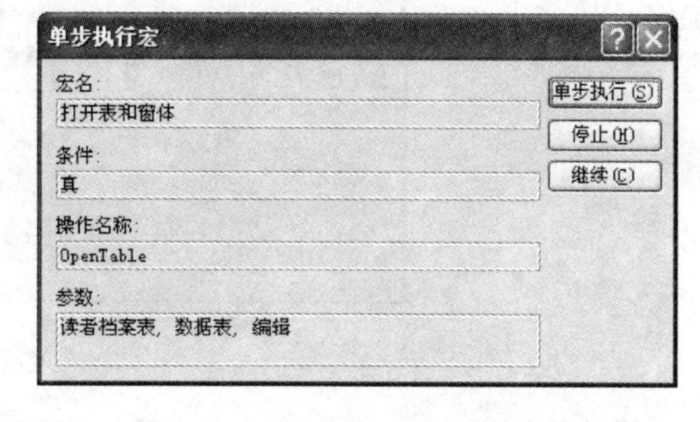

图 5.32 “单步执行宏”对话框- OpenTable 操作

（3）“单步执行宏”对话框中各个按钮的功能

① “单步执行”按钮 单步执行(S)：单击该按钮后，Access 数据库将运行宏中的当前操作，如果没有错误发生，则 Access 数据库将在“单步执行宏”对话框中显示下一个操作的名称及其操作状态。

② “停止”按钮 停止(H)：单击该按钮将终止宏的执行，并且关闭“单步执行宏”对话框。

③ “继续”按钮 继续(C)：单击该按钮将放弃单步执行方式，依次执行宏中所有未执行的其他操作，同时取消宏的单步执行状态。

【说明】

① 按“Ctrl＋Break”组合键可以终止宏的执行。

② 如果在宏的设计中存在错误，当按照上述过程单步执行宏时将会在窗口中显示“操作失败”对话框。Access 数据库将在该对话框中显示出错操作的操作名称、参数以及相应的条件。利用该对话框可以了解出错的操作，单击“停止”按钮后，可以在宏设计视图窗口中对出现错误进行相应的编辑修改。

③ 宏中的各个操作全部执行完毕之后，“单步执行宏”对话框自动关闭。如果不再需要单步执行宏操作，则进入宏对象设计视图，单击窗口工具栏上的“单步”按钮，使其恢复初始状态，以此取消宏的单步执行状态。也可通过单击“继续”按钮 继续(C) 实现取消宏的单步执行状态。

5. 自动运行宏 AutoExec

创建名为“AutoExec”的宏对象，能够实现自动运行。

当 Access 数据库被打开时，它将在打开这个数据库后立即去寻找其中是否存在一个命名为“AutoExec”的宏对象，如果找到，自动执行 AutoExec 宏中设置的宏操作。

对于一个包含 AutoExec 宏的 Access 数据库，如果想在打开数据库时阻止自动运行，在打开数据库的同时按住“Shift”键即可。

6. 响应组合键的宏组 AutoKeys

创建名为“AutoKeys”的宏对象，可以采用宏组的形式定义组合键执行宏操作。

在宏组“AutoKeys”中的每个宏“操作”列中选定宏命令为“RunMacro”，宏名为“^字母”，如图 5.33 所示。重新启动数据库后即可利用“Ctrl＋字母”组合键执行 RunMacro 操作参数中的宏，进而执行该宏中的相关操作，并可根据表达式控制重复次数。

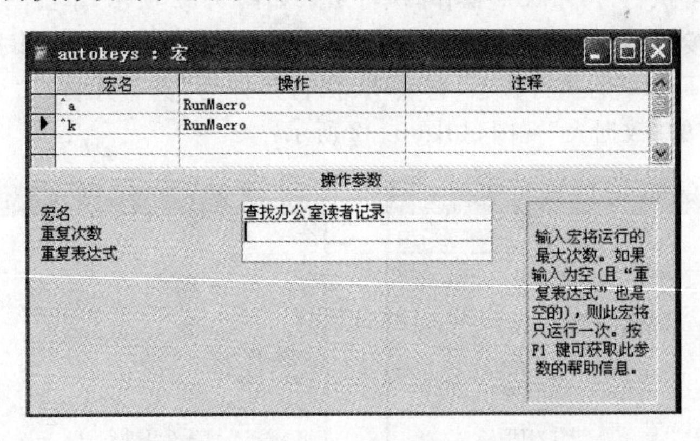

图 5.33 “AutoKeys”宏设计视图窗口

【说明】

Access 数据库本身已经具有一些默认的组合式快捷键功能，如果利用 AutoKeys 宏对象定义的组合式快捷键与默认的组合式快捷键功能冲突，则利用 AutoKeys 宏对象定义的组合式快捷键功能有效，而原有 Access 数据库默认的组合式快捷键功能无效。

【例 5.7】 创建一个宏组“闰年平年宏组”，实现例 5.2 中的两个宏“判断闰年平年”和“退出”的功能。

操作步骤如下。

(1) 打开新建宏设计视图，选择“宏名”列和“条件”列，在“宏名”列中分别命名“判断”和“退出”宏名，“条件”列和“操作”列及参数设计参照例 5.2 中“判断闰年平年”宏和“退出”宏的设计，保存宏组名为“闰年平年宏组”，如图 5.34 所示。

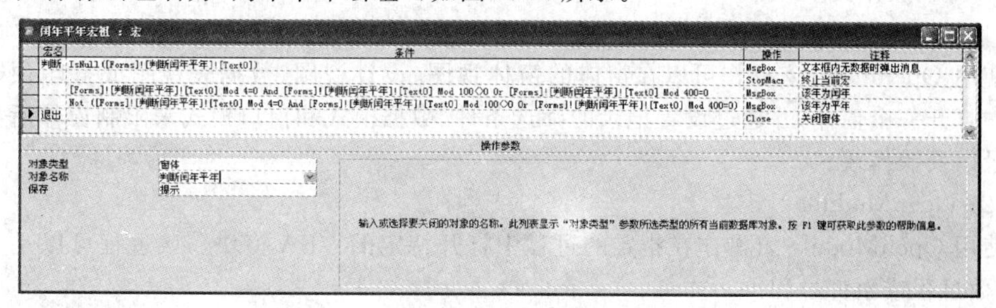

图 5.34 闰年平年宏组

(2) 打开“判断闰年平年”窗体设计视图，设置“判断”和“退出”按钮属性的单击事件分别为“闰年平年宏组.判断”和“闰年平年宏组.退出”，如图 5.35 所示。

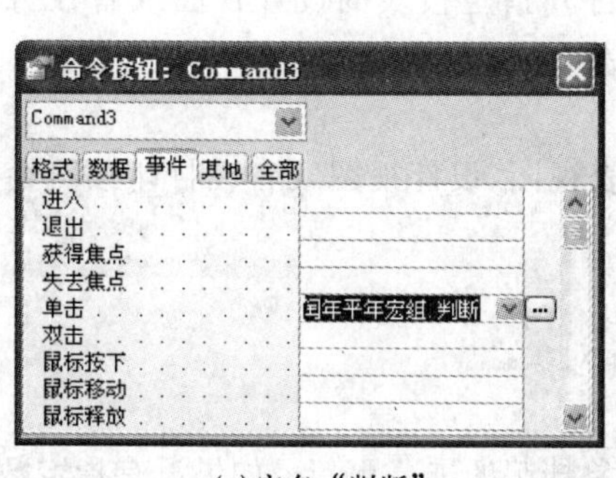

(a)宏名“判断”

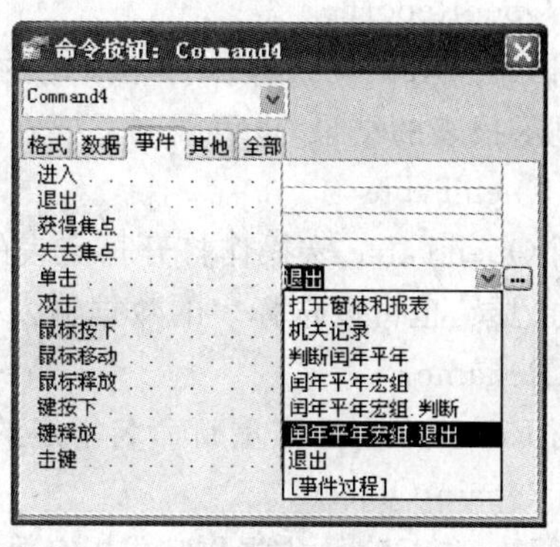

(b)宏名“退出”

图 5.35 宏组引用

(3) 打开“判断闰年平年”窗体视图，单击“判断”和“退出”按钮，分别执行“闰年平年宏组”中的两个宏名，执行效果与例 5.2 相同。

5.5 常用宏操作

Access 数据库为用户提供了许多宏操作，常用的宏操作按其功能大致可以分为记录操作类、对象操作类、数据导入导出类、数据传递类、代码执行类、提示警告类和其他类。

1. 记录操作类

(1) GoToRecord

使用 GoToRecord 宏操作在打开的表、窗体或查询中重新定位记录，使指定的记录成为当前记录。

(2) FindRecord

使用 FindRecord 宏操作查找与给定的数据相匹配的首条记录。FindRecord 宏操作可以在数据表视图、查询和窗体的数据源中查找记录。

(3) FindNext

FindNext 宏操作通常与 FindRecord 宏操作搭配使用以查找与给定数据相匹配的下一条记录。多次使用 FindNext 宏操作以查找与给定数据相匹配的记录。FindNext 宏操作没有任何操作参数。

2. 对象操作类

(1) OpenForm

使用 OpenForm 宏操作可以在窗体的窗体视图、设计视图、数据表视图或打印预览等视图中打开一个窗体，并通过设置记录的筛选条件、数据模式和窗口模式来限制窗体所显示的记录以及操作模式。

(2) OpenModule

使用 OpenModule 宏操作在指定的过程中打开特定的 VBA 模块。该过程可以是子程序、函数过程或事件过程。

(3) OpenQuery

使用 OpenQuery 宏操作运行指定的查询、打开指定查询的设计视图或者在打印预览窗口中显示选择查询的结果。

(4) OpenReport

使用 OpenReport 宏操作打印指定的报表、打开指定报表的设计视图或者在打印预览窗口中显示报表的结果，也可限制需要在报表中打印的记录。

(5) OpenTable

使用 OpenTable 宏操作打开指定表的数据表视图、设计视图或者在打印预览窗口中显示表中的记录，也可以选择表的数据输入模式。

(6) Rename

使用 Rename 宏操作重新命名指定的数据库对象。

(7) RepaintObject

使用 RepaintObject 宏操作完成指定数据库对象挂起的屏幕更新。如果没有指定数据库对象，则对活动数据库对象进行更新。更新包括对数据库对象的所有挂起控件进行重新计算。

(8) SelectObject

使用 SelectObject 宏操作选择指定的数据库对象，使其成为当前对象。

(9) Close 宏操作

使用 Close 宏操作关闭指定的窗口。如果没有指定窗口，Access 则关闭当前活动窗口。

(10) DeleteObject

使用 DeleteObject 宏操作删除一个特定的数据库对象。

(11) CopyObject

使用 CopyObject 宏操作将指定的数据库对象复制到不同的数据库中，或以新的名称复制到同一个数据库中。

3. 数据导入导出类

(1) TransferDatabase

使用 TransferDatabase 宏操作在 Access 数据库与其他的数据库之间导入或导出数据。还能够从其他的数据库链接表到当前数据库中。通过链接表，在其他的数据库中也可以访问链接表的数据。

(2) TransferSpreadsheet

使用 TransferSpreadsheet 宏操作在 Access 的当前数据库和电子表格文件之间导入或导出数据。还可以将 Microsoft Excel 电子表格中的数据链接到 Access 当前数据库中。通过链接的电子表格，用户可以在 Access 数据库中查看和编辑电子表格数据，同时还允许在 Microsoft Excel 电子表格中对数据进行访问。TransferSpreadsheet 宏操作还可以链接 Lotus 1-2-3 电子表格文件中的数据，但这些数据在 Access 数据库中是只读的。

(3) TransferText

使用 TransferText 宏操作在 Access 的当前数据库与文本文件之间导入或导出数据。还可以将文本文件中的数据链接到 Access 的当前数据库中。

4. 数据传递类

(1) Requery

使用 Requery 宏操作通过刷新控件的数据源来更新活动对象中特定控件的数据。如果不指定控件，Requery 宏操作将对对象本身的数据源进行刷新。Requery 宏操作保证活动对象或其所包含的控件显示的是最新的数据。

(2) SendKeys

使用 SendKeys 宏操作把按键直接传送到 Access 或其他 Windows 应用程序。

(3) SetValue

使用 SetValue 宏操作对窗体和报表上的字段、控件或属性进行设置。

5. 代码执行类

(1) RunApp

使用 RunApp 宏操作在 Access 中运行一个 Windows 或 MS-DOS 应用程序。

(2) RunCode

使用 RunCode 宏操作调用 Visual Basic 的函数过程。

(3) RunMacro

使用 RunMacro 宏操作运行一个宏对象或宏对象中的一个宏组。

(4) RunSQL

使用 RunSQL 宏操作运行 Access 的动作查询，还可以运行数据定义查询。

6. 提示警告类

(1) Beep

使用 Beep 宏操作可使个人计算机的扬声器发出嘟嘟声。Beep 宏操作没有任何操作参数。

(2) Echo

使用 Echo 宏操作指定是否打开回响。

(3) MsgBox

使用 MsgBox 宏操作显示包含警告信息或其他信息的消息框。

7. 其他类

(1) Hourglass

使用 Hourglass 宏操作使鼠标指针在宏执行时变成沙漏形状或其他选择的图标。

(2) GoToControl

使用 GoToControl 宏操作把焦点移到打开的窗体以及特定的字段或控件上。

(3) ShowToolbar

使用 ShowToolbar 宏操作显示或隐藏内置工具栏或自定义工具栏。

(4) Quit

使用 Quit 宏操作退出 Access。Quit 宏操作还能够指定在退出 Access 数据库之前采用何种方式保存数据库对象。

(5) CancelEvent

使用 CancelEvent 宏操作中止一个事件，该事件导致 Access 数据库执行包含此操作的宏。

(6) Maximize

使用 Maximize 宏操作最大化活动窗口，使其充满 Access 数据库的整个窗口。Maximize 宏操作可以使用户尽可能多地看到活动窗口中的对象。Maximize 宏操作没有任何操作参数。

(7) Minimize

使用 Minimize 宏操作将活动窗口最小化，使其缩小为 Access 数据库窗口底部的小标题栏。Minimize 宏操作没有任何操作参数。

(8) Restore

使用 Restore 宏操作将处于最大化或最小化的窗口恢复为原来的大小。Restore 宏操作没有任何操作参数。

(9) SetWarnings

使用 SetWarnings 宏操作打开或关闭系统信息。

(10) PrintOut

使用 PrintOut 宏操作打印打开数据库中的活动对象，也可打印数据表、报表、窗体和模块。

(11) MoveSize

使用 MoveSize 宏操作移动活动窗口或调整其大小。

【例 5.8】 创建一个宏组“查找办公室读者记录”，实现查找“读者单位”为“办公室”的记录、继续查找下一个以及向前移动记录等功能。通过“读者档案窗体”窗体“打开”事件及其命令按钮控件“单击”事件响应方式运行该宏组。

操作步骤如下。

(1) 创建“查找办公室读者记录”宏组，设置“查找”、“查找下一个”和“上一条记录”3 个宏名的操作命令及其操作参数，如图 5.36 所示。

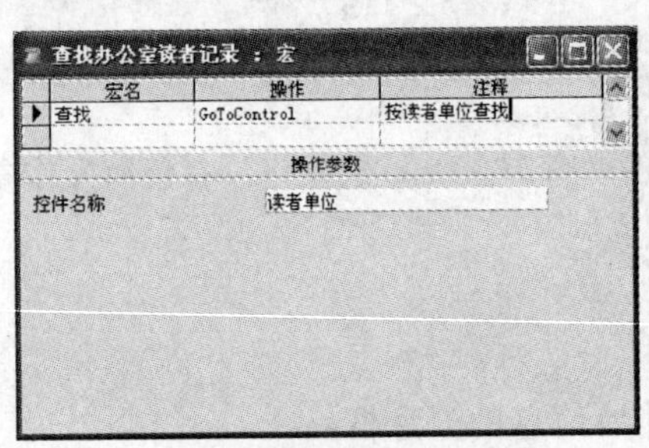

(a)“查找” 宏名中GoToControl操作

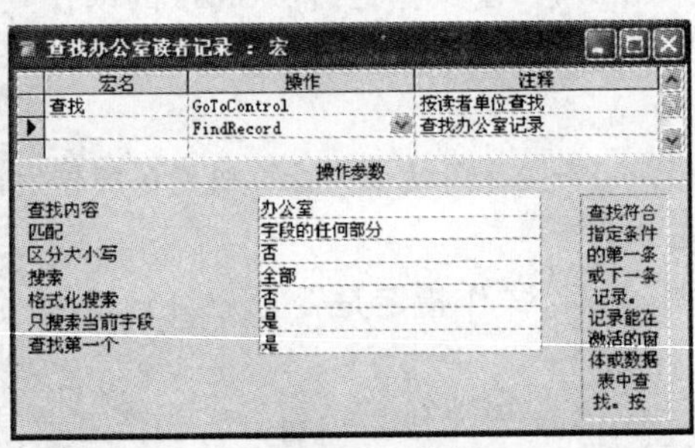

(b)FindRecord操作

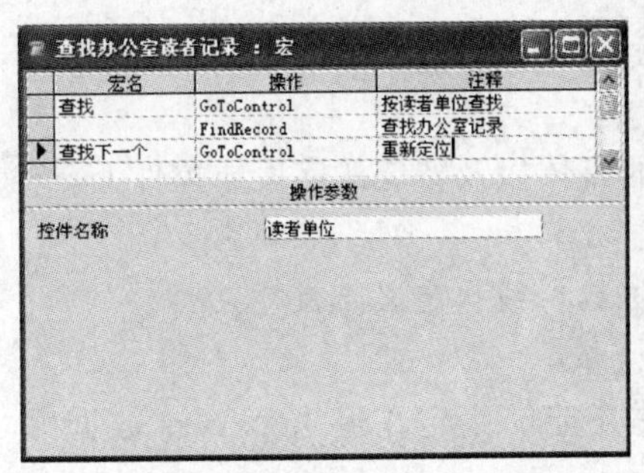

(c)查找下一个宏名中GoToControl操作

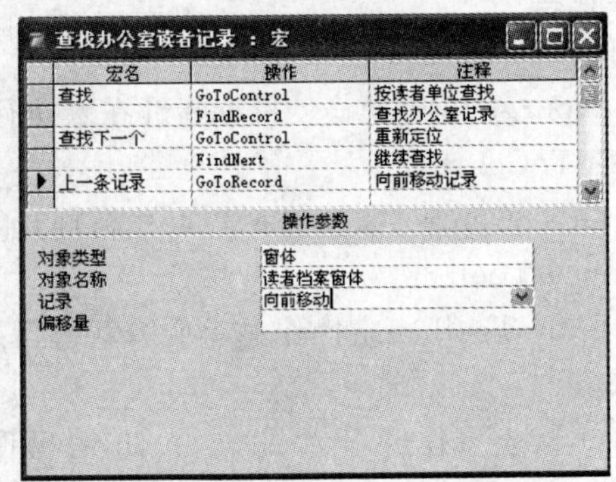

(d)FindNext和GoToRecord操作

图 5.36 “查找办公室读者记录”宏组设计视图

(2) 编辑"读者档案窗体"窗体,添加"查找下一个"和"上一条记录"两个命令按钮,如图5.37所示。

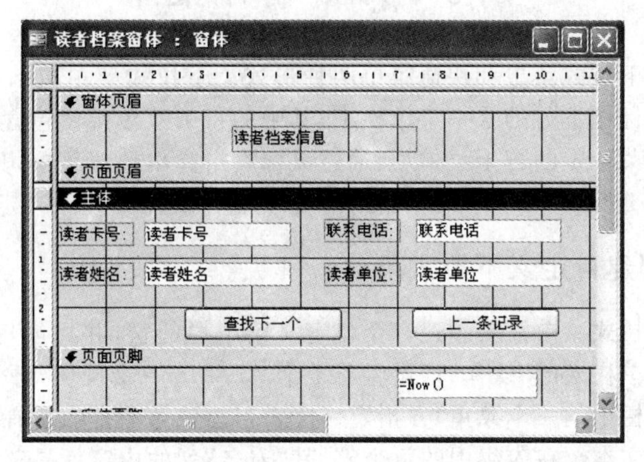

图5.37 读者档案窗体"设计视图"

(3) 设置"读者档案窗体"窗体属性"打开"事件响应为"查找办公室读者记录.查找",如图5.38所示。设置"查找下一个"和"上一条记录"两个命令按钮属性"单击"事件响应为"查找办公室读者记录.查找下一个"和"查找办公室读者记录.上一条记录",如图5.39和图5.40所示。

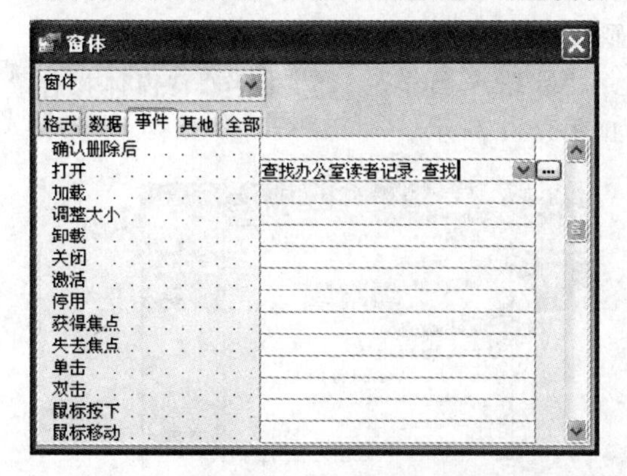

图5.38 窗体"打开"事件

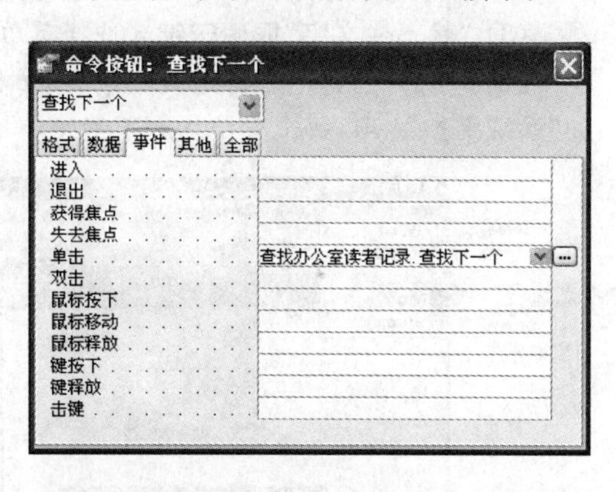

图5.39 "查找下一个"按钮"单击"事件

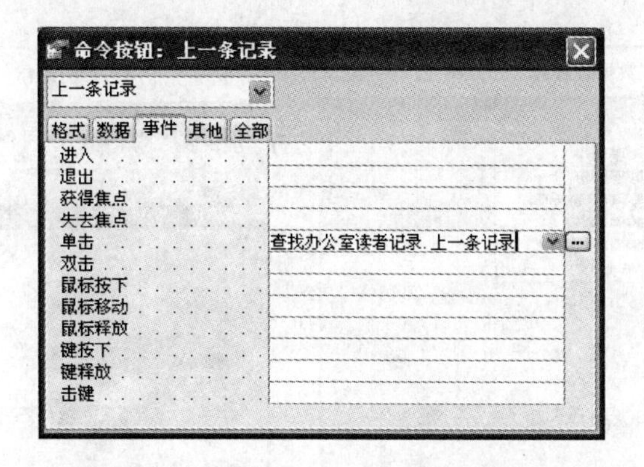

图5.40 "上一条记录"按钮"单击"事件

(4) 打开"读者档案窗体"窗体视图,显示查找到的"读者单位"是办公室的第一条记录,单击"查找下一个"按钮,显示继续向下查找到的"读者单位"是办公室的另一条记录。

5.6 用宏制作菜单

常用的菜单有下拉式菜单和快捷菜单两种形式。下拉式菜单包括一组菜单，各菜单的名称均排列在窗口标题下方的水平菜单栏中，其中的每个菜单都可包含若干菜单项；快捷菜单一般仅显示一个菜单中的若干菜单项，通过鼠标右击弹出快捷菜单，其显示位置由鼠标指针位置决定。使用 AddMenu 宏可以将菜单添加到自定义菜单栏或自定义快捷菜单中。

5.6.1 宏创建自定义下拉式菜单

创建自定义下拉式菜单需要创建一个自定义菜单栏的宏，并且创建菜单栏中每个菜单的各个宏组。在菜单栏宏的“操作”列设置若干个 AddMenu 宏操作，每个 AddMenu 通过操作参数来定义菜单栏中的一个菜单，并指定一个宏组为该菜单提供所有菜单项，还可为菜单提供显示用的提示文本。在宏组中的每个宏，其“宏名”列的内容就是菜单项名称，每个宏的宏操作序列表示一个菜单项的功能。

AddMenu 宏操作的操作参数说明如下。

(1)“菜单名称”框用于键入菜单栏中的菜单名。

(2)“菜单宏名称”框用于键入或选择为菜单提供菜单项的宏组的名称。

(3)“状态栏文字”框用于键入选择菜单时显示在状态栏中的提示文本。

【例 5.9】 创建用户自定义菜单，菜单栏上有“数据表操作”、“查询操作”、“窗体操作”和“系统维护”4 项，每个菜单均有下级子菜单，如图 5.41 所示。

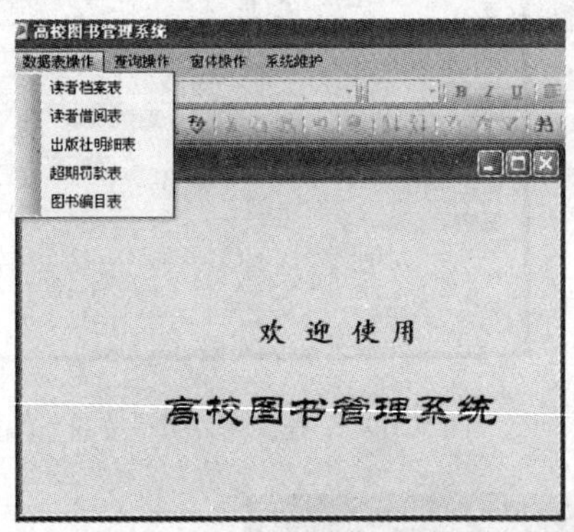

(a)“数据表操作”子菜单

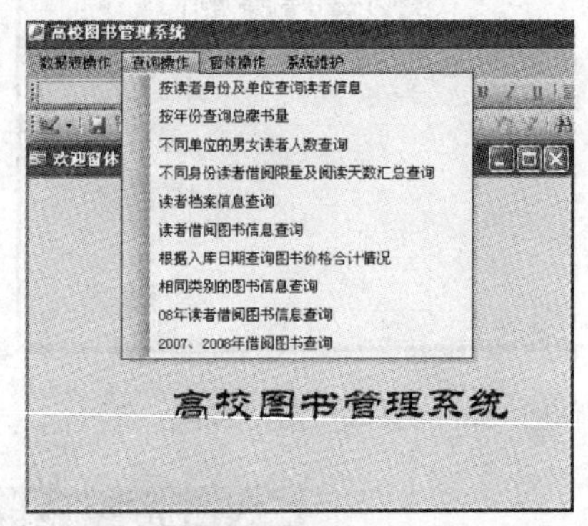

(b)“查询操作”子菜单

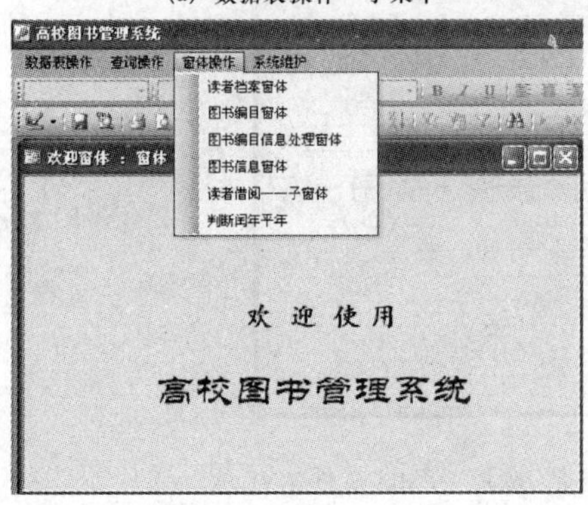

(c)“窗体操作”子菜单

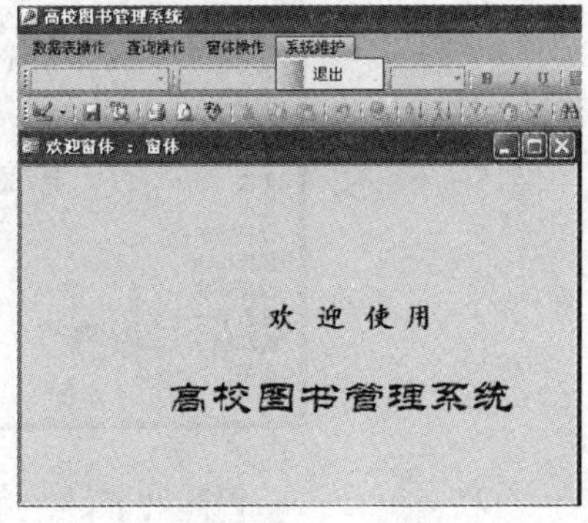

(d)“系统维护”子菜单

图 5.41 自定义菜单

操作步骤如下。

(1) 首先打开"高校图书馆管理系统.mdb"数据库,然后创建名为"欢迎窗体"的窗体。

(2) 创建"数据表操作"菜单的下拉菜单中各命令项执行操作,也就是建立"打开表"宏组,如图 5.42 所示。

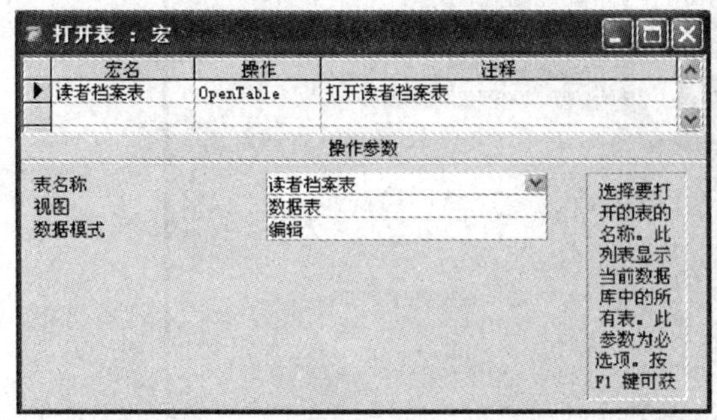

(a)"读者档案表" 宏名操作参数

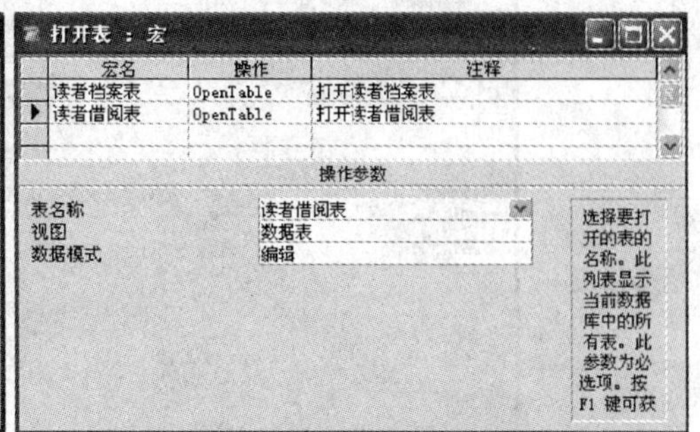

(b)"读者借阅表" 宏名操作参数

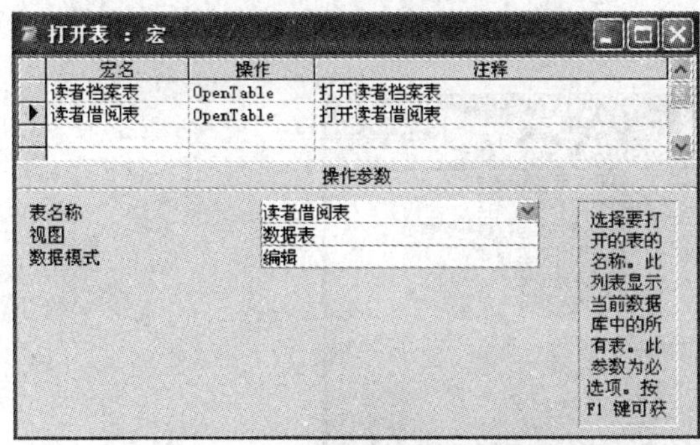

(c)"出版社明细表" 宏名操作参数

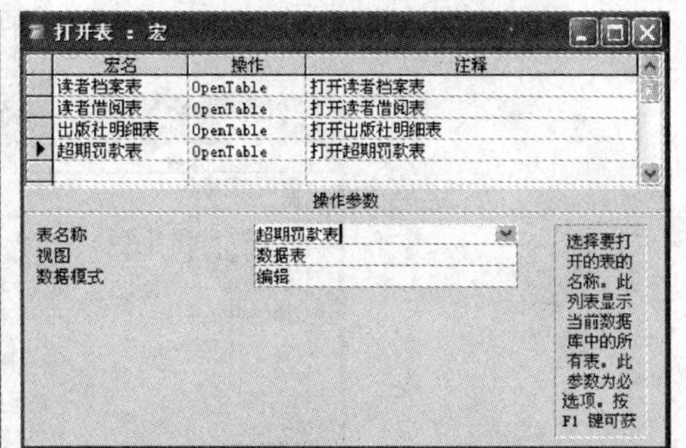

(d)"超期罚款表" 宏名操作参数

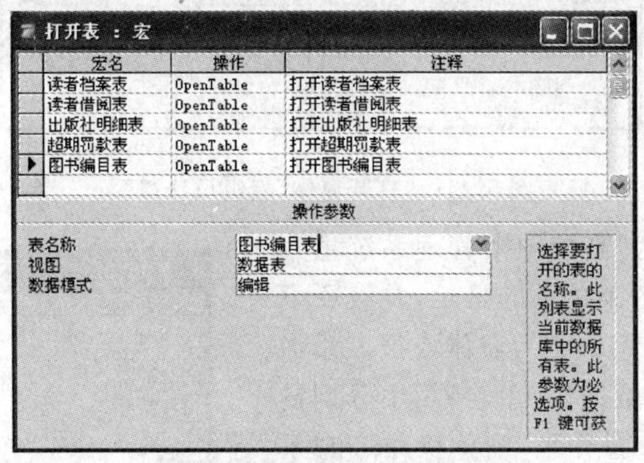

(e)"图书编目表" 宏名操作参数

图 5.42 "打开表"宏组设计视图

(3) 创建"查询操作"菜单的下拉菜单中各命令项执行操作,也就是建立"打开查询"宏组,如图 5.43 所示。

(4) 创建"窗体操作"菜单的下拉菜单中各命令项执行操作,也就是建立"打开窗体"宏组,如图 5.44 所示。

(5) 创建"系统维护"菜单的下拉菜单中命令项执行操作,建立"系统退出"宏组,宏名为"退出",宏操作"Quit",实现退出 Access 数据库系统功能,如图 5.45 所示。

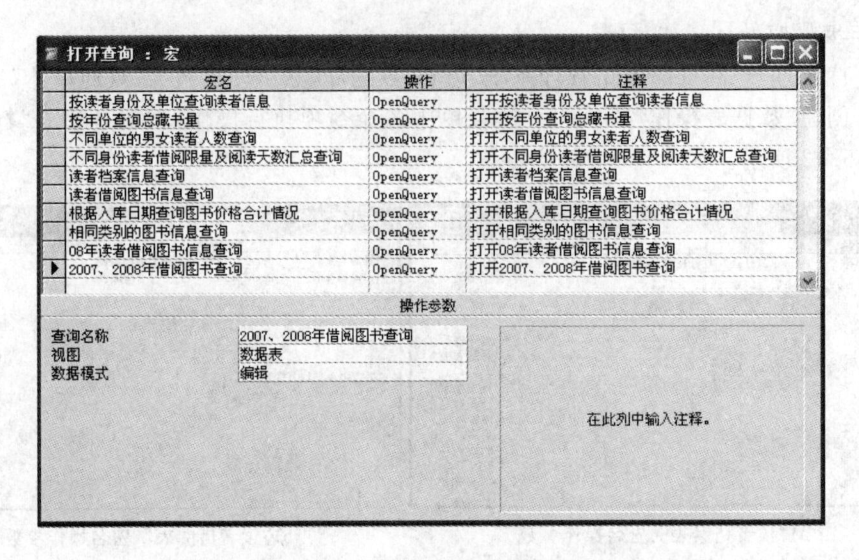

图 5.43 “打开查询”宏组设计视图

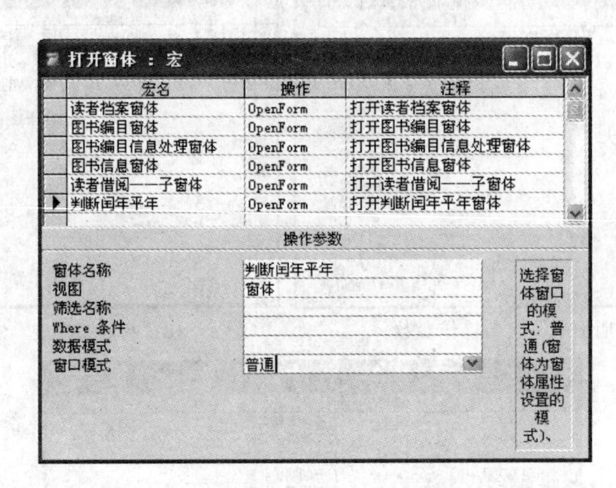

图 5.44 “打开窗体”宏组设计视图

（6）创建一个名为“高校图书管理系统主菜单”宏，实现菜单栏中各菜单项的显示，并级联下拉子菜单，宏操作“AddMenu”为窗体或报表添加自定义菜单，在操作参数区“菜单名称”中分别输入“数据表操作”、“查询操作”、“窗体操作”和“系统维护”，“菜单宏名称”分别输入“打开表”、“打开查询”、“打开窗体”和“系统退出”宏组名称，如图 5.46 所示。

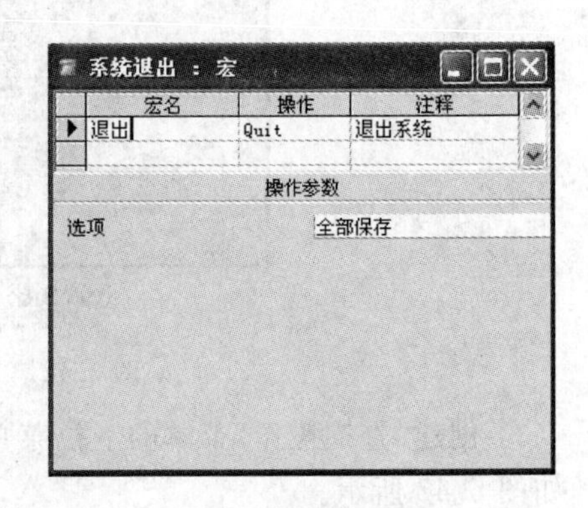

图 5.45 “系统退出”宏组设计视图

（7）设置自定义菜单运行方式。

① 在数据库窗口中，单击菜单栏“工具”|“启动”命令项，打开“启动”对话框。

② 在“显示窗体/页”下拉列表中选择“欢迎窗体”，设置启动 Access 数据库后自动执行的窗体名称。

③ 取消“显示数据库窗口”项的复选，自动运行后不显示数据库窗口。

④ 在“应用程序标题”项输入“高校图书管理系统”，设置启动系统后的窗口标题。

⑤ 在“菜单栏”项输入“高校图书管理系统主菜单”，设置启动 Access 数据库后自动执行的自定义菜单名称，如图 5.47 所示。

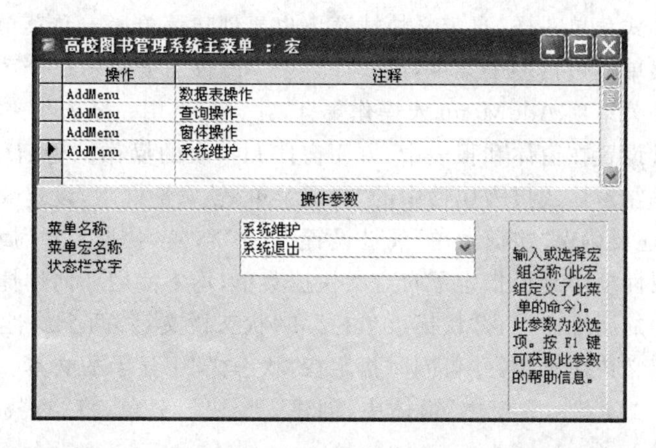

图 5.46 “高校图书管理系统主菜单”宏设计视图

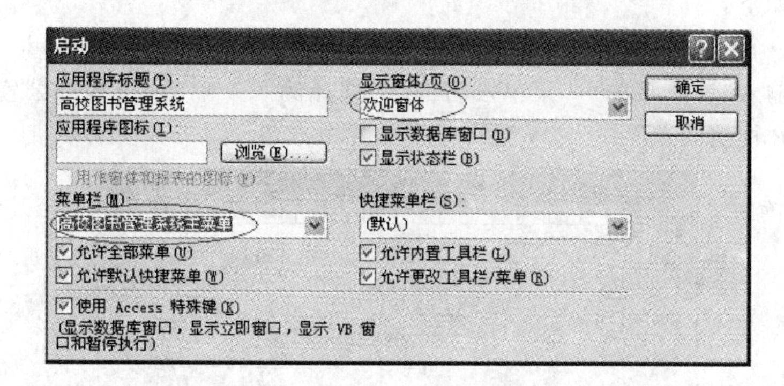

图 5.47 “启动”对话框

⑥ 单击“确定”命令按钮完成自定义菜单运行方式的设置。

(8) 运行自定义菜单

重新打开数据库文件后自动运行“启动”对话框内设置的启动窗体“欢迎窗体”和菜单栏“高校图书管理系统主菜单”宏，运行效果如图 5.41 所示。

自定义菜单不能直接运行。可以在“启动”对话框中设置，启动数据库时自动运行自定义菜单。还可以通过打开窗体运行自定义菜单，也就是设置窗体属性对话框中“菜单栏”项的内容为自定义菜单宏名“高校图书管理系统主菜单”，如图 5.48 所示，该方式运行的自定义菜单将随窗体的关闭而取消，恢复数据库系统菜单。另外，通过“AutoExec”宏执行打开窗体，也可实现启动后自动运行自定义菜单。

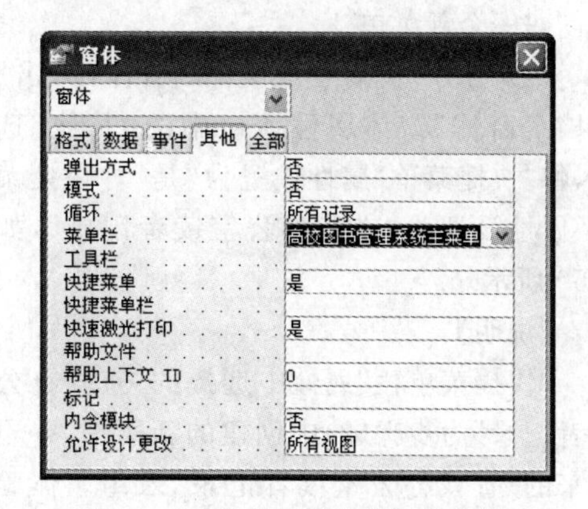

图 5.48 窗体属性中设置菜单栏

打开数据库文件的同时按住“Shift”键，将不自动执行设置的窗体和菜单栏。也可将“启动”对话框内的窗体名称和菜单宏名称删除，下次启动时不再自动执行。

5.6.2 宏创建自定义快捷菜单

与自定义下拉式菜单一样，自定义快捷菜单也要创建菜单栏宏和菜单宏宏组。但是，由于下拉式菜单的菜单栏包括多个菜单，而快捷菜单一般仅需要显示一个菜单，故其菜单栏宏中也仅需包含一个菜单项 AddMenu 宏操作集合，并且只需用一个宏组来提供快捷菜单项。

快捷菜单通常设置在窗体和报表中，方便窗体和报表的操作。为窗体或报表指定自定义快捷菜单方法是在窗体或报表属性中的“快捷菜单栏”属性框中，设定菜单栏宏的名称。

对于窗体，则还要确保“快捷菜单”属性设置为“是”。若“快捷菜单”属性设置为“否”，不管“快捷菜单栏”属性框中是否指定了自定义快捷菜单，均不使用任何快捷菜单。另外，窗体控件(例如文本框)的属性中包含“快捷菜单栏”和“状态栏文字”两个属性，所以允许为窗体控件单独指定自定义快捷菜单，并可同时指定在“状态栏”中显示的文本。

【例 5.10】 在“读者档案窗体”窗体中，创建一个快捷菜单，将“查找办公室读者记录”宏组放到快捷菜单上。

操作步骤如下。

(1) 创建一个“快捷菜单”宏，如图 5.49 所示。在“操作”项中选择 AddMenu 宏操作，“菜单名称”中输入“快捷菜单”，“菜单宏名称”中选择例 5.8 中的“查找办公室读者记录”宏组，保存宏名为“快捷菜单”。

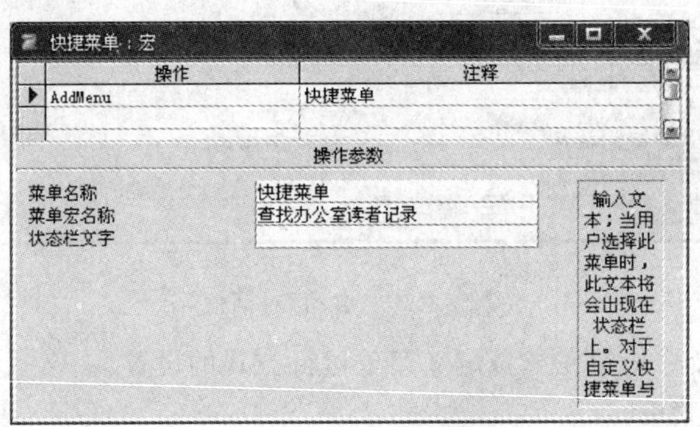

图 5.49 “快捷菜单”宏

(2) 在宏对象中，选中刚建立的“快捷菜单”宏，单击“工具”|“宏”|“用宏创建菜单”命令来创建一个新菜单。

(3) 打开“读者档案窗体”窗体，单击“读者档案窗体”窗体属性窗口中的“其他”选项卡，将“快捷菜单”属性设置为“是”，“快捷菜单栏”属性设置为“查找办公室读者记录”，如图 5.50 所示。

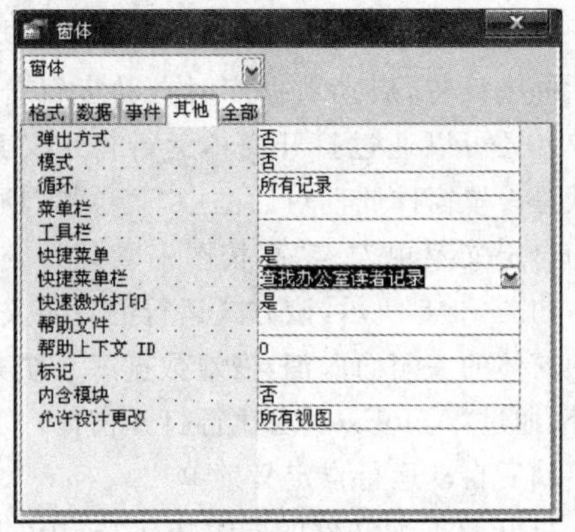

图 5.50 设置“快捷菜单栏”属性

【说明】

“快捷菜单栏”属性中选择的“查找办公室读者记录”为步骤(2)中创建的新菜单，并不是原来的“查找办公室读者记录”宏组。体验一下“快捷菜单栏”属性中选择“快捷菜单”后的弹出快捷菜单效果。

(4) 打开“读者档案窗体”窗体视图，在窗体上按鼠标右键，弹出自定义快捷菜单，如图5.51所示，单击相应的菜单项命令就能够实现相应的功能。

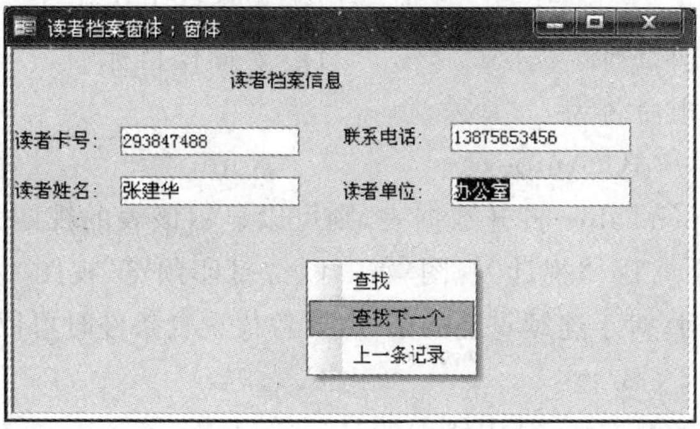

图 5.51 自定义快捷菜单效果

自定义快捷菜单也支持多级菜单。

习 题

一、填空题

1. ______是共同存储在一个宏对象名称下的一个或多个宏命令的集合。

2. 包含 AutoExec 宏的 Access 数据库，如果想在打开数据库时阻止自动运行宏，可在打开数据库的同时按住______键即可。

3. 在 Access 数据库中，可以采用宏组的形式定义组合键进行操作，从而为 Access 数据库应用系统提供一整套组合式快捷键功能，其宏名是______。

4. 宏设计视图窗口分为上、下两部分，通过鼠标单击或按功能键______键可以在两个区中移动光标。

5. ______宏操作常与 FindRecord 宏操作搭配使用以查找与给定数据相匹配的下一条记录，并可多次使用查找与给定数据相匹配的记录。

6. 在宏的表达式中要引用窗体 Rep 上控件 txtName 的值，引用的格式为______。

7. 在宏的设计区，包含 4 个参数列，分别为宏名、______、操作和注释，默认只有操作和注释两列。

8. 宏设计视图窗口的下半部称为______区，用来定义各个操作所需的参数。

9. 在宏组中的宏按照______格式调用，如果仍然像运行宏一样运行宏组，则只执行宏组中第一个宏名中的操作命令。

10. ______宏操作可以打印指定的报表、打开指定报表的设计视图或者在打印预览窗口中显示报表的打印结果，也可以限制需要在报表中打印的记录。

二、选择题

1. 使用(　　)宏操作可以在打开的表、窗体或查询中重新定位记录，使指定的记录成为当前记录。

A. Record　　B. GoToRecord　　C. FindRecord　　D. FindNext

2. 表达式 IsNull([名字])的含义是(　　)。

A. 没有“名字”字段　　B.“名字”字段值是空值

C.“名字”字段值是空字符串　　D. 检查“名字”字段名的有效性

3. 要限制宏命令的操作范围，可以在创建宏时定义（　　）。

A. 宏操作对象　　B. 宏条件表达式

C. 窗体或报表控件属性　　D. 宏操作目标

4. 自动运行宏应当命名为______。

A. AutoExec　　B. Autoexe　　C. Aoto　　D. AutoExee. bat

5. 使用宏命令 OpenTable 打开数据表，则可以显示该表的视图是（　　）。

A.“数据表”视图　　B.“视计”视图　　C.“打印预览”视图　　D. 以上均是

6. 在设计条件宏时，对于连续重复的条件，要替代重复条件时可以使用的符号是（　　）。

A. …　　B. =　　C. ,　　D. ;

7. 直接运行宏有多种方法，其中错误的是（　　）。

A. 从宏设计窗体中运行宏，单击工具栏上的“运行”按钮

B. 从数据库窗体中运行宏，宏对象列表中双击相应的宏名

C. 从“工具”菜单上选择“宏”选项，单击“运行宏”命令，再选择或输入要运行的宏

D. 使用 Docmd 对象的 Run 方法，从 VBA 代码过程中运行

8. 用于打开窗体的宏命令是（　　）。

A. OpenForm　　B. OpenReport　　C. OpenQuery　　D. OpenTable

9. 用于打开查询的宏命令是（　　）。

A. OpenForm　　B. OpenReport　　C. OpenQuery　　D. OpenTable

10. 用于显示消息框的宏命令是（　　）。

A. Beep　　B. MsgBox　　C. InputBox　　D. Echo

11.（　　）宏操作可以在 Access 数据库中运行一个 Windows 或 MS-DOS 应用程序。

A. RunApp　　B. RunSQL　　C. RunCode　　D. RunMacro

12. 在宏组 AutoKeys 中的每个宏“操作”列中，选定的宏命令是 RunMacro，宏名为（　　），从而为数据库应用系统提供一整套组合式快捷键。

A. ^字母　　B. $字母　　C. >字母　　D. \字母

13.（　　）宏操作可以查找与给定的数据相匹配的首条记录。

A. Record　　B. GoToRecord　　C. FindRecord　　D. FindNext

14.（　　）宏操作可以在指定的过程中打开特定的 Visual Basic 模块，该过程可以是子程序、函数过程或事件过程。

A. RunCode　　B. OpenReport　　C. OpenQuery　　D. OpenModule

15.（　　）宏操作可以退出 Access 系统。

A. Beep　　B. MsgBox　　C. Quit　　D. Close

16. 为窗体或报表上的控件设置属性值的宏命令是（　　）。

A. SetValue　　B. SendKeys　　C. Requery　　D. RunMacro

17. 用于从文本文件中导入和导出数据的宏命令是（　　）。

A. TransferSpreadsheet　　B. TransferText

C. TransferDatabase　　D. RunMacro

18.（　　）是一个或多个操作命令组成的集合，每个操作都实现特定的功能，调用时只

需运行对象名称即能顺次执行各个操作。

A. 表　　B. 查询　　C. 窗体　　D. 宏

19.（　　）宏操作可以将活动窗口最大化，使其充满整个窗口。

A. Minimize　　B. Restore　　C. Maximize　　D. MoveSize

20. 在 Access 数据库中，有 7 个对象，其中（　　）对象在数据库能自动执行，尤其能在启动 Access 数据库时自动运行，响应某些组合式功能键。

A. 数据访问页　　B. 报表　　C. 窗体　　D. 宏

三、简答题

1. 什么是宏和宏组，二者有何区别？

2. 宏条件如何隐藏和显示？

3. 如何运行宏和宏组？

4. 如何设置自动运行宏？

5. 创建一个宏，分别打开表、查询、窗体、报表和宏对象，并设置不同的操作参数。

6. 创建一个用户登录窗体，输入用户名和密码正确方能打开某个窗体，否则显示提示错误对话框。

7. 在窗体事件属性中调用宏组，实现打开、单击、双击和关闭事件对应执行相应的宏名。

第6章　报表设计与打印

报表是 Access 数据库用来打印格式数据的一种非常有效的方法，利用报表控制每个对象的大小和显示方式，并能将相应的内容显示在屏幕上或输出到打印设备上。与窗体相比，报表不能对表中数据进行编辑和交互操作，报表着重于数据的打印。

本章主要介绍报表的相关概念、报表的组成、创建报表、编辑报表、报表控件的使用、报表分组、报表页面设置和打印等内容。

6.1　报表概述

报表是数据库对象之一，是用来将选定的数据信息以打印格式来显示 Access 数据库对象。报表对象不仅能够提供方便快捷、功能强大的报表打印格式，而且能够对数据进行分组统计和计算。

6.1.1　报表的功能

使用窗体能够方便并且美观的显示数据，如果要把这些数据打印在纸上，则需使用“报表”对象。报表的主要功能如下。

(1) 数据浏览和打印功能。

(2) 对大量原始数据进行分组、汇总和小计。

(3) 对大量原始数据进行计数、求平均值、求和等统计计算。

(4) 生成清单、订单、标签、发票和信封等多种样式报表。

(5) 制成各种丰富的格式，从而使用户的报表更易于阅读和理解。

(6) 嵌入图像或图片来美化报表的外观。

(7) 通过页眉和页脚，在每页的顶部和底部打印标识信息。

(8) 利用图表和图形来帮助说明数据的含义。

6.1.2　报表分类

在 Access 数据库中，报表主要分为以下 3 种类型：文字报表、图表报表和标签报表。其中，文字报表的主要形式是纵栏式和表格式。

1. 纵栏式报表

纵栏式报表一般是在一页中的主体节区内显示一条或多条记录的字段标题信息与字段记录数据，而且以垂直方式显示，如图 6.1 所示。

这种报表可以安排显示一条记录的区域，也可同时显示一对多关系中“多”端的多条记录的区域(添加分组级别)，甚至包括合计。

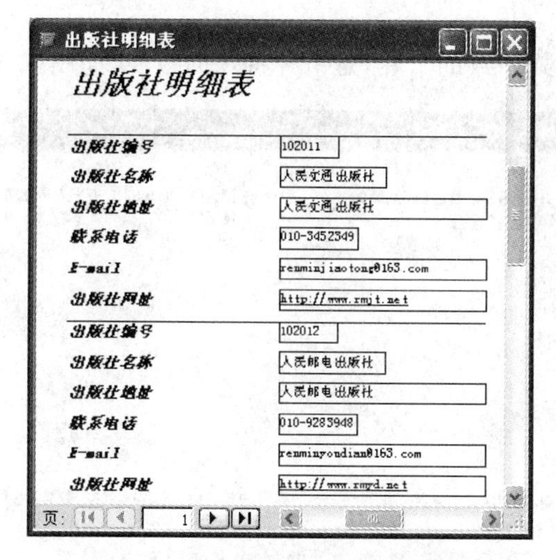

图 6.1　出版社明细“纵栏式”报表

2. 表格式报表

表格式报表是以整齐的行、列形式显示记录数据，通常一行显示一条记录，一页显示多行记录，如图 6.2 所示。表格式报表与纵栏式报表不同，其记录数据的字段标题不是在主体节中，而是在页面页眉节中。

出版社明细表

出版社编号	出版社名称	出版社地址	联系电话	E-mail	出版社网址
102011	人民交通出版社	人民交通出版社	010-3452349	renminjiaotong@163.com	http://www.rmjt.net
102012	人民邮电出版社	人民邮电出版社	010-9283948	renminyoudian@163.com	http://www.rmyd.net
102013	机械工业出版社	机械工业出版社	010-7847383	jixiegongye@163.com	
102014	人民出版社	人民出版社	010-5849548		
102015	牛津大学出版社(	牛津大学出版社(港)	088-8585848		

图 6.2　出版社明细“表格式”报表

3. 图表报表

图表报表是指包含图表显示的报表类型。报表中使用图表，可以更直观地表示数据之间的关系，如图 6.3 所示。

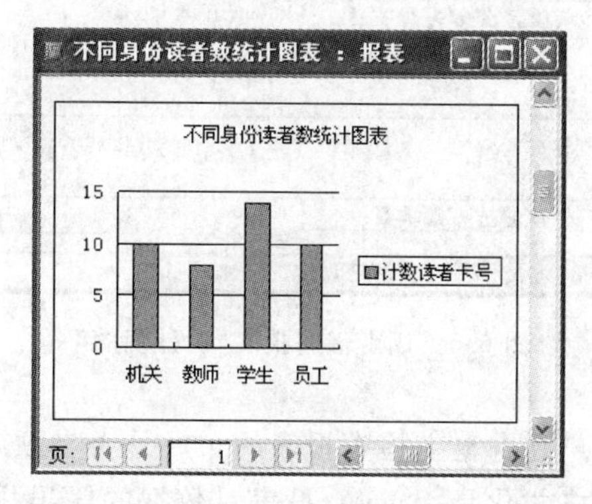

图 6.3　不同身份读者数统计“图表式”报表

4. 标签报表

标签报表是大小、样式一致的卡片，是一种特殊的报表，如图 6.4 所示。

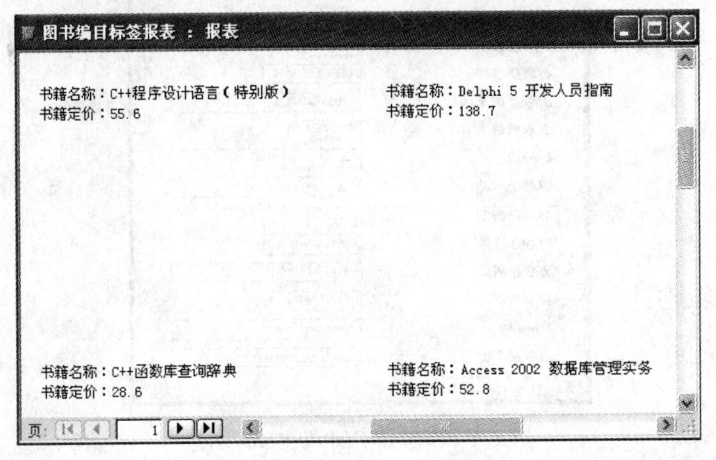

图 6.4 “标签式”报表

6.1.3 报表的视图

Access 数据库为报表对象提供了 3 种可视化的窗口，即报表对象的 3 种视图：设计视图、打印预览视图和版面预览视图。

1. 设计视图

设计视图是用于编辑报表的视图，如图 6.5 所示。在设计视图中，可以创建新的报表，也可以修改已有报表的设计。Access 数据库为用户提供了丰富的可视化设计手段，用户可以不用编程仅通过可视化的直观操作就可以快速、高质量地完成实用、美观的报表设计。

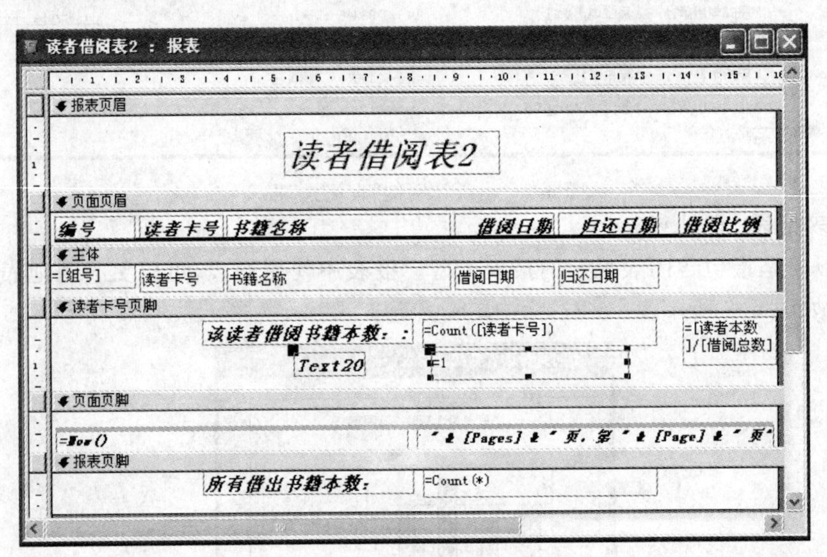

图 6.5 读者借阅报表“设计视图”

2. 打印预览

在打印预览视图中，用户在屏幕上检查报表的布局是否与预期的一致、报表对事件的响应是否正确、报表对数据的格式化是否正确、报表对数据的输出排版处理是否正确等。Access 提供的打印预览视图所显示的报表布局和打印内容与实际打印结果是一致的，即所见即所得，如图 6.6 所示。

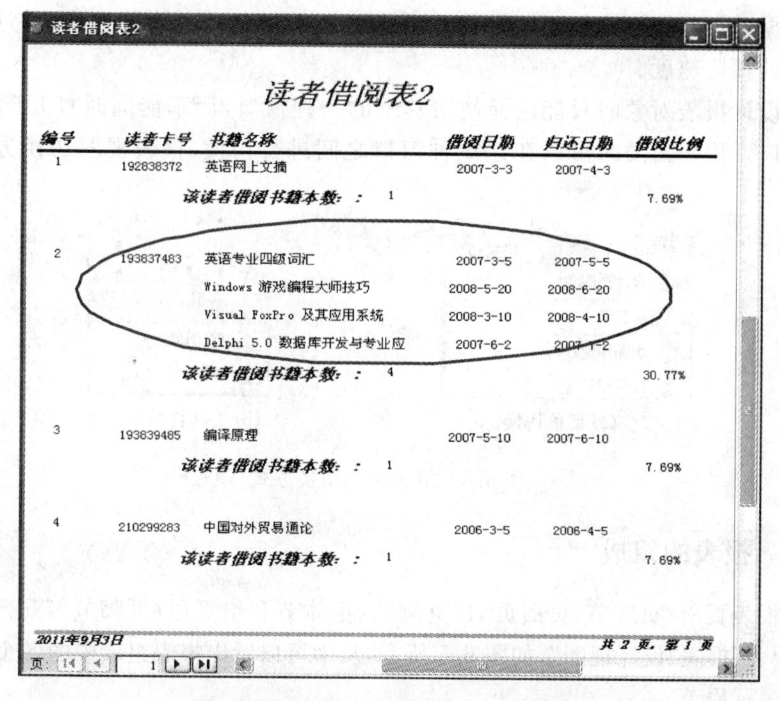

图 6.6　读者借阅报表“打印预览”视图

3. 版面预览

版面预览视图是报表对象提供的另一种测试报表对象打印效果的窗口，如图 6.7 所示。

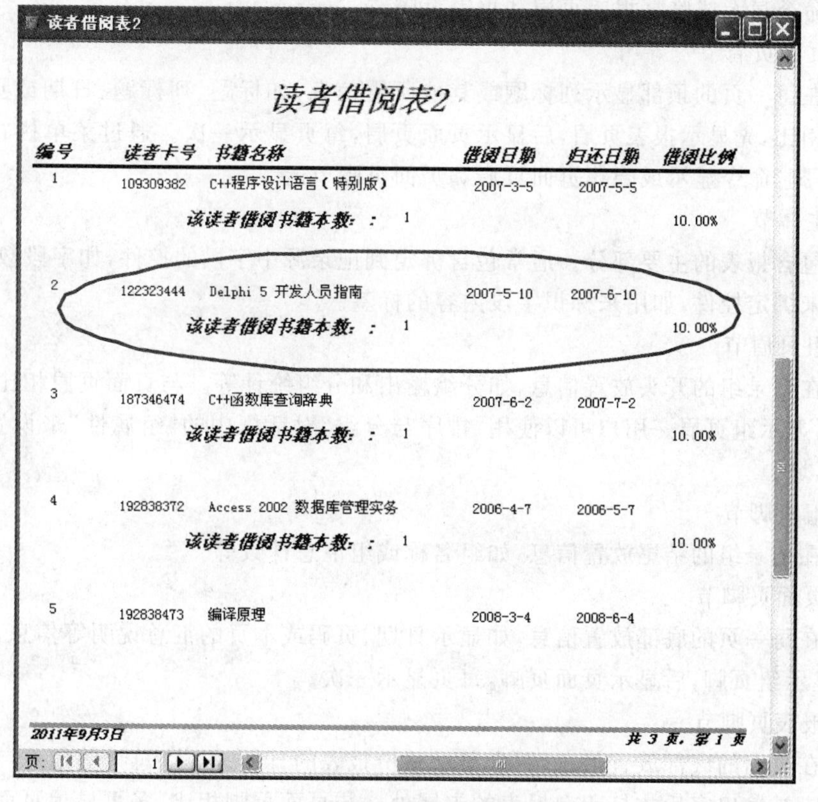

图 6.7　读者借阅报表“版面预览”视图

版面预览视图与打印预览视图的基本特点相同，唯一区别是版面预览视图只对数据源中的部分数据进行数据格式化。如果数据源是查询，还将忽略其中的连接和筛选条件，从而提高了报表的预览速度。

用户在设计报表对象时只能选择使用其中的一种窗口，而不能同时打开同一个报表对象的3种窗口。用户需要时可以在这3种窗口之间进行切换，报表视图切换方式如图6.8所示。

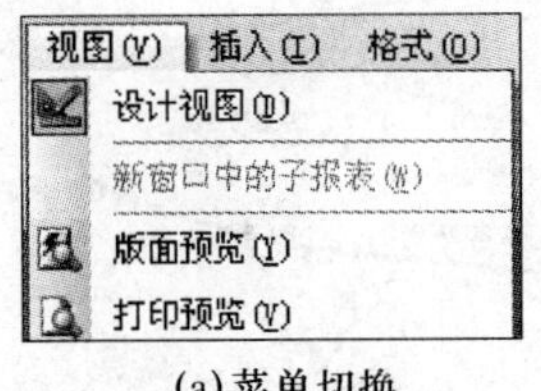

(a)菜单切换

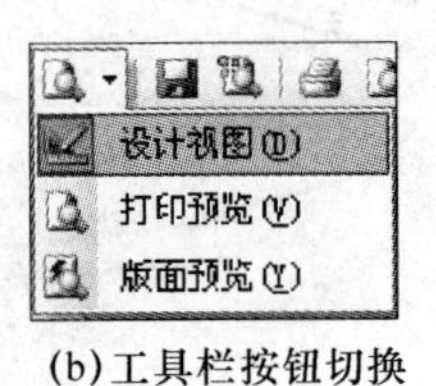

(b)工具栏按钮切换

图6.8 报表视图切换方式

6.1.4 报表的组成

报表由报表页眉/页脚节、页面页眉/页脚节、主体节和组页眉/页脚节等几部分组成。打开“读者借阅表”报表“设计视图”，如图6.5所示，从中可以看出报表组成中的各个节的位置。

(1) 报表页眉节

用于在报表的开头放置信息，一般用来显示报表的标题、打印日期、图形或其他主题标志。因此，整个报表只显示一次，只在报表的顶部显示。可以通过菜单栏“视图”|“报表页眉/页脚”命令显示或隐藏报表页眉和报表页脚节。

(2) 页面页眉节

用于在每一页的顶部显示列标题或其他所需信息，如标题、列标题、日期或页码等。与报表页眉相比，先显示报表页眉，后显示页面页眉，每页显示一次。通过菜单栏“视图”|“页面页眉/页脚”命令显示或隐藏页面页眉和页面页脚节。

(3) 主体节

用于包含报表的主要部分。通常包含绑定到记录源中字段的控件，如字段数据显示；也可能包含未绑定控件，如用来标识字段内容的标签。

(4) 组页眉节

用于在记录组的开头放置信息，如分组输出和分组统计等。与页面页眉相比，先显示页面页眉，后显示组页眉。用户可以使用“排序与分组”对话框中的“组属性”来设置“组页眉/组页脚”区域。

(5) 组页脚节

用于在记录组的结尾放置信息，如组名称或组汇总计数等。

(6) 页面页脚节

用于在每一页的底部放置信息，如显示日期、页码或本页的汇总说明等信息。与组页脚相比，先显示组页脚，后显示页面页脚，每页显示一次。

(7) 报表页脚节

用于在页面的底部放置信息，用来显示整份报表的日期、汇总、总计等信息，在所有的主体和组页脚被输出完后才打印在报表的末尾处。与页面页脚相比，多页显示页面页脚，最后页显示报表页脚，每份报表只显示一次。

6.2　创建报表

Access 数据库主要提供 3 种创建报表的方法，使用“自动报表”、使用“向导”和使用“设计视图”创建报表。其中，“自动报表”创建报表包括“纵栏式”和“表格式”，“向导”创建报表包括“报表向导”、“图表向导”和“标签向导”，如图 6.9 所示。

Access 数据库窗口提供了“在设计视图中创建报表”和“使用向导创建报表”两个快捷选项，用来快速创建报表。

- 创建报表
  - “自动报表”创建报表
    - “纵栏式”
    - “表格式”
  - “向导”创建报表
    - “报表向导”
    - “图表向导”
    - “标签向导”
  - “设计视图”创建报表

图 6.9　创建报表的方法

6.2.1　使用“自动报表”创建报表

“自动报表”是一种快速创建报表的方法，可以自动创建包含数据源中的所有字段的报表。设计时，需要选择表或查询作为报表的数据源，再选择报表类型(纵栏式或表格式)，最后自动生成一个纵栏式或表格式的报表。

【例 6.1】　在“高校图书馆管理系统”数据库中创建纵栏式报表“出版社明细表”报表，预览效果如图 6.1 所示，创建表格式报表“出版社明细表 1”报表，预览效果如图 6.2 所示。

操作步骤如下。

(1) 打开“高校图书馆管理系统”数据库文件，在数据库窗口中选择“报表”对象，单击数据库窗口工具栏中“新建”按钮 新建(N)，打开“新建报表”对话框，如图 6.10 所示。

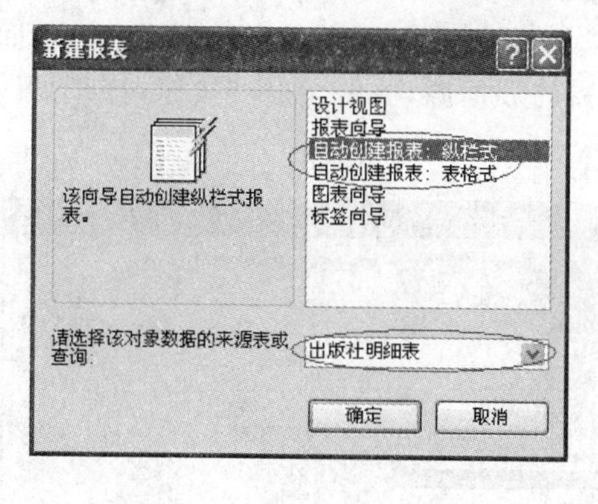

图 6.10　“新建报表”对话框

图 6.11　“否保存报表”对话框

(2) 在“新建报表”对话框中，选择“自动创建报表：纵栏式”，则创建纵栏式报表；选择“自动创建报表：表格式”，则创建表格式报表。

(3) 在“请选择该对象数据的来源表或查询”下拉列表框中选择“出版社明细表”作为报表的数据源，单击“确定”按钮，即自动生成报表，并自动打开该报表“打印预览”视图，如图 6.1 或图 6.2 所示。

(4) “关闭”报表窗口或选择菜单栏“文件”|“保存”命令项，提示是否保存报表，如图 6.11 所示；选择“是(Y)”按钮，打开“另存为”对话框，如图 6.12(a)所示，输入报表名称“出版社明细

表”或“出版社明细表 1”后，单击“确定”按钮，将新建报表保存为“出版社明细表”或“出版社明细表 1”报表。

(a)“文件”/“保存”

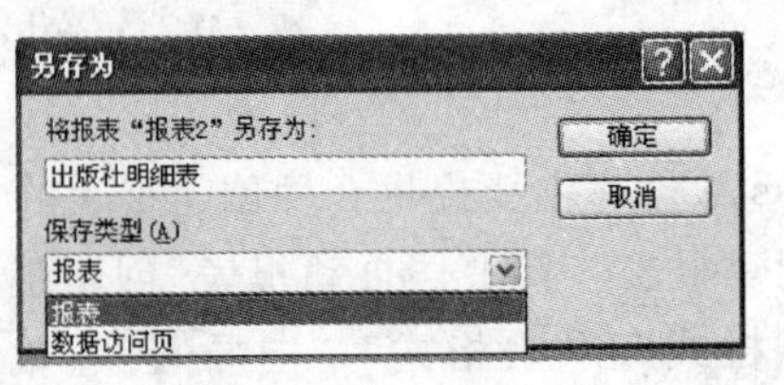

(b)“文件”/“另存为”

图 6.12 “另存为”对话框

【说明】

若选择菜单栏“文件”|“另存为”命令项，打开“另存为”对话框，如图 6.12(b)所示，选择“保存类型”，还可以将报表保存为“数据访问页”对象类型（“数据访问页”对象的创建和使用详见第 7 章）。

6.2.2 使用向导创建报表

1. 使用“报表向导”创建报表

“报表向导”功能会提示用户选择数据源、字段、定义布局和样式。根据向导提示可以完成大部分报表设计基本操作，加快了创建报表的过程。

【例 6.2】 在“高校图书馆管理系统”数据库中创建“读者档案表”报表。

操作步骤如下。

(1) 打开“高校图书馆管理系统”数据库文件，在数据库窗口中选择“报表”对象，单击数据库窗口工具栏中“新建”按钮 新建(N)，打开“新建报表”对话框，如图 6.10 所示。

(2) 在“新建报表”对话框中，单击“报表向导”，在“请选择该对象数据的来源表或查询”下拉列表框中选择“读者档案表”作为创建报表所需的数据源，单击“确定”按钮，打开“报表向导”对话框—“字段选择”，如图 6.13(a)所示。

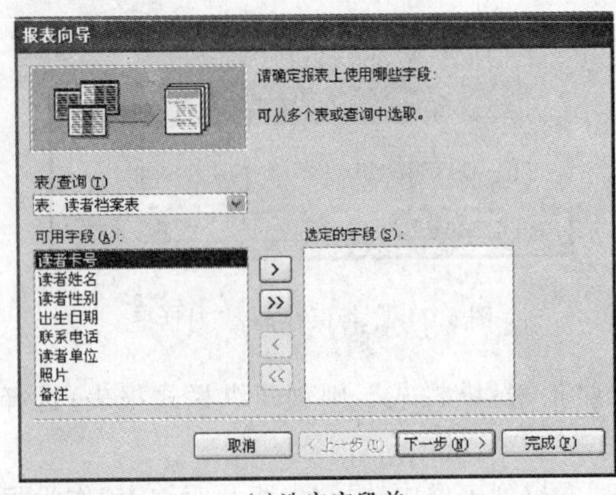

(a)选定字段前

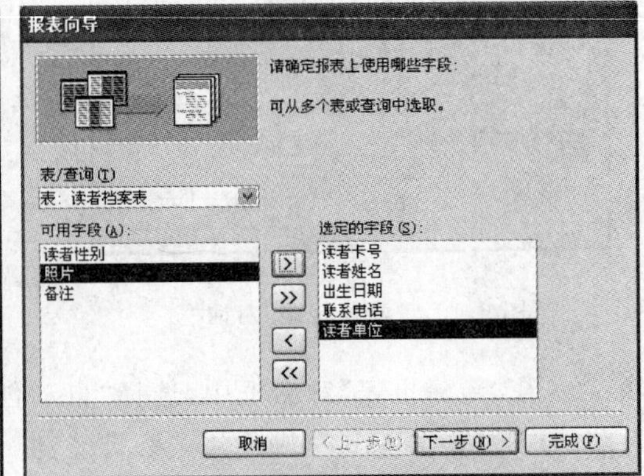

(b)选定字段后

图 6.13 “报表向导”对话框—“字段选择”

【说明】

在数据库窗口中选择“报表”对象后，双击右侧列表中“使用向导创建报表”选项，也可以直接打开“报表向导”对话框—“字段选择”，但需要在“表/查询”下拉列表中选择数据源“读者档案表”(“新建报表”对话框中未选数据源时也要在此选择)，而且可以多次选择，实现多表关联报表。

(3) 在图 6.13(a)中，通过单击 > 或 >> 按钮，将报表需要的字段从左侧“可用字段”列表选到右侧“选定的字段”列表中，如图 6.13(b)所示，也可以通过单击 < 或 << 按钮撤销选择。选定字段后单击“下一步”按钮，打开“报表向导”对话框—“添加分组级别”，默认以“读者卡号”作为分组依据，单击 < 按钮取消分组，如图 6.14(a)所示。

(4) 在图 6.14(a)中，通过单击 > 按钮将选定的“读者单位”字段添加为分组字段(分组详细阐述见 6.4 节)，确定以“读者单位”进行分组，如图 6.14(b)所示，也可通过单击 < 按钮取消分组，如果对多个字段进行分组，可以通过单击 ↓ 或 ↑ 按钮确定分组优先级别。单击“下一步”命令按钮，打开“报表向导”对话框—“排序次序”，单击下拉列表，选择“读者卡号”字段作为第一排序关键字，如图 6.15(a)所示。

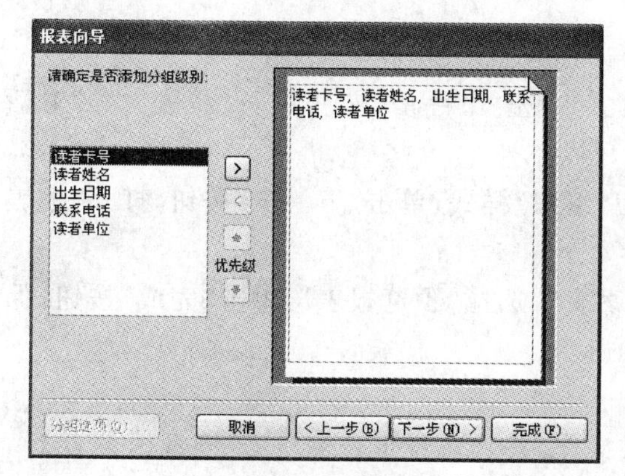

(a)未添加分组级别

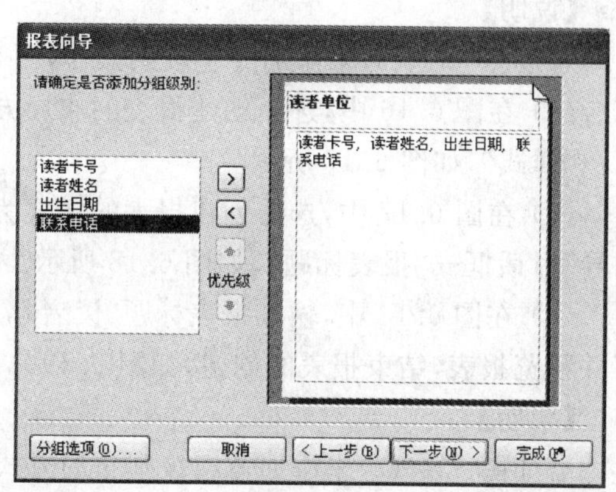

(b)添加分组级别

图 6.14 “报表向导”对话框—“添加分组级别”

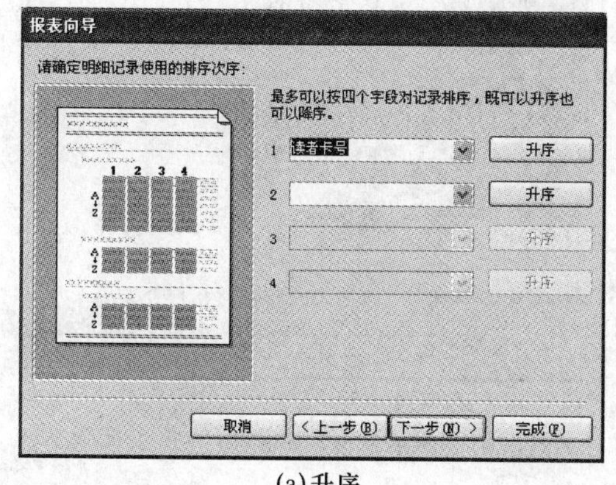

(a)升序

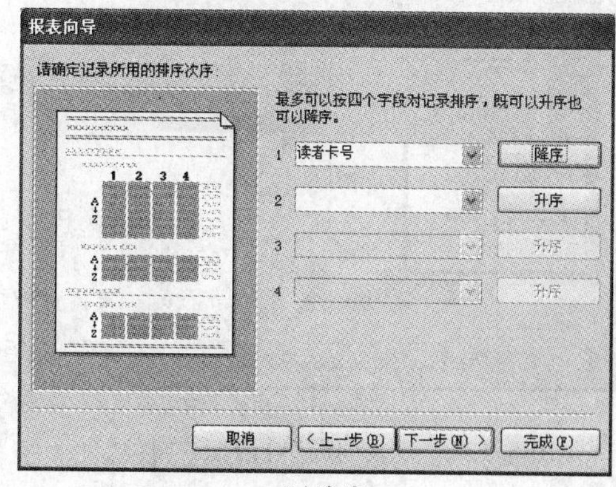

(b)降序

图 6.15 “报表向导”对话框—“排序次序”

(5) 在图 6.15(a)中，最多可以选择四个排序字段。单击 升序 按钮，改变排序方式为降序排序，如图 6.15(b)所示，再次单击 降序 按钮，恢复成升序排序。单击“下一步”命令按钮，打开“报表向导”对话框—“布局方式”，如图 6.16(b)所示。

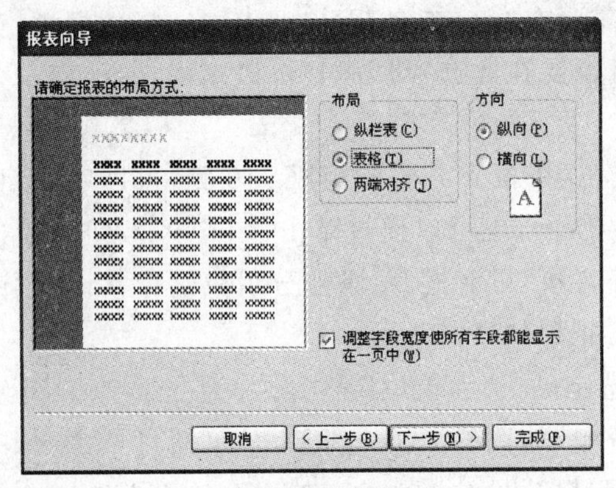

(a)未添加分组级别

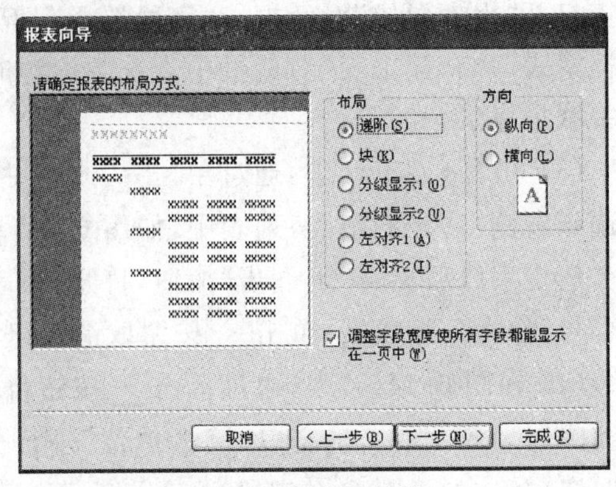

(b)添加分组级别

图 6.16 “报表向导”对话框—“布局方式”

【说明】

若按图 6.14(a)未添加分组级别操作，则布局方式如图 6.16(a)所示。

(6) 在图 6.16 中，选择创建报表的布局方式，单击“下一步”按钮，打开“报表向导”对话框—“样式”，如图 6.17 所示。

(7) 在图 6.17 中，选择创建报表的样式为“组织”样式，单击“下一步”按钮，打开“报表向导”对话框—“报表标题”，如图 6.18 所示。

(8) 在图 6.18 中，输入报表标题“读者档案表”，选择“预览报表”，单击“完成”按钮，保存并预览报表，结束报表的创建，如图 6.19(b)所示。

【说明】

若如图 6.16(a)未添加分组级别布局方式操作，并且设置报表标题为“读者档案表 1”，则向导创建报表如图 6.19(a)所示。

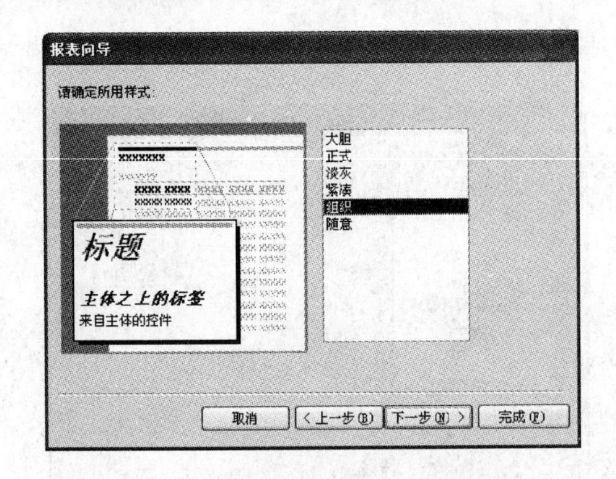

图 6.17 “报表向导”对话框—“样式”

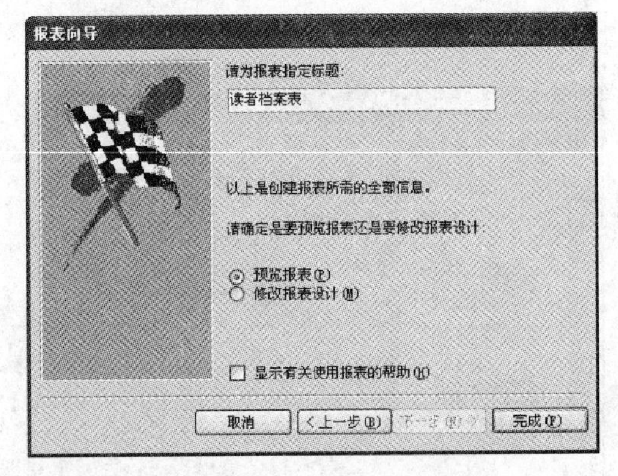

图 6.18 “报表向导”对话框—“报表标题”

【例 6.3】 在“高校图书馆管理系统”数据库中，创建“不同身份读者档案统计表”报表，实现按照“读者身份”字段分组统计“借阅限量”和“借阅天数”的最大值，分组间隔为“第一个字母”，数据来源于“读者档案表”和“读者设置表”两个表，报表预览效果如图 6.20 所示。

读者档案表1

读者卡号	读者姓名	出生日期	联系电话	读者单位
109309382	马跃峰	1986-3-2	13122333333	英语021
122323444	李端	1986-5-4	13244556787	经贸032
187346474	范文喧	1986-3-8	1323356566	数学021
192838372	苏士梅	1984-9-5	13655767688	通信学院
192838473	王大昕	1988-7-5	13212433567	经贸031
192838477	齐洁	1979-6-4	13076876644	后勤
192938292	吕亭亭	1968-4-3	1309586866	外语学院
192988918	kate	1981-3-12	1329848344	英语012
193834748	齐心	1969-7-6	13434577876	后勤
193837349	王一如	1987-6-5	13876545534	教务处
193837481	张天定	1986-5-2	13544646578	历史041
193837483	杨春兰	1988-6-6	13234587877	无机041
193838374	段汴霞	1968-9-2	13465767788	人事处

页: 1

(a)未添加分组级别

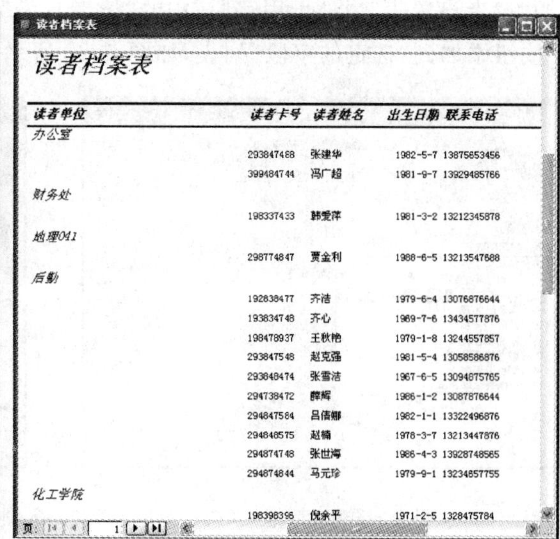

读者档案表

读者单位	读者卡号	读者姓名	出生日期	联系电话
办公室				
	293847468	张建华	1982-5-7	13875653456
	399484744	冯广超	1981-9-7	13929485766
财务处				
	198337433	韩爱萍	1981-3-2	13212345878
地理041				
	298774847	贾金利	1988-6-5	13213547688
后勤				
	192838477	齐洁	1979-6-4	13076876644
	193834748	齐心	1969-7-6	13434577876
	198478937	王秋艳	1979-1-8	13244557857
	293847548	赵克强	1981-5-4	13058586876
	293848474	张雪洁	1967-6-5	13094875765
	294738472	薛辉	1986-1-2	13087876644
	294847584	吕倩娜	1982-1-1	13322496876
	294848575	赵楠	1978-3-7	13213447876
	294874748	张世海	1986-4-3	13928748565
	294874844	马元珍	1979-9-1	13234857755
化工学院				
	198398396	倪余平	1971-2-5	1328475784

页: 1

(b)添加分组级别

图 6.19 “报表向导”创建的报表

不同身份读者档案统计表

读者身份 依据 第一个字母	读者卡号	读者姓	读者单位	读者身	借阅限量	借读天数
机						
	193837349	王一如	教务处	机关	5	40
	193838374	段汴霞	人事处	机关	5	40
	193839485	汪东声	教务处	机关	5	40
	193898485	张玉兰	人事处	机关	5	40
	198337433	韩爱萍	财务处	机关	5	40
	281938938	黄艳秋	图书馆	机关	5	40
	293847488	张建华	办公室	机关	5	40
	297387434	惠萍	教务处	机关	5	40
	298474848	涂钢	教务处	机关	5	40
	399484744	冯广超	办公室	机关	5	40
汇总 '读者身份' = 机关 (10 项明细记录)						
最大值					5	40
教						
	192838372	苏士梅	通信学院	教师	15	60
	192938292	吕亭亭	外语学院	教师	15	60
	198393891	张玉玲	外语学院	教师	15	60
	198398396	倪余平	化工学院	教师	15	60
	210299283	杨海军	人文学院	教师	15	60
	382747832	张同	经管学院	教师	15	60
	839283833	王萱	通信学院	教师	15	60
	928384748	熊长虹	人文学院	教师	15	60
汇总 '读者身份' = 教师 (8 项明细记录)						
最大值					15	60
学						
	109309382	马跃峰	英语021	学生	10	30
	122323444	李端	经贸032	学生	5	30

页: 1

图 6.20 “不同身份读者档案统计表”报表

操作步骤如下。

(1) 打开“高校图书馆管理系统”数据库文件，在数据库窗口中选择“报表”对象，双击右侧列表中“使用向导创建报表”选项，打开“报表向导”对话框，单击“表/查询”下拉列表选择数据源“读者档案表”，如图 6.21 所示。将“可用字段”中的“读者卡号”、“读者姓名”和“读者单位”字段通过单击 > 按钮添加到“选定的字段”列表。再单击“表/查询”下拉列表选择数据源“读者设置表”，将“可用字段”中的“读者身份”、“借阅限量”和“借阅天数”字段通过单击 > 按钮添加到“选定的字段”列表，如图 6.22 所示。

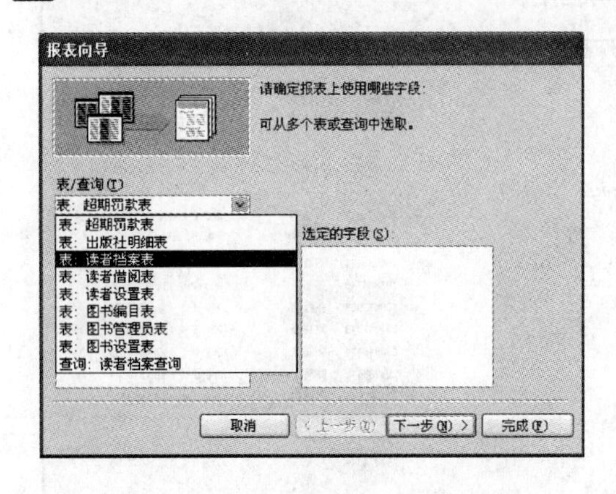

图 6.21 “报表向导”对话框—“选定数据源”

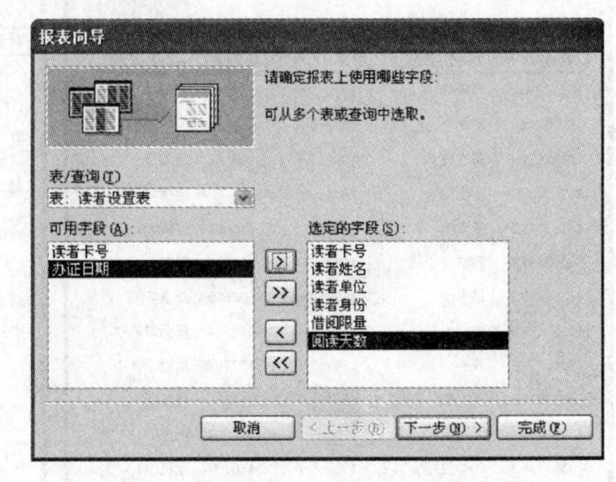

图 6.22 “报表向导”对话框—“选定多表字段”

（2）在图 6.22 中，单击“下一步”按钮，打开“报表向导”对话框—“添加分组级别”，选定“读者身份”作为分组依据，如图 6.23 所示。

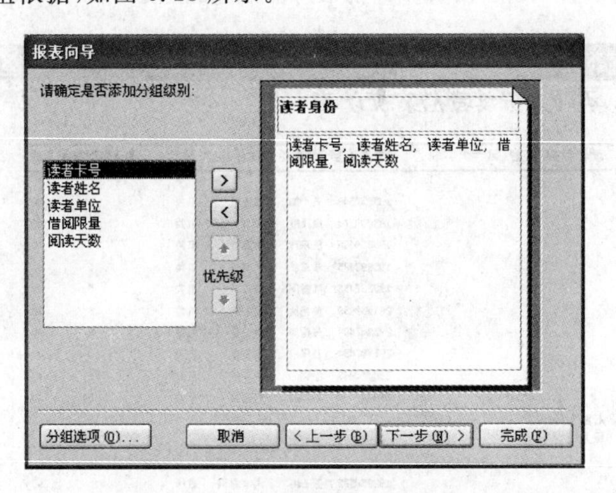

图 6.23 “报表向导”对话框—“读者身份”分组

（3）在图 6.23 中，单击“分组选项”按钮 分组选项(O)... ，打开“分组间隔”对话框，选择分组间隔依据“第一个字母”（默认为“普通”），如图 6.24 所示。单击“确定”按钮后返回到图 6.23 中。单击“下一步”按钮，打开“报表向导”对话框—“排序次序和汇总”，单击下拉列表，选择“读者卡号”字段作为第一排序关键字，如图 6.25 所示。

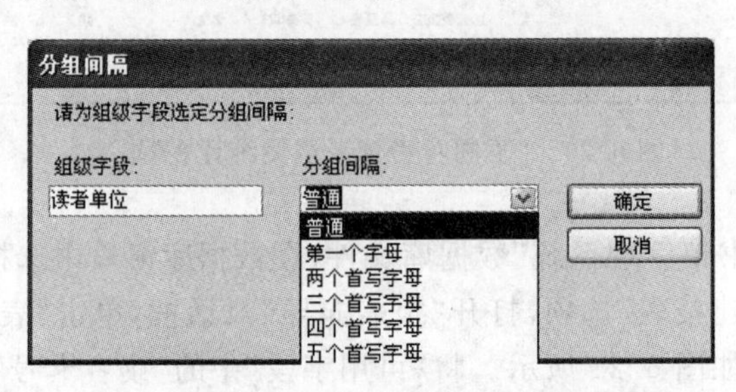

图 6.24 “分组间隔”对话框

(4) 在图 6.25 中,单击“汇总选项”按钮[汇总选项(O)...],打开“汇总选项”对话框,确定数值型字段汇总方式、显示形式及计算汇总百分比等,如图 6.26 所示,单击“确定”按钮后返回到“报表向导”对话框—“排序次序和汇总”,如图 6.25 所示。

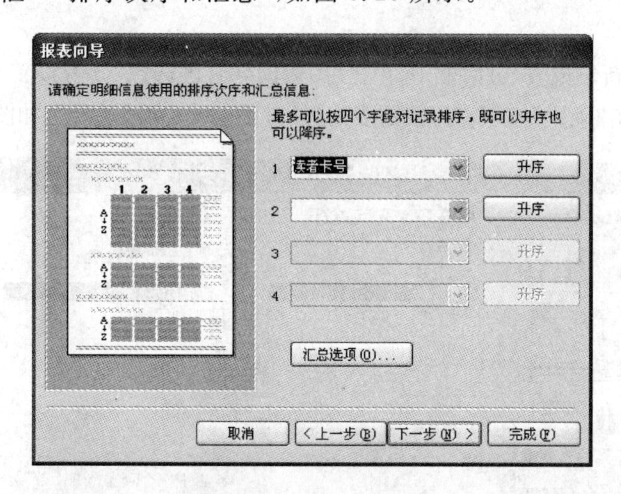

图 6.25 “报表向导”对话框—“排序次序和汇总”

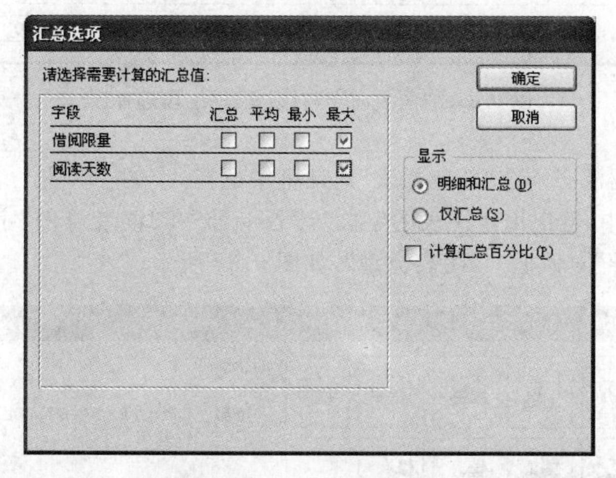

图 6.26 “汇总选项”对话框

【说明】

若选定的字段中没有数值型字段,则图 6.25 中不显示“汇总选项”按钮[汇总选项(O)...],如图 6.15 所示。

(5) 通过单击“下一步”按钮,依次设置报表的“布局方式”、“样式”和“报表标题”,单击“完成”按钮,保存并预览报表效果,如图 6.20 所示。

本例中必须事先建立“读者档案表”和“读者设置表”两表的关联关系,才能在向导中分别选择“读者档案表”和“读者设置表”两个表中的字段。还可以在创建报表前,先创建一个基于“读者档案表”和“读者设置表”两个表的查询,向导中选定该查询为数据源,从中选择字段即可。

2. 使用“图表向导”创建报表

在报表中以图表的形式直观地描述数据。输出数据源中两组数据间的关系,使数据阅读更方便、更直观、更醒目。

【例 6.4】 在“高校图书馆管理系统”数据库中创建“不同身份读者数统计图表”图表报表，实现对“读者设置表”中按“读者身份”进行统计不同身份的读者数量，预览效果如图 6.3 所示。

操作步骤如下。

(1) 在图 6.10“新建报表”对话框中，单击“图表向导”，再选择“读者设置表”作为创建图表报表所需的数据源，单击“确定”按钮，打开“图表向导”对话框—“字段选择”，如图 6.27 所示。

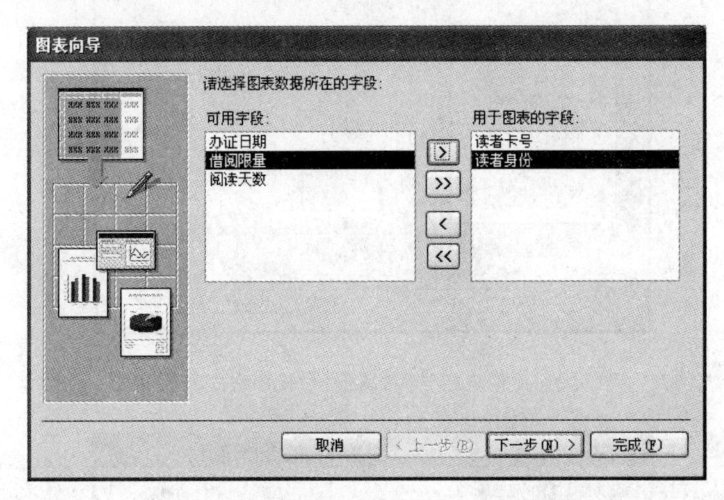

图 6.27 “图表向导”对话框—“字段选择”

【说明】

“图表向导”数据源必须在“新建报表”对话框中选择。

(2) 在图 6.27 中，选出用于图表的字段“读者卡号”和“读者身份”字段，单击“下一步”按钮，打开“图表向导”对话框—“图表类型”，如图 6.28 所示。

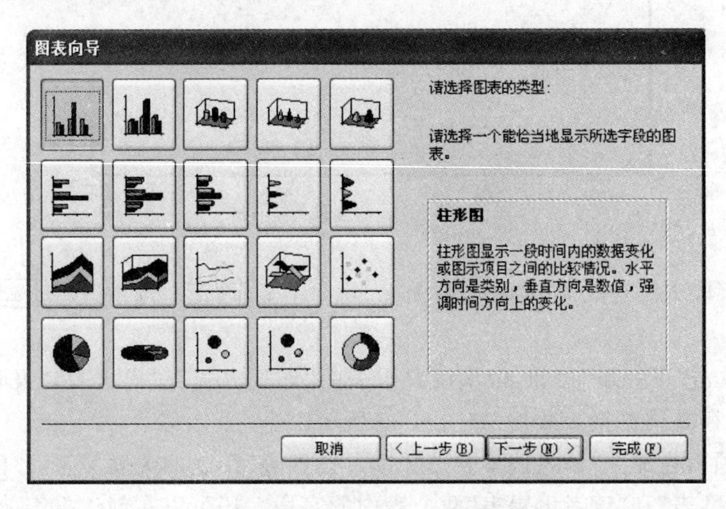

图 6.28 “图表向导”对话框—“图表类型”

(3) 在图 6.28 中，选定图表类型为“柱形图”，单击“下一步”按钮，打开“图表向导”对话框—“布局方式”，显示默认的图表布局方式，如图 6.29(a)所示。

(4) 在图 6.29(a)中，通过拖拽方式，将“读者卡号”拖放在“数据”位置(默认进行计数)，将“读者身份”拖放到“轴”位置，如图 6.29(b)所示，单击“下一步”按钮，打开“图表向导”对话框—“图表标题”,如图 6.30 所示。

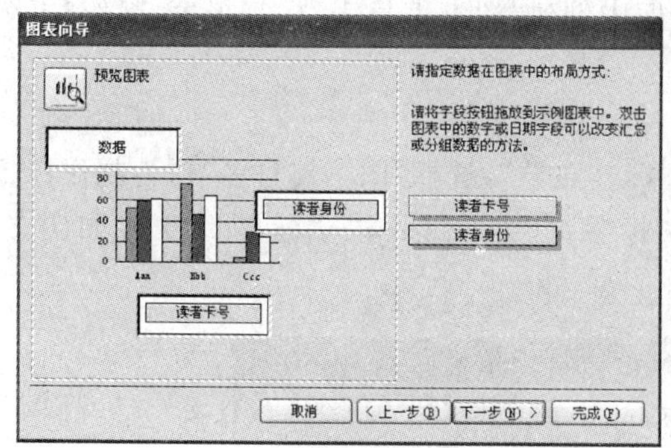

(a)默认布局

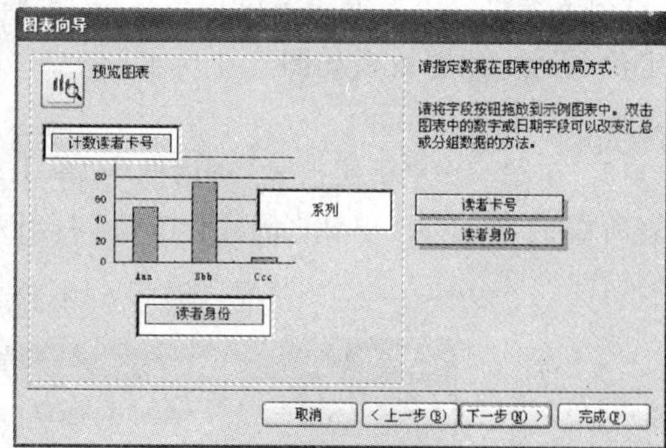

(b)调整布局

图 6.29 “图表向导”对话框—“布局方式”

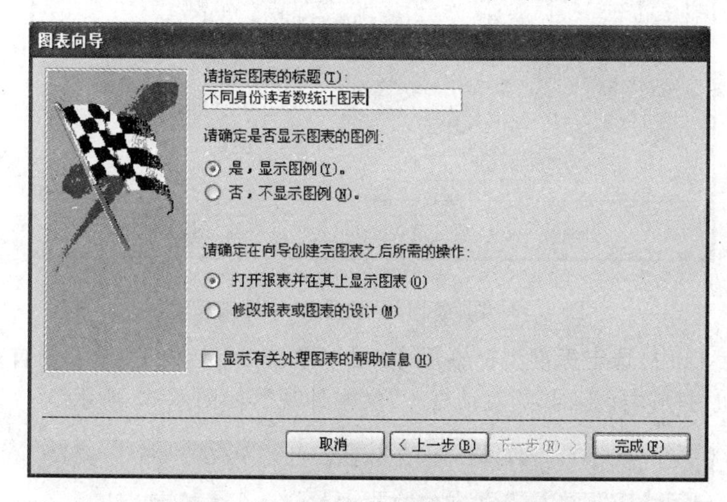

图 6.30 “图表向导”对话框—“图表标题”

【说明】

若“数据”位置是数字或日期字段,则双击“数据”区打开“汇总”对话框,如图 6.31 所示,可以改变汇总依据。将右侧的字段拖到“轴”、“系列”和“数据”位置进行图表布局,反之将字段拖放到其他位置,将取消图表布局设置。

(5) 在图 6.30 中,输入图表标题“不同身份读者数统计图表”,选择是否显示“图例”,确定向导创建图表之后的操作是“打开报表并在其上显示图表”,单击“完成”按钮,预览图表报表。

(6) “关闭”图表报表窗口或选择菜单栏“文件”|“保存”命令项,按提示保存报表名为“不同身份读者数统计图表”,打印预览视图效果如图 6.3 所示。

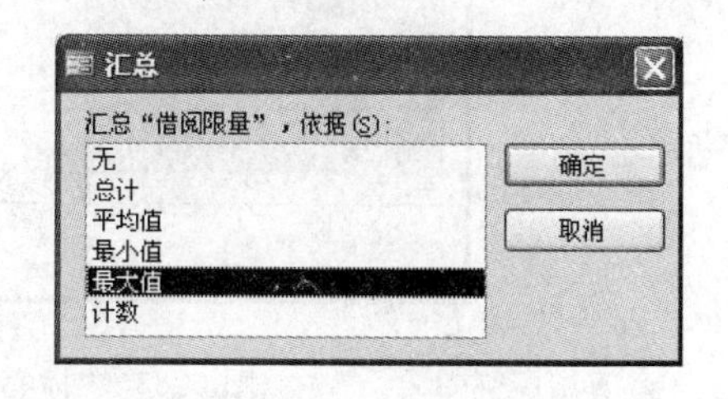

图 6.31 “汇总”对话框

通过“设计视图”打开报表,选择菜单栏“插入”|“图表”命令项,在主体节中拖拽鼠标后按照向导操作也可制作图表。

3. 使用“标签向导”创建报表

标签报表是适应标签纸而设置的特殊格式,可以方便、快捷创建大量的信封和卡片等不同形式的标签。

【例 6.5】 在“高校图书馆管理系统”数据库中创建“图书编目表”标签报表，制作“书名和定价”标签，预览效果如图 6.4 所示。

操作步骤如下。

(1) 在图 6.10“新建报表”对话框中，单击“标签向导”，选择“图书编目表”作为制作标签报表所需的数据源，单击“确定”按钮，打开“标签向导”对话框—“标签尺寸”，如图 6.32 所示。

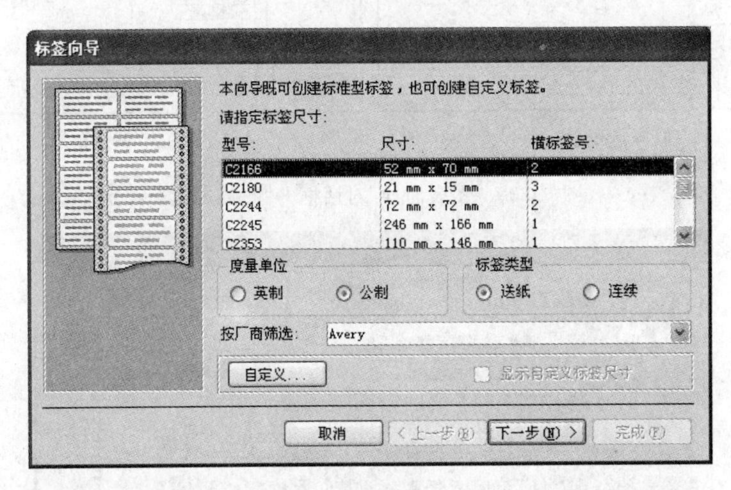

图 6.32 “标签向导”对话框—“标签尺寸”

(2) 在图 6.32 中，选定标准型标签尺寸(可以单击“自定义”按钮创建自定义标签)，单击“下一步”按钮，打开“标签向导”对话框—“文本外观”，如图 6.33 所示。

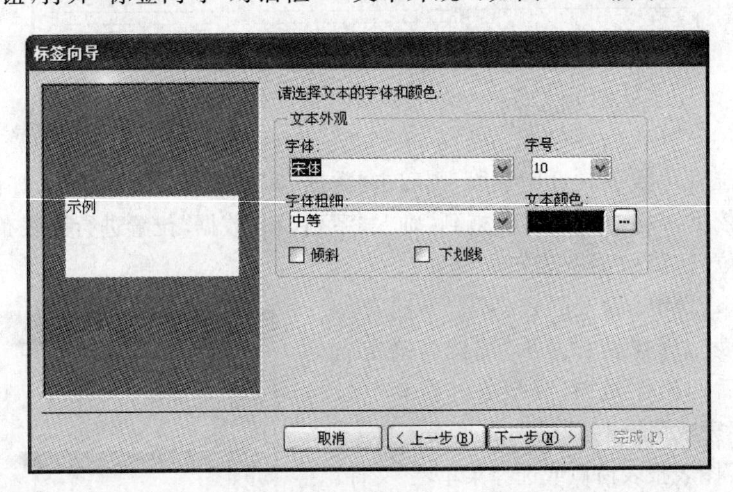

图 6.33 “标签向导”对话框—“文本外观”

(3) 在图 6.33 中，设定字体、字号、字体粗细、文本颜色、倾斜和下划线等文本外观，单击“下一步”按钮，打开“标签向导”对话框—“标签内容”，如图 6.34 所示。

(4) 在图 6.34 中，将“原型标签”列表内输入所需文本并选择创建标签要使用的字段，单击“下一步”按钮，打开“标签向导”对话框—“排序依据”，如图 6.35 所示。

(5) 在图 6.35 中，从“可用字段”列表中选取排序依据字段“书籍编号”，单击“下一步”

按钮，打开“标签向导”对话框—“报表名称”，如图 6.36 所示。

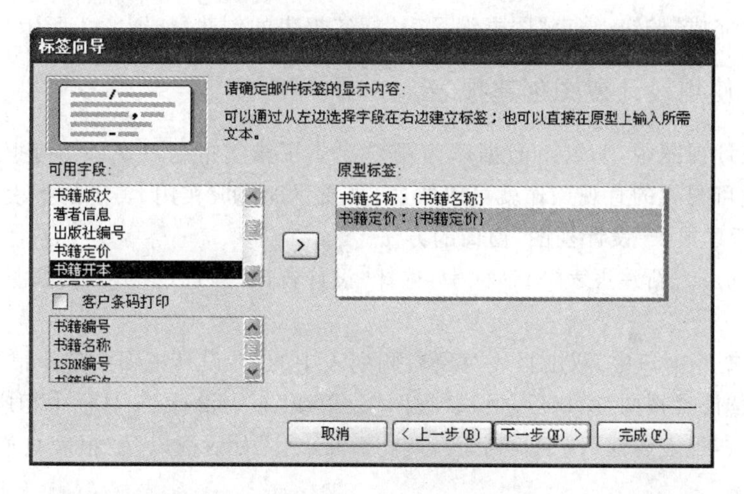

图 6.34　“标签向导”对话框—“标签内容”

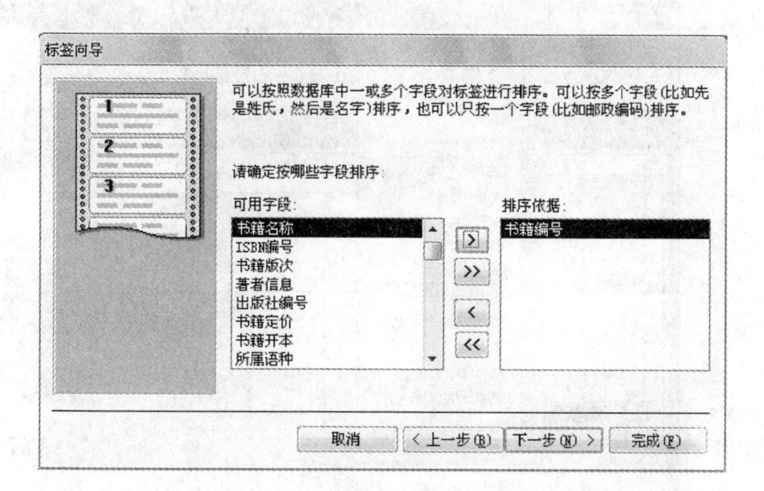

图 6.35　“标签向导”对话框—“排序依据”

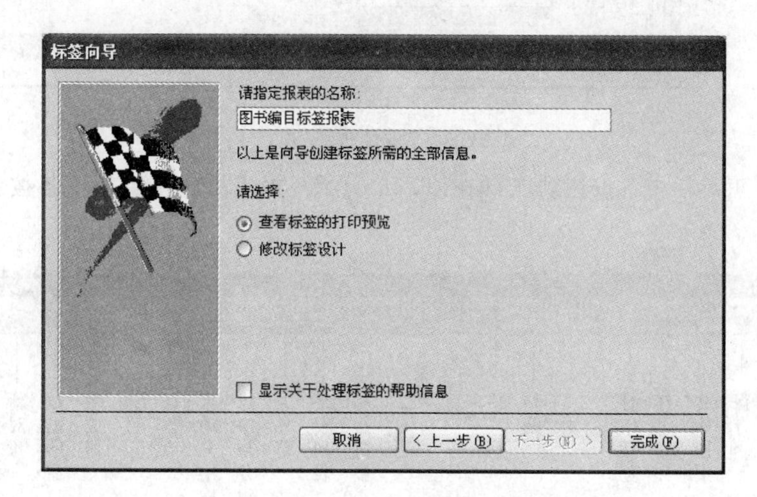

图 6.36　“标签向导”对话框—“报表名称”

（6）在图6.36中，输入新建标签报表名称“图书编目表”，选择“查看标签的打印预览”单选项，单击“完成”按钮，结束“图书编目表”标签报表的创建，如图6.4所示。

6.2.3 使用设计视图创建报表

在报表设计视图中，Access数据库为用户提供了丰富的可视化设计手段，用户可以不用编程仅通过可视化的直观操作就可以快速、高质量地完成实用、美观的报表设计。

1. 打开新建报表“设计视图”窗口的方法

（1）在图6.10“新建报表”对话框中，选择“设计视图”并选定报表“数据源”，单击“确定”按钮。

（2）在数据库窗口中，双击报表对象右侧列表中的“在设计视图中创建报表”选项。

打开报表“设计视图”窗口后，通过“视图”菜单或“报表设计”工具栏中相应按钮，显示或取消“工具箱”、“报表属性”、“字段列表”、“排序和分组”对话框以及“报表页眉/页脚”等，如图6.37所示。

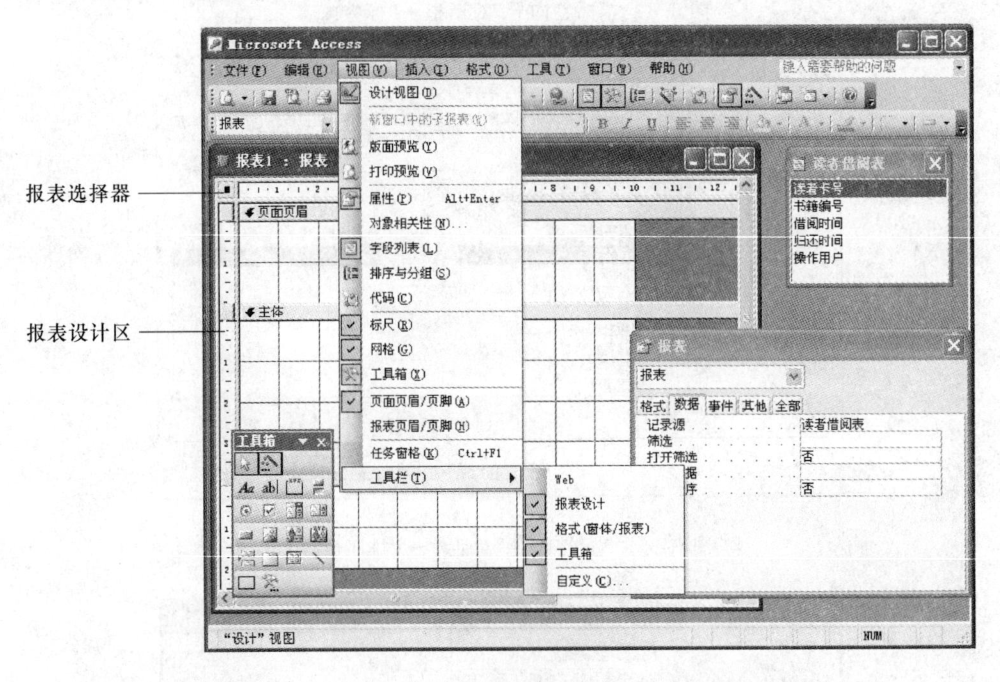

图6.37 “设计视图”窗口

报表设计工具栏中各按钮功能，如图6.38所示。报表格式工具栏中各按钮功能，如图6.39所示。

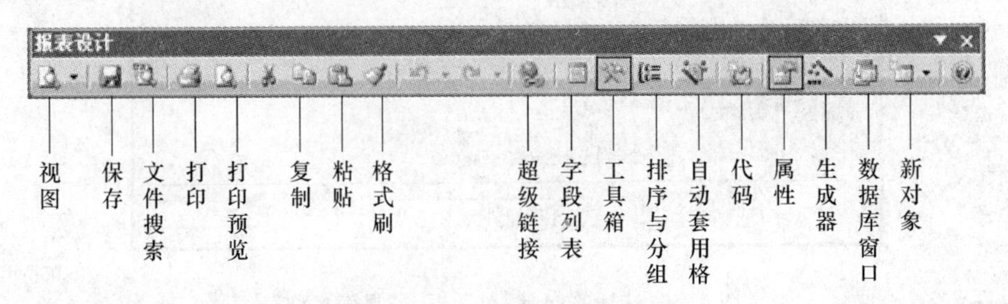

图6.38 报表设计工具栏

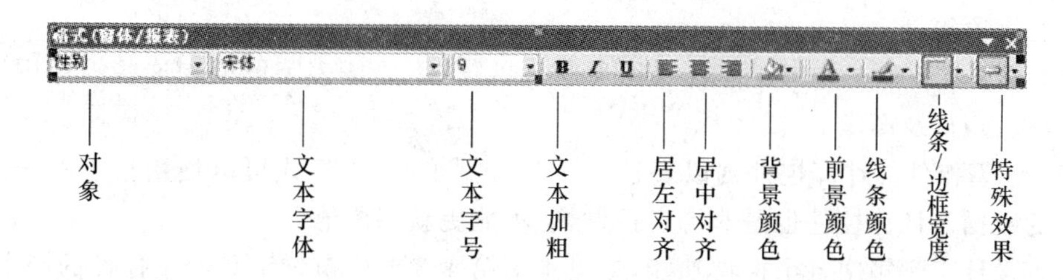

图 6.39 报表格式工具栏

2. 报表的属性对话框

在 Access 数据库的“报表”对象中，其属性用于决定表、查询、字段、窗体及报表的特性。窗体或报表中的每一个控件也都有自己的属性。控件属性决定控件的结构、外观和行为，包括它所包含的文本或数据的特性。在属性对话框中为报表、节或控件设置属性步骤如下。

(1) 打开报表“设计视图”窗口。

(2) 选择菜单栏“视图”|“属性”命令项，或者使用快捷菜单中的“属性”菜单项，或者单击工具栏中“属性”按钮或双击“报表选择器”，如图 6.37 所示，打开报表“属性”对话框，如图 6.40 所示。

(3) 在属性窗口中，单击要设置的属性，然后按需求设置属性值。

【说明】

报表“属性”对话框中“事件”选项卡有“打开”和“关闭”等事件，而报表控件“属性”对话框中“事件”选项卡无任何事件，这一点与窗体控件属性不同。

3. 报表工具箱

工具箱是用来放置控件的工具的集合，如图 6.41 所示。在报表的“设计视图”中，选择菜单栏“视图”|“工具箱”命令项，或单击工具栏上的“工具箱”按钮就可以显示或隐藏工具箱。鼠标指向“工具箱”中控件，显示控件名称，单击该控件并按下“F1”键可以得到详细帮助信息。

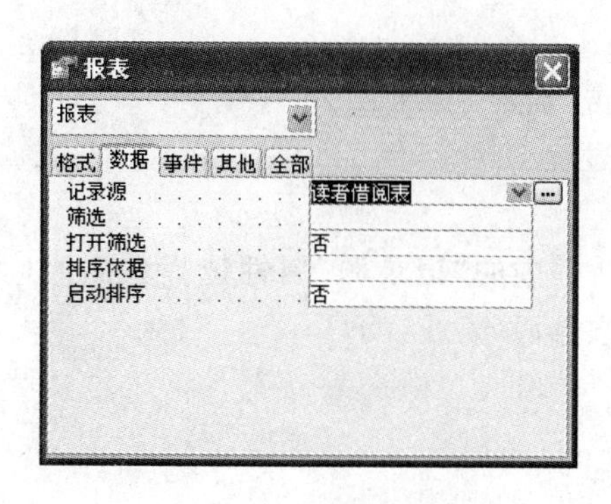

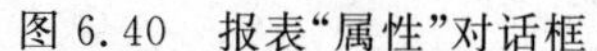

图 6.40 报表“属性”对话框

图 6.41 报表“工具箱”

报表中的每一个对象，都称为控件，报表中的所有信息都包括在控件中，控件是报表上用于显示数据、执行计算或修饰报表的对象。例如，可以在报表上使用文本框显示数据，或者使用线条或矩形控件来分隔与组织控件以增强它们的可读性。

控件分为 3 种。

(1) 绑定控件。绑定控件与表或查询中的字段绑定在一起。可用于显示、输入及更新数据库中的字段。绑定控件可以与大多数数据类型捆绑在一起，包括文本、日期、数值、是/

否和备注字段等。

(2) 非绑定控件。非绑定控件保留所输入的值，不更新表字段值。这些控件用于显示信息、线条、矩形及图像等。

(3) 计算控件。计算控件则以表达式作为数据来源，表达式可以使用报表的表或查询字段中的数据。计算控件也是非绑定控件，它不能更新字段值。

报表设计工具箱中各个控件功能，参见本书第4.3节中窗体工具箱中控件的基本功能。

4. 报表设计视图中控件的基本操作

(1) 通过鼠标拖动创建新控件、移动控件，也可按住“Ctrl”键和方向键微调控件位置。

(2) 通过按“Del”键删除控件。

(3) 激活控件对象，拖动控件的边界调整控件大小，也可按住“Shift”键加方向键。

(4) 利用属性对话框改变控件属性。

(5) 通过格式化改变控件外观，可以运用边框、粗体等效果。

(6) 对控件增加边框和阴影等效果。

向报表中添加非绑定控件，可通过从工具箱中选择相应的控件，拖拽到报表上即可。

向报表中添加绑定控件是一项重要工作，这类控件主要有文本框等，通过设置文本框“控件来源”属性与字段列表中的字段相结合来显示数据。

在报表中创建计算控件时，可使用以下两种方法：如果控件是文本框，可以直接在控件中输入计算表达式；如果是其他控件或是文本框，都可以使用表达式生成器来创建表达式。

5. 使用表达式生成器创建计算控件的操作步骤

(1) 在设计视图中打开报表。

(2) 创建或选定一个非绑定的文本框。

(3) 打开“属性”对话框，选择“数据”选项卡。

(4) 单击“控件来源”右侧“表达式生成器”按钮，弹出“表达式生成器”对话框。

(5) 单击“＝”按钮，并单击相应的计算按钮。

(6) 双击计算中使用的字段或函数。

(7) 输入表达式中的其他数值，然后单击“确定”按钮。

6. 使用“设计视图”创建报表主要操作过程

(1) 创建空白报表。

(2) 选择数据源。通过报表“属性”对话框中的“记录源”属性选择数据源(表、查询或SQL语句)，也可以在创建空白报表时选择数据源(表或查询)。

(3) 设置报表排序和分组属性。

(4) 添加页眉页脚。

(5) 布置控件显示数值、文本和各种统计信息。

(6) 设置报表和控件外观格式、大小位置和对齐方式等。

(7) 设置报表页面、打印预览和保存。

【例6.6】 在“高校图书馆管理系统”数据库中，创建“读者借阅表”报表。

操作步骤如下。

(1) 打开报表“设计视图”窗口，如图6.37所示。

(2) 鼠标右击报表设计区空白区，从弹出的快捷菜单中选择“报表页眉/页脚”选项，在报表设计视图中添加“报表页眉”节和“报表页脚”节。

(3) 在“报表页眉”节中添加一个标签控件，设置标签标题为“读者借阅表”、字号为 18 磅、居中显示。

(4) 从“字段列表”中选择所有字段拖到主体节区里，工具箱中选择“直线”控件，在主体节下部画一条直线，调整各页眉/页脚和主体节区的高度，如图 6.42 所示。

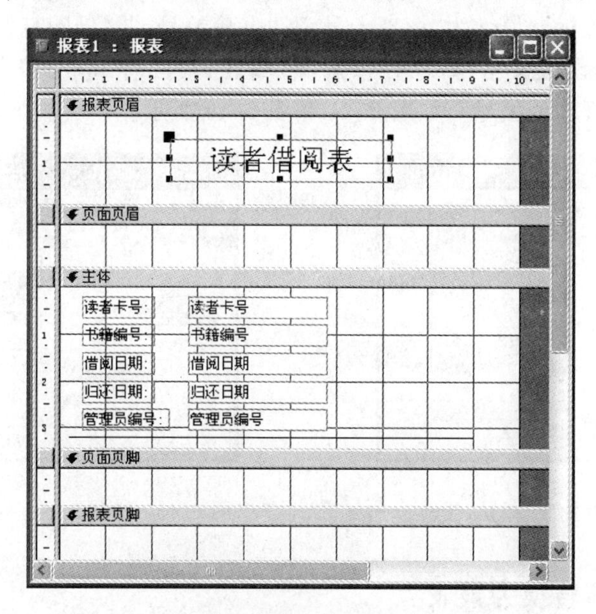

图 6.42　读者借阅表“设计视图”

(5) 保存“读者借阅表”报表，切换到“打印预览”视图，如图 6.43 所示。

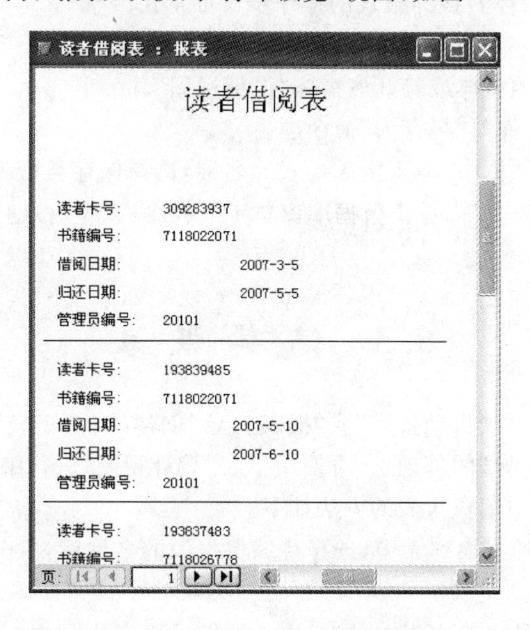

图 6.43　读者借阅表“打印预览视图”

【说明】

① 打开报表“设计视图”窗口时，如果未指定报表数据源，则“字段列表”为空，通过报表“属性”对话框的“数据”选项卡中的“记录源”属性设置报表数据源，如图 6.40 所示。

② 报表页眉/页脚和页面页眉/页脚中的页眉和页脚只能同时添加。如果不需要页眉或页脚，可将其节的“可见性”属性设为“否”，或者删除该节内容，也可设置“高度”属性为“0”。若删除页眉和页脚，则同时删除其上所有控件。

③ 主体节区中控件若不从“字段列表”中拖放，可以从工具箱向主体节区添加5个文本框控件，分别设置标签标题属性为“读者卡号:”、“书籍编号:”、“借阅日期:”、“归还日期:”和“管理员编号:”，分别设置文本框的“控件来源”属性为“读者卡号”、“书籍编号”、“借阅日期”、“归还日期”和“管理员编号”，如图6.44和图6.45所示。

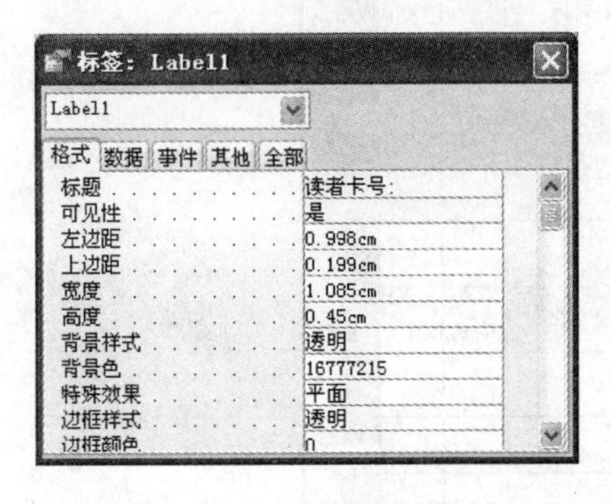

图6.44 设置标签“标题”属性

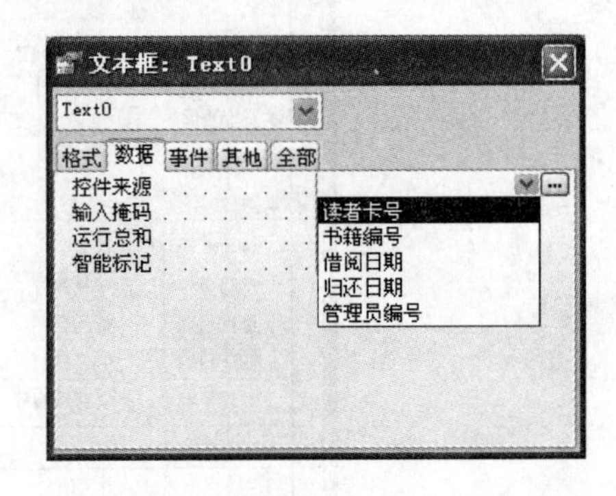

图6.45 设置文本框“控件来源”属性

6.2.4 将窗体转换为报表

生成报表除了使用“自动报表”、“向导”和“设计视图”3种创建报表方法以外，还可以通过窗体转换为报表，将窗体转换为报表的操作步骤如下。

(1) 打开数据库。

(2) 选择准备转换的窗体或打开该窗体“设计视图”。

(3) 执行菜单栏“文件”|“另存为”命令项。

(4) 在“另存为”对话框中，输入生成报表的名称，选择保存类型为“报表”。

(5) 选择新建的报表名称，单击数据库窗口工具栏中“预览”按钮[预览(P)]，预览窗体转换的报表效果。

6.3 编辑报表

对于简单的报表，可用“自动报表”或“报表向导”创建，而对于较复杂的报表，可以在使用“自动报表”或“报表向导”的基础上，再使用报表“设计视图”进行编辑完善。

在报表“设计视图”中编辑报表的方法如下。

(1) 在数据库窗口的报表列表中，选择待编辑报表的名称后，单击数据库窗口工具栏中的“设计”按钮[设计(D)]。

(2) 在数据库窗口的报表列表中，鼠标右击待编辑报表的名称，在弹出的快捷菜单中选择“设计视图”。

(3) 通过视图切换方式切换到设计视图。

6.3.1 设计报表布局

在报表“设计视图”窗口中，有若干个分区节，可以通过鼠标拖拽或“属性”对话框调整报表的宽度及各节的高度。每个分区实现的功能各不相同，由于各个控件在报表设计功能中的位置不同，可按需要调整控件的位置、大小和间距，即设计和修改报表布局。

按住“Shift”键选定多个控件，选择菜单栏“格式”|“对齐”或“大小”或“水平间距”或“垂直间距”等命令项，可以设计、修改报表布局。

6.3.2 报表的美化

1. 设置报表格式

Access 数据库中提供了 6 种预定义报表格式，分别为“大胆”、“正式”、“浅灰”、“紧凑”、“组织”和“随意”。通过这些自动套用格式，可以一次性更改报表中所有文本的字体、字号及线条粗细等外观属性。

具体操作方法是在报表“设计视图”窗口中，选择格式更改对象，选择菜单栏中的“格式”|“自动套用格式”命令项，在弹出的“自动套用格式”对话框中选择所需格式，如图 6.46 所示。

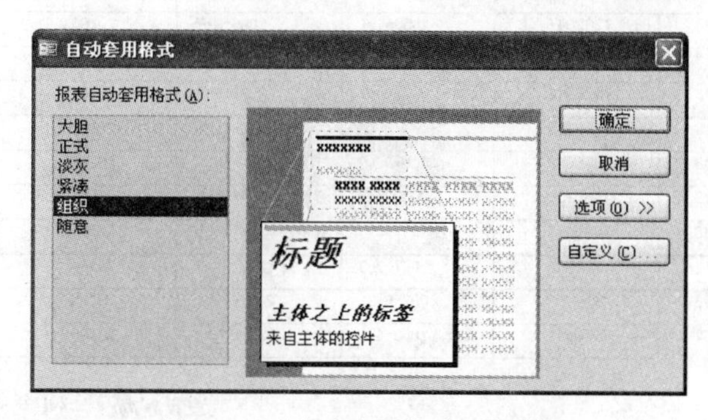

图 6.46 “自动套用格式”对话框

2. 添加背景颜色及图片

添加背景颜色方法是在报表“设计视图”窗口中，选择格式更改节或单击报表界面，在“属性”对话框的“格式”选项卡中选择“背景”或在鼠标右击弹出的快捷菜单中选择“背景”命令项。

添加背景图片方法是在报表“设计视图”窗口中，打开报表“属性”对话框，在“格式”选项卡中设置“图片”属性值为图片文件路径和名称。

6.3.3 设置分页符、页码、日期和时间

1. 插入分页符

在报表“设计视图”窗口中，单击工具箱中的“分页符”控件，在报表中需要设置分页符的位置单击即可。

还可通过设置组页眉、组页脚或主体节的“强制分页”属性来实现。

2. 插入页码

(1) 在报表“设计视图”窗口中，选择菜单栏“插入”|“页码”命令项，打开“页码”对话框，如图 6.47 所示。

(2) 在报表“设计视图”窗口中，在“页面页脚”节中添加“文本框”控件，设置其“控件来源”属性为“=

页码
格式
第 N 页(N)
第 N 页，共 M 页(M)
位置
页面顶端(页眉)(T)
页面底端(页脚)(B)
对齐(A):
中
首页显示页码(S)
确定
取消

图 6.47 “页码”对话框

[Page]”或选择“表达式生成器”中的“通用表达式”列表中的“页码”。

3. 插入日期和时间

(1) 在报表“设计视图”窗口中，选择菜单栏“插入”|“日期和时间”命令项。

(2) 在报表“设计视图”窗口中，添加文本框控件，将文本框的“控件来源”属性设置为日期或时间的表达式“=Date()”或“=Time()”或“=Now()”。

【例 6.7】 编辑例 6.6 中的“读者借阅表”报表，将“纵栏式”调整为“表格式”，并进行报表布局设计、报表美化和插入页码和日期等，另存为“读者借阅表 1”报表，预览效果如图 6.48 所示。

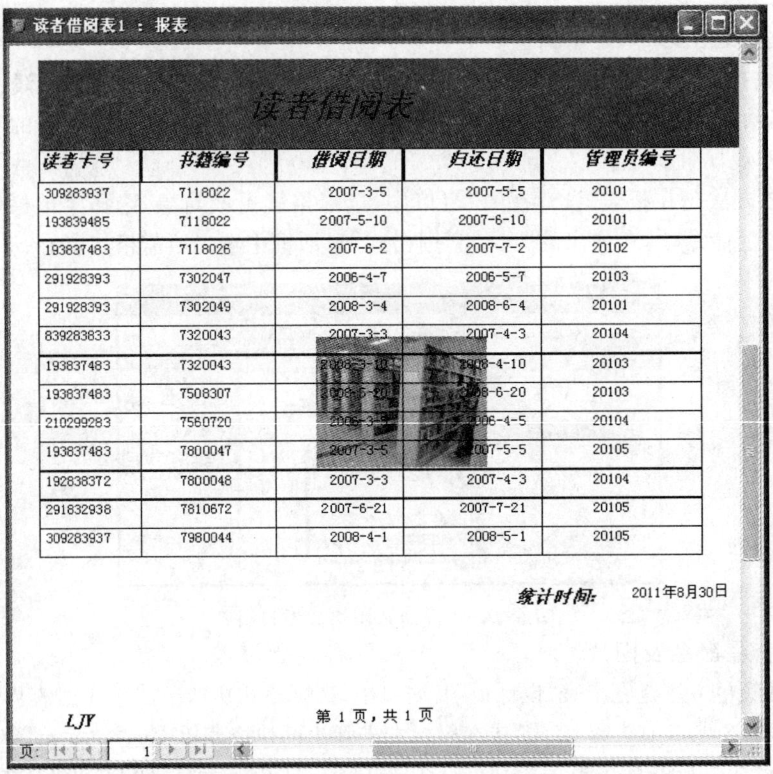

读者借阅表1 ：报表

读者借阅表

读者卡号	书籍编号	借阅日期	归还日期	管理员编号
309283937	7118022	2007-3-5	2007-5-5	20101
193839485	7118022	2007-5-10	2007-6-10	20101
193837483	7118026	2007-6-2	2007-7-2	20102
291928393	7302047	2006-4-7	2006-5-7	20103
291928393	7302049	2008-3-4	2008-6-4	20101
839283833	7320043	2007-3-3	2007-4-3	20104
193837483	7320043	2008-3-10	2008-4-10	20103
193837483	7508307	2008-5-20	2008-6-20	20103
210299283	7560720	2006-3-5	2006-4-5	20104
193837483	7800047	2007-3-5	2007-5-5	20105
192838372	7800048	2007-3-3	2007-4-3	20104
291832938	7810672	2007-6-21	2007-7-21	20105
309283937	7980044	2008-4-1	2008-5-1	20105

统计时间: 2011年8月30日

LJY 第 1 页，共 1 页

页: 1

图 6.48 编辑报表“打印预览”效果

操作步骤如下。

(1) 打开“读者借阅表”报表的“设计视图”窗口，将“主体”节中的 5 个标签控件移动到“页面页眉”节中，通过“属性”对话框设置标签控件和文本控件的“字号”和“文本对齐”方式等。然后通过“格式”菜单，调整各个控件的“对齐方式”、“位置”、“大小”及“水平间距”等。

【说明】

若标签控件是独立标签控件，则可以通过鼠标拖动实现在不同节中移动；若标签控件是与文本框控件绑定的标签控件，则需要通过剪切加粘贴方式实现在不同节中移动，而且一定要先选定该标签控件。

(2) 选择菜单栏“视图”|“网格”命令项，取消报表设计区的网格线，然后从工具箱中选取“直线”控件添加到报表“页面页眉节”和“主体节”，完成表格画线。

【说明】

按住“Shift”键和方向键可以调整直线的长度或角度。也可以选取“矩形”控件画外框，但要设置"矩形"控件的"背景样式"属性为"透明",否则看不到矩形遮挡的数据。画线后还需调整"页面页眉节"和"主体节"高度,否则存在空白区域。

(3) 单击"报表选择器"选择整个报表为操作对象,选择菜单栏"格式"|"自动套用格式"命令项,在"自动套用格式"对话框中选择"组织"格式,自动按照"组织"风格设置报表格式。

(4) 选定"报表页眉"节,打开"报表页眉"属性对话框,设置"背景"属性为"红色"。在"报表页眉"属性对话框"对象"下拉列表框中选择"报表",打开"报表"属性对话框,设置"图片"属性为"C:\照片\011.jpg","图片缩放模式"为"裁剪"模式,"图片对齐方式"为"居中"方式。

(5) 选择菜单栏"插入"|"页码"命令项,打开"页码"对话框,设置插入页码的格式,如图6.47所示,在"页面页脚"中自动插入文本框"="第" & [Page] & "页,共" & [Pages] & "页"",再添加一个标签控件,标题为"LJY"。

(6) 在"报表页脚"节中添加"文本框"控件,设置标签控件"标题"属性为"统计时间:",设置文本框控件的"控件来源"属性为日期表达式"=Date()",设置文本框控件的"格式"属性为"长日期"。

(7) 选择菜单栏"文件"|"另存为"命令项,打开"另存为"对话框,修改报表另存为"读者借阅表1",设计视图效果如图6.49所示。

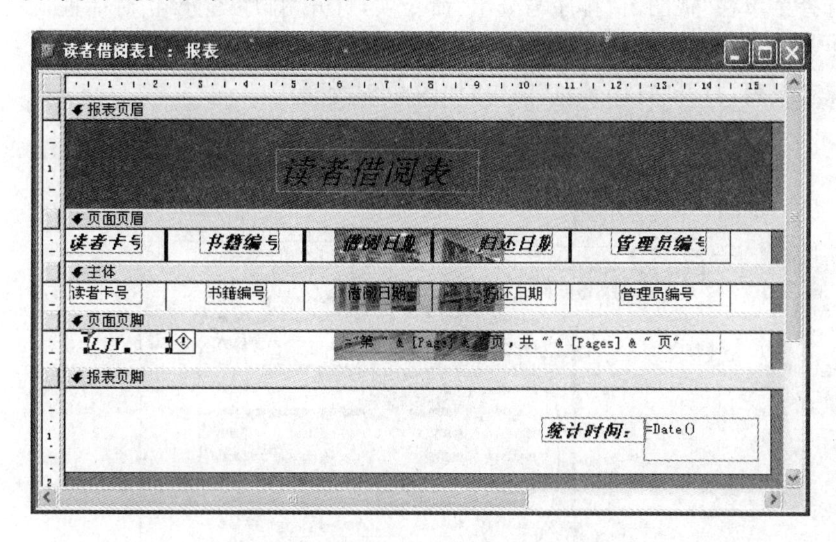

图6.49 "读者借阅表1"报表"设计视图"

6.4 报表的排序、分组与汇总

报表中的记录显示顺序一般按照数据输入的先后来排列显示,在实际应用中,经常按照指定的排列顺序来显示。另外,数据的统计操作和汇总计算需要对报表指定某个字段进行分组,设置报表表达式,实现在报表中对记录进行分组与汇总。

6.4.1 报表的排序

报表的排序是指按某个字段值将记录排序。

对记录排序的具体操作方法:打开报表"设计视图",选择菜单栏"视图"|"排序与分

组”命令项，打开“排序与分组”对话框，设置排序与分组字段或表达式及排序次序，如图 6.50 所示。

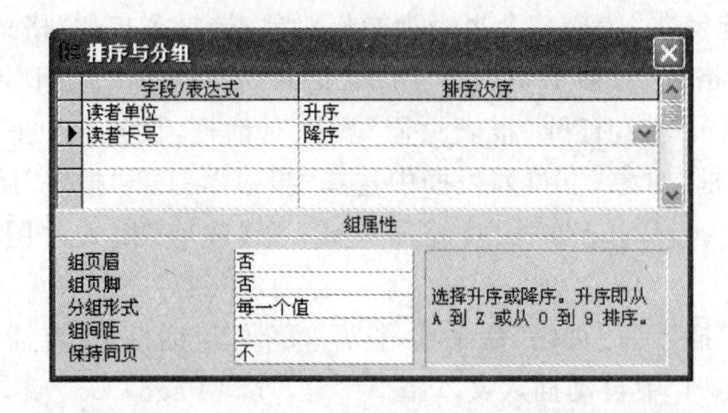

图 6.50 “排序与分组”对话框

【例 6.8】 编辑例 6.2 中的“读者档案表 1”报表，按照“读者单位”升序和“读者卡号”降序排序，即读者单位相同的再按照读者卡号排序。

操作步骤如下。

(1) 打开“读者档案表 1”报表“设计视图”窗口。

(2) 选择菜单栏“视图”|“排序与分组”命令项，打开“排序与分组”对话框，设置“读者单位”升序和“读者卡号”降序，如图 6.50 所示。

(3) 保存报表，打开“打印预览”窗口，如图 6.51 所示。

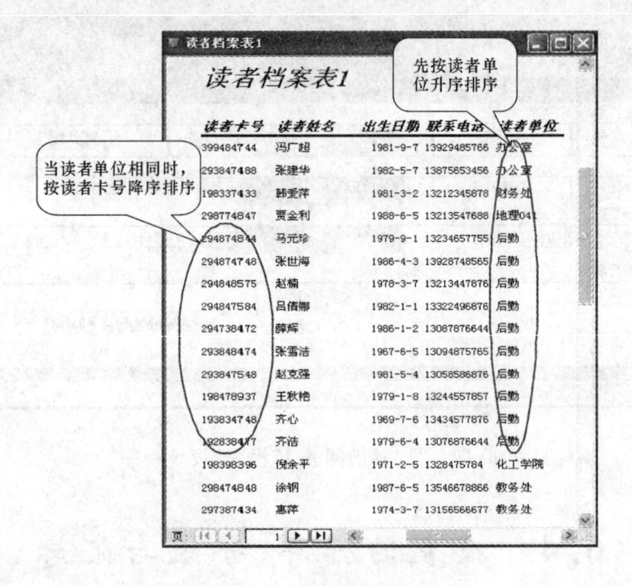

图 6.51 排序预览效果

6.4.2 报表的分组与汇总

报表中对记录进行分组是指按某个字段值进行归类，将字段值相同的记录分在一组之中。从而可以实现同组数据的汇总统计操作并输出统计信息，增强报表的可读性。一个报表中最多可以对 10 个字段或表达式进行分组。

在报表中可以利用文本框创建计算表达式，进而计算表达式的值。文本框中的表达式必须以等号（“＝”）开头，既可以在文本框中键入，也可以在文本框的“控件来源”属性中进行设置。

报表表达式可以是运算符、常量、变量、函数、字段名称、控件和属性的复合规则的组合，例如，显示当前系统日期和时间：＝Now()；显示罚款总额：＝Sum([罚款总额])；显示总页数和页码：＝"共 " & [Pages] & " 页，第 " & [Page] & " 页"；显示文本框 Text1 与 Text2 的和：＝Text1＋Text2；显示记录个数：＝Count([读者卡号])。

对记录分组与汇总具体操作方法：

(1) 在使用“报表向导”创建报表时，添加分组级别。

(2) 在报表的“设计视图”中，打开“排序与分组”对话框，设置排序与分组字段或表达式和排序方式，在“组属性”中选择报表“组页眉”和“组页脚”的参数为“是”，在具体的组页脚节中添加文本框，设置分组字段表达式。

(3) 添加“报表页眉/页脚”节，在报表页脚节中设置字段统计表达式，报表汇总表达式的控件一般为文本框。

【例 6.9】 创建一个未添加分组级别的报表“读者借阅表 2”，数据来源于“读者借阅图书信息查询”查询，然后在设计视图下进行报表分组和计算。实现显示借阅编号、统计每个读者借阅书籍的本数、借阅比例及所有借出书籍的本数。预览效果如图 6.52 所示，设计视图如图 6.5 所示。

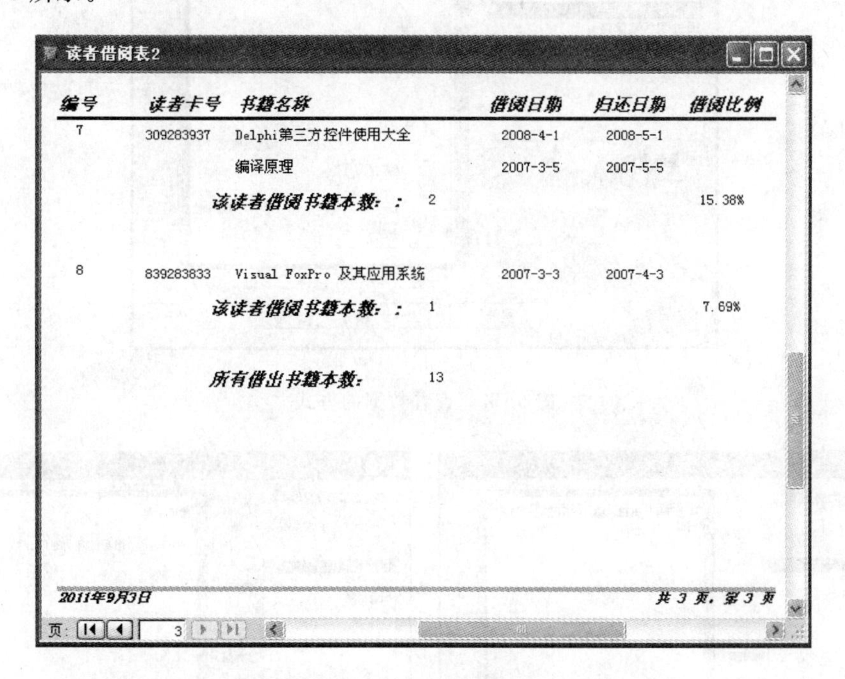

图 6.52　分组统计报表

操作步骤如下。

(1) 使用“报表向导”创建“读者借阅表 2”报表。其中，数据源选择“读者借阅图书信息查询”查询，字段选择“读者卡号”、“书籍名称”、“借阅日期”和“归还日期”如图 6.53 所示，查看数据方式选择“通过读者借阅表”如图 6.54 所示，不添加分组级别如图 6.55(a)所示，不设置排序方式，报表布局方式为“表格”式，向导生成报表的设计视图如图 6.56 所示，打印预览效果如图 6.57 所示。

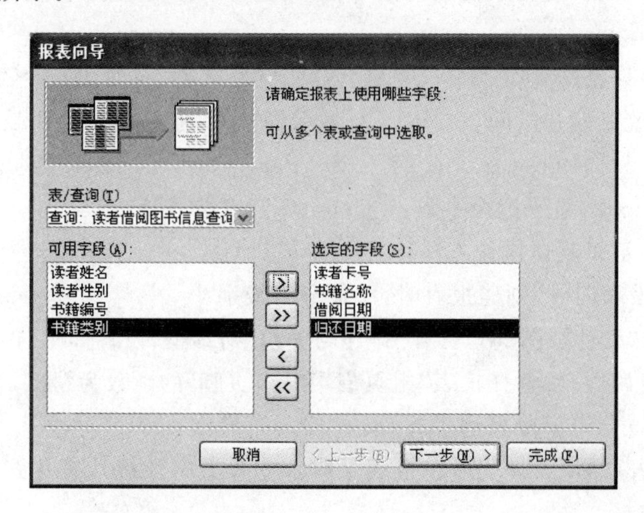

图 6.53　查询字段选择

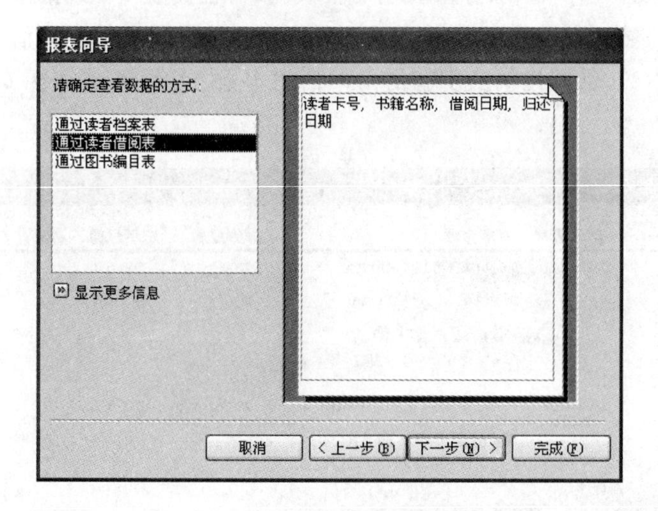

图 6.54　查看数据的方式

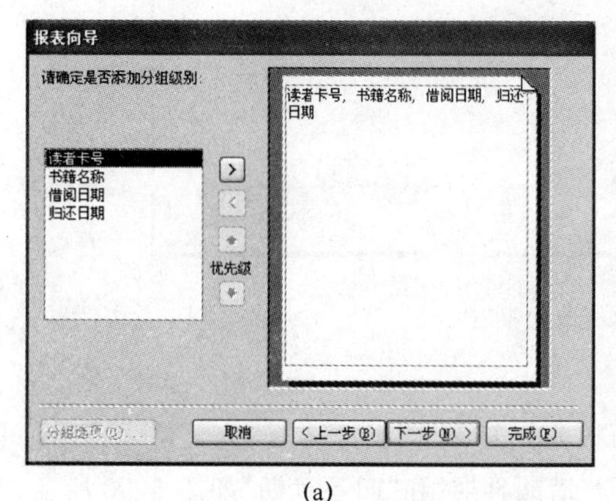

(a)

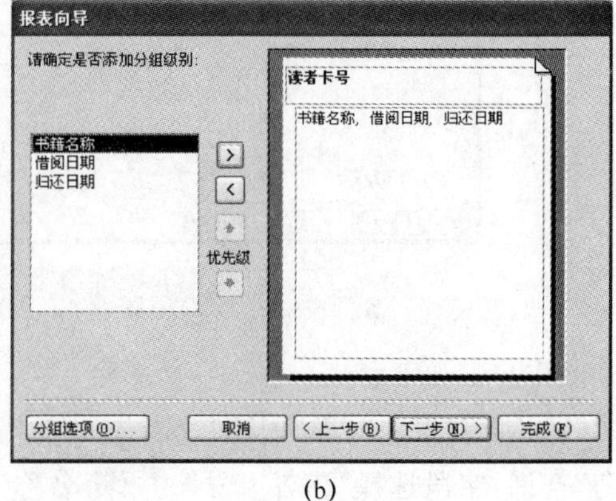

(b)

图 6.55　添加分组级别

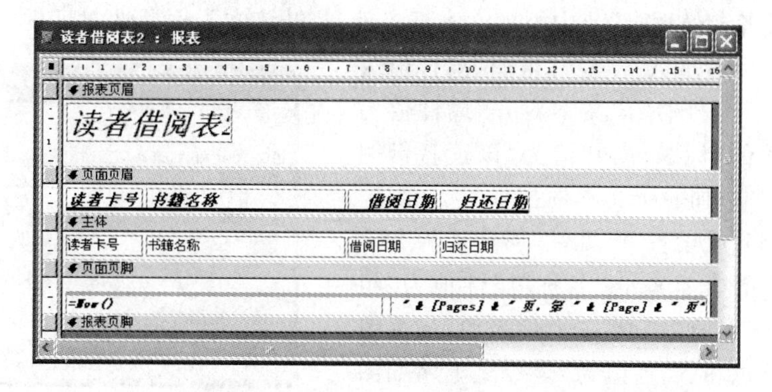

图 6.56　向导生成报表“设计”视图

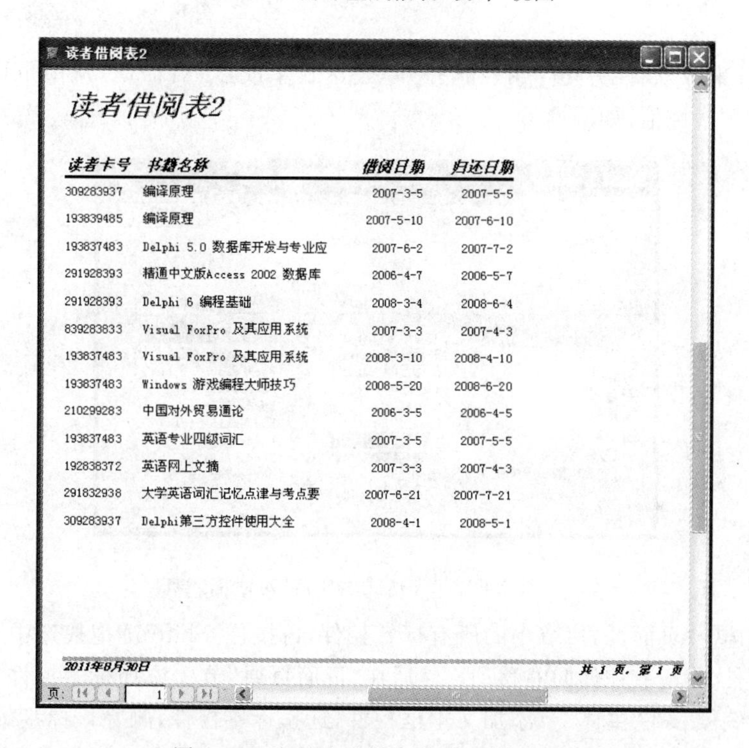
读者借阅表2

读者卡号	书籍名称	借阅日期	归还日期
309283937	编译原理	2007-3-5	2007-5-5
193839485	编译原理	2007-5-10	2007-6-10
193837483	Delphi 5.0 数据库开发与专业应	2007-6-2	2007-7-2
291928393	精通中文版Access 2002 数据库	2006-4-7	2006-5-7
291928393	Delphi 6 编程基础	2008-3-4	2008-6-4
839283833	Visual FoxPro 及其应用系统	2007-3-3	2007-4-3
193837483	Visual FoxPro 及其应用系统	2008-3-10	2008-4-10
193837483	Windows 游戏编程大师技巧	2008-5-20	2008-6-20
210299283	中国对外贸易通论	2006-3-5	2006-4-5
193837483	英语专业四级词汇	2007-3-5	2007-5-5
192838372	英语网上文摘	2007-3-3	2007-4-3
291832938	大学英语词汇记忆点津与考点要	2007-6-21	2007-7-21
309283937	Delphi第三方控件使用大全	2008-4-1	2008-5-1

2011年8月30日　　共 1 页，第 1 页

图 6.57　向导生成报表“打印预览”视图

（2）打开“读者借阅表 2”报表的“设计视图”窗口，选择菜单栏“视图”|“排序与分组”命令项，打开“排序与分组”对话框，设置“读者卡号”为分组字段，排序次序为“升序”，“组属性”中“组页脚”选择“是”，如图 6.58 所示。设置分组字段后，在报表设计区中自动增加组页脚“读者卡号页脚”节区。

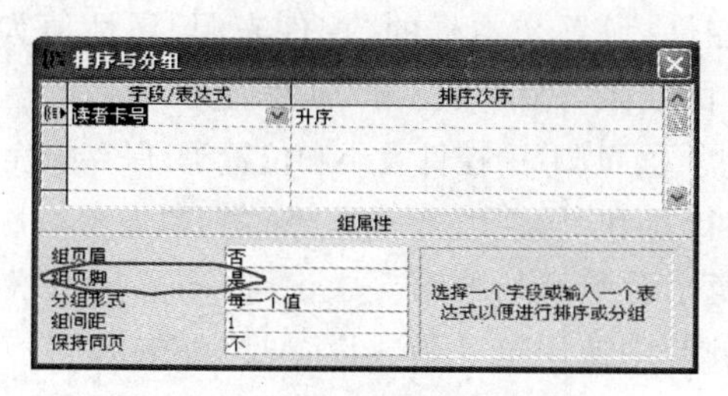

图 6.58　“排序与分组”对话框

（3）在"读者卡号页脚"节中添加文本框控件，打开该文本框属性对话框，设置文本框的"名称"属性为"读者本数"，"控件来源"属性值为"=Count([读者卡号])"，"文本对齐"属性值为"左"，设置标签的"标题"属性值为"该读者借阅书籍本数："。再添加一个文本框控件，选择绑定的标签控件，删除或设置"可见性"属性值为"否"隐藏该标签，设置文本框的"名称"属性值为"组号"，"可见性"属性值为"否"，"控件来源"属性值为"=1"，"运行总和"属性值为"全部之上"，如图6.59所示。

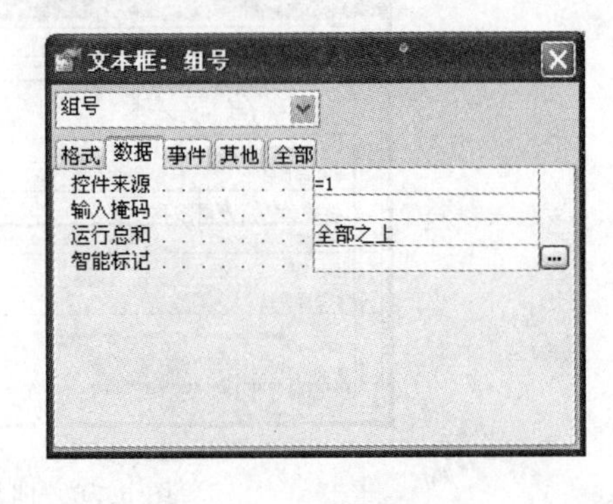

图6.59 查询字段选择

【说明】

单击"控件来源"属性旁边[...]按钮，打开"表达式生成器"对话框，从中也可以设置文本框的"控件来源"属性值，如图6.60所示。

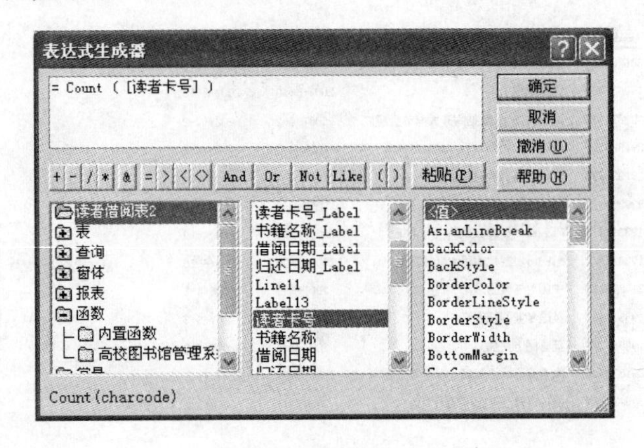

图6.60 "表达式生成器"对话框

（4）拖拽选中"页面页眉"节中的所有标签控件，再按住"Shift"键拖拽选中"主体"节中的所有文本框控件，将所有控件向右移动。然后在"页面页眉"节中添加标签控件，设置标签"标题"属性值为"编号"，在"主体"节添加文本框控件，选择标签控件，删除该标签，设置文本框的"控件来源"属性值为"=[组号]"，"运行总和"属性值为"无"，"隐藏重复控件"属性值为"是"。设置"读者卡号"文本框"隐藏重复控件"属性值为"是"，使预览中也不重复显示读者卡号。

（5）调整"报表页脚"高度，添加文本框控件，设置文本框的"名称"属性值为"借阅总数"，"控件来源"属性值为"=Count(*)"，设置绑定的标签"标题"属性值为"所有借出书籍本数："。

（6）在"页面页眉"节添加标签控件，设置标签"标题"属性值为"借阅比例"，在"读者卡号页脚"节中添加文本框控件，设置文本框的"控件来源"属性值为"=[读者本数]/[借阅总数]"，"格式"属性值为"百分比"，"小数位数"属性值为"2"。

（7）调整"报表"宽度、"页面页脚"中控件大小和位置等，保存报表，设计效果如图6.5所示。

在文本框属性中，"运行总和"属性值选择"全部之上"表示每次运行时都累加上次结果，选择"工作组之上"，表示每个分组开始的第一条记录，不累加上次的结果，即每个分组分别计算总和。在"组页眉/页脚"中使用统计函数设置"控件来源"是对组内记录统计；在"报表页眉/页脚"中使用统计函数设置"控件来源"是对所有记录统计。

6.5 设计子报表与多列报表

报表包含子报表，也可以包含子窗体，但最多只能包含两级子报表或子窗体。报表一般设计为单列，也可设置成多列报表，如“标签向导”创建的标签报表默认为2列。下面介绍如何设计子报表和多列报表。

6.5.1 子报表

子报表是出现在另一个报表内部的报表，包含子报表的报表称为主报表。主报表中包含的是一对多关系中的“一”，而子报表显示“多”的相关记录。

一个报表要用到来自多个表或查询的数据时，可以通过在一个报表中链接两个或多个报表的方法实现，这时链接的报表是主体，称为主报表，被链接的表称为子报表。

一个主报表，可以是结合型，也可以是非结合型。也就是说，它可以基于表或查询，也可不基于表或查询。通常，主报表与子报表的数据来源有以下几种联系。

(1) 一个主报表内的多个子报表数据来自不相关记录源。在此情况下，非结合型的主报表只是作为合并不相关子报表的“容器”使用。

(2) 主报表和子报表数据来自相同数据源。当希望插入包含与主报表数据相关信息的子报表时，应该把主报表与表或查询结合起来。

(3) 主报表和多个子报表数据来自相关记录源。一个主报表也可以包含两个或多个子报表共用的数据，在此情况下，子报表包含与公共数据相关的详细记录。

【例 6.10】 编辑例6.8中排序过的“读者档案表1”报表，添加一个“读者借阅图书信息情况”子报表，子报表数据来源于“读者借阅图书信息查询”查询，预览效果如图6.61所示。

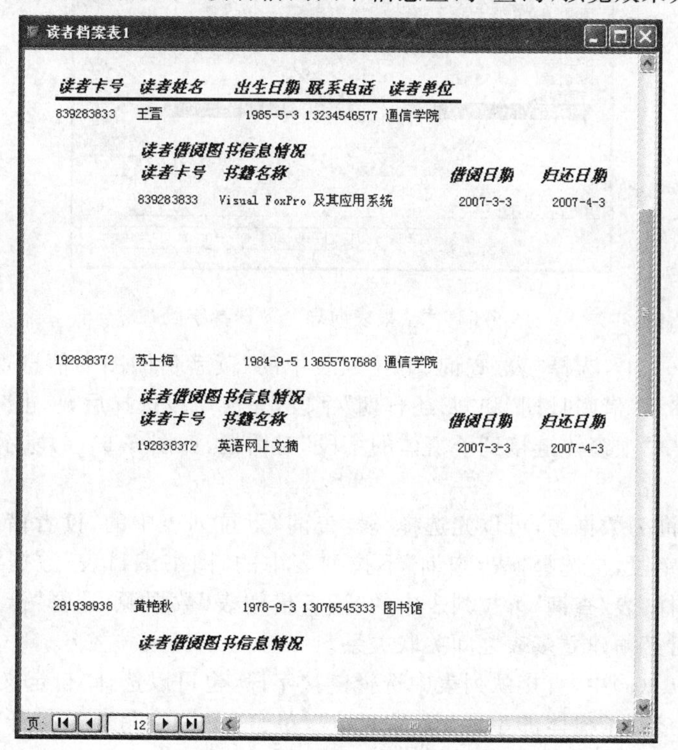

图 6.61 插入子报表“打印预览”

操作步骤如下。

(1) 打开"读者档案表 1"报表"设计视图"窗口，调整主体节高度，为添加子报表预留空间。

(2) 选择工具箱中"子窗体/子报表"控件，在主体节中添加"子窗体/子报表"控件，打开"子报表向导"—"数据来源"对话框，如图 6.62 所示。

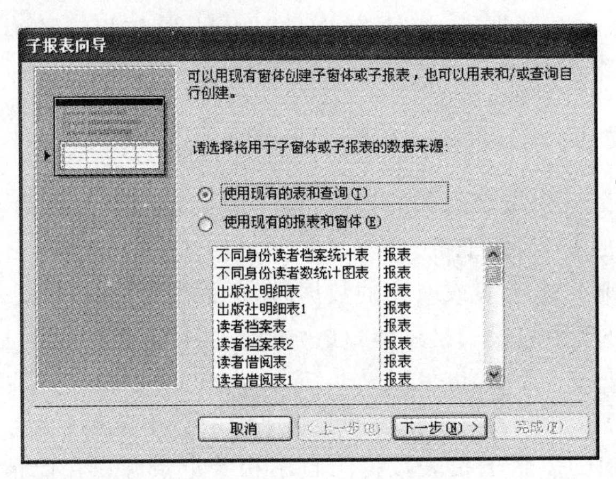

图 6.62 "子报表向导"—"数据来源"

(3) 在图 6.62 中，选择"使用现有的表和查询"作为数据源选项，单击"下一步"按钮，打开"子报表向导"—"选择字段"对话框，如图 6.63 所示。

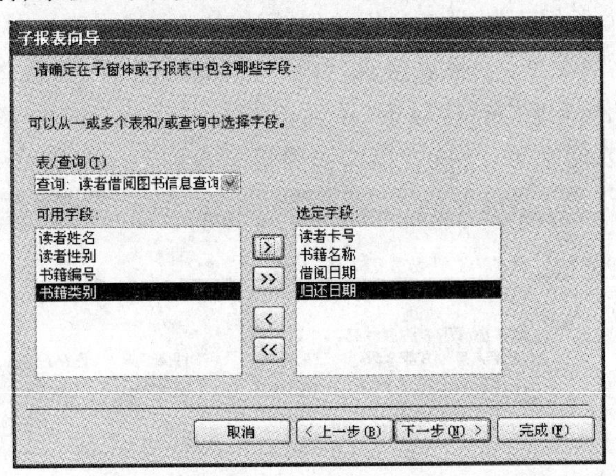

图 6.63 "子报表向导"—"选择字段"

(4) 在图 6.63 中，选择"表/查询"下拉列表中的"读者借阅图书信息查询"，选择"读者卡号"、"书籍名称"、"借阅日期"和"归还日期"字段，完成字段选择后，单击"下一步"按钮，打开"子报表向导"—"主窗体链接到子窗体的字段"对话框，如图 6.64(a)所示。

【说明】

如果不以查询为数据源，可以先选择"表/查询"下拉列表中的"读者借阅表"为数据源，选择"读者卡号"字段，再选择"表/查询"下拉列表中的"图书编目表"数据源，选择"书籍名称"字段，重新选择"表/查询"下拉列表中的"读者借阅表"数据源，选择"借阅日期"和"归还日期"字段。此时必须建立多表之间关联关系。

(5) 在图 6.64(a)中，直接从列表中选择链接字段，也可以选择"自定义"，如图 6.64(b)中选择主窗体链接到子窗体的字段"读者卡号"，单击"下一步"按钮，打开"子报表向导"—"指定子报表名称"对话框，如图 6.65 所示。

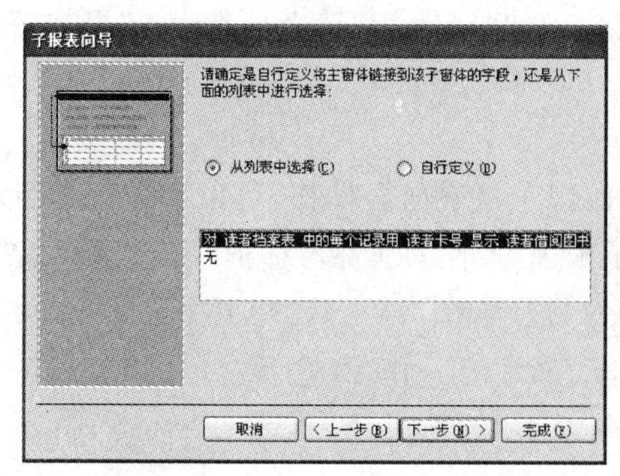

(a)从列表中选择

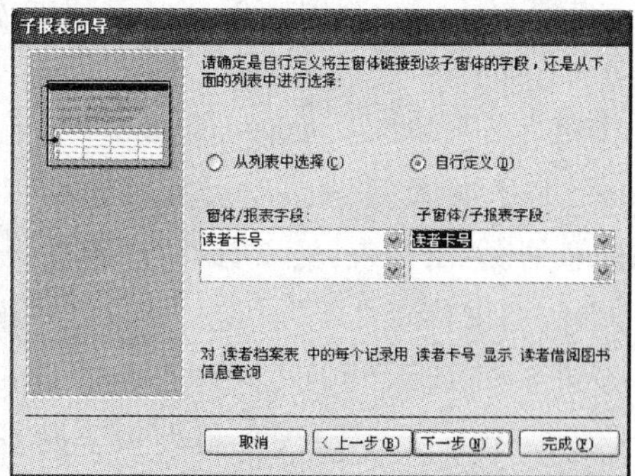

(b)自定义

图 6.64 “子报表向导”—“主窗体链接到子窗体的字段”

(6) 在图 6.65 中，输入子报表名称“读者借阅图书信息情况”，单击“完成”按钮，在设计区生成子报表控件，如图 6.66 所示。同时，在数据库报表列表窗口中，自动生成一个“读者借阅图书信息情况”子报表。

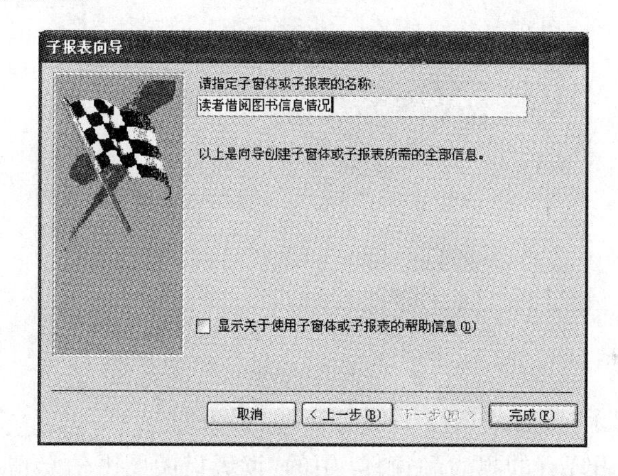

图 6.65 “子报表向导”—“指定子报表名称”

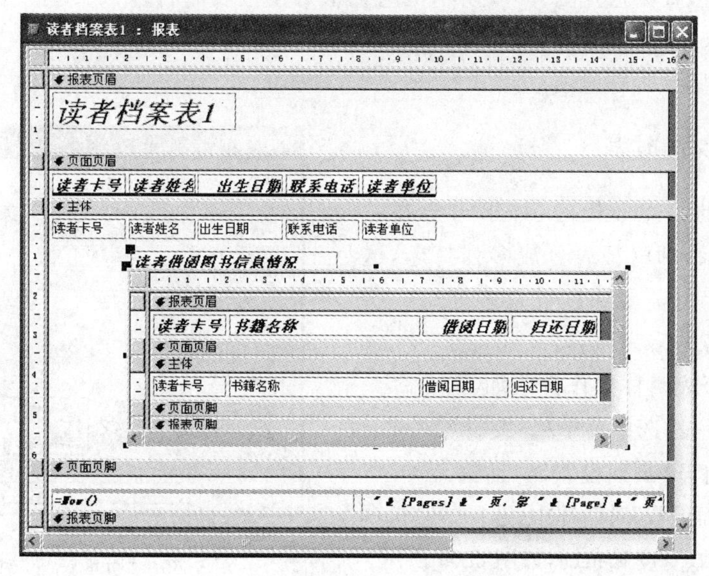

图 6.66 插入子报表“设计视图”

(7) 调整报表设计视图中控件位置和主体节高度，另存为“读者档案表 3”报表，预览效果如图 6.61 所示。

【说明】

① 添加“子窗体/子报表”控件时，如果不使用子报表向导操作，可以事先创建“读者借阅图书信息情况”子报表，然后打开“子窗体/子报表”控件的属性对话框，设置“源对象”属性为“读者借阅图书信息情况”、“链接子字段”属性为“读者卡号”、“链接主字段”属性为“读者卡号”，如图 6.67 所示，也可以单击“链接子字段”属性的…按钮，打开“子报表字段链接器”对话框，如图 6.68 所示，设置主报表和子报表链接关系。

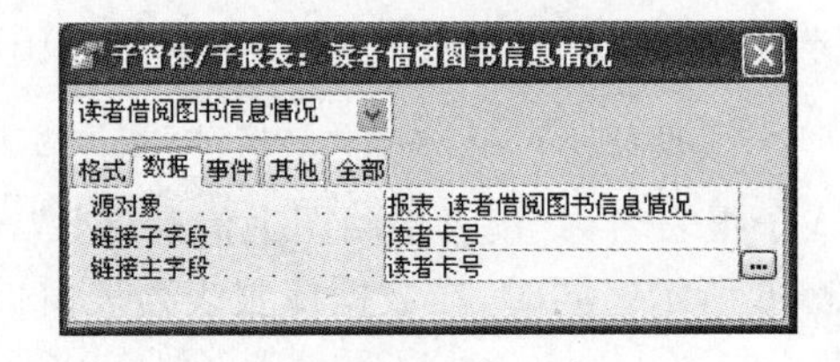

图 6.67 “子窗体/子报表”控件“属性”对话框

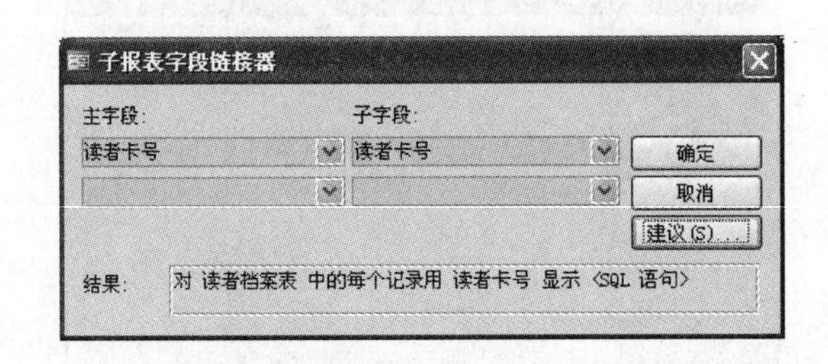

图 6.68 “子报表字段链接器”对话框

② 如果事先创建了“读者借阅图书信息情况”报表，在图 6.62“子报表向导”—“数据来源”对话框中选择“使用现有的报表和窗体”中的“读者借阅图书信息情况”报表为数据源，单击“下一步”按钮，直接打开图 6.65 所示的对话框为子报表命名。

③ 在图 6.64(a)中，选择“无”，即不选择链接字段，或者在图 6.64(b)中主/子字段没有关系，则子表中显示所有记录。

6.5.2 多列报表

当报表中的信息较短时，如果需要在一行打印多个记录，即将报表分成多列打印，这就是多列报表。但需要注意设置多列后的页面宽度是否够容纳多列内容。

实现多列报表具体操作方法如下。

(1) 打开报表，选择菜单栏“文件”|“页面设置”命令项，打开“页面设置”对话框。

(2) 在“页面设置”对话框中，选择“列”选项卡，指定打印列数、宽度和布局，如图 6.69 所示。

图 6.69 “页面设置”对话框

6.6 打印报表

报表设计时，通过“打印预览”视图可以查看报表效果。若要打印输出，一般要通过页面设置和打印设置，方能打印输出比较完美的报表。

6.6.1 报表页面设置

当选定一个报表对象，或者在报表的任何视图中，均可进行报表的页面设置。选择菜单栏“文件”|“页面设置”命令项，打开“页面设置”对话框，该对话框包括3个选项卡，其功能分别如下。

① “边距”选项卡

该选项卡包括“边距”、“示范”两个区和“只打印数据”复选框，用于设置纸张页边距等。其中“只打印数据”复选框选定后表示仅打印数据，线条、标签等控件不打印。

② “页”选项卡

该选项卡包括“打印方向”、“纸张”和“用下列打印机打印”3个区，用于设置纸张和选择打印机。

③ “列”选项卡

该选项卡包括“网格设置”、“列尺寸”和“列布局”3个区，主要用于指定打印列数、宽度和布局。

6.6.2 报表打印设置

选择菜单栏“文件”|“打印”命令项，打开“打印”对话框。在对话框中可以设置“打印范围”、“打印份数”和选择打印机等。也可单击“设置”按钮进行“页面设置”，单击“属性”按钮对选定的打印机属性进行设置。

习 题

一、填空题

1. 完整报表设计通常由报表页眉、报表页脚、页面页眉、页面页脚、______、组页眉、组页脚7个部分组成。

2. Access数据库中报表对象数据源可设置为______。

3. 在报表设计中，______控件可以做绑定控件显示普通字段数据。

4. 报表设计视图中，位于整个报表的中心区域，主要显示报表从表或查询中生成的记录数据部分是______节。

5. 计算控件的控件来源属性一般设置为______开头的计算表达式。

6. 要在报表上显示格式为“7页/总10页”的页码，则计算控件的控件源应设置为______。

7. Access报表要实现排序和分组统计操作，应通过设置______属性来进行。

8. 子报表在链接到主报表之前，应当确保已经正确地建立了______。

9. 创建简单格式的报表，通常是使用自动报表、报表向导，而创建较复杂格式的报表，就要使用______。

10. 位于每页报表的最底部,用来显示本页数据的汇总情况是报表______区。

二、选择题

1. 要实现报表的分组统计,其操作区域是(   )。

A. 报表页眉或报表页脚区域　　B. 页面页眉或页面页脚区域

C. 主体区域　　D. 组页眉或组页脚区域

2. 如果设置报表上某个文本框的控件来源属性为"=2 * 3+1",则打开报表预览视图时,该文本框显示信息是(   )。

A. 未绑定　　B. 7　　C. 2 * 3+1　　D. 出错

3. 在报表中添加时间时,可在报表上添加一个(   ),并将其"控件来源"属性设置为时间的表达式。

A. 标签控件　　B. 组合框控件　　C. 文本框控件　　D. 列表框控件

4. 计算控件的数据源主要是(   )。

A. 表　　B. 查询　　C. 计算表达式　　D. 以上都是

5. 表格式报表的字段标题信息被安排在(   )节区显示。

A. 报表页眉　　B. 主体　　C. 页面页眉　　D. 页面页脚

6. 以下叙述正确的是(   )。

A. 报表只能输入数据　　B. 报表只能输出数据

C. 报表可以输入和输出数据　　D. 报表不能对数据源进行编辑

7. 要设置只在报表最后一页主体内容之后输出的信息,需要设置(   )。

A. 报表页眉　　B. 报表页脚　　C. 页面页眉　　D. 页面页脚

8. 要设置在报表每一页的底部都输出信息,需要设置( )。

A. 报表页眉　　B. 报表页脚　　C. 页面页眉　　D. 页面页脚

9. 每份报表的报表页眉(   )。

A. 有一个　　B. 每页有一个　　C. 有多个　　D. 每页有多个

10. 使用报表可以将数据库中的数据信息和文档信息以表格的形式通过(   )打印出来。

A. 鼠标　　B. 打印机　　C. 扫描仪　　D. 键盘

11. 报表类型不包括(   )。

A. 纵栏式　　B. 表格式　　C. 数据式　　D. 图表式

12. 在报表的"设计"视图中,区段表示为带状形式,也被称为(   )。

A. 节　　B. 段　　C. 章　　D. 表

13. 默认情况下,报表中的记录是按(   )来排列显示的。

A. 升序　　B. 降序　　C. 自然顺序　　D. 升序或降序

14. 位于报表的最上端,一般用来显示报表的标题、图形或说明性文字,每份报表只有一个(   )。

A. 字段组页眉　　B. 报表页眉　　C. 页面页眉　　D. 主体

15. 报表主要对数据库中的数据进行(   )、计算、汇总和打印输出。

A. 输入　　B. 查看　　C. 编辑　　D. 删除

16. 一个报表最多可以对(   )个字段或表达式进行分组。

A. 1　　B. 5　　C. 10　　D. 15

17. 页面页眉的内容在报表的每页(　　)打印输出。

A. 底部　　B. 中部　　C. 侧面　　D. 顶部

18. 要设计出带表格线的报表，需要向报表中添加(　　)控件完成表格线显示。

A. 直线或矩形　　B. 复选框　　C. 单选按钮　　D. 子报表

19. Access 数据库中提供了 6 种预定义报表格式，有“大胆”、“正式”、“浅灰”、“紧凑”、(　　)和“随意”。

A. 螺旋　　B. 组织　　C. 扇面　　D. 开放

20. 报表通过(　　)可以实现同组数据的汇总和显示输出。

A. 控件　　B. 子报表　　C. 分组　　D. 计算

三、简答题

1. 简述报表的组成及其功能。

2. 简述报表的报表页脚与页面页脚的作用与区别。

3. 如何设置分组？汇总表达式常用什么控件绑定？

4. 创建一个报表，通过属性对话框设置记录源和背景，添加文本框控件并通过设置其控件来源来绑定字段信息。

5. 创建一个以“读者档案表”为数据源的纵栏式报表，在设计视图下插入以“读者借阅表”为数据源的子报表。

6. 按读者卡号分组统计超期罚款总和。

第7章　数据访问页设计

数据访问页是从 Access2000 版本开始新增的数据库对象，它实际上就是一种特殊类型的 Web 页。数据访问页增强了 Access 数据库与 Internet 的集成，可以用来浏览、编辑 Access 数据库和网络中的数据，它将数据管理和信息共享有效地结合在一起。

本章主要介绍数据访问页的基本概念、数据访问页的创建以及数据访问页的编辑操作等内容。

7.1　数据访问页对象概述

数据访问页可以方便用户通过 Internet 访问保存在 Access 数据库中的数据，也可以用来查看和操作网络数据，它以 HTML 文件格式单独存储于数据库外，在 Access 数据库中只保留一个快捷方式。用户不仅可以在 Access 数据库中打开数据访问页，还可以在数据库外利用 IE 浏览器打开数据访问页。

7.1.1　数据访问页的组成

数据访问页的基本设计界面称为正文，用来显示信息性文本、控件以及节。

在正文的节中，主要显示文字、数据库中的数据以及工具栏。正文中的节主要有：组页眉和页脚、记录导航节、标题节。

(1) 组页眉和页脚：用于显示数据和计算结果。

(2) 记录导航节：用于显示分组级别的记录导航控件，组的记录导航节出现在组的页眉节之后。

(3) 标题节：用于显示文本框和其他控件的标题，出现在组页眉的前面。

7.1.2　数据访问页的种类

按照实际应用的用途，数据访问页分为交互式数据页、数据输入页和数据分析页 3 种类型。

1. 交互式数据页

交互式数据页主要用于对存储在 Access 数据库中的数据进行合并、分组以及发布。用户可以通过展开分组或折叠分组来显示分组级别的详细信息或信息汇总，还可以对数据进行交互式地筛选和排序。在交互式数据页中，用户可以在数据访问页和数据库之间实现交互操作，但需要注意的是，用户只能对数据库中的数据进行浏览，而不能修改数据。

2. 数据输入页

数据输入页可用于浏览数据库中的数据，还能对数据库中的数据进行添加、删除等编辑操作。由于数据访问页在创建完以后可单独地存储到数据库的外部，所以方便用户利用 IE

浏览器对数据访问页中的数据进行编辑。

3. 数据分析页

在数据分析页中，包含一个与 Microsoft Excel 数据透视表类似的数据透视表。用户可以在数据分析页中对数据库中的数据进行重新组织，并以不同的方式进行分析。

7.1.3　数据访问页的视图

在 Access 数据库中，数据访问页的视图方式有“页面视图”、“设计视图”和“网页预览”3种。利用 Access 数据库系统的“视图”菜单，可以将数据访问页在“页面视图“和“设计视图”方式之间进行切换；利用工具栏上的“视图”按钮，可以实现数据访问页在“页面视图”、“设计视图”和“网页预览”之间进行切换。

数据访问页的“页面视图”是用来查看数据访问页样式的视图方式；数据访问页的“设计视图”是用来创建与设计数据访问页的可视化的集成界面；数据访问页的“网页预览”则是打开浏览器，用以显示数据访问页在发布到网页上时的外观。

7.2　创建数据访问页

在 Access 数据库中，用户可利用“数据页向导”、“自动创建数据页：纵栏式”和“设计视图”来创建数据访问页，还可以将现有的网页转换为数据访问页。

7.2.1　自动创建数据访问页

利用“自动创建数据页：纵栏式”的方式，用户只需要指定数据来源，就可以立刻得到一个纵栏式的数据访问页。在该数据访问页中，包含指定数据来源中的所有记录信息。

【例 7.1】　在“高校图书馆管理系统”数据库中，创建纵栏式的“出版社明细数据页”。

操作步骤如下。

(1) 在数据库窗口中，单击“对象”下的“页”，再单击数据库窗口上的“新建”按钮，打开“新建数据访问页”对话框，如图 7.1 所示。

(2) 在“新建数据访问页”对话框中，选择“自动创建数据页：纵栏式”，并在“请选择该对象数据的来源表或查询”下拉列表框中选择“出版社明细表”作为数据来源，如图 7.2 所示。

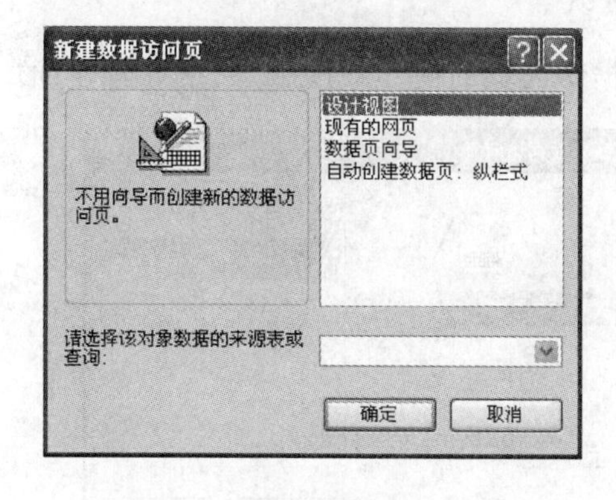

图 7.1　“新建数据访问页”对话框

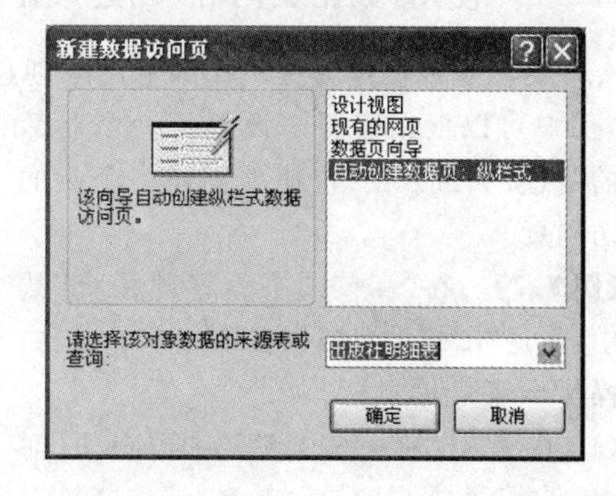

图 7.2　使用“自动创建数据页：枞栏式”创建数据访问页

(3) 单击“确定”按钮，打开系统自动创建的纵栏式数据访问页，如图 7.3 所示。

图 7.3 自动创建的纵栏式数据访问页

(4) 单击工具栏上的"保存"按钮,弹出"另存为数据访问页"对话框,在该对话框中,用户需要为所建立的数据访问页指定存储路径和文件名。在此,将数据访问页保存在默认的磁盘、路径下,并将"文件名"设置为"出版社明细数据页",如图 7.4 所示。最后单击对话框中的"保存"按钮,完成对数据访问页的创建。

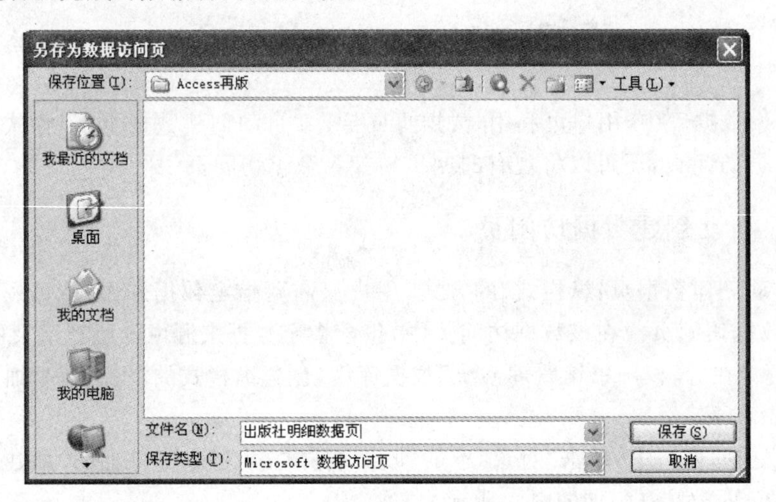

图 7.4 "另存为数据访问页"对话框

7.2.2 使用"数据页向导"创建数据访问页

Access 数据库同样为用户提供了用来创建数据访问页的向导。按照"数据页向导"的提示,用户可以根据需要来设置每一个对话框中的信息,从而方便、快速地创建一个新的数据访问页。

【例 7.2】 在"高校图书馆管理系统"数据库中,创建"图书设置数据页"。

操作步骤如下。

(1) 在图 7.1 所示的"新建数据访问页"对话框中,选择"数据页向导",并在"请选择该对象数据的来源表或查询"下拉列表框中选择"图书设置表"作为数据来源,如图 7.5 所示。

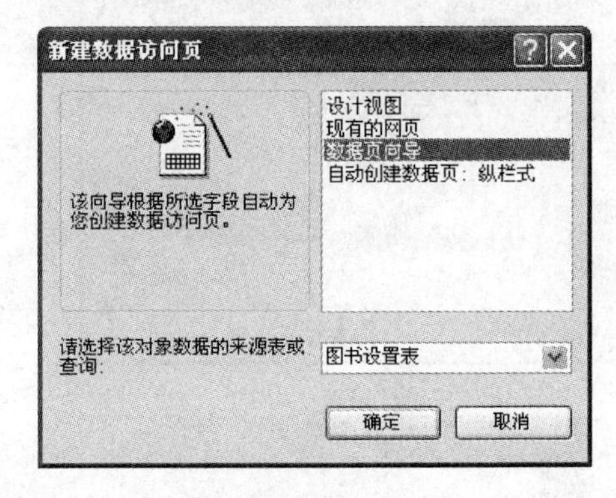

图 7.5 使用"数据页向导"创建数据访问页

(2) 单击“确定”按钮，打开用于确定数据访问页所需字段的对话框，将数据访问页所需要的字段从“可用字段”列表框中移到“选定的字段”列表框。这里向“选定的字段”列表框中添加“书籍编号”、“总藏书量”、“现存数量”、“管理员编号”4 个字段，如图 7.6 所示。

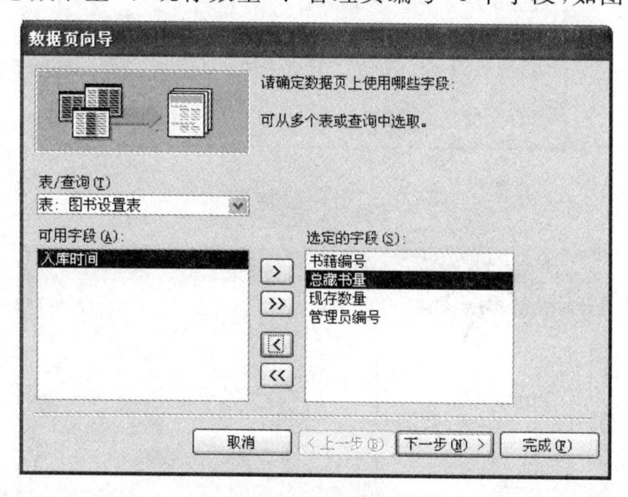

图 7.6 确定所需字段

(3) 单击“下一步”按钮，打开用于确定是否添加分组级别的对话框，如果需要添加分组级别，则将左侧列表框中需要分组的字段移到右侧列表框中。用户可以添加一个或多个分组字段，如果添加多个分组字段，可以利用和按钮来设置分组字段的优先级。这里将“管理员编号”作为分组字段，如图 7.7 所示。

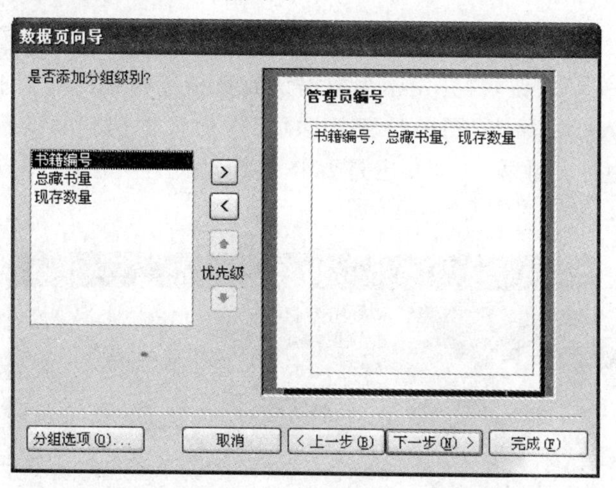

图 7.7 确定是否添加分组级别

(4) 如果添加了分组级别，用户可单击“分组选项”按钮，打开“分组间隔”对话框，如图 7.8 所示。在该对话框中，用户可以为“组级字段”选定“分组间隔”，“组级字段”即步骤(3)中选择的分组字段；“分组间隔”有“普通”、“第一个字母”、“两个首写字母”、“三个首写字母”、“四个首写字母”和“五个首写字母”6 种类型。

(5) 设置完毕后单击“确定”按钮，返回“数据页向导”对话框，单击“下一步”按钮，打开用于确定记录所用排序次序的对话框。这里选择“书籍编号”字段作为排序字段，并且进行升序排序，如图 7.9 所示。

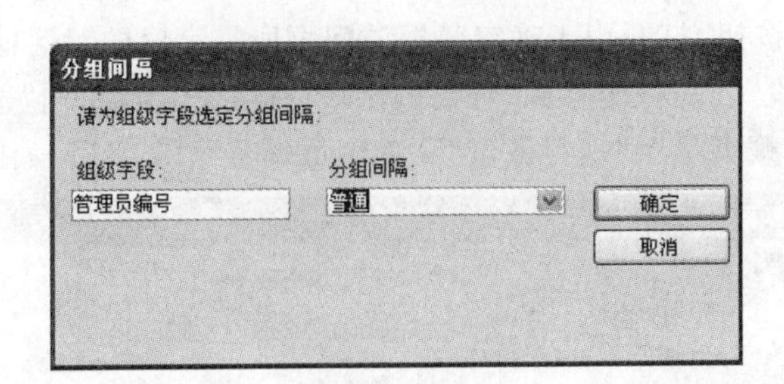

图 7.8 “分组间隔”对话框

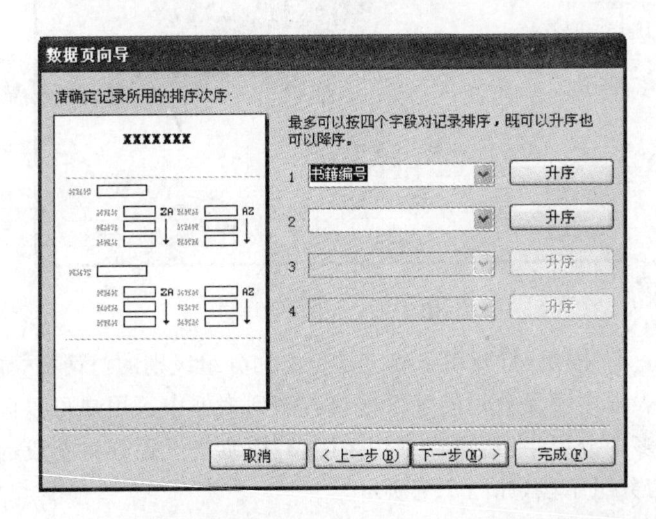

图 7.9 确定排序次序

(6) 单击“下一步”按钮，打开用于为数据访问页指定标题的对话框。这里在“请为数据页指定标题”输入栏中输入“图书设置数据页”作为数据访问页的标题，然后确定是要在 Access 数据库中打开数据访问页还是要修改其设计，在此单击“打开数据页”单选按钮，如图 7.10 所示。

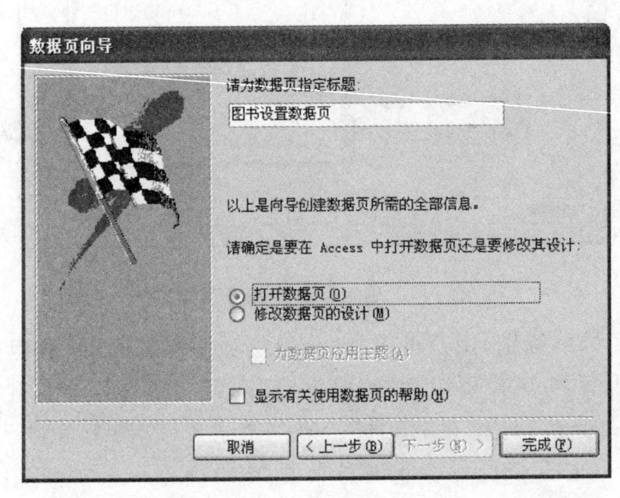

图 7.10 指定标题

(7) 单击“完成”按钮，打开新创建的数据访问页，如图 7.11 所示。

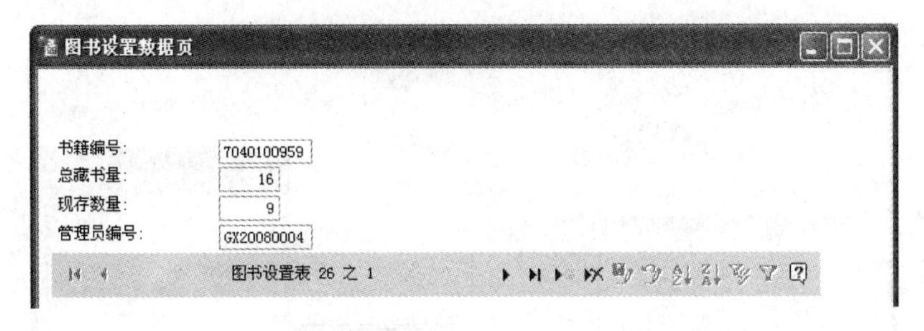

图 7.11　利用“数据页向导”创建的数据访问页

(8) 单击工具栏上的“保存”按钮，在弹出的“另存为数据访问页”对话框中，将数据访问页保存在默认的磁盘、路径下，并将“文件名”设置为“图书设置数据页”。最后单击对话框中的“保存”按钮，完成对数据访问页的创建。

7.2.3　在设计视图中创建数据访问页

在实际应用中，用户往往需要创建出具有个性化的、更能符合自己需求的数据访问页，此时就可以利用系统提供的“设计视图”来创建数据访问页。

【例 7.3】　在“高校图书馆管理系统”数据库中，创建“读者借阅图书信息数据页”。

操作步骤如下。

(1) 在图 7.1 所示的“新建数据访问页”对话框中，选择“设计视图”，并在“请选择该对象数据的来源表或查询”下拉列表框中选择“读者借阅图书信息查询”作为数据来源，如图 7.12 所示。

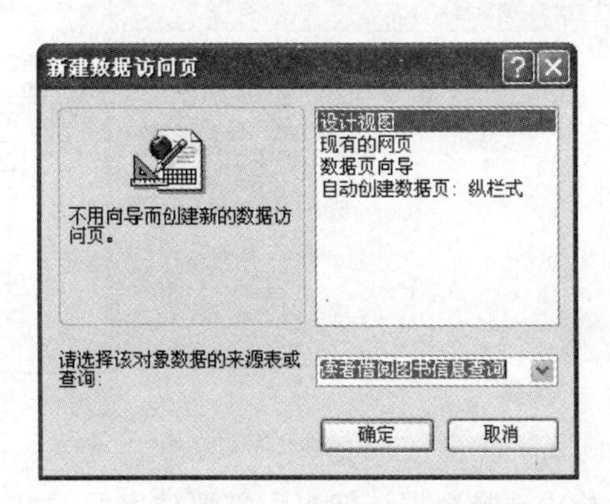

图 7.12　使用“设计视图”创建数据访问页

(2) 单击“确定”按钮，此时系统会弹出一个警告对话框，如图 7.13 所示。

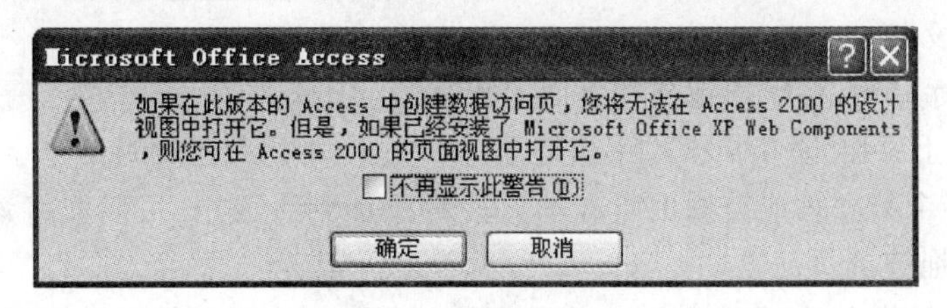

图 7.13　警告对话框

(3) 单击"确定"按钮，进入数据访问页的"设计视图"，如图 7.14 所示。

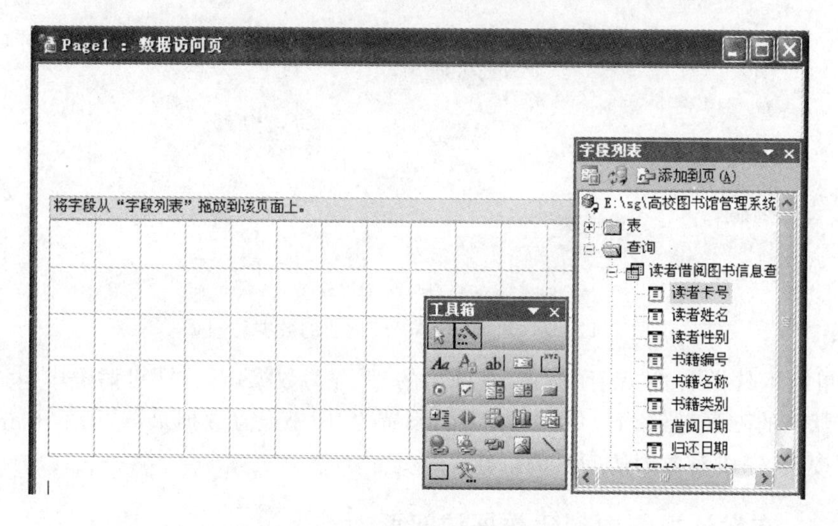

图 7.14　数据访问页的"设计视图"

(4) 在"单击此处并键入标题文字"位置处单击，并为数据访问页输入标题文本。在此输入标题文本为"读者借阅图书信息"，如图 7.15 所示。

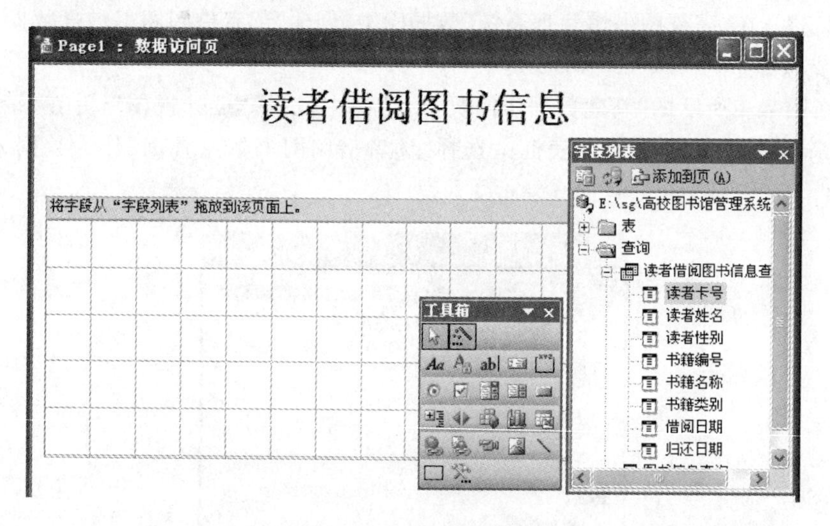

图 7.15　输入标题文本

(5) 从"字段列表"窗格中选择数据访问页所需要的字段，并按照以下方法之一将其添加到页面上。

- 单击"字段列表"上方工具栏中的"添加到页"按钮 添加到页(A)。
- 双击字段。
- 按住鼠标左键，将字段拖拽到页面上。

这里在页面上添加"读者卡号"、"书籍编号"、"借阅时间"、"归还时间"4 个字段，如图 7.16 所示。如果要把某个数据表或查询中所有的字段都添加到页面中，可以先将该数据表或查询选中，然后将其拖拽到页面上。

(6) 单击工具栏上的"保存"按钮，将数据访问页保存在默认的磁盘、路径下，并将"文件名"设置为"读者借阅图书信息数据页"。执行"视图"|"页面视图"命令项，将数据访问页的

视图方式切换到“页面视图”，浏览所创建的数据访问页，如图 7.17 所示。

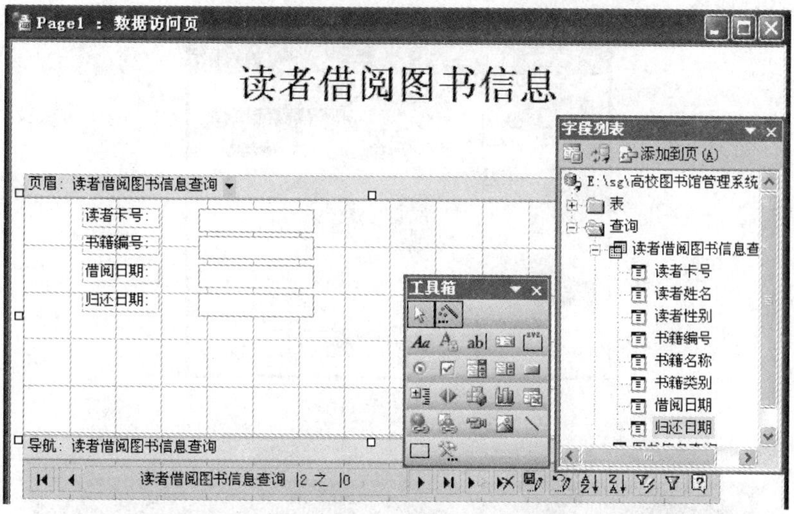

图 7.16 添加所需字段

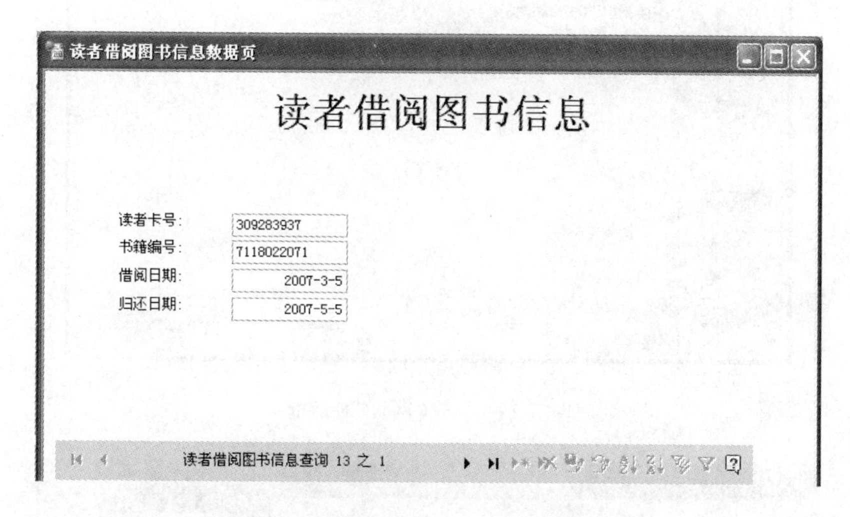

图 7.17 在设计视图中创建的数据访问页

7.2.4 用现有的网页创建新的数据访问页

在 Access 数据库中，用户除了可以采用前面所介绍的方法来创建数据访问页外，还可以将现有的网页转换为新的数据访问页。

【例 7.4】 在“高校图书馆管理系统”数据库中，将原有的网页“出版社明细数据页”转换为新的数据访问页。

操作步骤如下。

(1) 在图 7.1 所示的“新建数据访问页”对话框中，选择“现有的网页”，如图 7.18 所示。

(2) 单击“确定”按钮，打开“定位网页”对话框，然后在该对话框中选择需要转换为新的数据访问页的网页，这里选择网页“出版社明细数据页”，如图 7.19 所示。

(3) 单击“打开”按钮，进入数据访问页的“设计视图”，如图 7.20 所示。可以看到该“设计视图”窗口的标题为“出版社明细数据页_1：数据访问页”，用户可以在该“设计视图”中对数据访问页进行修改。

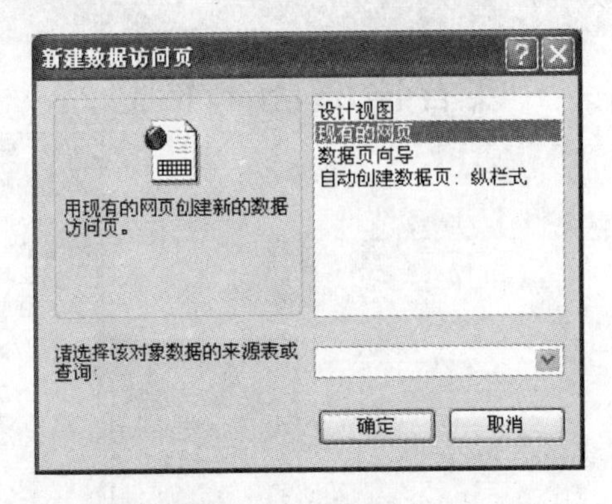

图 7.18 用现有的网页创建新的数据访问页

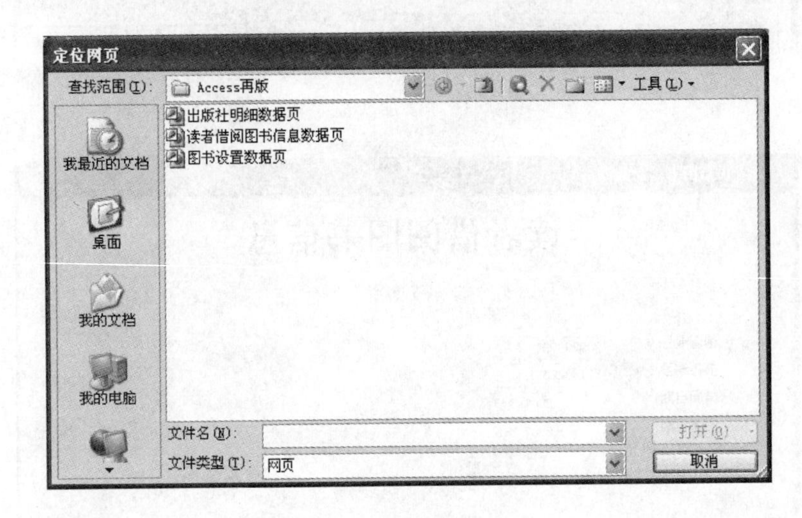

图 7.19 “定位网页”对话框

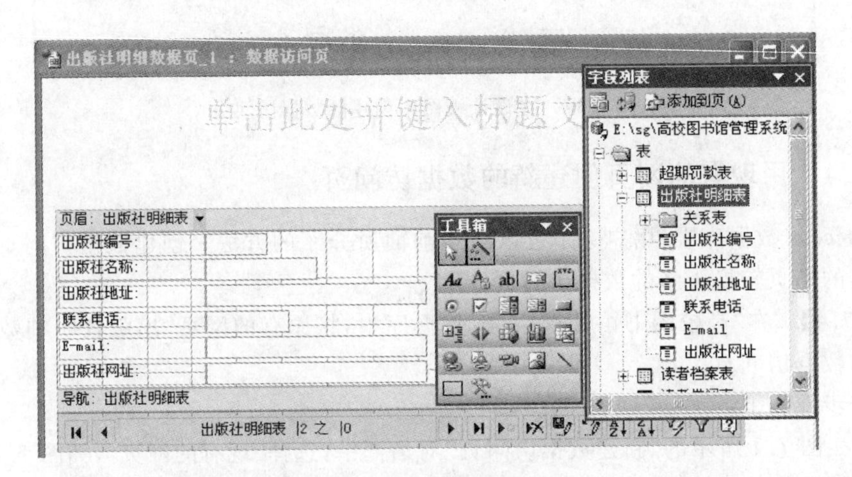

图 7.20 以“设计”视图打开网页

（4）单击工具栏上的“保存”按钮，将网页保存为新的数据访问页“出版社明细数据页_1”。

7.3　编辑数据访问页

在创建了一个数据访问页之后，经常还需要对其进行进一步编辑，以符合用户的最终要求。对现有数据访问页的进一步编辑，需要在其“设计视图”中完成。

7.3.1　在数据访问页上放置控件

在数据访问页的“设计视图”中，用户可以通过单击菜单栏中的“视图”|“工具箱”命令来显示或隐藏“工具箱”，如图 7.21 所示。利用工具箱，用户可以向数据访问页中添加所需要的控件。在数据访问页上放置控件以及对控件属性的设置方法与在窗体和报表中类似，这里不再赘述。数据访问页的工具箱中的部分控件与窗体和报表设计中所使用的控件相同，除此之外，数据访问页的工具箱中还新增了一些特有的控件。

图 7.21　工具箱

下面对数据访问页中特有的控件进行简单介绍。

- 绑定范围：用于将 HTML 代码与“文本”、“备份”字段或 Access 项目中的 text、ntext 或 varchar 列绑定。
- 滚动文字：用于显示滚动的文字信息。
- 展开/折叠：用于显示或隐藏已进行分组的记录。
- 记录浏览：用于在数据访问页上放置一组用于浏览记录的按钮。
- Office 数据透视表：用于在数据访问页上插入 Microsoft Office 数据透视表。
- Office 图表：用于在数据访问页上插入二维图表。
- Office 电子表格：用于在数据访问页上插入 Microsoft Excel 电子表格。
- 超链接：用于在数据访问页上插入文本，并可以通过该文本链接到其他文件。
- 图像超链接：用于在数据访问页上插入图像，并可以通过该图像链接到其他文件。
- 影片：用于在数据访问页上插入影片。

7.3.2　设置数据访问页的主题

数据访问页的主题是 Access 为用户提供的一组预先设置好格式的网格式模板，用于为数据访问页提供字体、横线、项目符号、背景颜色、背景图像以及其他元素的统一设计和颜色方案的集合。

在编辑数据访问页时，可以直接将主题应用于页面设计。其操作步骤如下。

(1) 打开要设置主题的数据访问页，并将其视图方式切换为“设计视图”。

(2) 执行菜单栏中的“格式”|“主题”命令项，打开“主题”对话框，如图 7.22 所示。

(3) 从“请选择主题”列表框中选择需要的主题，并根据需要选中或清除该列表框下方的复选框。所选主题的效果可以在右侧窗格中进行浏览。

(4) 单击“确定”按钮，完成对主题的设置。

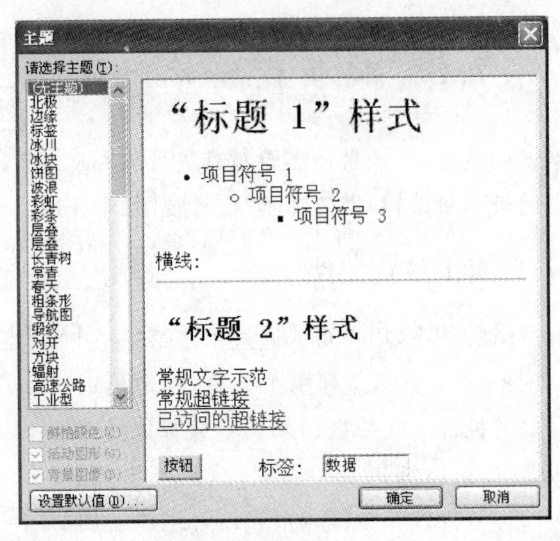

图 7.22 “主题”对话框

7.3.3 设置数据访问页的背景

在 Access 数据库中，还提供了设置数据访问页背景的功能。利用这一功能，用户可以在数据访问页中设置自定义的背景颜色、背景图片，从而对数据访问页进行更好的美化。

1. 设置背景颜色

在数据访问页中设置背景颜色的方法很简单，其操作步骤如下。

(1) 打开要设置背景的数据访问页，并将其视图方式切换为“设计视图”。

(2) 单击菜单栏中的“格式”|“背景”|“颜色”命令项，然后从系统打开的颜色选择界面中选择需要的颜色。

2. 插入背景图片

用户可以将某一图片插入到数据访问页中作为背景图片，其操作步骤如下：

(1) 打开要设置背景的数据访问页，并将其视图方式切换为“设计视图”。

(2) 单击菜单栏中的“格式”|“背景”|“图片”命令项，此时系统会打开“插入图片”对话框，如图 7.23 所示。先在“插入图片”对话框中找到需要插入的图片，然后单击“插入”按钮。

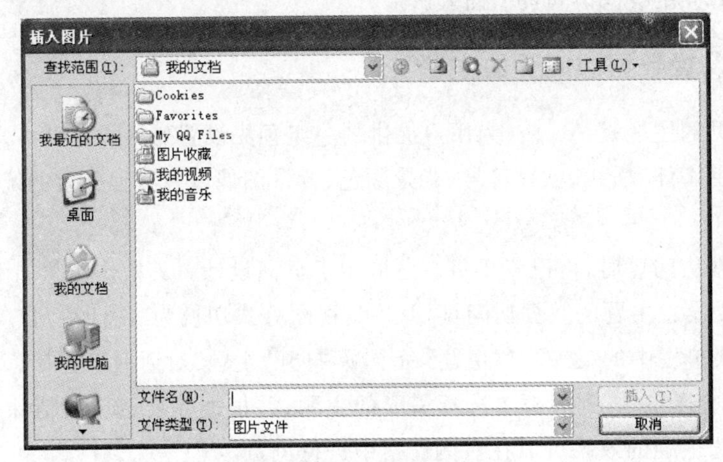

图 7.23 “插入图片”对话框

习 题

一、填空题

1. 在 Access 数据库中需要发布数据的时候，可以采用的对象是______。

2. 数据访问页正文中的节主要有组页眉和页脚、记录导航节和______。

3. 按照实际应用的用途，数据访问页可以分为______、数据输入页和数据分析页 3 种类型。

4. 利用______可以在互联网上使用数据访问页。

5. 在 Access 数据库中，数据访问页的视图方式有______、设计视图和网页预览 3 种。

6. 数据访问页可以使用______控件链接其他自然对象。

7. 给数据访问页添加所需的控件时，主要是定义控件的______。

8. ______控件用于显示滚动的文字信息。

9. 在数据访问页中设置背景颜色时，需要用到______主菜单下的菜单命令。

10. 在数据访问页的设计视图中，用户可以通过单击______菜单下的工具箱命令来显示或隐藏工具箱。

二、选择题

1. Access 数据库通过数据访问页可以发布的数据是(　　)。

A. 只能是静态数据　　B. 只能是数据库中保持不变的数据

C. 只能是数据库中变化的数据　　D. 是数据库中保存的数据

2. 设计数据访问页时不能向数据访问页添加(　　)控件。

A. 标签　　B. 滚动标签　　C. 超级链接　　D. 选项卡

3. 设计数据访问页时可以编辑现有的(　　)。

A. 报表　　B. 窗体　　C. Web 页　　D. 数据表

4. Access 数据库中设计的数据访问页是一个(　　)。

A. 独立的外部文件　　B. 数据库中的表

C. 独立的数据库文件　　D. 数据库记录的超链接

5. 当在 Access 数据库中保存 Web 页时，系统会在“数据库”窗口中创建一个链接到 HTML 文件的(　　)。

A. 指针　　B. 字段　　C. 快捷方式　　D. 地址

6. 下面关于数据访问页叙述错误的是(　　)。

A. 数据绑定的页显示的是当前数据

B. 用户可以筛选、排序并查看所需的数据

C. 可以通过使用电子邮件进行分发

D. 收件人打开邮件时看到的是过去的数据

7. 创建数据访问页最快捷的方法是(　　)。

A. 设计视图　　B. 现有的 Web 页

C. 数据页向导　　D. 自动创建数据访问页

8. 创建数据访问页最重要的是要确定(　　)。

A. 字段的个数　　B. 记录的顺序　　C. 记录的分组　　D. 记录的个数

9. 在 Access 数据库中，HTML 文件是（　　）。

A. 静态的　　B. 动态的　　C. 随机的　　D. 静态的和动态的

10. 标签控件在数据访问页中主要用来（　　）。

A. 显示字段内容　　B. 显示记录数据

C. 显示描述性文本信息　　D. 显示页码

11. 对数据访问页与 Access 数据库的关系的描述错误的是（　　）。

A. 数据访问页是 Access 数据库的一个对象

B. 数据访问页与其他 Access 数据库对象的性质是相同的

C. 数据访问页的创建与修改方式与其他 Access 数据库对象基本上是一致的

D. 数据访问页与 Access 数据库无关

12. 在 Access 数据库中，需要发布数据库中的数据的时候，可以采用的对象为（　　）。

A. HTML 文件　　B. Web 页　　C. 数据访问页　　D. 以上都可以

13. 主题是一个为数据访问页提供（　　）以及其他元素的统一设计和颜色方案的集合。

A. 字体　　B. 横线　　C. 背景图像　　D. 以上都可以

14. Access 数据库通过______与 Internet 紧密结合，使异地用户方便地访问数据库。

A. CHM 文件　　B. 数据库　　C. 主页　　D. Web 页

15. 若想改变数据访问页的结构需用（　　）方式打开数据访问页。

A. IE 浏览器　　B. 页视图　　C. 设计视图　　D. 以上都可以

16. 如果仅是查看所创建的数据访向页的样式，应用（　　）打开数据访问页。

A. Web 视图　　B. 数据表视图　　C. 页视图　　D. Internet 视图

17. 利用自动数据访问页向导创建的数据访问页的格式是（　　）

A. 标签式　　B. 表格式　　C. 纵栏式　　D. 图表式

18. 使用“自动创建数据访问页”创建数据访问页时，Access 数据库将创建的页保存为（　　）。

A. WORD 格式　　B. TXT 格式　　C. MDB 格式　　D. HTML 格式

19. 使用数据访问页作为数据输入项类似于用于数据输入的（　　）。

A. 文本框　　B. 组合框　　C. 窗体　　D. 报表

20. 不属于 Access 数据库为数据访问页提供的设计主题是（　　）。

A. 冰川　　B. 波浪　　C. 长青树　　D. 现代

三、简答题

1. 数据访问页可以分为哪几种类别？

2. 数据访问页有哪几种视图方式？

3. 数据访问页特有的控件有哪些？主要功能是什么？

第 8 章　VBA 编程语言

Visual Basic for Application 简称 VBA，是 Microsoft Office 系列软件的内置编程语言，它使得 Microsoft Office 系列软件在快速开发应用程序时更加容易，且可以完成特殊而复杂的操作，极大地扩展了 Office 的性能。VBA 的程序段编译后，Microsoft Office 将这段程序保存在一个模块里，通过调用或宏操作启动这个“模块”，从而实现相应的功能。VBA 克服了前面学过的几种对象创建过程完全依赖于 Access 数据库内在的、固有的程序模块，提高了所建系统的灵活性。

VBA 以 Basic 语言语法为基础，对初学者是比较容易掌握的编程语言，但其功能强大，所以微软公司将其结合到 Office 中，在 Access 数据库中 VBA 通过“模块”实现其代码功能，使用户充分利用 Office 提供的功能和服务。本章主要介绍 VBA 编程环境、编程基础、模块和面向对象程序设计等内容。

8.1　VBA 编程环境

在 Access 数据库系统中，VBA 的开发界面称为 VBE(Visual Basic Editor)，在 VBE 中可编写 VBA 函数和过程。

8.1.1　VBE 窗口

1. 进入 VBE 窗口

在 Access 数据库系统中，程序模块分为两种类型：绑定型程序模块和独立程序模块，两者启动 VBE 的方式不同。

(1) 绑定型程序模块

绑定型程序模块，是指包含在窗体、报表、数据访问页等数据库基本对象中的事件处理过程，这样的程序模块仅在所属对象处于活动状态时有效。

以窗体中的命令按钮为例，在包含命令按钮的窗体中，打开命令按钮控件的属性设置对话框，如图 8.1 所示，单击控件的“单击”事件右侧的“生成器”按钮，打开“选择生成器”对话框，如图 8.2 所示，在“选择生成器”对话框中，选中“代码生成器”选项，然后单击“确定”按钮，打开 VBE 窗口，如图 8.3 所示。

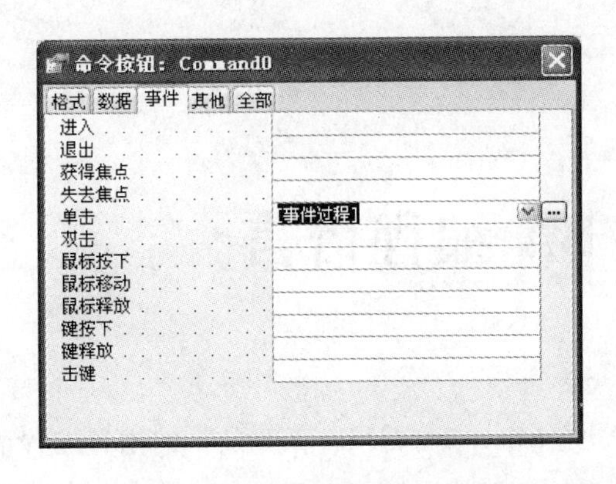

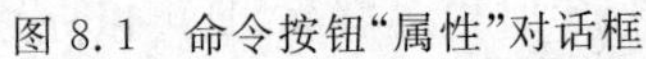

图 8.1　命令按钮“属性”对话框

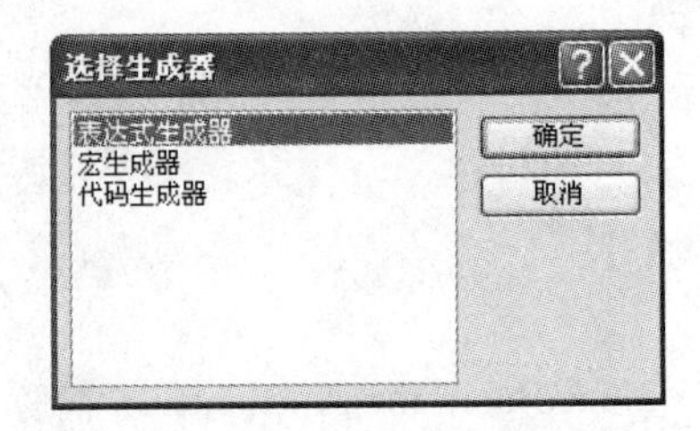

图 8.2　“选择生成器”对话框

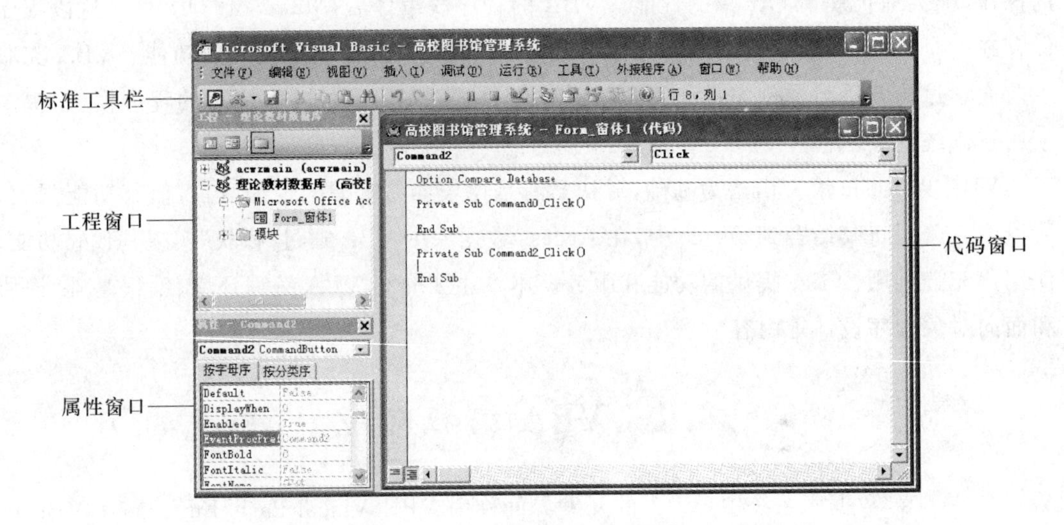

图 8.3　VBE 命令按钮代码设计窗口

(2) 独立程序模块

独立程序模块，又称标准模块，是指 Access 数据库中的“模块”对象。这些模块对象在数据库中能被其他对象调用，通过以下几种方法建立：

① 在“数据库”窗口的“模块”对象选项中，双击所要显示的模块名。

② 在“数据库”窗口的“模块”对象选项中，单击工具栏上的“新建”按钮“新建(N)”。

③ 单击菜单栏“工具”|“宏”|“Visual Basic 编辑器”命令项。

绑定型程序模块用于创建事件过程；独立程序模块用于编写标准子过程和函数。

2. VBE 窗口的组成

在 VBA 编程窗口中，主要有标准工具栏、工程窗口、属性窗口和代码窗口等，如图 8.3 所示。

(1) 标准工具栏

标准工具栏如图 8.4 所示。

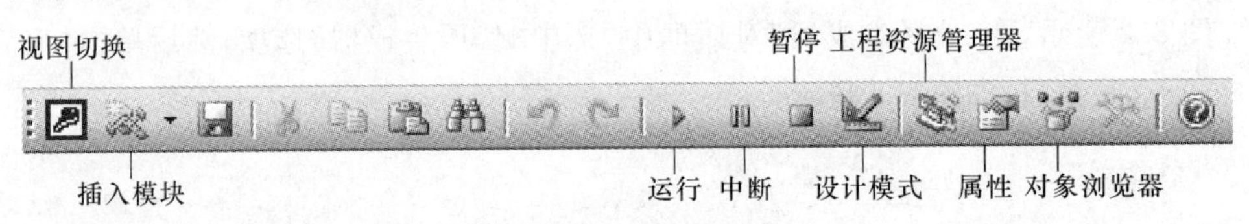

图 8.4　标准工具栏

① “视图切换”按钮：切换到 Access 数据库窗口。

② “插入模块”按钮：用于插入新模块对象。只要单击此按钮，系统将自动新建另一模块对象，并置新模块对象为当前操作目标。

③ “运行”按钮：运行模块程序。

④ “中断”按钮：终止正在运行的程序，进入模块设计状态。

⑤ “暂停”按钮：暂停正在运行的程序。

⑥ “设计模式”按钮：设计模式与非设计模式之间切换。

⑦ “工程资源管理器”按钮：打开或关闭工程资源管理器窗口。

⑧ “属性”按钮：打开或关闭属性窗口。

⑨ “对象浏览器”按钮：打开或关闭对象浏览器窗口。

(2) 工程窗口

工程窗口即工程资源管理器，是用来显示工程(模块的集合)层次结构的列表以及每个工程所包含预引用的项目，即显示工程的一个分支结构列表和所包含的模块，如图 8.5 所示。

窗口中包含 3 个工具按钮，功能如下。

① “查看代码”选项卡：显示代码窗口，用来编写或编辑所选工程目标代码。

② “查看对象”选项卡：打开相应对象窗口，可以是文档或是用户窗体的对象窗口。

③ “切换文件夹”选项卡：显示或隐藏对象分类文件夹。

在工程资源管理器列表窗口中，列出了所有已装入的工程以及工程中的模块，双击其中的某个模块，相应的代码窗口就会显示出来。

(3) 属性窗口

属性窗口是用来列出选定对象的属性，可以在设计时查看、改变这些属性。当选取了多个控件时，属性窗口会列出所有控件的共同属性。

在数据库窗口中选择“模块”对象，双击自己建的“成绩”模块打开 VBE 环境窗口，单击菜单栏中的“视图”菜单中的“属性窗口”，打开属性窗口，如图 8.6 所示。

图 8.5 VBE 工程窗口

图 8.6 VBE 属性窗口

属性窗口的窗口部件主要有对象框和属性列表。

① 对象框用于列出当前所选的对象，但只能列出当前窗体中的对象。如果选取了多个对象则会以第一个对象为准，列出各对象均具有的共同属性。

② 属性列表可以按分类或字母对象属性进行排序。

属性改变的方法有两种：既可以直接在属性窗口中设置对象的属性，亦称“静态”设置；又可以在代码窗口中，用 VBA 代码设置对象属性，亦称“动态”设置。

(4) 代码窗口

代码窗口是用来显示、编写以及修改 VBA 代码。在实际操作中，可以打开多个代码窗口，查看不同窗体或模块中的代码，代码窗口之间可以进行复制和粘贴，如图 8.7 所示。

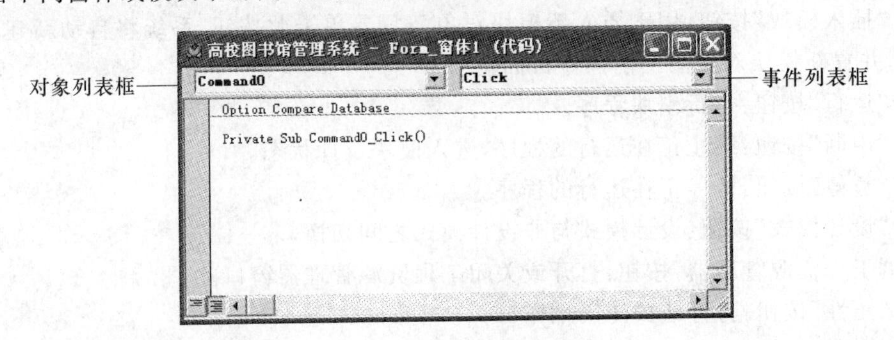

图 8.7　VBE 代码窗口

代码窗口中主要有“对象”列表框、“过程/事件”列表框。

① “对象”列表框：显示对象的名称。单击列表框中的下拉箭头，可查看或选择其中的对象，对象名称为建立 Access 数据库对象或控件对象时的命名。

② “过程/事件”列表框：在“对象”列表框选择了一个对象后，与该对象相关的事件会在“过程/事件”列表框显示出来，可以根据应用的需要设置相应的事件过程。

8.1.2　VBA 代码窗口的使用

在 Access 数据库中的 VBA 编辑环境中，提供了完整的模块代码开发和调试工具与手段。代码窗口是设计人员的主要操作界面，双击工程窗口中的任何对象，都可在代码窗口中打开该对象对应模块的代码，设计人员可以进行编写、修改与调试等处理。

在使用代码窗口时，Access 数据库提供了一些辅助功能，用于帮助用户进行代码处理。打开“视图”菜单，可以看到对象浏览器、立即窗口、本地窗口、监视窗口等。

(1) 对象浏览器

对象浏览器用于显示对象库以及工程中的可用类、属性、方法、事件及常量。用它来搜索及使用已有对象或是来源于其他应用程序的对象，如图 8.8 所示。

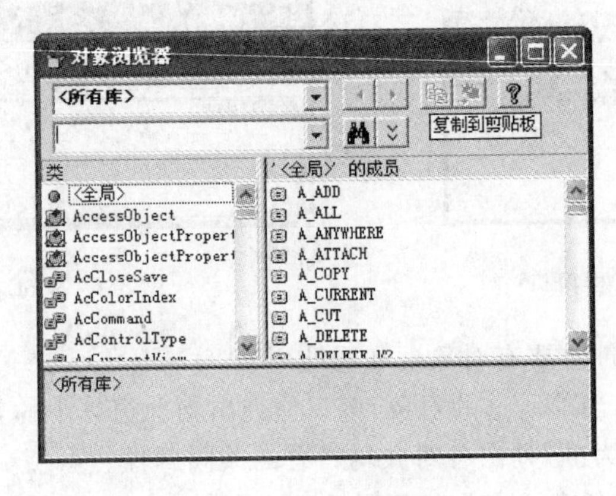

图 8.8　对象浏览器窗口

(2)立即窗口

立即窗口主要用于调试语句，键入一行代码，按下“Enter”键立即执行代码，但立即窗口中的代码是不被保存的。在中断模式下，立即窗口可用于分析与查看此时程序运行状态，如

图 8.9 所示。

(3) 本地窗口

本地窗口用来自动显示所有在当前过程中的变量声明及变量值,在执行程序前打开本地窗口,程序执行时所用到的变量状态都显示在窗口中,如图 8.10 所示。

图 8.9 立即窗口

(4) 监视窗口

监视窗口主要用来在程序调试过程中,动态了解一些关键变量或表达式值的变化情况,进而检查与判断代码执行是否正确,使用时将变量或表达式拖拽到监视窗口中,程序执行时即可监视这些变量或表达式值的变化情况,如图 8.11 所示。

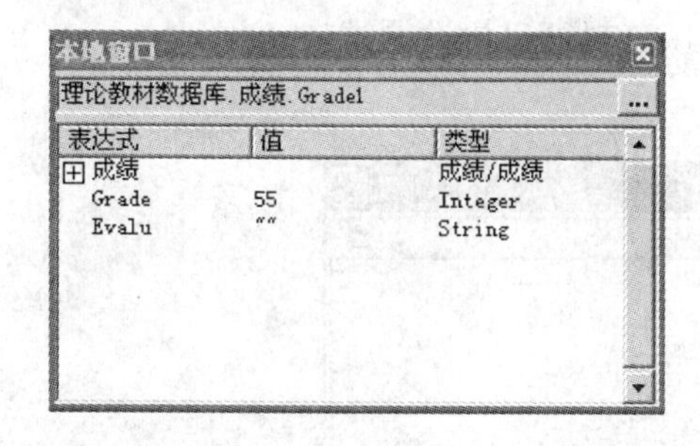

图 8.10 本地窗口

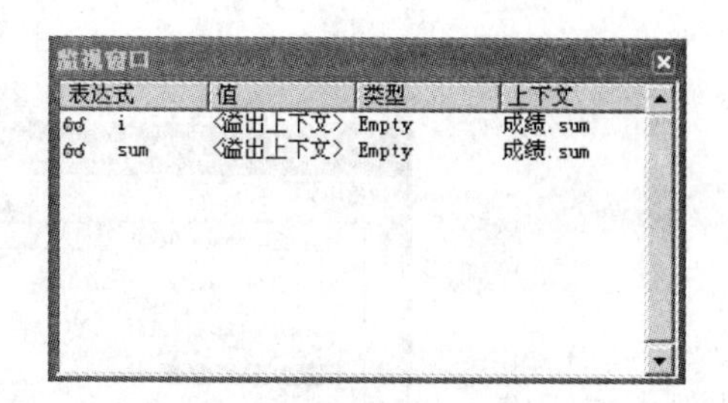

图 8.11 监视窗口

(5) 自动显示提示信息

在代码窗口中输入命令时,系统会适时地自动显示命令关键字列表、关键字列表属性及过程参数列表等提示信息,程序员可以选择或参考其中的提示信息,这极大地提高了代码设计的效率和正确性,如图 8.12 所示。

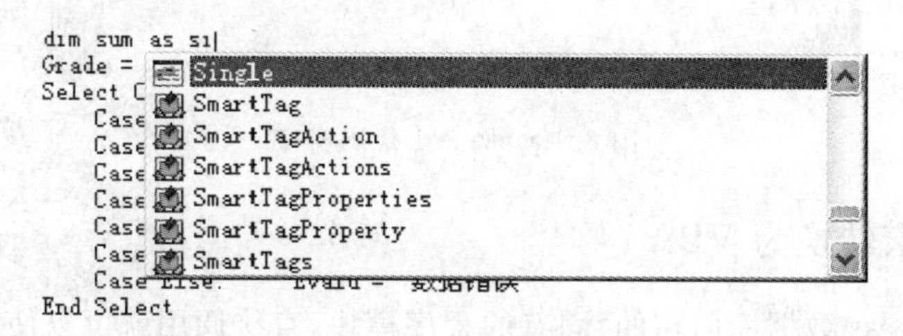

图 8.12 显示提示信息

(6) 帮助信息

VBA 提供了很好的帮助服务,在进行代码设计时,若遇到对某个命令或命令语法参数不确定时,可按"F1"键显示帮助文件,也可将光标停留在某个语句命令上并按"F1"键,系统会立即提示该命令的使用帮助信息。

下面举例说明在标准模块中程序的调试过程。

【例 8.1】 建立两个标准过程,功能为:求 1~100 之和和由键盘输入学生考试分数判定学生的成绩等级,并运行调试这两个标准模块。

(1) 在数据库窗口中,选择"模块"对象,单击"新建"按钮打开 VBE 环境窗口,在工作区输入如图 8.13 所示代码。

(2) 程序中由两部分区域组成:声明区域和过程区域。其中 Option 语句部分为声明区域。在过程区域包括两个过程，每个过程可单独运行，运行时将光标定位到想要运行的过程区域，点击工具栏中的“运行”按钮▶即可，但一般标准过程是由其他过程调用的。另外，绑定型程序模块的运行是用户触发了绑定对象的事件而运行的，在绑定型程序模块中可以调用标准过程。

(3) 断点的设置：将光标放在需要设置断点的代码行上，然后选择“调试”菜单中的“切换断点”命令或是直接按“F9”键，设置好的“断点”行将以酱色亮条显示，如图 8.13 所示。设置断点后，当程序运行到该代码行时会自动停下来，这时可以选择“调试”菜单中的“清除所有断点”命令，或在设置断点的代码行按“F9”键清除本行的断点。通过断点，编程人员可以查看此刻程序运行的状态信息。

【说明】

① 在调试过程中，可打开立即窗口、本地窗口、监视窗口协助调试。

② 程序的代码解释在这里不作说明。

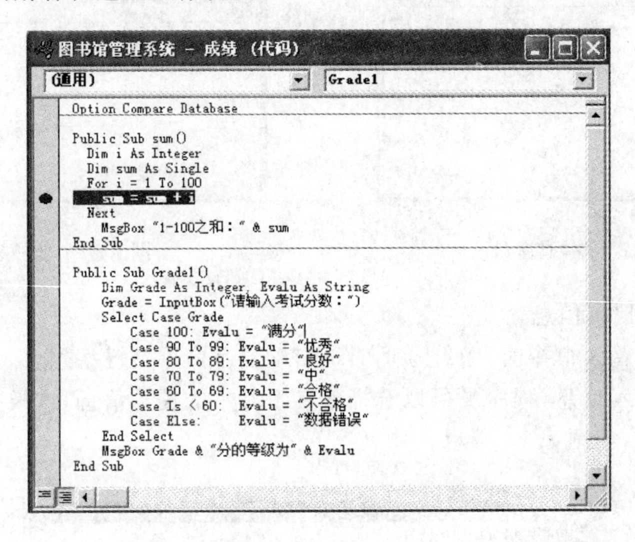

图 8.13 例 8.1 代码窗口

8.1.3 将宏转换为 VBA

宏对象是 Access 数据库内在的、固有的程序模块，直接调用就可以使用，并可以将宏对象转换为等价的 VBA 事件过程或模块，其中窗体或报表属性设置对话框的“事件”选项卡中引用的宏转换为 VBA 事件过程，而宏对象则转换为 VBA 模块。

1. 将窗体或报表中的宏转换为 VBA 模块

(1) 打开需转换窗体或报表的设计视图。

(2) 选择菜单栏“工具”|“宏”|“将报表(或窗体)的宏转换为 Visual Basic 代码”命令项，打开转换对话框，单击“转换”命令按钮，提示转换成功对话框，单击“确定”命令按钮完成转换。转换后，窗体或报表属性设置对话框的“事件”选项卡中引用的“宏名”转变为“事件过程”，如图 8.14 所示，此时，单击[...]按钮打开的是“VBA 代码”窗口，而不是宏设计器窗口。

2. 将宏对象转换为 VBA 模块

(1) 在数据库窗口中，选择要转换的宏。

(2) 选择菜单栏“文件”|“另存为”命令项，打开“另存为”对话框，如图 8.15 所示，输入

模块名称，选定保存类型为“模块”，即可将指定的宏对象转换为 VBA 模块对象，默认生成 VBA 模块名为“被转换的宏—宏名”，如图 8.16 所示，宏名为“机关记录”的宏对象默认生成为“被转换的宏—机关记录”模块名。

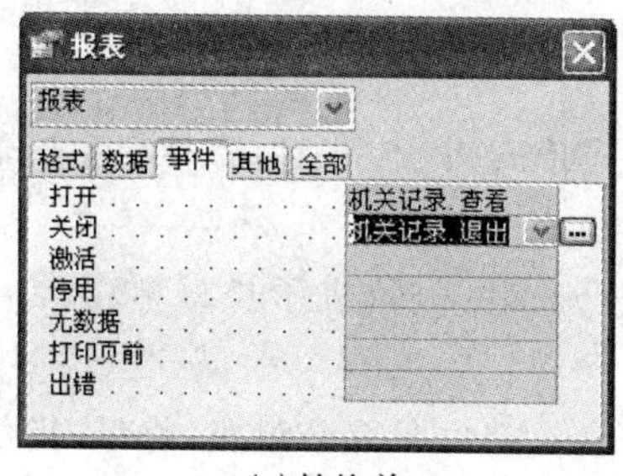

(a)转换前

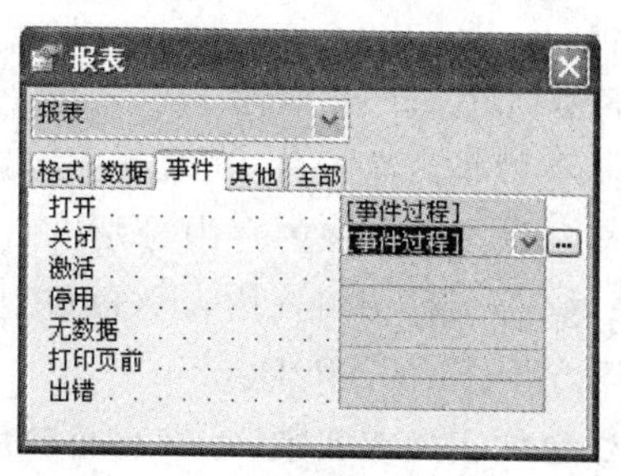

(b)转换后

图 8.14　报表中的宏转为 VBA

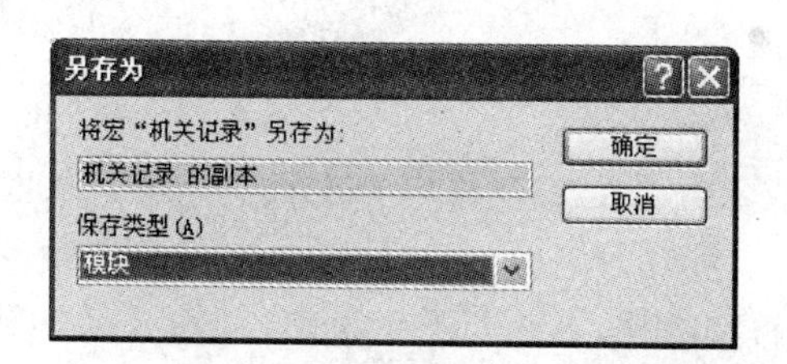

图 8.15　“另存为”对话框

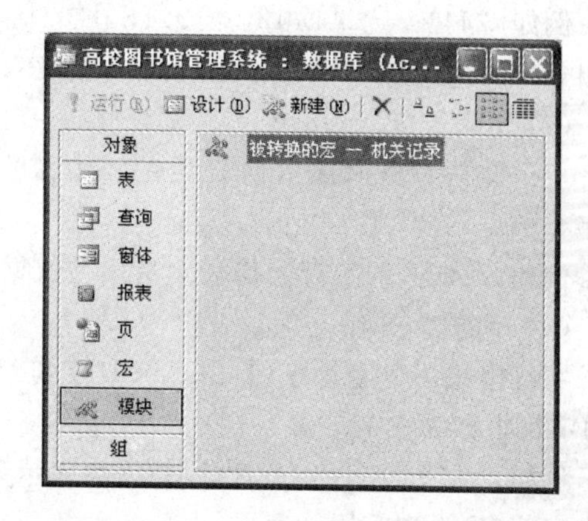

图 8.16　宏转换为 VBA 模块

将宏转换成 VBA 代码，扩展了宏的功能，同时简化了 VBA 的编程，增加了 VBA 的编程的灵活性，使 VBA 在 Access 数据库中应用更广泛。

8.2　VBA 编程基础

本节内容是 VBA 编程基础，由于 VBA 是由 Basic 发展过来的，所以其语法规则以 Basic 为基础。下面将对 VBA 中的数据类型、常量、变量、表达式、数组、函数等内容作详细介绍。

8.2.1　数据类型

数据类型是一个值的集合以及定义在这个值集上的一组操作的总称，用来区分不同的数据。数据类型的主要作用有两方面，一方面决定了数据在计算机内存中存储的大小，另一方面决定数据能够进行哪些操作。

VBA 的数据类型和定义方式均继承了 Basic 语言的特点。Access 数据库的表字段使用的数据(除 OLE 对象和备注字段数据类型外)在 VBA 中都有对应的类型。

除了系统提供的基本数据类型外，VBA 还支持用户自定义数据类型。自定义数据类型实质上是由基本数据类型构造而成的一种数据类型，可以根据需要来定义一个或多个自定义数据类型。

(1) 字节(Byte)

以一个字节的无符号二进制数存储，实际上是一种数值类型，取值范围是 0～255，不包括任何负值。

(2) 整数(Integer 和 Long)

整数是不带小数点的数，在机器内以二进制补码形式表示。分为短整型和长整型，类型符分别用%和 & 表示，在内存中分别占 2 个字节和 4 个字节。

例如，244、－244、244%均表示短整型数，244&、－244& 均表示长整型数。

(3) 浮点数(Single 和 Double)

浮点数也称实型或实数，是带有小数部分的数值。它由 3 部分组成：符号、指数和尾数。表示数的范围大，有误差，运算速度慢。浮点数分为单精度型、双精度型，类型符分别用！和＃表示，在内存中分别占 4 个字节和 8 个字节。

例如，244!、－244.12、0.244E＋3 均表示单精度浮点数，244＃、－244.12＃、0.244345E＋3＃、0.244D＋3 均表示双精度浮点数。

(4) 货币型(Currency)

货币型是为表示钱款而设置的。小数点后占四位，类型符用@表示，在内存中占 8 个字节。

例如，244@、244.12@均表示货币型数据。

(5) 字符型(String)

字符串是一个字符序列，由 ASCII 字符组成。分为变长字符串和定长字符串。长度为 0 的字符串称为空字符串。

例如，"345"、"Access 程序设计"等均表示字符型数据，""表示空字符串，" "表示有一个空格的字符串，类型符用 $ 表示。

(6) 日期型(Date)

日期型是用来表示日期。日期型有两种表示方法。

① 一种是在字面上可被认为日期和时间的字符，表示格式 mm/dd/yyyy 或 mm-dd-yyyy，日期数据须用符号"＃"括起来。

例如，＃April 1,2002＃、＃10-11-2005＃、＃2005-10-11 10:30:00PM＃。

② 另一种是以数字序列表示，当其他的数值类型要转换为 Date 型时，小数点左边的数字代表日期，而小数点右边的数字代表时间，0 为午夜，0.5 为中午 12 点，负数代表的是 1899 年 12 月 31 日之前的日期和时间。

(7) 逻辑型(Boolean)

逻辑型也称布尔型，用于逻辑判断。其值为逻辑值真(True)或假(False)，默认为 False，在内存中占 2 个字节。

当逻辑数据转换成整型数据类型时，True 转换为－1，False 转换为 0。

当将其他类型数据转换成逻辑数据时，非 0 数据转换为 True，0 转换为 False。

(8) 变体类型(Variant)

变体类型是所有没被显式声明(用如 Dim、Private、Public、Static 等语句)为其他类型变量的数据类型。Variant 数据类型并没有类型声明字符，是一种可变的数据类型，可以表示任何值，包括数值、字符串、日期等。

变体类型是一种特殊的数据类型，除了定长 String 数据类型及用户定义类型外，可以包含任何其他种类的数据，可以包含 Empty、Error、Nothing、Null 等特殊值，在使用时，可以使用 VarType 与 TypeName 函数来决定如何处理 Variant 类型中的数据。在 VBA 中规定，如果没有使用显式声明或使用符号来定义变量的数据类型，系统默认为变体类型(Variant)。

例如，定义方法如下。

```
Dim MyVar As Variant          '变体类型也可用 Dim 定义
MyVar = 98052
a = 20                        '系统默认为变体类型
a = "1234"
a = Null                      '变量 a 没有显式声明，a 的类型发生 3 次变化
MyVar = a
```

虽然 Variant 数据类型十分灵活，但 VBA 对这种类型数据处理的速度要慢一些，因为它必须为所赋的值确定准确的数据类型，同时降低了程序的可读性，容易引起误解。

(9) 对象型(Object)

对象型是用来表示图形、OLE 对象或其他应用程序中的对象，在内存中占 4 个字节，代表的是对象的地址，对象变量可引用程序中的对象。

例如，定义数据库文件对象方法如下。

```
Dim objDb As Object
Set objDb = OpenDatabase("c:\高校图书馆管理系统\高校图书馆管理系统.mdb")
```

(10) 用户自定义类型

用户可以根据自己的需要将不同类型的变量组合起来，创建自定义类型。使用自定义类型主要是为了保存一些特定的数据(如一条记录数据)。当需要用一个变量来记录多个类型不一样的信息时，自定义类型就十分有用。

用户自定义类型的语法格式如下。

```
[private|public]Type 数据类型名
    变量名 1  As 数据类型
    变量名 2  As 数据类型
    …
End Type
```

例如，在高校图书馆管理系统中的书用自定义类型定义的方法如下。

```
Type Book
    BookName As String * 20         '定义定常字符串变量存储书名
    BookDate As Date                '定义日期变量存储出版日期
    BookNumber As Integer           '定义整型变量存储书的数量
End Type
```

用户自定义类型在使用时，首先在模块区域中定义用户类型，然后以 Dim、Public 或 Private 关键字来声明自定义类型的作用域，这与其他 VBA 基本类型相同。声明自定义类型时，如果使用字符串类型，最好使用定长字符串类型，如 BookName As String * 20。

8.2.2 常量与变量

1. 常量

常量是指在程序运行的过程中，其值不能被改变的量。

在 VBA 中，常量的类型有 4 种：

(1) 直接常量

直接常量是指在程序代码中直接给出的数据。

例如，123，3.14，7.25E+10，&O345，&H6E，"Access"，"10/08/2011"，#10/08/2011#。

(2) 符号常量

符号常量是指在程序中用符号代表常量值。

定义格式如下：

Const 符号常量名 = 常量值

例如，在求圆的面积中，通过符号常量使用 π 的方法如下。

```
Const PI = 3.1415926
Public Sub area()
    Dim r As Integer
    Dim l,area As Single
    r = InputBox("请输入圆的半径")
    l = 2 * PI * r
    area = PI * r * r
    h = MsgBox("圆的周长是:"&l&"圆的面积是:"& area,1 + vbQuestion + vbDefault-
    Button1 + 0,"计算圆的周长和面积")
End Sub
```

符号常量在程序运行过程中只能做读取操作，而不允许修改或为其重新赋值，也不允许有与固有常量同名的符号常量。

(3) 固有常量

在 VBA 中还声明了许多固有常量，并可以使用 VBA 常量和 ActiveX Data Objects (ADO)常量，还可以在其他引用对象库中使用常量，所有的固有常量任何时候都可在宏或 VBA 代码中使用。

固有常量是以两个前缀字母指明了定义该常量的对象库。来自 Access 库的常量以"ac"开头，来自 ADO 库的常量以"ad"开头，来自 Visual Basic 库的常量则以"vb"开头，如：acForm、adAddNew、vbCurrency。

(4) 系统定义常量

系统定义的常量有 3 个：True、False、Null，系统定义常量可以在 Access 数据库系统所有应用中使用。

2. 变量

变量是指程序在运行过程中，其值可以发生变化的量。

(1) 变量的命名规则

① 变量名只能由字母、数字、汉字和下划线组成，不能含有空格和除了下划线字符"_"以外的其他任何标点符号，长度不能超过 255。

② 必须以字母开头，不区分变量名的大小写，例如，若以 Bxy 命名一个变量，则 BXY、BxY、bxy 等都认为是同一个变量。

③ 不能和 VBA 保留字重名，如不能以 IF 命名一个变量。

(2) 变量定义的方法

① 使用类型符定义

使用类型符定义变量时，只要将类型符放在变量的末尾即可。

例如，类型符定义变量的方法如下。

```
BookNumber % = 1234
BookAuthor $ ="hujintao"
```

② Dim 语句

Dim 语句格式如下：

```
Dim 变量名 As[new][数据类型]
```

关键字“new”是可选的，只能用在声明一个对象变量的时候，如果不使用“数据类型”可选项，默认定义的变量为 Variant 数据类型。可以使用 Dim 语句在一行中声明多个变量。

例如，用 Dim 语句定义变量的方法如下。

```
Dim strX As String
Dim strY As String * 10
Dim intX As integer,strZ As String
Dim x
Dim I,J,K As integer
```

③ DefType 语句

DefType 语句使用格式：

```
DefType 字母[,字母或字母范围]
```

DefType 语句只能用于模块级，即模块的通用声明部分，用来为变量和传送给过程的参数设置默认数据类型，以及为其名称以指定的字符开头的 Function 和 Proterty Get 过程，设置返回值类型。

例如，用 DefType 语句定义变量方法如下。

```
Defint a,b,c,e - h
```

该语句说明了在模块中使用的以字母 a、b、c、e 到 h 开头的变量(不区分大小写)的默认数据类型是整型。

在 VBA 中所有可能的 DefType 语句和对应的数据类型，见表 8.1。

表 8.1 DefType 语句和相应的数据类型

数据类型	语句	数据类型
String	DefStr	字符型
Byte	DefByte	字节型
Boolean	DefBool	布尔型
Integer	DefInt	整型
Long	DefLng	长整型
Single	DefSng	单精度型

续表

数据类型	语句	数据类型
Double	DefDbl	双精度型
Date	DefData	日期型
Currency	DefCur	货币型
Object	DefObj	对象型
Variant	DefVar	变体型

④ 变体类型

声明变量数据类型可以使用上述 3 种方法，VBA 在判断一个变量的数据类型时，按以下先后顺序进行：是否使用 Dim 语句；是否使用类型说明符；是否使用 DefType 语句。没有使用上述 3 种方法声明数据类型的变量默认为变体类型(Variant)。

虽然在代码中允许使用未经声明的变量，但一个良好的编码习惯应该是在程序开始的几行，声明将用于本程序的所有变量。目的是避免数据输入错误，提高程序的可维护性。

如果需要强制要求所有变量必须显式声明后才能使用，可以在模块设计窗口的说明区域内，加入 Option Explicit 语句。

8.2.3 运算符与表达式

像其他语言一样，VBA 提供了丰富的运算符，通过运算符与操作数组合成表达式，完成各种形式的运算和处理。

表达式是由常量、变量、运算符、函数、操作数和圆括号按一定的规则组成，通过运算后有一个结果，运算的结果类型由数据和运算符共同决定。表达式是 Access 数据库应用设计的重要组成部分，在 Access 数据库的许多操作中都需要使用表达式，熟练掌握和正确使用表达式是程序设计的基础。

运算符是表示实现某种运算的符号，根据运算的不同，VBA 中的运算符可分为 6 种类型：算术运算符、字符串运算符、日期/时间运算符、关系运算符、逻辑运算符和对象运算符。根据运算符的不同，相应的表达式也分为对应的 6 种。

在 VBA 中的表达式与日常生活中的表达式在书写上有很大区别，如算术表达式是最熟悉最常用的表达式，与人们平时用的数学表达式在书写上有很多不同，下面举个例子说明这个问题。

例如，数学表达式$\frac{-b+\sqrt{b^2-4ac}}{4a}$，写成 VBA 中的表达式方法如下：

```
(-b+sqr(b^2-4*a*c))/(4*a)
```

在这里可以看到，两个操作数之间一定有一个运算符，为了描述运算的顺序加上了很多括号来改变运算顺序，括号内的运算总是优先于括号外的运算，多重括号总是由内到外。

在 VBA 中表达式常常是由多种运算符组成的综合表达式，规定了各种运算符的优先次序，各种运算符的优先次序是：

算术运算符＞字符串运算符＞关系运算符＞逻辑运算符

在 VBA 中使用的运算符与表达式与在 Access 数据库中的基本相同，参见第 2.3.2 小节的相关内容，但在 VBA 中使用运算符与表达式时要注意下面几点。

(1) “Mod”运算符是用第一个数除以第二个数，且仅返回余数，结果符号与被除数相同，当有小数时采用的是五舍六入的原则，例如，－8.5 Mod －5 为结果为－3，而－8.6 Mod －5 的结果为－4。

(2) 在 VBA 中，使用关系运算符进行字符串比较时，则按字符的 ASCII 码值(但注意字母不分不小写，这与在 Access 数据库中不相同)从左到右一一对应进行比较，即首先比较两个字符串的第一个字符，ASCII 码大的字符串大。如果两个字符串第一个字符相同，则比较第二个字符，依此类推，直到出现不同的字符为止。例如，"book"="Book"的值为 true。

(3) 在 VBA 表达式中，日期类型的格式会自动的发生改变，例如，日期类型数据"#10-11-2005#"会自动变为"#10/11/2005#"格式。

8.2.4 函数

在 VBA 中，系统提供了一个比较完善的函数库，函数库中有一些常用的且被定义好的函数供用户使用。系统提供的函数称为标准函数，常用的标准函数参见第 2.3.3 小节，标准函数在使用上要注意下面几点。

(1) 标准函数不能脱离表达式而独立地作为语句出现。

(2) 函数的参数可以是常量、变量或表达式。

下面介绍一下在 VBA 中常用的两个函数。

1. MsgBox 函数

功能：在对话框中显示消息，等待用户单击按钮，并返回一个整数告诉用户单击哪一个按钮。

格式：

```
MsgBox(prompt[,buttons][,title][,helpfile,context])
```

【说明】

① Prompt 必选项。字符串表达式，作为显示在对话框中的消息。Prompt 的最大长度为 1 024 个字符。

② Buttons 可选项。数值表达式，指定显示按钮的数目及形式，使用的图标样式。如果省略，则 Buttons 的默认值为 0，按钮设置值及意义见表 8.2，表中的 4 组方式可以组合使用。如"按钮"设置表示为 3+32、vbYesNoCancel+32 或 vbYesNoCancel+vbQuestion，效果是相同的。

表 8.2 "按钮"设置值及意义

分组	符号常量	按钮值	描述
按钮数目	vbOkOnly	0	只显示【确认】按钮
	vbOkCancel	1	显示【确认】、【取消】按钮
	vbAboutRetryIgnore	2	显示【终止】、【重试】、【忽略】按钮
	vbYesNoCancel	3	显示【是】、【否】、【取消】按钮
	vbYesNo	4	显示【是】、【否】按钮
	vbRetryCancel	5	显示【重试】、【取消】按钮
图标类型	vbCritical	16	关键信息图标红色 STOP 标志
	vbQuestion	32	询问信息图标?
	vbExclamation	48	警告信息图标?
	vbInformation	64	信息图标 i

续表

分组	符号常量	按钮值	描述
默认按钮	vbDefaultButton1	0	第1个按钮为默认
	vbDefaultButton2	256	第2个按钮为默认
	vbDefaultButton3	512	第3个按钮为默认
模　式	vbApplicationModule	0	应用模式
	vbSystemModule	4096	系统模式

③ Title 可选项。在对话框标题栏中显示的字符串表达式。

④ Helpfile 可选项。字符串表达式,识别用来向对话框提供上下文相关帮助的帮助文件。如果提供了 Helpfile,则也必须提供 Context。

⑤ Context 可选项。数值表达式,指定帮助主题的上下文编号。

⑥ MsgBox()函数的返回值是一个整数。该整数与所选择的按钮有关。每个按钮对应一个返回值,共有 7 个按钮。MsgBox()函数的返回所选按钮整数值的意义见表 8.3。

表 8.3　MsgBox()函数的返回所选按钮整数值的意义

被单击的按钮	返回值	符号常量
确定	1	vbOk
取消	2	vbCancel
终止	3	vbAbort
重试	4	vbRetry
忽略	5	vbIgnore
是	6	vbYes
否	7	vbNo

2. InputBox 函数

功能:显示一个对话框,等待用户输入正文或按下按钮,返回输入的内容。

格式:

```
InputBox(prompt[,title][,default][,xpos][,ypos][,helpfile,context])
```

【说明】

① Prompt 必选项。在对话框中出现的字符串表达式。

② Default 可选项。在文本框中显示的字符串表达式,在没有其他输入时作为默认值。如果省略 Default,则文本框为空。

③ Xpos 可选项。数值表达式,和 Ypos 成对出现,指定对话框的左边与屏幕左边的水平距离。如果省略 Xpos,则对话框会在水平方向居中。

④ Ypos 可选项。数值表达式,指定对话框的上边与屏幕上边的距离。如果省略 Ypos,则对话框被放置在屏幕垂直方向距下边大约三分之一的位置。

⑤ 每次执行 InputBox()函数只能输入一个值,如果要输入多个值时,需多次调用该函数。

⑥ InputBox()函数返回值必须赋值给变量,否则返回值不保留。

MsgBox()和 InputBox()这两个函数中各项参数次序必须一一对应,除了 Prompt 项不能省略外,其余各项均可省略,处于中间的默认部分要用逗号占位符跳过。

【例 8.2】 在高校图书馆管理系统中,使用 MsgBox()和 InputBox()函数向窗体中录入书名和定价。

操作步骤如下。

(1) 新建一个窗体,将窗体的“记录选择器”、“导航按钮”、“分隔线”、“自动调整”属性都设为否。

(2) 在窗体上添加 4 个标签,其中两个标签的“标题”属性分别设置为“书名:”和“定价:”,另两个标签的“名称”属性分别设置为“书名”和“定价”。

(3) 在窗体上添加 1 个命令按钮,“标题”和“名称”属性都设置为“录入”,其 Click 事件过程代码如下。

```
Private Sub 录入_Click()
    书名.Caption = InputBox("请输入书名:","录入书名:")
    N = MsgBox("是否录入定价",36,"提示信息")
    If N = 6 Then 定价.Caption = InputBox("请输入书价格:","录入书价")
End Sub
```

(4) 窗体上各控件的字体大小都设为 12,调整各控件的位置,运行结果如图 8.17 所示。

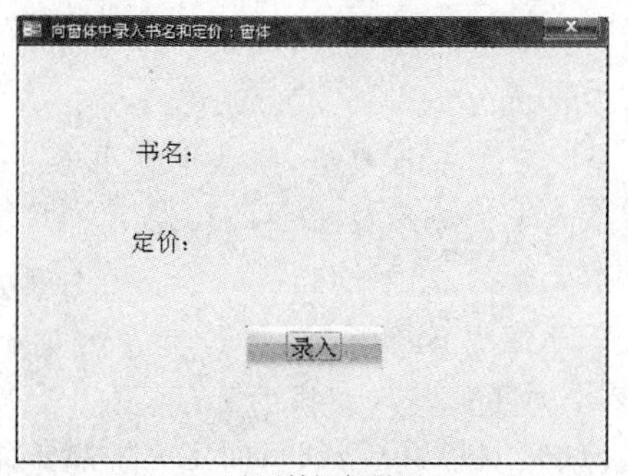

(a)开始运行界面

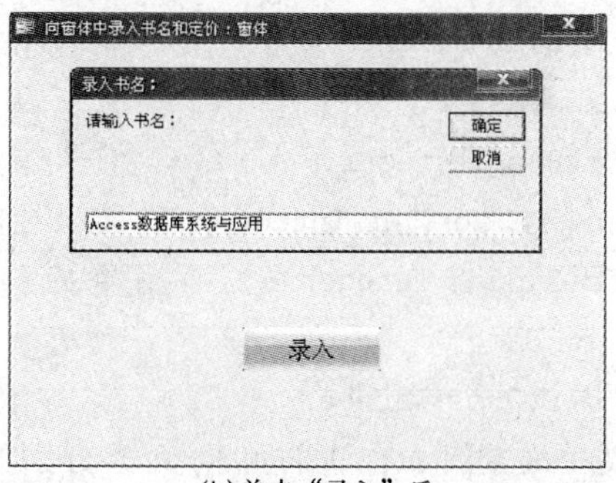

(b)单击“录入”后

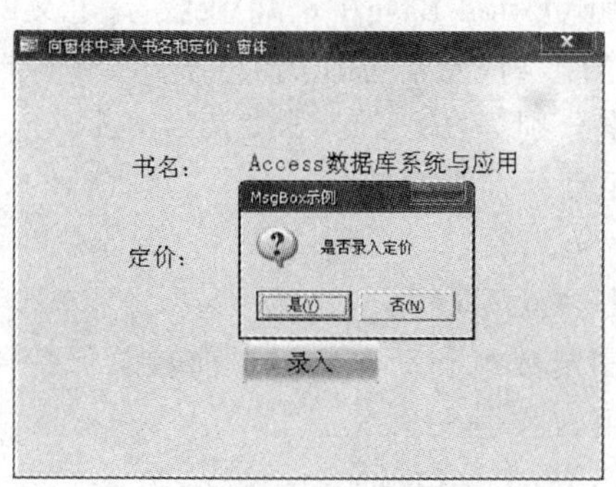

(c)录入后按“确定”

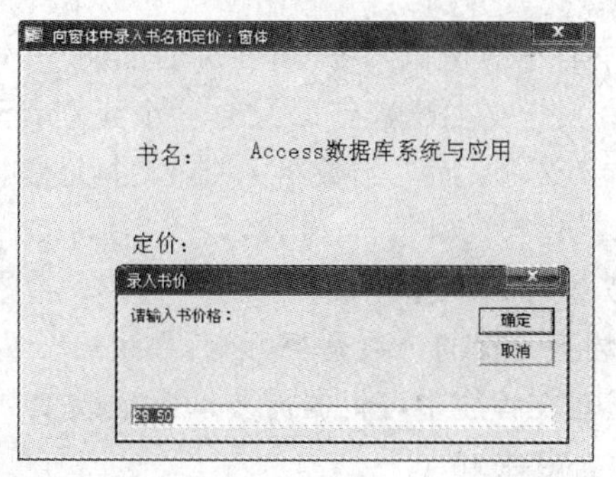

(d)按“是”后

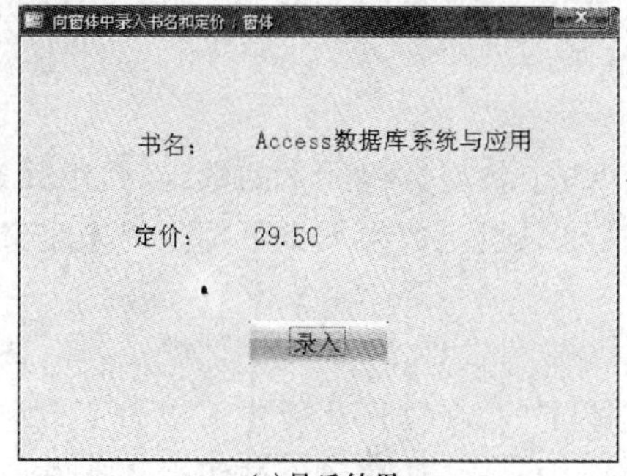

(e)最后结果

图 8.17 向窗体中录入书名和定价

8.2.5 数组

数组是由一组具有相同数据类型的变量构成的集合，每个变量称为一个数组元素。数组变量由变量名和数组下标组成，用Dim语句来声明数组。

数组定义格式为：

Dim 数组名[下标下界 to]下标上界限[,[下标下界 to]下标上界限]As 数据类型

(1) 下标下界确定方式

在定义数组时，每个下标都有上界和下界，其中下标下界可以省略，下界省略时则默认下标下界为0，也可以通过在模块的通用声明部分使用Option Base语句，来改变下标下界的默认值，例如，Option Base 1指定数组的默认下标下界为1。

(2) 数组的维数

根据数组下标个数的不同，可分为一维数组、二维数组和多维数组等，一般只用到一维数组和二维数组。

例如，一维数组和二维数组定义方法如下。

```
Dim a(8)as Integer            '定义有9个元素的一维数组，默认下标下界为0
Option Base 1                 '改变默认下标值为1
Dim b(8)as Integer            '定义有8个元素的一维数组，默认下标下界为1
Dim c(-2 to 2)as Integer      '定义有5个元素的一维数组
Dim d(2,3)as Integer          '定义有6个元素的二维数组
Option Base 0                 '改变默认下标值为0
Dim e(2,3)as Integer          '定义有12个元素的二维数组
```

定义一维数组a有9个元素，元素分别为：$a(0)$，$a(1)$，…，$a(8)$；而定义一维数组b只有8个元素，元素分别为：$b(1)$，$b(2)$，…，$b(8)$，是由Option Base 1语句引起的；定义的一维数组c由于有下界所以不受Option Base 1语句的影响，元素分别为：$c(-2)$，$c(-1)$，$c(0)$，$c(1)$，$c(2)$；定义二维数组d只有6个元素，元素分别为：$d(1,1)$，$d(1,2)$，$d(1,3)$，$d(2,1)$，$d(2,2)$，$d(2,3)$；而二维数组e有12个元素，元素分别为：$e(0,0)$，$e(0,1)$，$e(0,2)$，$e(0,3)$，$e(1,0)$，$e(1,1)$，$e(1,2)$，$e(1,3)$，$e(2,0)$，$e(2,1)$，$e(2,2)$，$e(2,3)$。

(3) 数组的类型

按数组元素的个数是否可变，数组可分为固定数组和动态数组。前者总保持同样的大小，而后者在程序中可根据需要动态地改变数组的大小。

① 固定数组

固定数组是指数组一旦被定义，其数组元素的个数就不能改变了。

例如，定义固定数组方法如下。

```
Dim Array(10) As Integer
```

这条语句定义了一个有11个整型数组元素的数组，数组元素从Array(0)至Arry(10)，每个数组元素为整型变量，这里只指定数组元素下标上界来定义数组，数组元素的个数不能够改变。

② 动态数组

是指数组元素的个数是不定的，在程序运行中可以改变数组元素的个数。很多情况下，不能明确知道数组中应该有多少元素，使用动态数组变得非常方便。

动态数组的定义方法：先使用Dim声明数组，但不指定数组元素的个数，而在以后使用

时再用 ReDim 来指定数组元素个数，称为数组重定义。在数组重定义时，使用 ReDim 定义时可通过在其后加保留字 Preserve 来保留以前的值，否则在使用 ReDim 定义后，数组元素的值会被重新初始化为默认值。

例如，定义动态数组方法如下。

```
Dim Array () As Integer        '声明动态数组
ReDim Arry(5)                  '数组重定义，分配 5 个元素
For I = 1 To 5                 '使用循环给数组元素赋值
  Array(I) = I
Next I
Rem 数组重定义，调整数组的大小，并抹去其中元素的值
ReDim Array (10)               '重新设置为 10 个元素，IntArray(1)至 IntArray(5)的值
                               不保留
For I = 1 To 10                '使用循环给数组元素重新赋值
  Array(I) = I
Next I
Rem 数组重定义，调整数组的大小，使用保留字 preserve 来保留以前的值
ReDim preserve Array(15)       '重设置为 15 个元素，IntArray(1)至 IntArray(10)的值
                               保留
For I = 11 To 15               '使用循环给未赋值数组元素赋值
  Array(I) = I
Next I
```

ReDim 语句只能出现在过程中，可以改变数组的大小和上下界，但不能改变数组的维数。执行不带 Preserve 关键字的 ReDim 语句时，数组中存储的数据会全部丢失，VBA 将重新设置其中元素的值。对于 Variant 变量类型的数组，设为 Empty；对于 Numeric 类型的数组，设置为 0；对于 String 类型的数组则为设为空字符串；对象数组则设为 Nothing。使用 Preserve 关键字，可以改变数组中最后一维的边界，但不能改变这一维中的数据。

(4) 数组的应用

数组声明后，数组中的每个元素都可以当作单个的变量来使用，其使用方法与相同类型的普通变量相同，数组元素的引用格式为：数组名(下标值)。

【例 8.3】 求书的平均价格，要求输入 10 本书的价格，并打印平均价格和大于平均价格的价格。

程序代码如下。

```
Option Compare Database
Option Base 1
Private Const N = 10
Private Sub BookPrice()
    Dim i,score(N) As Single
    Dim total,aver As Single
    Dim str As String
    For i = 1 To N
        score(i) = InputBox("输入第"& i &"本书的价格","输入框")
```

```
        total = total + score(i)
        str = str & score(i) & " "
    Next
    MsgBox (str)
    aver = total / N
    str = "书的平均价格是：" & aver & " 大于平均价格的有："
    For i = 1 To N
        If score(i) > aver Then
          str = str & score(i) & " "
        End If
      Next
    MsgBox (str)
End Sub
```

程序运行结果如图 8.18 所示。

Microsoft Office Access

25.7 38.4 36.3 29.8 28.8 45.6 33.1 37.5 36.8 29.3

确定

(a)输入的数据

(b)平均价格和大于平均价格的数据

图 8.18 程序运行结果

8.3 程序语句

程序语句是能够完成某项操作的一条完整命令，是构成程序的基本单元。程序是由大量的程序语句构成的，程序语句可以包含关键字、函数、运算符、变量、常数以及表达式。

8.3.1 程序语句的书写格式

VBA 程序语句有自己的书写格式，主要规定如下。

① 不区分字母的大小写。

② 在书写标点符号和括号时，要用西文格式。

③ 在语句中的关键字的首字母均转换成大写，其余字母转换成小写。

④ 对用户自定义的变量和过程名，VBA 以第一次定义的格式为准，以后引用输入时自动向首次定义的转换。

⑤ 通常将一条语句写在同一行，若语句较长，一行写不下时，可在要续行的行尾加上续行符（空格＋下划线“_”），在下一行续写语句代码。

⑥ 在同一行上可以书写多条语句，语句间用冒号“:”分隔，一行允许多达 255 个字符。输入一行语句并按“Enter”键，VBA 会自动进行语法检查，如果语句存在错误，该行代码以红色提示（或伴有错误信息提示）。

8.3.2 程序的基本语句

程序的功能是靠执行语句来实现的，语句的执行方式按流程可以分为顺序结构、分支结构和循环结构3种。顺序结构是最简单、最基本的程序结构，按照语句在程序中的排列位置依次顺序地执行。

下面详细介绍一下在VBA中的几个常用的基本语句。

1. 注释语句

通常，一个好的程序一般都有注释语句，这对程序的维护以及代码的共享都有重要意义。在VBA程序中，注释可以通过使用Rem语句或用单引号“'”实现，其中注释语句在程序执行过程中不执行。

(1) 使用Rem语句

Rem语句在程序中作为单独一行，Rem语句多用于解释其后的一段程序。

语句格式为：

```
Rem 注释内容
```

(2) 使用西文单引号“'”

使用单引号“'”引导注释内容，可以直接出现在一行语句的后面。

语句格式为：

```
'注释内容
```

例如，注释语句使用方法如下。

```
Rem 定义2个字符型变量
Dim Str1,Str2 As String
Str1 ="图书馆借阅管理系统"      'Str1 变量记下图书馆借阅管理系统的名称
Str2 ="Access 数据库基础教程":Rem Str2 变量记下"Access 数据库基础教程"字符串
```

添加到程序中的注释语句或内容，系统默认以绿色文本显示，在VBA运行代码时，将自动忽略掉注释。

2. 声明语句

声明语句用于命名和定义过程、变量、数组或常量。当声明一个过程、变量、数组时，也同时定义了它们的作用范围，此范围取决于声明位置(子过程、模块、全局)和使用什么关键字(Dim、Public、Static等)来声明它。

3. Option语句

Option语句在模块的开始部分使用，用于对环境状态进行设置。

(1) Option Compare

在模块中指定字符串比较的方法。

语法格式：

```
Option Compare {Binary|Text|Database}
```

【说明】

① Option Compare语句必须写在模块的所有过程之前。

② Database(默认选项)：当需要字符串比较时，将根据数据库的区域ID确定排序级别进行比较。

③ Text：不区分英文字母的大小写。

④ Binary：区分英文字母的大小写，如果模块中没有Option Compare语句，则默认的文本比较方法是Binary。

(2) Option Base 0/1

设置该模块所有数组默认下标的初始值，参数只能用0和1两个数字。0表示在模块中所有数组的最小元素由 0 开始编号；1 表示在模块中所有数组的最小元素由 1 开始编号。

(3) Option Explicit

在模块中使用 Option Explicit，则必须使用 Dim、Private、Public、ReDim、Static 语句来显式声明所有变量，如果使用未声明的变量名在编译时会出现编译错误。

在模块中没有使用 Option Explicit，除非使用 Deftype 语句指定了默认类型，否则所有未声明的变量都是 Variant 类型。

Option Explicit 语句只为当前模块启用了自动变量声明功能，如果想为所有新模块启用此功能，可在 VBE 中选择“工具”|“选项”中单击“编辑器”选项卡，选中“要求变量声明”项，如图 8.19 所示。

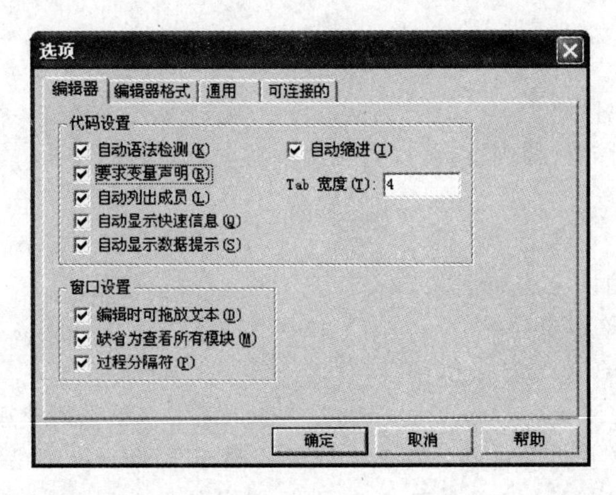

图 8.19 启动自动变量声明功能

(4) Option Private Module

在声明区域使用该语句，表示此模块声明区域声明的变量、常量等为私有，但仍可由现有数据库中的模块使用，而不能由其他数据库使用。

4. 赋值语句

赋值语句是程序设计中最基本的语句，用于指定一个值或表达式给变量或常量。

赋值语句格式如下：

(1) 格式 1

[let]变量名 = 表达式

(2) 格式 2

[对象名.]属性名 = 表达式(若对象名省略，则默认对象为当前窗体或报表)

例如，赋值语句的使用方法如下。

```
BookName = "Access 数据库基础教程"
BookPrice = 23.40
Let BookNumber = 1200
BookTotalPrice = BookNumber * BookPrice
Form1.Caption = "图书馆借阅管理系统"
```

【说明】

① 在赋值语句中，“=”是赋值号，要注意与等号的区别，VBA 系统会根据所处的位置自动地判断是赋值号还是等号。

② 赋值号左边只能是变量，不能是常量、符号常量或表达式。

③ 当表达式是数字字符串，变量为数值型，系统自动转换成数值类型再赋值，若表达式含有非数字或空串时，赋值出错。

④ 不能在一个赋值语句中，同时给多个变量赋值。

⑤ 在赋值语句中经常出现语句：I=I+1，该语句的作用是变量I中的值加1后再赋值给I，与循环语句结合可实现计数。

5. With 语句

With 语句是用来对某个对象进行属性设置的语句，而不用重复指出对象的名称。

语法格式为：

```
With 对象
    .语句
End With
```

例如，用 With 语句改变 Command1 命令按钮属性的方法如下。

```
With Command1
    .Caption = "确定"
    .Top = 500
    .Enabled = True
    .FontSize = 14
End With
```

6. On Error 语句

编写程序代码时不可避免地会发生错误。常见的错误主要有以下3个方面：

① 语法错误。如变量定义错误，语句前后不匹配等。

② 运行错误。如数据传递时类型不匹配、数据发生异常、动作发生异常等。程序在运行时发现错误，Access 数据库系统会在出现错误的地方停下来，并且将代码窗口打开，显示出错代码。

③ 逻辑错误。应用程序没有按照希望的结果执行，运算结果不符合逻辑。

在 VBA 中，一般通过设置错误陷阱纠正运行错误。即在代码中设置一个捕捉错误的转移机制，一旦出现错误，便无条件地转移到指定位置执行。

Access 数据库提供了以下几个语句来构造错误陷阱。

(1) On Error GoTo 语句

在遇到错误发生时，控制程序去处理错误。语句格式：

```
On Error GoTo 标号
On Error Resume Next
On Error GoTo 0
```

【说明】

① "On Error GoTo 标号"语句在遇到错误时发生，控制程序转移到指定的标号所指位置执行，标号后的代码一般为错误处理程序。一般来说，"On Error GoTo 标号"语句放在过程的开始，错误处理程序代码会在过程的最后。

② "On Error Ressume Next"语句在遇到错误时发生，系统会不考虑错误，继续执行下一行语句。

③ “On Error GoTo 0”语句用于关闭错误处理。在程序代码中没有使用“On Error GoTo”语句捕捉错误，或使用“On Error GoTo 0”语句关闭了错误处理，则当程序运行发生错误时，系统会提示一个对话框，显示相应的出错信息。

例如，错误捕捉与处理使用方法如下。

```
Private Sub Myproc()
    On Error GoTo Errlabel
    <程序语句>
Errlabel:
    <错误处理代码>
End Sub
```

(2) Err 对象

返回错误代码。在程序运行发生错误后，Err 对象的 number 属性返回错误代码。

(3) Error()函数

该函数返回出错代码所在的位置或根据错误代码返回错误名称。

(4) Error 语句

该语句用于错误模拟，以检查错误处理语句的正确性。

8.3.3 分支语句

分支结构主要解决的问题是在多种情况中选择其中的一种去处理。分支语句又称条件判断语句，根据条件是否成立选择语句执行路径。分支语句有 If 语句和 Select Case 语句两种。

1. If 条件语句

在 VBA 代码中使用 If 条件语句，可根据条件表达式的值来选择程序执行哪些语句。If 条件语句的基本格式有 3 种。

(1) 格式 1

```
If<条件表达式>Then<语句块>
```

功能：当条件表达式为真时，执行 Then 后面的语句块，否则不执行 Then 后面的语句。

(2) 格式 2

```
If<条件表达式>Then
    <语句块 1>
[Else
    <语句块 2>]
End If
```

功能：当条件表达式为真时，执行 Then 后面的语句块 1，否则执行 Else 后面的语句块 2，也就是两个语句块有且只有一个语句块被执行。

【说明】

① If 与 End If 是成对出现的，也就是说有一个 If 必须有一个 End If。

② 语句块可以是一条或多条语句。

(3) 格式 3

```
If <条件表达式 1>Then
```

```
    <语句块 1>
ElseIf <条件表达式 2>Then
    <语句块 2>
…
[Else
    <语句块 n+1>]
End If
```

功能:依次测试条件表达式1、条件表达式2、…,当遇到某个条件表达式为真时,则执行该条件下的语句块。如均不为真时,若有 Else 选项,则执行 Else 后面的语句块,若没有 Else 选项,则不会执行任何一个语句块,而直接执行 EndIf 后面的语句。

【说明】

① ElseIf 不能写成 Else If。

② 不管条件分支有几个,程序执行了一个分支后,其余分支不再执行。

③ 当有多个条件表达式同时为真时,只执行第一个与之匹配的语句块。因此,应注意多分支结构中条件表达式的次序及相交性。

【例 8.4】 判断一个数是否是水仙花数(水仙花数是指一个正整数其本身等于每个位上的数字的立方之和,例如,$407=4^3+0^3+7^3$)。

操作步骤如下。

(1) 新建一个窗体,将窗体的"记录选择器"、"导航按钮"、"分隔线"、"自动调整"属性都设为否。

(2) 在窗体上添加2个标签,其中一个标签的"标题"属性设置为"请输入(100~999)之间的数",另一个标签的"标题"属性设置为" "和"名称"属性设置为"结果"。

(3) 在窗体上添加1个文本框,其文本框的"名称"属性设置为"number"。

(4) 在窗体上添加1个命令按钮,"标题"和"名称"属性都设置为"判断",其 Click 事件过程代码如下。

```
Option Compare Database
Private Sub 判断_Click()
    Dim x As Integer
    x = Val(number)
    i = x Mod 100
    j = x\100
    k = (x - j * 100)\10
    If x = i^3 + k^3 + j^3 Then
        结果.Caption = number + "是水仙花数"
    Else
        结果.Caption = number + "不是水仙花数"
    End If
End Sub
```

（5）窗体上各控件的字体大小都设为 12，调整各控件的位置，设计结果如图 8.20(a)所示，运行结果如图 8.20(b)所示，输入 407 单击判断按钮如图 8.20(c)所示。

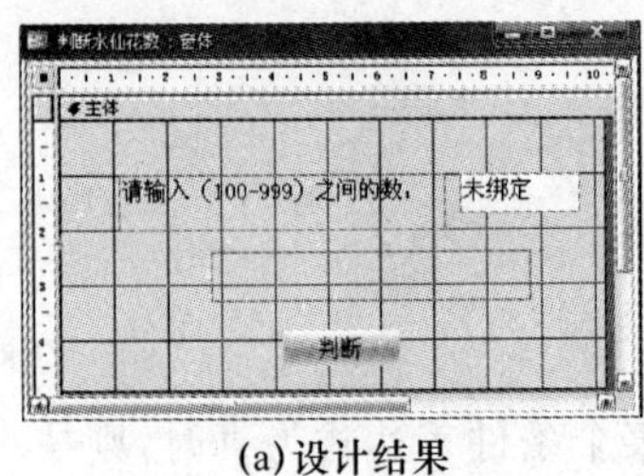

(a)设计结果

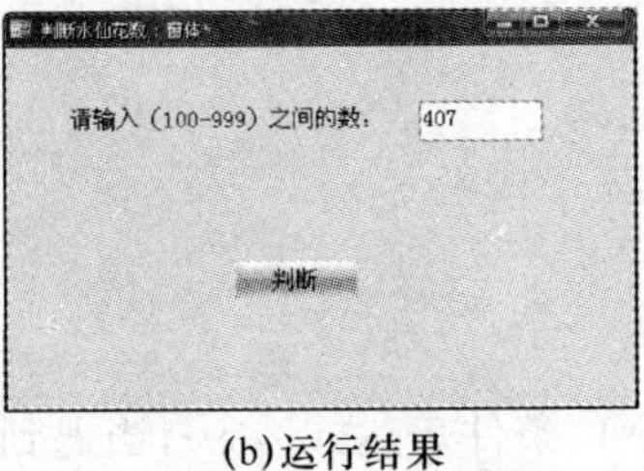

(b)运行结果

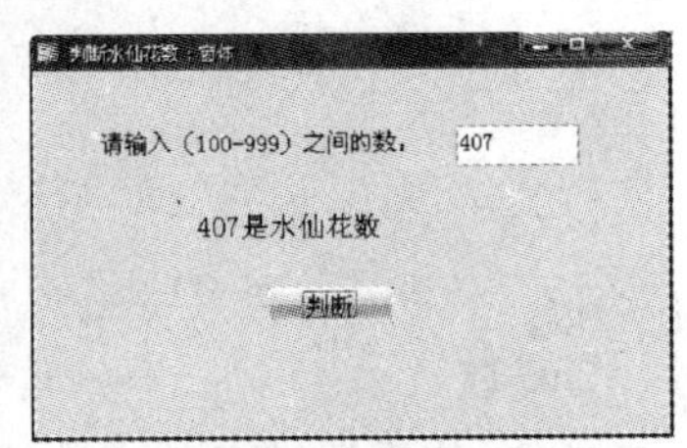

(c)单击判断运行结果

图 8.20　程序运行效果

【例 8.5】　用窗体实现如下操作：当输入某同学期末考试科目的平均成绩时，显示该同学对应的五级制总评结果。

操作步骤如下。

（1）在窗体中添加 2 个标签控件，其标题分别设为：平均成绩和总评结果。

（2）在窗体中添加 2 个文本框控件，其名字分别设为：Zpcj 和 Zpjg。

（3）在窗体中添加 1 个命令按钮，其标题设为“评定”，其 Click 事件过程代码如下：

```
Private Sub 评定_Click()
    If Me! Zpcj＞= 90 Then
        Me! Zpjg =“优秀”
    ElseIf Me! Zpcj＞= 80 Then
        Me! Zpjg =“良好”
    ElseIf Me! Zpcj＞= 70 Then
        Me! Zpjg =“中等”
    ElseIf Me! Zpcj＞= 60 Then
        Me! Zpjg =“及格”
    Else
        Me! Zpjg =“不及格”
    End If
End Sub
```

运行结果：当在平均成绩文本框中输入任何数值数据时，单击“评定”按钮，总评结果将显示在总评结果框中。

另外，If 语句还可嵌套使用。If 语句嵌套是指 If 或 Else 后面的语句块中又包含有 If 语句，例如，下面的嵌套形式：

```
If＜条件表达式 1＞Then
    ＜语句块 1＞
    If＜条件表达式 11＞Then
        ＜语句块 11＞
    End If
…
```

```
End If
```

【说明】

① 嵌套If语句应注意书写格式，为提高程序的可读性，多采用锯齿型结构。

② 多个If嵌套，End If与离它最近的If配对。

【例8.6】 编写计算如下分段函数。

$$Y=\begin{cases}1(x>0)\\0(x=0)\\-1(x<0)\end{cases}$$

程序代码如下。

```
Private Sub 计算函数()
  x = InputBox("请输入一个数:")
  If x> = 0 Then
        If x = 0 then
            Y = 0
    Else
            Y = 1
        End if
    Else
        Y =- 1
    End If
End Sub
```

2. Select Case 语句

当条件选项较多时，使用If语句嵌套来实现程序的设计，程序的结构变得很复杂，不利于程序的阅读与调试，最好用Select Case语句会使程序结构更清晰。

Select Case 语句格式：

```
Select Case 变量表达式
    Case 表达式 1
        <语句块 1>
    Case 表达式 2
        <语句块 2>
        …
    [Case Else
        <语句块 n+1>]
End Select
```

功能：首先计算Select Case语句后的变量表达式的值，然后依次计算每个Case子句中表达式的值，如果当前Case值不满足，则进行下一个Case语句的判断，如果变量表达式的值满足某个Case值，则执行相应的语句块。当所有Case语句都不满足时，执行Case Else子句。如果条件表达式满足多个Case语句，则只执行满足条件的第一个Case语句。

【说明】

① 变量表达式可以是数值型或字符串表达式，但Case表达式与变量表达式的类型必

须相同。

② Case 表达式可以是下列几种格式。

- 单一数值或一行并列的数值，并列的数值之间用逗号分开，如 case 1,3,5。
- 用关键字 To 分隔开的两个数值或表达式之间的范围，并且前一个值必须比后一个值要小，如 case 1 to 5。
- 用 Is 关系运算符表达式，如 case is>10。

③ 字符串的比较是它们的第一个字符的 ASCII 码值开始比较的，直到分出大小为止。例如，将例 8.5 中的评定学生成绩的代码改写如下。

```
Select Case Val(me! Zpcj)
    Case is> = 90
        me! Zpjg = "优秀"
    Case 80,81,82 to 89
        me! Zpjg = "良好"
    Case 70 to79
        me! Zpjg = "中等"
    Case 60 to 69
        me! Zpjg = "及格"
    Case Else
        me! Zpjg = "不及格"
End Select
```

【例 8.7】 编写一个程序，用于区别字符属于"英文字母"、"标点符号"、"字符的 ASCII 小于 65"、"其他字符"。

程序代码如下。

```
Private Sub 判断字符()
    Dim stryx as string
    strx = "!"
    Select Case strx
        Case "A" to"Z","a"to"z"
            Stry = "英文字母"
        Case "!","、",".",";"
            Stry = "标点符号"
        Case Is<65
            Stry = "字符的 ASCII 小于 65"
        Case Else
            Stry = "其他字符"
    End Select
End Sub
```

8.3.4 循环语句

循环结构主要解决反复多次处理的问题。循环结构是在指定的条件下重复执行一个或多个语句。下面就 VBA 中的循环语句作详细的介绍。

1. Do 循环

(1) 格式 1

```
Do While|Until 条件表达式
    ＜语句块＞
[Exit Do]
    ＜语句块＞
Loop
```

功能:Do While 循环语句是当条件表达式结果为真时执行循环体,直到条件表达式的值为假或执行到 Exit Do 语句而退出循环体;Do Until 循环语句则是当条件表达式结果为假时,执行循环体,直到条件表达式的值为真或执行到 Exit Do 语句而退出循环体。

(2) 格式 2

```
Do
    ＜语句块＞
[Exit Do]
    ＜语句块＞
Loop While|Until 条件表达式
```

功能:先执行循环后判断条件。而格式 1 是先判断条件后执行循环,其他内容与格式 1 相同。

【说明】

① 格式 1 循环语句先判断后执行,循环体有可能一次也不执行。格式 2 循环语句为先执行后判断,循环体至少执行一次。

② 关键字 While 用于指明当条件为真(True)时,执行循环语句中的语句,而 Until 正好相反,条件为假(False)时执行循环体中的语句。

③ 在 Do…Loop 循环体中,可以在任何位置放置任意个数 Exit Do 语句,随时跳出 Do…Loop循环。

④ 如果 Exit Do 使用在嵌套的 Do…Loop 语句中,则 Exit Do 会将控制权转移到 Exit Do 所在位置的外层循环。

⑤ 当省略 While 或 Until 条件子句时,循环体结构变成如下格式:

```
Do
    ＜语句块＞
[Exit Do]
    ＜语句块＞
Loop
```

循环结构仅由 Do…Loop 关键字组成,表示无条件循环,若在循环体中不加 Exit Do 语句,循环语句为死循环。

例如,用 DO 语句实现 26 个小写英文字母赋给数组 strx。

```
Dim strx(1 to 26) As String
I = 1
Do While I< = 26
```

```
    Strx(I) = Chr(I + 96)
    I = I + 1
Loop
```

2. For 循环

语句格式为：

```
For 循环变量 = 初值 To 终值[step 步长值]
    <语句块>
[Exit For]
    <语句块>
Next[循环变量]
```

功能：For语句的循环变量要先赋初值，再判断循环变量是否在终值内，如果是，执行循环体，然后循环变量加步长值继续判断；如果否，结束循环，执行Next后面的语句。

【说明】

① 循环变量必须为数值型。

② step步长值：可选参数。步长值可以是任意的正数或负数，但不能为0，如果没有指定，则step的步长默认为1。

③ 当程序执行到Exit For语句时，退出循环体。

④ Next是循环结束标志，Next后的循环变量与For语句中的循环变量必须相同，且必须与For成对出现。

⑤ 没有遇到Exit For语句的的情况下，循环体结束后，循环变量的值为循环终值+步长。

例如，把26个小写英文字母赋给数组strx的代码改成for语句。

```
Dim strx(1 to 26)As String
For I = 1 To 26
    Strx(I) = Chr(I + 64)
Next
```

【例8.8】 从键盘输入一个整数，判断是否是素数。

程序代码如下。

```
Public Sub 判断是否是素数()
    Dim n,i,k As Integer
    n = InputBox("请输入一个正整数：")
    k = Int(Sqr(n))
    For i = 2 To k
        If n Mod i = 0 Then Exit For
    Next i
    If i>k Then
        MsgBox n & "是素数"
    Else
        MsgBox n & "不是素数"
    End If
```

```
End Sub
```

3. While 循环

语句格式为：

```
While 条件
    <语句块>
Wend
```

功能：当条件为真时，执行循环体中的语句，遇到 Wend 时，程序跳转回 While 处，继续判断条件，直到条件为假，退出循环，执行 Wend 后面的语句。

【说明】

① While 与 Wend 成对出现。

② While 循环没有强制跳出循环的语句。

【例 8.9】 求 *N*!。

程序代码如下。

```
Public Sub 阶层 N()
    Dim n, i As Integer
    n = InputBox("请输入一个整数:")
    i = 1
    total = 1
    While i <= n
        total = total * i
        i = i + 1
    Wend
    MsgBox "N 的阶层为:" & total
End Sub
```

4. GoTo 语句

GoTo 语句在程序执行过程中实现无条件转移，通常和 If 语句联用构成循环。

语句格式为：

```
GoTo 标号
```

功能：程序执行过程中，遇到 GoTo 语句，会无条件地转到其后的“标号”位置，并从该位置继续执行程序。

【说明】

① 标号是一个字符序列，在定义标号时，名字必须从代码行的第一列开始书写，名字后加冒号“:”；必须以英文字母开头。

② 由于程序在执行过程中遇到 GoTo 语句，会无条件地跳转，所以通常 GoTo 语句和 If 语句配合使用，保证程序能够正常退出，防止出现死循环。

【例 8.10】 求 1～100 之和。

程序代码如下。

```
Public Sub cc()
    Dim i, sum1 As Integer
    sum1 = 0
```

```
    i = 1
label:
    sum1 = sum1 + i
    i = i + 1
    If i <= 100 Then
        GoTo label
    End If
    MsgBox sum1
End Sub
```

5. 循环嵌套

循环嵌套是指在循环语句中还包括循环语句。

格式1：

```
For 循环变量 = 初值 To 终值[step 步长值]
    <语句块>
    For 循环变量 = 初值 To 终值[step 步长值]
        <语句块>
    [Exit For]
        <语句块>
    Next[循环变量]
    <语句块>
[Exit For]
    <语句块>
Next[循环变量]
```

格式2：

```
For 循环变量 = 初值 To 终值[step 步长值]
    <语句块>
    While 条件
        <语句块>
    Wend
    <语句块>
[Exit For]
    <语句块>
Next[循环变量]
```

以上只列出了两种格式，同一种循环语句可以嵌套，不同种循环语句之间也可以嵌套，外层循环必须完全包含内层循环，不能交叉。

【例8.11】 从键盘输入10个整数，用冒泡法将数据由小到大排序。

程序代码如下。

```
Option Base 1
Private Const n = 10
Private Sub sort()
```

```
    Dim i,j,a(n)As Integer
    Dim str As String
    For i = 1 To n
        a(i) = InputBox("输入第" & i & "数","输入框")
        str = str & a(i) & " "
    Next
    MsgBox (str)
    For i = 1 To n - 1
      For j = 1 To n - i
        If a(j) > a(j + 1) Then
            t = a(j): a(j) = a(j + 1): a(j + 1) = t
        End If
      Next j
    Next i
    str = "排序的结果是:"
    For i = 1 To n
      str = str & a(i) & " "
    Next
    MsgBox (str)
End Sub
```

【例 8.12】 输出一个正三角形,如图 8.21 所示。

程序代码如下。

```
Private Sub 三角形()
    For i = 1 To 8
        For j = 1 To 8 - i
            Debug.Print " ";            '在立即窗口输出
        Next j
        For k = 1 To 2 * i - 1
            Debug.Print "*";
        Next k
        Debug.Print
    Next I
End Sub
```

图 8.21 三角形

8.4 VBA 模 块

模块是将 Visual Basic for Applications 声明和过程作为一个单元进行保存的集合。模块有两个基本类型:类模块和标准模块。模块中的代码以过程的形式加以组织,每一个过程都可以是一个 Function 过程或 Sub 过程。

8.4.1 模块分类

1. 标准模块

标准模块用于存放公共过程(子过程和函数过程),不与其他任何 Access 数据库对象相关联。在 Access 数据库系统中,通过模块对象创建的代码过程就是标准模块。

在标准模块中,通常为整个应用系统设置全局变量或通用过程,供其他窗体或报表等数据库对象在类模块中使用或调用。反过来,在标准模块的子过程中,也可以调用窗体或运行宏等数据对象。标准模块可在数据库中选择“模块”项后,单击“新建”按钮来添加,在此建立的 Function 或 Sub 前面的关键字一般用 Public,这意味着在标准模块中定义的子程序或子函数在其他的窗体中都能调用。

2. 类模块

类模块是可以包含新对象的定义的模块。窗体模块和报表模块都是类模块,而且它们各自与某一窗体或报表相关联。窗体和报表模块通常都含有事件过程,该过程用于响应窗体或报表中的事件;可以使用事件过程来控制窗体或报表的行为,以及它们对用户操作的响应;可以调用已经添加到标准模块中的过程;其作用范围局限在其所属的窗体和报表内部,具有局部特性。

8.4.2 创建过程

过程是模块中的基本单元,一个模块包含一个声明区域及一个或多个子过程与函数过程,声明区域用于定义模块中使用的常量、变量等内容。在新建模块操作中,使用“插入”菜单中的“过程”命令,打开“添加过程”对话框,如图 8.22 所示,可以选择在模块中添加子过程或函数过程,并设置其公共或私有属性。

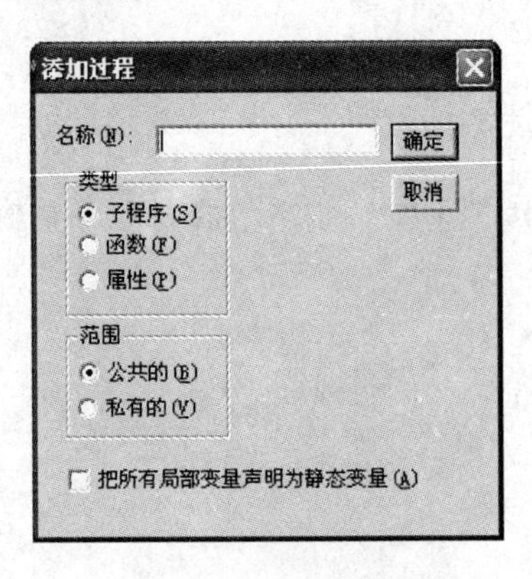

图 8.22 “添加过程”对话框

过程是包含 VBA 代码的基本单位,由一系列可以完成某项指定的操作或计算的语句和方法组成,主要包括 Sub 过程和 Function 过程。

1. Sub 过程

Sub 过程又称子过程,以关键词 Sub 开始,以 End Sub 结束。

语法格式为:

[Public|Private][Static]Sub 子过程名([＜形参＞])

```
    [<子过程语句>]
    [Exit Sub]
    [<子过程语句>]
End Sub
```

【说明】

① 对于子过程,可以传送参数和使用参数来调用它,但不返回任何值。

② 选用关键字 Public:可使该过程能被所有模块的所有其他过程调用。

③ 选用关键字 Private:可使该过程只能被同一模块的其他过程调用。

④ 选用关键字 Static:该过程中的局部变量的值保留到下次,否则,在每次调用过程时,局部变量都被重新置0。

⑤ 当遇到关键字 Exit Sub 时,退出子过程。

⑥ 在一个子过程中,可以调用其他子过程或打开窗体等对象。

2. Function 过程

Function 过程又称函数过程,以关键词 Function 开始,以 End Function 结束。

语法格式为:

```
[Public|Private][Static]Function 函数过程名([<形参>])[As 数据类型]
    [<函数过程语句>]
    [函数过程名=<表达式>]
    [Exit Function]
    [<函数过程语句>]
    [函数过程名=<表达式>]
End Function
```

【说明】

① 它和 Sub 过程很类似,但它通常都有返回值,在代码中可以一次或多次为函数名赋一个值作为函数的返回值。

② As 数据类型子句是定义函数过程返回的变量数据类型,若未定义,系统将自动赋给函数过程一个最合适的数据类型。

③ 函数过程名至少应赋值一次,使函数获得返回值。否则,函数过程将返回一个默认值,数值函数返回0,字符串函数返回一个空串。

【例 8.13】 在 VBA 标准模块中,编写一个计算圆面积的函数过程 Area()。

程序代码如下。

```
Public Function Area(r as Single)as Single
    If r<0 Then
        Msgbox"圆的半径必须大于零",vbCritical,"警告"
        Area=0
        Exit Function
    End If
    Area=3.14*r*r
End Function
```

8.4.3 过程调用与参数传递

1. 函数过程的调用

函数过程的调用同标准函数的调用相同。

语句格式如下:

函数过程名([实参列表])

【说明】

① 多个实参之间用逗号分隔,"实参列表"必须与形参保持个数相同,位置类型与行参一一对应,实参可以是常数、变量或表达式。

② 调用函数过程时,把实参的值传递给形参,称为参数传递。

③ 函数过程不作为单独的语句加以调用,必须作为表达式或表达式中的一部分使用。

④ 函数过程可以被查询、宏等调用。

【例 8.14】 在窗体对象中,使用函数过程实现任意半径的圆面积计算,当输入圆半径值时,计算并显示圆面积。

操作步骤如下。

(1) 在窗体上添加 2 个标签控件,其标题分别设为:半径和圆面积。

(2) 在窗体上添加 2 个文本框控件,其名字分别设为:R 和 S。

(3) 在窗体上添加 1 个命令按钮,其标题设为"计算",其 Click 事件过程代码如下。

```
Priave Sub command_Click()
    S = Area(r)            'Area()函数是例 8.13 编写的计算圆的面积函数
End Sub
```

运行结果如图 8.23 所示,当在半径文本框中输入数值数据时,单击"计算"按钮,将在圆面积文本框中显示计算的圆面积值。

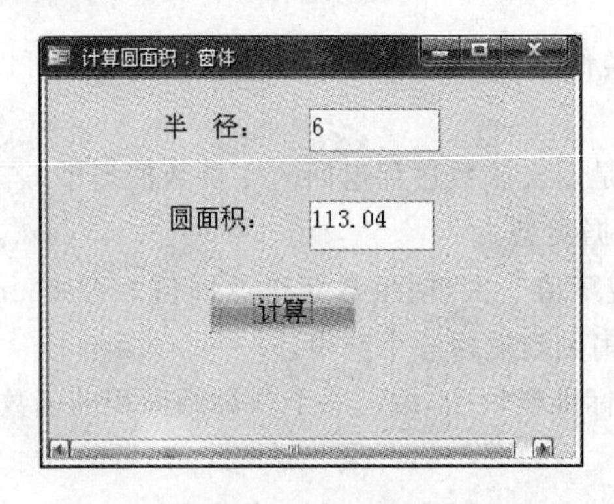

图 8.23 计算圆面积运行结果

2. 子过程的调用

子过程没有返回值,是处理某种功能的操作。

语句格式如下。

(1) 格式 1

Call 子过程名[(实参列表)]

(2) 格式 2

子过程名 [实参列表]

【说明】

① 用 Call 关键字调用子过程时，若有实参，则必须把实参用圆括号括起，无实参时可省略圆括号；不使用 Call 关键字，若有实参，可不需用圆括号括起。

② 若实参要获得子过程的返回值，则实参只能是变量，不能是常量、表达式或控件名。

【例 8.15】 在窗体对象中，使用子过程实现数据的排序操作，当输入 2 个数值时，从大到小排序并显示结果。

操作步骤如下。

(1) 在窗体上添加 2 个标签控件，其标题分别设为：x 值和 y 值。

(2) 在窗体上添加 2 个文本框控件，其名称设为：x 和 y。

(3) 在窗体上添加 1 个命令按钮，其标题设为"排序"，其 Click 事件过程代码如下。

```
Private Sub command_Click()
    Dim a,b
    If Val(me! x)>Val(me! y)then
        Msgbox"x 值大于 y 值,不需要排序",vbinformation,"提示"
        Me! x.SetFocus
    Else
        a = Me! x
        b = Me! y
        Swap a,b
        Me! x = a
        Me! y = b
        Me! x.SetFocus
    End If
End Sub
```

在窗体模块中，建立一个完成交换功能的子过程 Swap()。

程序代码如下。

```
Public Sub Swap(m,n)
    Dim t
    t = m:m = n:n = t
End Sub
```

在上面的例子中，Swap(*m*,*n*)子过程定义了 2 个形参 *m* 和 *n*，从主调程序获得初值，交换后通过参数返回给主调程序，而子过程名 Swap 是无返回值。

3. 参数传递

参数传递是指在调用过程中，主调过程和被调过程之间有数据传递，也就是主调过程的实参传递给被调过程的形参，然后执行被调过程。

在 VBA 中，实参向形参的数据传递有 2 种方式，即值传递(ByVal 选项)和地址传递(ByRef 选项)，地址传递是系统默认方式。区分两种方式的标志是：要使用传值的形式时，在定义时前面加有"ByVal"关键字，有"ByVal"关键字为传值方式，否则为地址传递方式。

【说明】

① 在值传递的处理方式中，当调用一个过程时，系统将相应位置实参的值传递给对应

的形参，在被调用过程处理中，实参和形参没有关系。被调过程的操作处理是在形参的存储单元中进行，形参的变化不影响实参。当过程调用结束时，形参所占用的内存单元被释放。

② 在地址传递的处理方式中，当调用一个过程时，系统将相应位置实参的地址传递给对应的形参。在被调过程中，对形参的任何操作处理都变成了对相应实参的操作，实参的值会随被调过程对形参的改变而改变。

③ 在调用过程时，对实参进行处理并返回处理结果，使用地址传递方式，这时的实参必须是与形参同类型的变量，不能是常量或表达式。

④ 若不想改变实参的值，应选用值传递方式。

⑤ 当实参是常量或表达式时，形参即使以地址传递定义说明，实际传递的只是常量或表达式的值。

【例 8.16】 创建一个有参数的子过程 Test()，通过主调过程 Main_Click()调用，观察实参值的变化情况。

被调子过程 Test()的代码如下。

```
Public Sub Test(ByRef x As Integer)          '形参 x 说明为传址形式的整型量
    x = x + 10                               '改变形参 x 的值
End Sub
```

主调过程 Main_click()的代码如下。

```
Private Sub Main_Click()
    Dim n As Integer                         '定义整型变量 n
    n = 6                                    '变量 n 赋初值 6
    Call Test(n)
    Msgbox n                                 '显示 n 值
End Sub
```

当执行 Main_Click()事件后，“Msgbox n”语句显示 *n* 的值已经发生了变化，其值变为16，说明通过传址调用改变了实参 *n* 的值。

如果将调过程 Main_Click()中的调用语句“Call Test(n)”换成“Call Test(n+1)”，再运行主调过程 Main_Click()，结果会显示 *n* 的值依旧是 6，表明常量或表达式在参数的地址传递调用过程中，双向作用无效，不能改变实参的值。

8.4.4 过程和变量的作用域

VBA 应用程序是由若干个模块组成，而模块又由若干个过程组成。在过程中变量是必不可少的，一个变量或过程随所处的位置和定义方式的不同，可被访问的范围也不同。过程或变量可被访问的范围称为过程或变量的作用域。

1. 过程的作用域

过程的作用域分为模块（窗体模块或标准模块）级和全局级。

(1) 模块级

过程定义在某个窗体模块或标准模块内部，子过程或函数前加 Private 关键字，这类过程只能被本窗体模块内部的其他过程调用。

(2) 全局级

过程定义在某个标准模块内部，子过程或函数前加 Public 关键字，这类过程可以被应用程序的所有窗体模块或标准模块中的过程调用。

在标准模块中定义的全局过程，外部过程均可调用，如果过程名在整个应用程序中不唯一，需在被调过程名前加该过程所在的标准模块名。

格式为：

Call 标准模块名.被调过程名(实参表)

2. 变量的作用域

在 VBA 编程中，根据变量定义的位置与方式不同，变量的作用范围不同，变量可分为局部变量、模块变量和全局变量，这 3 种变量的使用规则和作用范围见表 8.4。

表 8.4 变量的使用规则和作用范围

特点 \ 变量	局部变量	模块变量	全局变量
声明方式	Dim、Static	Dim、Private	Public
声明位置	在子过程中	在窗体/模块的声明区域	在标准模块声明区域
能否被本模块的其他过程存取	不能	能	能
能否被其他模块的过程存取	不能	不能	能
作用范围	子过程	模块中	整个项目

(1) 局部变量

局部变量是指在子过程或函数内部，使用 Dim…As 语句定义或不加定义直接使用的变量。作用范围仅在本子过程中，其他过程不能访问，一旦该子过程运行结束，局部变量的内容自动消失。

不同过程中可以定义相同名称的局部变量，彼此互不影响，局部变量作用范围小，有利于程序的数据分析，便于程序的调试。

例如，局部变量 Strl 在下面两个方法中彼此互不影响。

```
Private Sub test1_Click()
    Dim Strl as String
    Str1 = "Microsoft Access"
    Me! text1 = Str1                    'text1 文本框显示"Microsoft Access"
End Sub
Private Sub test2_click()
    Me! text2 = Str1                    'text2 文本框显示空值
End Sub
```

在上述代码中，Strl 为局部变量，其作用范围仅限于子过程 Test1_click()中，在 Test2_click 中引用 Strl 会得到一个空值。

(2) 模块变量

模块变量是指变量定义在模块的所有子过程或函数的外部，在模块的声明区域，使用 Dim…As 语句定义或用 Private…As 语句声明的变量。其作用范围为本模块的所有子过程或函数，别的模块过程不能访问，一旦模块运行结束，模块变量的内容自动消失。

例如，模块变量 Strl 在整个模块中起作用。

```
Dim Strl as String
Private Sub test1_Click()
    Str1 = "Microsoft Access"
    Me! text1 = str1                'text1 文本框显示"Microsoft Access"
End Sub
Private Sub test2_Click()
    Me! text2 = str1                'text2 文本框显示"Microsoft Access"
End
```

在上述代码中，Str1 为模块变量，其作用范围为整个模块，在 test2_click()中引用 Str1 会得到在 test1_click()中赋的值。

(3) 全局变量

全局变量是指定义在标准模块的所有子过程或函数的外部，在标准模块的声明区域使用 Public…As 语句声明的变量。作用范围为应用程序的所有模块的子过程或函数。全局变量的值在整个应用程序的运行中始终存在，只有整个应用程序运行结束，全局变量的值才会消失。

例如，下面各种变量的作用域不同。

模块 1：

```
Rem 声明区域
Public x As string, n As integer        '声明 x、n 为全局变量
Private y As string * 10                '声明 y 为模块变量
Dim m As single                         '声明 m 为模块变量
Rem 定义 2 个子过程和 1 个函数过程
Private Sub proc1()
    Dim d As sting * 8                  'd 为局部变量
    e = "abc"                           'e 为局部变量
    …
End Sub
Private Function func1(m as single)as single
    Dim i As integer                    'i 为局部变量
    e = "计算机"                        '不能引用，出错
    m = 123.45                          '可以引用
    …
End Function
Private Sub pro2()
    x = "access 数据库"                 '可以引用
    d = "abcd"                          '不能引用，出错
    i = 1234                            '不能引用，出错
    …
End Sub
```

```
模块 2：
Rem 定义 1 个子过程和 1 个函数过程
Private Sub proc3()
    x = "access 数据库"                    '可以引用
    y = "abcd"                            '不能引用，出错
    …
End Sub
Private Function func2(m as single)as single
    m = 1234.56                           '不能引用
    n = 1234                              '可以引用
    …
End Function
```

具体设计一个应用系统，要使用的变量很多，变量的命名与作用范围的声明是一项复杂而又容易混淆的工作，正确理解变量的作用范围与声明方法，对程序设计至关重要。

8.5 面向对象程序设计

Access 数据库内嵌的 VBA，不仅功能强大，而且采用目前主流的面向对象程序设计机制和可视化编程环境，其核心由对象及响应各种事件的代码组成。

8.5.1 对象和类

1. 对象

客观世界的任何实体都可以被看做是对象。对象可以是具体的事物，也可以指某些概念，如一本书、一个窗体、一个命令按钮都可以作为对象。对象既可以是一个单一对象，也可以是多个对象的集合。每个对象都具有描述其特征的属性及附属于它的行为，属性用来表示对象的状态，方法用来描述对象的行为。

一个对象建立后，对象就有了自己的属性、事件、方法。

(1) 属性

属性是对象所具有的物理性质及其特性的描述。如在 Access 数据库中，窗体作为一个对象具有高度、宽度、标题等属性。

(2) 事件

事件是 Access 预先定义好的、能够被对象识别的动作，如单击(Click)事件、双击(DbClick)事件、移动鼠标(MouseMove)事件等。每个对象都可以对事件进行识别和响应，但不同的对象能识别的事件不全相同，事件可以由一个用户动作触发，也可以由程序代码或系统触发。事件是通过用户的交互操作产生的。对象的事件是固定的，用户不能建立新的事件。

事件过程是为处理特定事件而编写的一段程序，又称事件代码。当事件由用户或系统触发时，对象就会对该事件做出响应。响应某个事件后所执行的程序代码就是事件过程。一个对象可以识别一个或多个事件，因此可以使用一个或多个事件过程对用户或系统的事件做出响应。

(3) 方法

方法是对象在事件触发时的行为和动作，是与对象相关联的过程，但不同于一般的过程。

方法与事件过程类似，只是方法用于完成某种特定的功能而不一定响应某一事件，它属于对象的内部函数。不同的对象有不同的内部方法。

2. 类

类是客观对象的归纳和抽象。在面向对象的方法中，类是具有共同属性、共同行为方法的对象集合。类是对象的抽象，对象是类的具体实例。

在 Access 数据库中，除表、查询、窗体、报表、页、宏和模块等 7 个对象外，还可以在 VBA 中使用一些范围更广泛的对象，例如，"记录集"对象、DoCmd 对象等。

3. 对象声明和引用

(1) 对象的声明

对象的使用也是先要声明它属于哪个类的对象，然后引用一个特定对象实例。给对象变量引用使用 Set 语句。声明对象变量的语法和声明其他变量一样。

声明对象变量的语法格式为：

```
Dim 对象变量 As[New]对象类
```

其中，使用 New 可隐式地创建对象，如果使用 New 声明对象变量，则在第一次引用该变量时新建该对象的实例，这样就不必使用 Set 语句给对象引用特定对象。如果对象变量在声明时没有使用 New 关键字，则要使用 Set 语句将对象赋予变量。

语法格式如下：

```
Set 对象变量 =[New]对象表达式
```

当使用 Set 将一个对象引用赋给变量时，并不是为该变量创建该对象的一份副本，而是创建该对象的一个引用。可以有多个对象变量引用同一个对象，因为这些变量只是该对象的引用，而不是对象的副本，因此对该对象的任何改动都会反映到所有引用该对象的变量上。不过，如果在 Set 语句中使用 New 关键字，那么实际上就会新建一个该对象的实例。

例如，对象定义、创建、赋值方法如下。

```
Dim myForm As New Form
Dim myText As TextBox
Set myText = New TextBox
```

(2) 对象访问

在 VBA 中访问一个对象，必须清楚该对象在整个对象模型中处于什么位置，是父对象还是子对象，然后通过对象访问对象。规范的方法是从包含这一对象的最外层对象也叫根对象开始依次逐步取其子对象一直到达要访问的对象为止。在实际使用中，简化的操作方法是从中间对象开始。

在引用对象时，用于分隔对象和它下一级对象的操作符是"!"，称为对象引用操作符，而点操作符"."用于分隔对象与属性或方法。

(3) 引用属性和方法

在 VBA 编程中，属性和方法通常不能单独引用，它们必须和相应对象一起使用。

引用属性语法格式为：

```
对象.属性名
```

一般属性都是可读写的，这样就可以通过上面的语法读取属性或为属性赋值。

引用方法的语法格式为：

对象.方法名[(参数1,参数2…)]

有些方法没有参数。例如，属性和方法的使用，如下。

```
strWidth = OrderForm.Width
OrderForm.Caption = "登录窗体"
OrderForm.Refresh
```

4. Application 的对象模型

Application 对象是 Access 对象模型中的顶层对象，各个对象的层次关系如图 8.24 所示。使用 Application 对象，可以将方法或属性设置应用于整个 Microsoft Access 应用程序。VBA 通过使用 Access 的集合和对象操作 Access 数据库中的窗体、报表、数据访问页及它们所包含的控件。利用这些功能，可以格式化和显示数据，而且还可以向数据库添加数据。

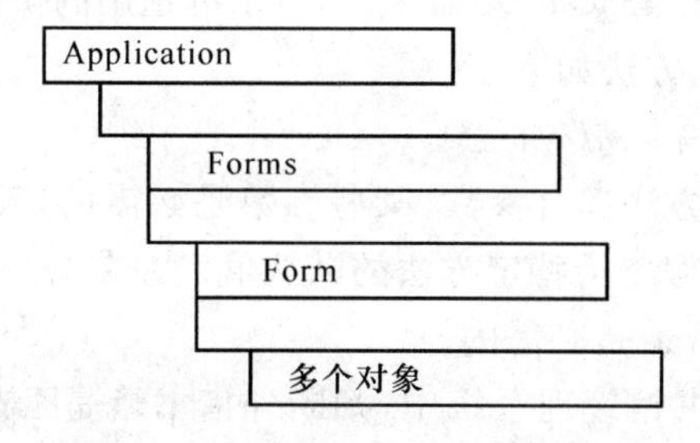

图 8.24 Application 对象的层次关系

另外，通过 Application 对象还可以处理其他 Microsoft Access 对象。例如，通过使用 Microsoft Access DoCmd 对象的 OpenForm 方法，可以在 Microsoft Excel 中打开 Microsoft Access 窗体。

(1) Application 对象

Application 对象引用活动的 Access 数据库应用程序。在 VBA 中使用 Application 对象时，首先确认 VBA Microsoft Access 11.0 对象库的引用，然后创建 Application 类的新实例，并为其指定一个对象变量，如 Dim appAccess As New Access.Application。

也可以通过 CreateObject 函数来创建 Application 类的新实例，格式如下：

```
Dim appAccess As Object
Set appAccess = CreateObject("Access.Application")
```

创建 Application 类新实例之后，即可使用 OpenCurrentDatabase 或 NewCurrentDatabase 方法打开或新建数据库。

例如，Application 类的应用方法如下。

```
Dim strDB As String
Dim appAccess As Access.Application
StrDB = "C:\Program Files\Microsoft Office\Office11\Samples\Norwind.mdb"
AppAccess.OpenCurrentDatabase strDB
aapAccess.DoCmd.OpenReport"图书编目表"
```

(2) Form 对象、Forms 集合和 Control 对象、Controls 集合

Form 对象用来引用特定的 Access 数据库窗体。Forms 是一个集合对象，Form 是 Forms 集合中的一个成员。Forms 集合包含 Access 数据库中当前打开的所有窗体。可以

使用 Forms 集合引用当前打开的窗体，引用时既可以使用窗体名称，也可以使用索引。对于特定的窗体应该使用名称进行引用，这是因为窗体的集合索引可能会发生变动。使用名称引用窗体必须用方括号“[]”括起来。

每个窗体对象都有一个 Controls 集合，该集合包含了窗体上的所有控件。要引用窗体上的控件，可以显示（或隐式）引用 Controls 集合。

例如，显示或隐式引用 Controls 集合方法如下。

```
Forms! OrderForm! NewData                    '隐式引用
Forms! OrderForm.Controls! NewData           '显示引用
```

(3) DoCmd 对象

DoCmd 是 Access 数据库的一个重要对象，它的主要功能是通过调用 Access 内置的方法，在 VBA 中实现某些特定的操作。DoCmd 又可以看做 AccessVBA 中提供的一个命令，在 VBA 中使用时，只要输入“DoCmd.”命令，即显示可选用的操作方法。

例如，DoCmd 对象应用方法如下。

```
DoCmd.OpenForm"图书编目表"
```

DoCmd 对象的大多数方法都有参数，某些参数是必需的，其他一些是可选的。如果省略可选参数，这些参数将被假定为特定方法的默认值。如在 OpenForm 方法中有 7 个参数，但只有第一个参数 Formname 是必需的。

【例 8.17】 在高校图书馆管理系统中，判断外借书籍是否超期，如果超期计算超期天数及罚款金额。

操作步骤如下。

(1) 在窗体上添加 4 个标签，名称分别设置为“label1”、“label2”、“label3”、“label4”，标题分别设置为“借阅日期”、“归返日期”、“超期天数”、“罚款金额”，编写窗体的 Form_Load() 事件代码如下。

```
Option Compare Database
Dim la4 As Label
Dim tex3 As New TextBox
Private Sub Form_Load()
    Dim la3 As New Label
    Set la3 = Label3
    Set la4 = Label4
    Set tex3 = Text3
    la3.Visible = False
    la4.Visible = False
    Text1 = #7/6/2011#
    Text2 = #9/30/2011#
    tex3 = 0
    tex3.Visible = False
    Text4.Visible = False
    Form.Caption = "计算罚款"
End Sub
```

(2) 在窗体上添加 4 个文本框，名称分别设置为“Text1”、“Text2”、“Text3”、“Text4”。

(3) 在窗体上添加 1 个命令按钮，名称和标题都设置为“计算”，编写计算_Click()事件代码如下。

```
Private Sub 计算_Click()
    Dim i As Integer
    i = Text2 - Text1
    If i>30 Then
        MsgBox"书已过期,你要交罚款"
        tex3 = i - 30
        Text4 = tex3 * 0.1
        Label3.Visible = True
        la4.Visible = True
        tex3.Visible = True
        Text4.Visible = True
    Else
        MsgBox"书没过期"
    End If
End Sub
```

(4) 设置窗体其他属性，调整窗体上各个控件的位置和大小，设计结果如图 8.25(a)所示，运行结果如图 8.25(b)所示，单击计算结果如图 8.25(c)所示，单击确定结果如图 8.25(d)所示。

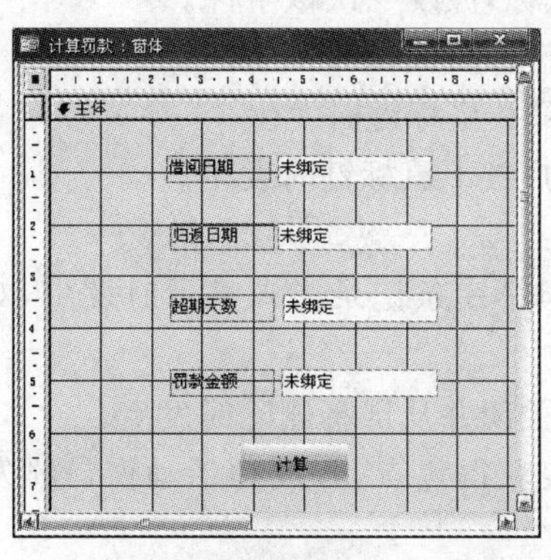

(a)设计结果

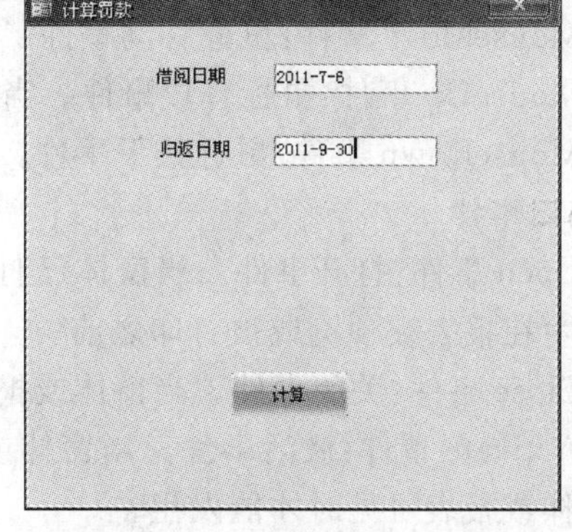

(b)运行结果

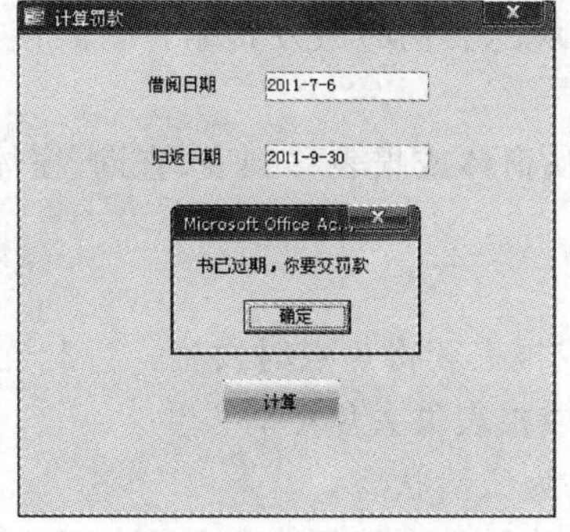

(c)单击计算

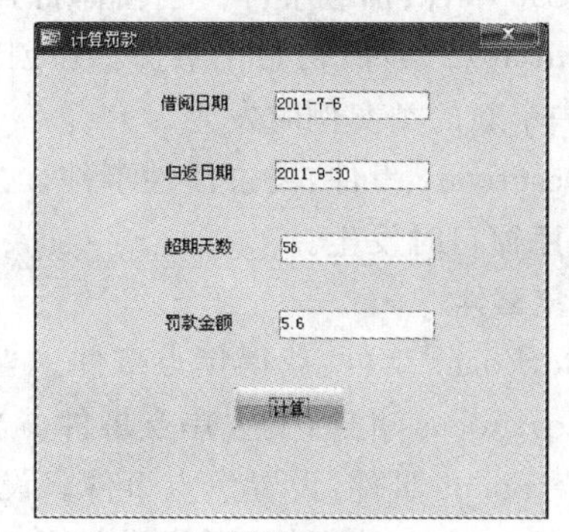

(d)单击确定

图 8.25 判断外借书籍是否超期

8.5.2 事件过程

在 Access 数据库的窗体、报表、控件中，都有各自的事件，窗体、报表、控件在建立事件时，在 Access 数据库中自动创建事件过程模板，编程人员只要向窗体、报表、控件事件过程模板中添加需要执行的程序代码即可。

事件驱动是面向对象和面向过程编程之间的重要区别，在视窗操作系统中，用户在操作系统中的各个动作都可以看成是激发了某个事件。比如单击了某个按钮，就相当于激发了该按钮的单击事件。在 Access 数据库系统中，事件主要有：鼠标事件、键盘事件、窗口事件、对象事件和操作事件等。

1. 键盘事件

(1) KeyPress 事件：按键敲击事件。每敲击一次键盘，激发一次该事件。该事件返回的参数 keyascii 是根据被敲击键的 ASCII 码来决定的。如 A 和 a 的 ASCII 码分别是 65 和 97，则敲击它们时的 keyascii 返回值是不同的。

(2) KeyDown 事件：按键按下事件。每按下一个键，激发一次该事件。该事件返回的参数 keycode 是由键盘上的扫描码决定的。如 A 和 a 的 ASCII 码分别是 65 和 97，但是它们在键盘上却是同一个键，因此它们的 keycode 返回值相同。

(3) KeyUp 事件：按键抬起事件。每释放一个键，激发一次该事件。该事件的其他方面与 KeyDown 事件类似。

2. 鼠标事件

(1) Click 事件：单击事件。每单击一次鼠标，激发一次该事件。

(2) DblClick 事件：双击事件。每双击一次鼠标，激发一次该事件。

(3) MouseMove 事件：鼠标移动事件。当用户移动鼠标时发生。

(4) MouseUp 事件：鼠标释放事件。当用户释放鼠标键时发生。

(5) MouseDown 事件：鼠标按下事件。当用户按下鼠标键时发生。

3. 窗口事件

(1) Open 事件：打开事件。当窗体已打开，但第一条记录尚未显示时发生，对于报表，该事件发生在报表被预览或被打印之前。

(2) Close 事件：关闭事件。当窗体或报表被关闭并从屏幕删除时发生。

(3) Activate 事件：激活事件。当窗体或报表获得焦点，并成为活动窗口时发生，并且只有当窗体或报表可见时才能发生。

(4) Load 事件：加载事件。当窗体打开并且显示其中的记录时发生。

(5) Initialize 事件：初始化事件。在创建类模块的实例时激发该事件，即：使用 New 关键字创建一个新的类实例时发生。

(6) Deactivate 事件：失去活性事件。当焦点从窗体或报表移到表、查询、窗体、报表、宏模块、数据库窗口时发生。

4. 对象事件

(1) GotFocus 事件：获得焦点事件。当窗体或报表获得焦点时发生。

(2) LostFocus 事件：失去焦点事件。当窗体或报表失去焦点时发生。

(3) SetFocus 事件：设置焦点事件。设置控件为激活状态。

(4) BeforeUpdate 事件：更新前事件。在控件或记录中数据改变并更新前发生。

(5) AfterUpdate 事件：更新后事件。在控件或记录中数据改变并更新后发生。

(6) Change 事件:更改事件。当文本框的内容或组合框中部分文本的内容更改时发生,在选项卡控件中从一页移到另一页时也会发生。

5. 操作事件

(1) Delete 事件:删除事件。在用户执行某些操作如删除一条记录时发生,但该事件发生在实际删除记录之前。

(2) BeforeInsert 事件:插入前事件。插入第一个字符时发生,但该事件发生在实际创建之前。

(3) AfterInsert 事件:插入后事件。当用户插入新记录后发生。

(4) AfterDelConfirm 事件:删除确认事件。用户确认删除操作,并且记录已被删除或者删除操作被取消之后发生。

下面以实例说明事件过程的创建方法。

【例 8.18】 制作一个鼠标移动图片跟随移动的窗体。

操作步骤如下。

(1) 在窗体上添加 2 个文本框控件,名称设置为“Text1”和“Text2”。

(2) 在窗体上添加 1 个图像控件绑定一个图片,名称设置为“Image”。

(3) 在窗体上添加 1 个命令按钮控件,名称设置为“图片移动”,编写图片移动_Click()事件代码如下。

```
Private Sub 图片移动_Click()
    If flag = False Then
        图片移动.Caption = "图片停止"
        flag = True
    Else
        图片移动.Caption = "图片移动"
        flag = False
    End If
End Sub
```

(4) 编写 Form_Load()事件代码如下。

```
Option Compare Database
Dim flag As Boolean
Private Sub Form_Load()
    flag = False
End Sub
```

(5) 编写主体_MouseMove()事件代码如下。

```
Private Sub 主体_MouseMove(Button As Integer,Shift As Integer,X As Single,Y As Single)
    If flag = True Then
        Image.Top = Y
        Image.Left = X
        Text1 = X
        Text2 = Y
    End If
End Sub
```

(6) 设置窗体其他属性，调整窗体上各个控件的位置和大小，设计结果如图 8.26(a)所示，运行结果如图 8.26(b)所示，单击图片移动按钮，移动鼠标如图 8.26(c)所示，图片跟随鼠标移动，文本框显示当前鼠标的位置并随鼠标移动而变化。

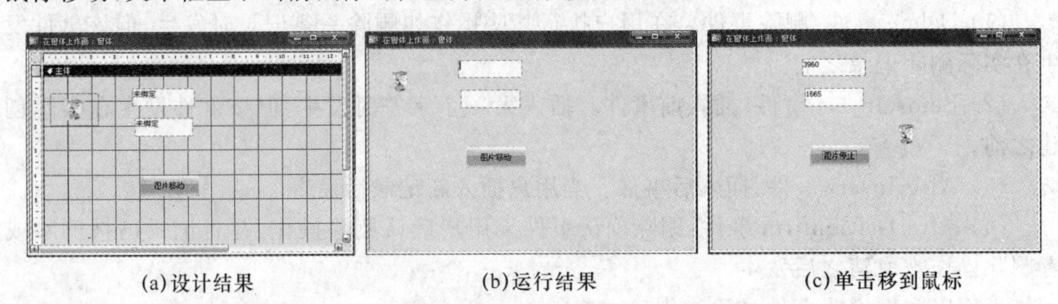

(a)设计结果 (b)运行结果 (c)单击移到鼠标

图 8.26 移动图片

【例 8.19】 登录窗体是应用系统不可缺少的。在登录窗体中，主要验证用户名和密码是否合法，正确则运行应用系统，否则拒绝进入。登录窗体如图 8.27 所示。

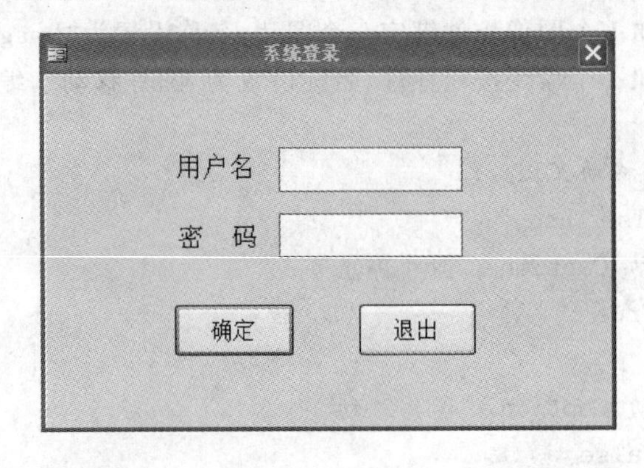

图 8.27 登录窗体

操作步骤如下。

(1) 建立一个新窗体，窗体的标题设置为“系统登录”的窗体。

(2) 在窗体上添加 2 个标签控件，标题分别为“用户名:”和“密码:”，作为输入文本框的提示。

(3) 添加 2 个文本框控件，名称分别设置为“username”和“password”.

(4) 添加 2 个命令按钮，标题分别设置为“确定”和“退出”。

(5) 建立“确定”和“退出”按钮的 Click 事件过程。

“确定”按钮的 Click 事件过程代码如下。

```
Private Sub Command0_Click()
    Static i As Integer
    If Len(Nz(Me! username)) = 0 And Len(Nz(Me! password)) = 0 Then
        i = i + 1
        If i>2 Then
            DoCmd.Close
        Else
            Me! username.SetFocus
```

```
        End If
    Else
        If UCase(Me! username) = "ADMIN" Then
          If UCase(Me! password) = "12345678" Then
            MsgBox "登录成功!",vbInformation,"欢迎使用"
            i = 1
            DoCmd.OpenForm "Main"
            Me! username = ""
            Me! password = ""
          Else
            MsgBox "密码错误! 请重新输入",vbCritical,"警告"
            i = i + 1
            If i>2 Then
                DoCmd.Close
            Else
                Me! password = ""
                Me! password.SetFocus
            End If
          End If
        Else
          MsgBox "非法用户名! 请输入",vbCritical,"警告"
          i = i + 1
          If i>2 Then
            DoCmd.Close
          Else
            Me! username = ""
            Me! username.SetFocus
          End If
        End If
    End If
End Sub
```

"退出"按钮的 Click 事件过程代码如下：

```
Private Sub Command1_Click()
    DoCmd.Close
End Sub
```

在程序中使用了 If 嵌套语句，用于判断用户名和密码输入是否为空或判断输入信息是否正确。若输入为空或不正确，循环变量 i 加 1，记录错误登录的次数，若超过 3 次，系统自动退出。若用户名和密码输入正确，则打开 Main 主窗体，进行相应操作。只有发生 3 次错误的登录或单击"退出"按钮，才能关闭登录窗体。

【例 8.20】 建立"图书基本情况"窗体，对书籍编号字段验证并提示数据的合法性，运行结果如图 8.28 所示。

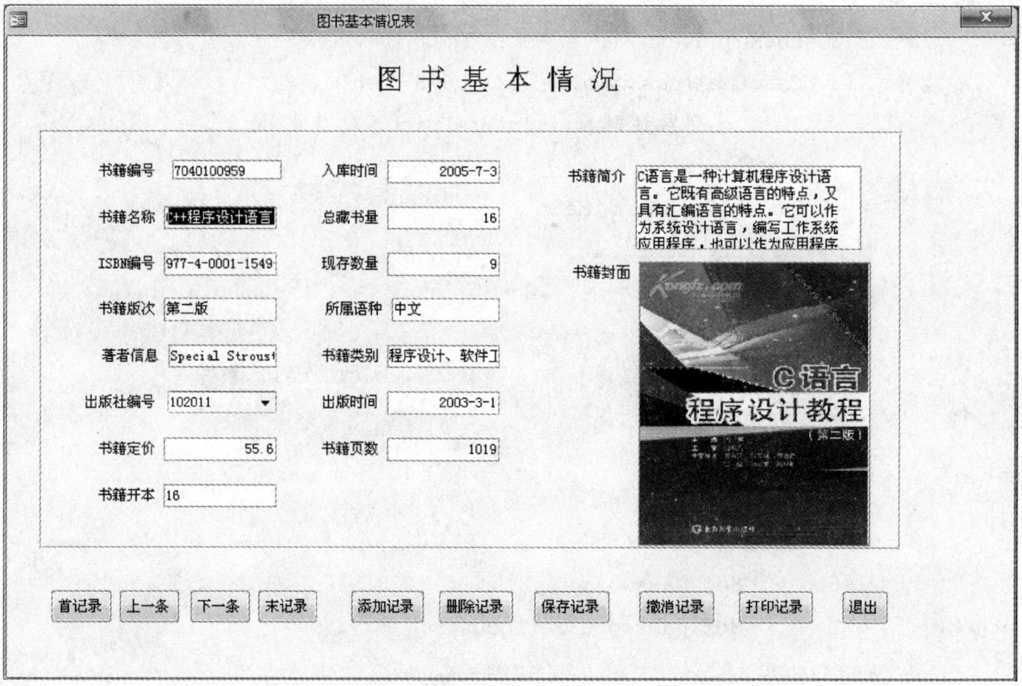

图 8.28　图书基本情况表

操作步骤如下。

（1）进入窗体的设计视图，在属性窗口中设置窗体记录源为“图书编目表”和“图书设置表”，记录源设置结果如图 8.29 所示，对窗体的其他格式属性进行适当设置，如去掉分隔线、记录浏览器等。

（2）完成窗体中显示“图书编目表”数据表相关字段的控件设计，包括选择与字段属性对应的控件、设置控件的标签文字、与字段名的关联、布局与格式的调整等。

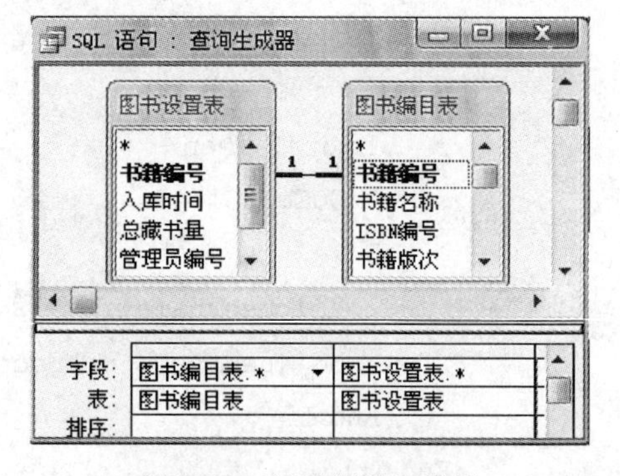

图 8.29　记录源设置结果

（3）创建 4 个浏览记录命令按钮（不用向导方式），分别设置标题（Caption）为首记录、上一条、下一条和末记录，按钮控件名称分别命名为 first、pre、next 和 last。

（4）创建命令按钮的 Click 事件过程代码如下。

```
Private Sub first_Click()
    Recordset.MoveFirst                 '置记录指针于第一条记录上
    Me! pre.Enabled = False             '置“上一条”命令按钮不可选
    Me! next.Enabled = True             '置“下一条”命令按钮可选
End Sub
Private Sub pre_Click()
    On Error GoTo Err_pre_Click
```

```
        DoCmd.GoToRecord,,acPrevious            '记录指针上移一条
        Me! next.Enabled = True                 '置"下一条"命令按钮可选
        Exit_pre_Click:
        Exit Sub
    Err_pre_Click:
        Me! last.SetFocus                       '置焦点于"末记录"命令按钮上
        Me! pre.Enabled = False                 '置"上一条"命令按钮不可选
        Resume Exit_pre_Click
    End Sub
    Private Sub next_Click()
        On Error GoTo Err_next_Click
        DoCmd.GoToRecord,,acNext                '记录指针下移一条
        Me! pre.Enabled = True                  '置"上一条"命令按钮可选
        Exit_next_Click:
        Exit Sub
    Err_next_Click:
        Me! last.SetFocus                       '置焦点于"末记录"命令按钮上
        Me! next.Enabled = False                '置"下一条"命令按钮不可选
        Resume Exit_next_Click
    End Sub
    Private Sub last_Click()
        Recordset.MoveLast                      '置记录指针于最后一条记录上
        Me! pre.Enabled = True                  '置"上一条"命令按钮可选
        Me! next.Enabled = Flase                '置"下一条"命令按钮不可选
    End Sub
```

(5) 创建文本框控件(书籍编号)的BeforeUpdate事件过程代码如下。

```
Private Sub 书籍编号_BeforeUpdate(Cancel As Integer)
    If IsNumeric(Me! 书籍编号) = Flase Then
        MsgBox "请输入数值数据!",vbCritical,"警告"
        Cancel = True
    ElseIf Me! 书籍编号 = ""Or IsNull(Me! 书籍编号)Then
        MsgBox"学号不能为空!",vbCritical,"警告"
        Cancel = True
    ElseIf Len(Me! 书籍编号)<>10 Then
        MsgBox"学号位数不对!",vbCritical,"警告"
        Cancel = True
    Else
        MsgBox "学号被改变",vbCritical,"警告"
    End If
End Sub
```

在本例按钮事件过程代码中，使用了Recordset对象及其主要命令关键字。没有使用On Error GoTo语句，原因是通过语句代码的设计，避免了记录跳转可能发生的错误。例如，当记录指针位于第一条记录时，"上一条"命令按钮会"变灰"不可选；当记录指针位于最后一条记录时，"下一条"命令按钮会"变灰"不可选；在其他操作中，应及时激活"变灰"的命令按钮。这些操作功能均通过设置按钮的Enabled属性值来完成。需要注意的是：当控件对象获得焦点时，不能设置该对象的属性值，因此，在例子中使用了设置焦点语句，用于改变需设置属性值的控件焦点。使用了文本框控件的BeforeUpdata事件，BeforeUpdata事件是与数据操作相关的事件，属于Data事件类，BeforeUpdata事件过程发生在数据发生改变前，通过设置其参数Cancel，可以决定BeforeUpdata事件是否发生。参数Cancel设置为True(－1)，将取消BeforeUpdata事件。

【例8.21】 设计一个秒表，如图8.30所示。

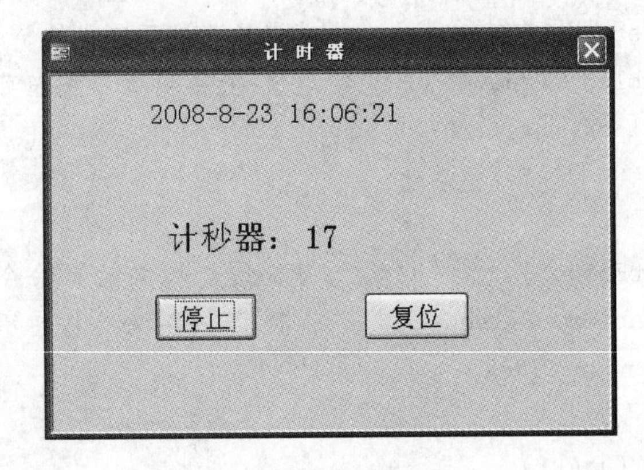

图8.30 计时器

在VBA中没有提供直接的时钟控件，但在窗体中提供了"计时器间隔"(TimerInterval)属性和"计时器触发"(Timer)事件。Timer事件以属性TimerInterval的值(以毫秒为单位)为激发时间单位，即每隔TimerInterval的时间间隔就激发一次。通过使用TimerInterval属性和创建Timer事件过程，可以实现计时器的功能。

操作步骤如下。

(1) 建立窗体，添加3个标签与两个命令按钮控件，名称为Label0、Label1、Label2、开始/停止和复位，对其格式属性进行适当设置。

(2) 设置窗体的"计时器间隔"(TimerInterval)属性值为1 000(毫秒)。

(3) 建立窗体的Open事件、Load事件、Timer事件、开始/停止和复位命令按钮事件的Click事件过程。

Form_Load()事件过程代码如下。

```
Option Compare Database
Dim flag As Boolean
Private Sub Form_Load()
    Me! Label0.Caption = Date + Time()
End Sub
```

Form_Open()事件过程代码如下。

```
Private Sub Form_Open(Cancel As Integer)
```

```
    flag = False
End Sub
```

Form_Timer()事件过程代码如下。

```
Private Sub Form_Timer()
    Me! Label0.Caption = Date + Time()
    If flag = True Then
        Me! Label1.Caption = Val(Me! Label1.Caption) + 1
    End If
End Sub
```

复位_Click ()事件过程代码如下。

```
Private Sub 复位_Click()
    Me! 开始.Caption = "开始"
    flag = False
    Me! Label1.Caption = 0
End Sub
```

开始/停止_Click()事件过程代码如下。

```
Private Sub 开始/停止_Click()
    flag = Not flag
    If flag = True Then
        Me! 开始.Caption = "停止"
    Else
        Me! 开始.Caption = "开始"
    End If
End Sub
```

在本例窗体模块的声明区域定义布尔型变量 flag,在窗体的 Open 事件中,初始化其值为 False,使在打开窗体时不开始计时。

"开始/停止"按钮的 Click 事件,用于切换标志变量 flag 的值,使计时器开始或停止计时,同时控制"开始/停止"按钮的显示状态。

"复位"按钮的 Click 事件,用于设置标签控件 Label1 的标题值为 0,即复位计时器为 0。

Timer 事件过程将根据标志变量 flag 的真与假决定是否改变标签控件 Label1 的标题值,其表现形式即为是否计时。

习　题

一、填空题

1. 在 Access 数据库中,模块分为独立程序模块和______两种类型。

2. 在 VBA 中,使用 Dim 可以定义数据类型,要定义对象须使用______关键字。

3. 在 VBA 表达式中,日期格式会自动地发生改变,如日期类型数据#11－12－2011#会自动变为______格式。

4. 当数据长度不定时,经常使用动态数组保存数据,为了保存数组当中原来的数据使用______关键字。

5. 在程序中定义了一个 a(2,3)的二维数组，这个数组一共有 6 个元素，说明程序中一定使用了______语句。

6. 在 VBA 的 For 语句中，程序没有执行到终值就退出了 For 语句，执行 For 语句后面的语句，说明 For 语句中包括______语句。

7. 在 VBA 中，参数传递有值传递和地址传递两种，系统默认的是地址传递，可以使用______关键字进行值传递。

8. 在 VBA 中，要设置窗体的标题名为“登录窗体”，窗体名称为“form”，则在程序代码中的语句是______。

9. ______事件在窗体或报表获得焦点，并成为活动窗口时发生，并且只有当窗体或报表可见时才能发生。

10. 在 VBA 中，注释有两种方法，其中______语句在程序中作为单独一行使用。

二、选择题

1. 在 VBA 中，以下关于运算优先级比较，叙述正确的是(　　)。

A. 算术运算符＞逻辑运算符＞关系运算符

B. 逻辑运算符＞关系运算符＞算术运算符

C. 算术运算符＞关系运算符＞逻辑运算符

D. 以上均不正确

2. VBA 中常量名的命令规则正确的是(　　)。

A. 首字符为数字　B. 首字符为字母　C. 首字符为下画线　D. 首字符为"*"

3. 在 VBA 中，连接式"2+3"& "=" &(2+3)的运算结果为(　　)。

A. "2+3=2+3"　B. "2+3=5"　C. "5=5"　D. "5=2+3"

4. VBA 表达式 chr(65)返回的值是(　　)。

A. A　B. 97　C. a　D. 65

5. 在 VBA 中，下面表达式为假的是(　　)。

A. (4>3)　B. ((4Or(3>2))=−1)

C. ((4And(3<2))=1)　D. (Not(3>=4))

6. 表达式(12 Mod 5)返回的值是(　　)。

A. 1　B. 2　C. 3　D. 4

7. VBA 中定义局部变量可以用关键字(　　)。

A. Const　B. Dim　C. Public　D. Static

8. VBA 表达式 IIF(0,20,30)的值为(　　)。

A. 20　B. 30　C. 25　D. 10

9. 在 VBA 中，定义了二维数组 A(2 to 5,5)，则该数组的元素个数为(　　)。

A. 25　B. 36　C. 20　D. 24

10. 在 VBA 中，表达式("周"<"刘")返回的值是(　　)。

A. False　B. True　C. −1　D. 1

11. 在 VBA 中，下列表达式正确的是(　　)。

A. Fix(2.8)=3　B. Fix(−2.8)=−3

C. Fix(−2.8)=−2　D. 以上均正确

12. VBA 表达式(12 Mod −5)返回的值为(　　)。

A. 0　B. 1　C. 2　D. −2

13. 以下 VBA 数据类型中,数据类型为整型的是(　　)。

A. Long　　B. Byte　　C. Single　　D. Integer

14. 以下 VBA 数据类型中,数据类型为万能的是(　　)。

A. Currency　　B. Boolean　　C. Variant　　D. Object

15. VBA 整形数据类型的取值范围是(　　)。

A. －32767～32767　　B. 0～255

C. －32768～32767　　D. －2147483648～2147483647

16. 以下 VBA 的常量命名中正确的是(　　)。

A. 4NAME　　B. CL.5D　　C. IF　　D. VBAD

17. 在 VBA 中,用来表示字符串的类型符是(　　)。

A. ＃　　B. %　　C. &　　D. $

18. 在 VBA 中,设 a＝2,b＝3,c＝4,d＝5,下列表达式:NOT a＞b AND c＜＝d OR 2 * a＞c 的值是(　　)。

A. true　　B. flase　　C. －1　　D. 0

19. 在 VBA 中,语句 Print 5 * 5\5/5 的输出结果是(　　)。

A. 5　　B. 25　　C. 0　　D. 1

20. 在 VBA 中,以下关系表达式其值为 False 的是(　　)。

A. "ABC"＞"AbC"　　B. "the"＜＞"they"

C. "VISUAL"＝UCase("Visual")　　D. "Integer"＞"Int"

三、简答题

1. VBA 中的数据类型有哪些?
2. VBA 有哪些程序控制语句?
3. 函数与子过程有什么区别?
4. 变量的作用域有哪些?
5. 模块在结构上由哪几部分组成?
6. 声明变量作用域的关键字有哪些?
7. 参数传递的类型与特点有哪些?
8. 什么是对象和类?
9. 什么是事件过程?
10. 模块声明的主要用途是什么?
11. 编程求一元二次方程 $ax^2+bx+c=0$ 的根(其中 $a\neq0$)。
12. 编程打印九九乘法表。
13. 编程输入一系列正整数,统计奇偶数的个数。
14. 编程打印如下三角形。

```
***********
 *********
  *******
   *****
    ***
     *
```

15. 编程将一组数据进行选择法排序。

第9章 应用程序设计

Access 数据库应用程序设计开发过程是以 Access 数据库的 7 个对象为基础,通过前面各章详细介绍 Access 数据库 7 个对象功能和使用方法,使得应用程序设计有了一定基础,用 Access 数据库 7 个对象分别设计出来的单独功能,能够构成应用程序的基本功能,将这些功能通过菜单组织起来就能构成一个完整系统,实现应用程序开发设计。

本章以高校图书馆管理系统为背景,介绍 Access 在具体应用中的开发设计方法。在系统设计过程中,以前面各章设计的功能为基础,通过菜单集成各功能模块,合理组织安排每个子模块的功能,加入适当 VBA 代码增强程序的功能,使设计既符合应用需求又格式美观。

9.1 系统需求分析与功能

设计开发一个实用的应用程序,首先进行的是需求分析。需求分析的主要任务是对数据库应用系统所要处理的对象进行全面了解,收集全支持系统要实现目标的各类基础数据、用户对数据库里的信息有什么要求、对数据如何进行加工处理、用户要实现某一业务的流程需求、对数据库安全性和完整性的需求等进行分析。

9.1.1 系统需求分析

高校图书馆管理系统的主要任务包括建立详尽的借阅卡信息,馆内藏书的种类与数量,各种书刊种类与数量,读者的详细信息,书籍借阅情况,管理员的情况等基础数据,并进行登记,方便借阅者和管理员及时查询馆内书刊信息以及借/还书登记等。

下面以图书为例说明如何进行分析。

在图书馆里图书是最基本的操作对象,图书作为一个实体它应包括书籍名称、作者信息、出版社、定价、出版时间等基本属性,为了方便管理还应有书籍编号、管理员等必不可少的辅助属性。这些信息首先要存储到数据库中,作为一个完整的系统应当具有录入数据的功能,能够对错误数据进行修改功能,根据不同属性进行查询、统计图书的相关信息功能,为了实际管理需要要有报表打印功能,图书是用来借阅的,所以要有借书记录,还书记录,借书就要有读者,读者又是一个实体,所以读者与图书应当建立一种关系。通过这样分析就能明确图书实体要存储哪些数据,要完成什么功能,和其他实体建立怎样的关系。

需求分析就是要从客户的需求中提取出软件系统的功能,帮助解决实际业务问题。本系统通过对高校图书馆业务问题的分析,规划出系统的功能模块,确定高校图书馆管理系统的功能。本例中主要功能模块包括:资料管理、借阅管理、信息查询、统计分析、报表管理、系统管理等模块。

在本系统中，把模块分为3个功能集合来描述。

(1) 基本信息管理功能集合。该集合包括读者资料管理、图书资料管理、出版社资料管理。

(2) 业务管理功能集合。该集合包括借书、还书，各种查询、统计和报表等管理。

(3) 管理员管理及权限功能集合。该集合包括管理员信息管理、权限控制。

9.1.2 系统功能

根据需求分析确定系统的功能，在不同的高校图书馆中，图书馆管理系统会存在一定的差异，但基本的功能是相似的。本系统设计的功能组织结构，如图9.1所示。

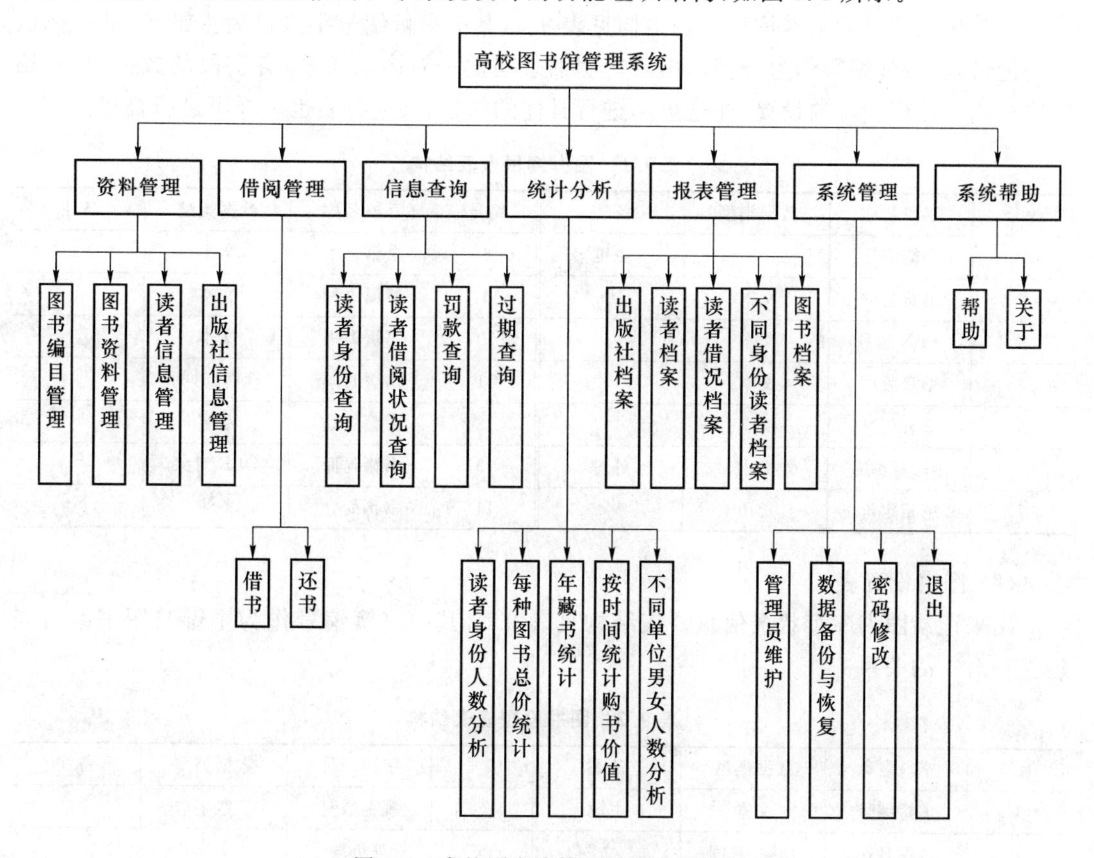

图9.1 高校图书馆管理系统功能框图

本实例实现了7大功能模块。根据这些功能，设计出系统的相应功能模块。本例中的功能模块与实际需要存在一定差异，用户根据实际情况，对上述功能进行适当调整，就可应用到实际情况中去。在后面几节中将详细讲述本实例的设计过程。

9.2 数据库设计

开发数据库应用系统的基础是数据库和数据表的设计。在高校图书馆管理系统中，数据库的设计工作主要包括建立管理系统的数据库，创建所需要的表与字段，设定表间的关系。

9.2.1 创建数据库和表

在设计数据库表结构之前，首先创建一个数据库，命名为“高校图书馆管理系统.mdb”，具体的创建过程见第2章创建数据库。本系统的所有功能都是在这个数据库下完成实现的。

本系统中建立了8个数据表，分别为图书编目表、图书设置表、出版社明细表、读者档案表、读者设置表、读者借阅表、超期罚款表、图书管理员权限表。下面分别介绍这些表的表结构。

(1) 图书编目表

用来记录图书的基本信息。表结构见表9.1，其中书籍编号字段设为主键，它唯一标识每条记录，出版社编号作为外键与出版社明细表建立一对多的关系，各字段的数据类型、长度等根据实际作相应的设置，在这里不进行具体的描述，其他各表也一样不进行描述。

表9.1 图书编目表表结构

编号	字段名称	数据类型	备注	编号	字段名称	数据类型	备注
1	书籍编号	文本	主键	8	书籍开本	文本	
2	书籍名称	文本		9	所属语种	文本	
3	ISBN编号	文本		10	书籍类别	文本	
4	书籍版次	文本		11	出版时间	日期/时间	
5	著者信息	文本		12	书籍页数	数字	
6	出版社编号	文本	外键	13	书籍封面	OLE对象	
7	书籍定价	货币		14	书籍简介	备注	

(2) 图书设置表

用来记录图书库存状况信息。表结构见表9.2，其中书籍编号作为主键与图书编目表建立一对一的关系。

表9.2 图书设置表表结构

编号	字段名称	数据类型	备注	编号	字段名称	数据类型	备注
1	书籍编号	文本	主键	4	现存数量	数字	
2	入库日期	日期/时间		5	管理员编号	文本	
3	总藏书量	数字					

(3) 出版社明细表

用来记录出版社的基本信息。表结构见表9.3，其中出版社编号作为主键。

表9.3 出版社明细表表结构

编号	字段名称	数据类型	备注	编号	字段名称	数据类型	备注
1	出版社编号	文本	主键	4	联系电话	文本	
2	出版社名称	文本		5	E-mail	文本	
3	出版社地址	文本		6	出版社网址	超链接	

(4) 读者档案表

用来记录读者的基本信息。表结构见表 9.4。

表 9.4 读者档案表表结构

编号	字段名称	数据类型	备注	编号	字段名称	数据类型	备注
1	读者卡号	文本	主键	5	读者单位	文本	
2	读者姓名	文本		6	联系电话	文本	
3	读者性别	是/否		7	照片	OLE 对象	
4	出生日期	日期/时间		8	备注	备注	

(5) 读者设置表

用来记录借阅卡的基本信息。表结构见表 9.5。

表 9.5 读者设置表表结构

编号	字段名称	数据类型	备注	编号	字段名称	数据类型	备注
1	读者卡号	文本	主键	4	借阅限量	数字	
2	出生日期	日期/时间		5	阅读天数	数字	
3	读者身份	文本					

(6) 读者借阅表

用来记录读者借阅图书情况。表结构见表 9.6。

表 9.6 读者借阅表表结构

编号	字段名称	数据类型	备注	编号	字段名称	数据类型	备注
1	读者卡号	文本	主键	4	归还日期	日期/时间	
2	书籍编号	文本	主键	5	管理员编号	文本	
3	借阅日期	日期/时间					

(7) 超期罚款表

用来记录读者借阅图书时超期罚款情况。表结构见表 9.7。

表 9.7 超期罚款表表结构

编号	字段名称	数据类型	备注	编号	字段名称	数据类型	备注
1	读者卡号	文本	主键	3	超期天数	数字	
2	书籍编号	文本	主键	4	罚款总额	货币	

(8) 图书管理员权限表

用来记录图书管理员的权限信息。表结构见表 9.8,其中管理员编号是主键,注意密码字段的“输入掩码”设置为“密码”。

表 9.8 图书管理员信息表表结构

编号	字段名称	数据类型	备注	编号	字段名称	数据类型	备注
1	管理员编号	文本	主键	4	密码	文本	
2	管理员姓名	文本		5	管理员权限	文本	
3	性别	文本					

在上述8个表中记录获得的方式是不同的，图书编目表、图书设置表、出版社明细表、读者档案表、读者设置表、这5个表分别由图书资料管理、读者资料管理、出版社资料管理3个模块实现数据的录入、编辑、增加、删除等操作；读者借阅表中的记录是通过借书、还书两个模块根据借书和还书情况自动添加的；超期罚款表中的记录是通过还书模块根据还书是否超期自动添加的；图书管理员权限表中的记录在建表时应先加入一条记录，这条记录的管理员权限字段应为“超级权限”，“超级权限”管理员是唯一的，并且不可以删除；管理员维护模块对其他管理员进行管理。在这里列出本系统管理员权限表的数据情况，如图9.2所示。

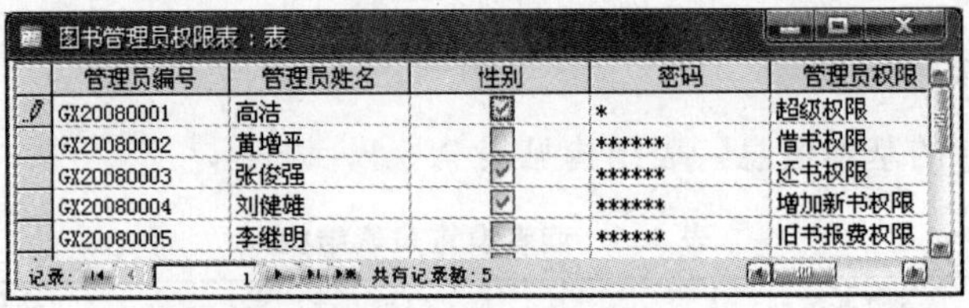

图书管理员权限表：表

管理员编号	管理员姓名	性别	密码	管理员权限
GX20080001	高洁	☑	*	超级权限
GX20080002	黃增平	☐	******	借书权限
GX20080003	张俊强	☑	******	还书权限
GX20080004	刘健雄	☑	******	增加新书权限
GX20080005	李继明	☐	******	旧书报费权限

记录: 1 共有记录数: 5

图 9.2 图书管理员权限表数据

9.2.2 确定表的关系

Access系统作为关系型数据库管理系统，确定表之间的关系是非常重要的，通过主表的主键和子表的外键连接起来建立关系，使各表能够协同的工作，本系统各表的关系图如图2.73所示。

9.3 系统安全设计

一个实用的应用系统必须安全可靠，系统安全主要包括使用安全和数据安全。本系统的使用安全通过登录时要求选择管理员编号并输入密码，防止不合法用户进入系统，通过管理员维护模块来实现对不同管理员进行授权，使不同的管理员具有不同的权限，通过权限控制管理员使用系统中的全部或部分功能，在整个系统设计过程中，规定各个模块的不同使用权限。数据安全是通过数据备份与恢复模块来实现的，系统可以将现有数据备份防止意外发生，当意外发生时，可通过恢复功能将备份的数据恢复过来。系统安全的设计贯穿整个系统的设计过程，是一个非常复杂的过程，下面只对系统登录的设计进行说明。

系统登录的设计方法有很多，如本书第8章的例8.19就是一个例子，在这个例子中设计比较简单，没有和数据表相结合，本系统的系统登录与图书管理员权限表相结合，其系统登录窗体设计视图，如图9.3所示，系统登录窗体运行效果，如图9.4所示。

设计步骤如下。

(1) 新建一个窗体，命名为登录窗体。

(2) 打开窗体“属性”对话框，在“记录源”属性属性列表框中添加“图书管理员权限表”，从“字段列表”中将管理员姓名、密码、管理员权限拖到窗体中，同时将密码文本框的“可见性”属性设置为“否”，设置窗体的其他格式效果。

(3) 在窗体上添加如下控件。

一个标签控件，标题设置为“高校图书馆管理系统”。

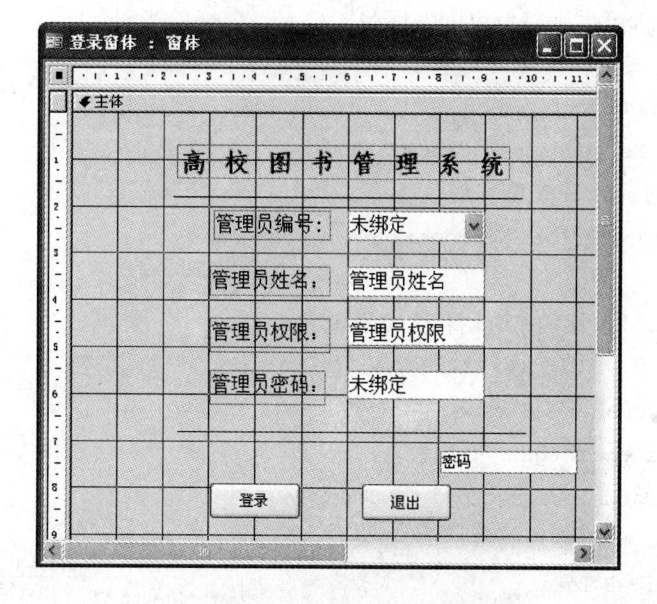

图 9.3 系统登录窗体设计视图

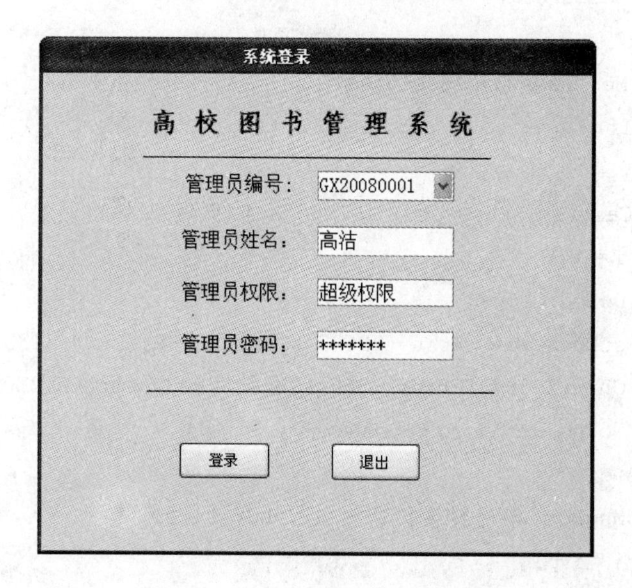

图 9.4 系统登录窗体运行效果

一个未绑定的组合框控件,用“管理员编号”字段作为组合框的列数据,组合框名称为:combo_bm。

一个未绑定的文本框控件,作为管理员密码输入框,并将文本框的“输入掩码”属性设置为“密码”。

一个操作按钮控件,使用向导创建“关闭窗体”命令按钮,标题为“退出”。

一个“登录”按钮控件,不用向导方式。

两条直线控件。

对以上控件作适当调整。

(4) 编写组合框的 AfterUpdate 事件代码如下。

```
Private Sub Combo_bm_AfterUpdate()
    ' 查找与该控件匹配的记录。
    Dim rs As Object
    Set rs = Me.Recordset.Clone
    rs.FindFirst "[管理员编号] = '" & Me! [combo_bm] & "'"
    If Not rs.EOF Then Me.Bookmark = rs.Bookmark
End Sub
```

（5）编写"登录"按钮的 Click 事件代码如下。

```
Private Sub 登录_Click()
    Dim stDocName As String
    Static i As Integer
    If Len(Nz(Me! Password)) = 0 Then
        i = i + 1
        If i>3 Then
            DoCmd.Quit
        Else
            Me! Password.SetFocus
        End If
    Else
        If UCase(Me! Password) = UCase(Me! 密码)Then
            i = 1
            DoCmd.Close
            stDocName = ChrW( - 29693)&ChrW(29992)&ChrW(31383)&_
            ChrW(20307)&ChrW(26368)&ChrW(22823)&ChrW(21270)
            DoCmd.RunMacro stDocName    '"窗体最大化"宏
        Else
            MsgBox "密码错误！请输入",vbCritical,"警告"
            i = i + 1
            If i>3 Then
                DoCmd.Quit
            Else
                Me! Password = ""
                Me! Password.SetFocus
            End If
        End If
    End If
End Sub
```

9.4 主界面设计

应用系统的各种操作都是在主界面下完成的，其元素包括主窗体、菜单系统、工具栏、状态栏等。本系统主界面，如图 9.5 所示，下面介绍菜单系统和主窗体的设计过程。

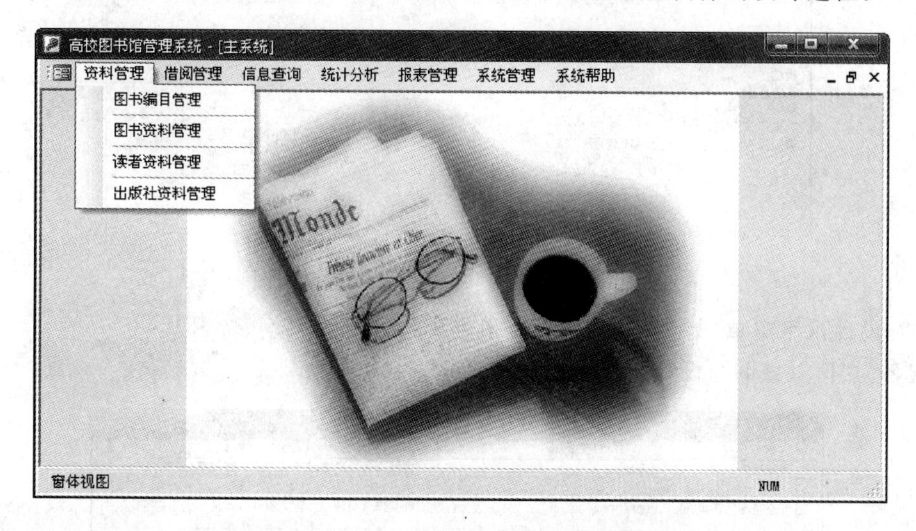

图 9.5 高校图书馆管理系统主界面

9.4.1 菜单系统设计

在 Access 数据库中应用程序的主菜单系统是通常用宏对象和窗体对象相结合设计的，下面用宏对象和窗体对象介绍本系统主菜单的设计过程，在设计菜单系统时，假设图 9.1 中的各功能模块已设计完成。

1. 设计水平菜单中的下拉子菜单

(1) 设计水平方向菜单“资料管理”的下拉子菜单

宏名为“资料管理”，设计结果如图 9.6 所示。

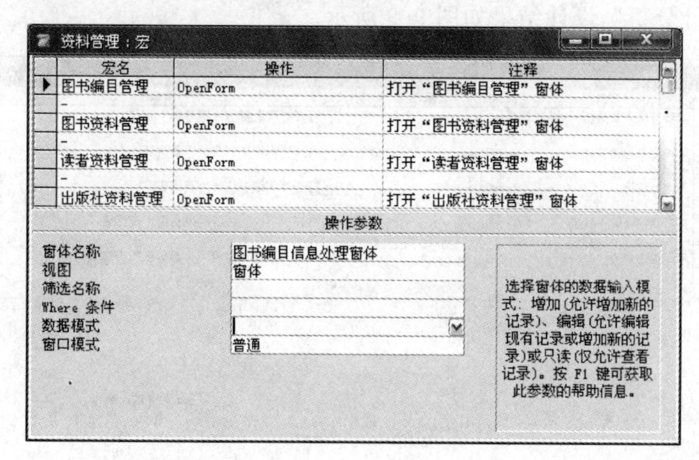

图 9.6 “资料管理”的下拉菜单设计视图

(2) 设计水平菜单"借阅管理"的下拉子菜单

宏名为"借阅管理",设计结果如图 9.7 所示。

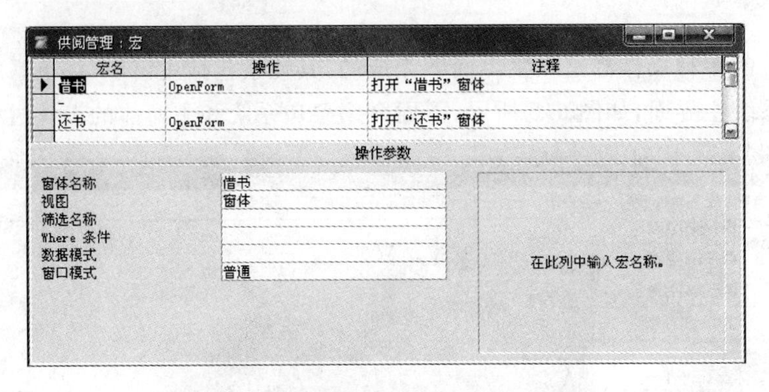

图 9.7 "借阅管理"的下拉菜单设计视图

(3) 设计水平菜单"信息查询"的下拉子菜单

宏名为"信息查询",设计结果如图 9.8 所示。

信息查询：宏

宏名	操作	注释
读者身份查询	OpenQuery	打开"根据读者身份查询读者情况"查询表
-		
读者借阅状况查询	OpenForm	打开"读者档案窗体——带子窗体"窗体
-		
罚款查询	OpenForm	打开"计算罚款"窗体
-		
过期查询	OpenQuery	打开"读者借阅图书超期"查询表

操作参数

查询名称	读者借阅图书是否超期查询
视图	数据表
数据模式	编辑

在此列中输入宏名称。

图 9.8 "信息查询"的下拉菜单设计视图

(4) 设计水平菜单"统计分析"的下拉子菜单

宏名为"统计分析",设计结果如图 9.9 所示。

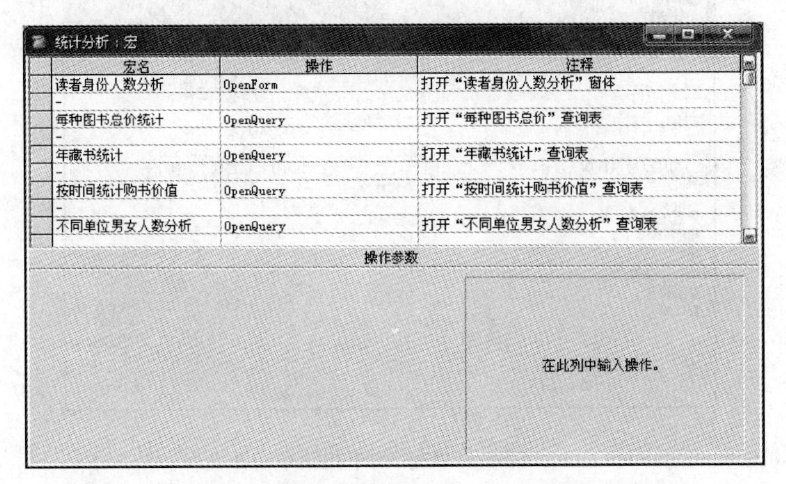

图 9.9 "统计分析"的下拉菜单设计视图

(5) 设计水平菜单“报表管理”的下拉子菜单

宏名为“报表管理”，设计结果如图 9.10 所示。

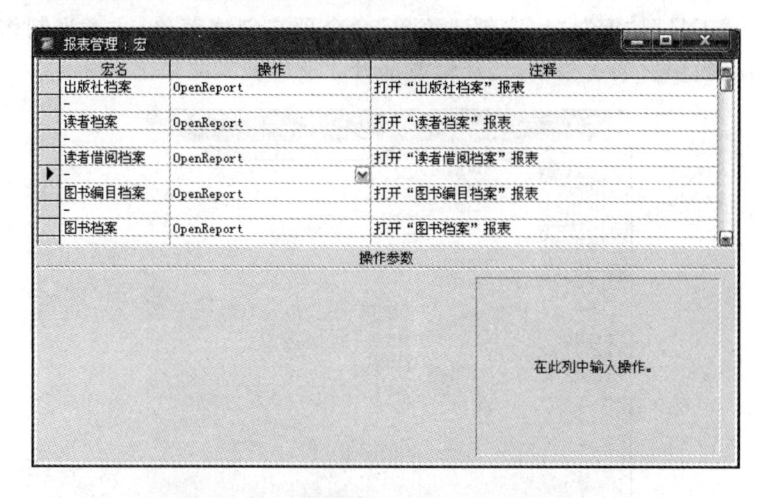

图 9.10 “报表管理”的下拉菜单设计视图

(6) 设计水平菜单“系统管理”的下拉子菜单

宏名为“系统管理”，设计结果如图 9.11 所示。

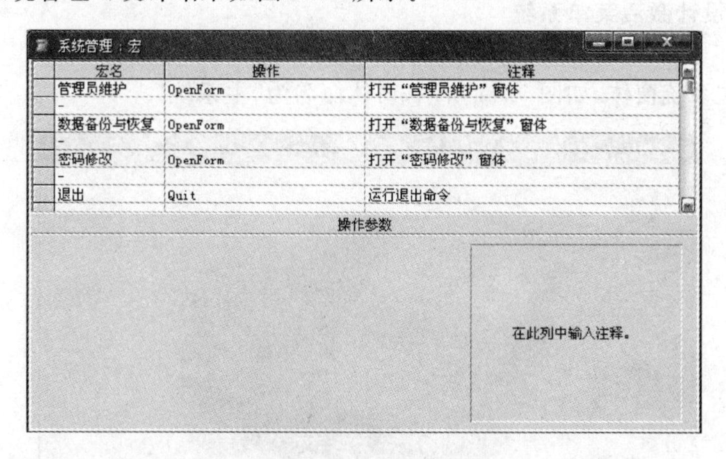

图 9.11 “系统管理”的下拉菜单设计视图

(7) 设计水平菜单“系统帮助”的下拉子菜单

宏名为“系统帮助”，设计结果如图 9.12 所示。

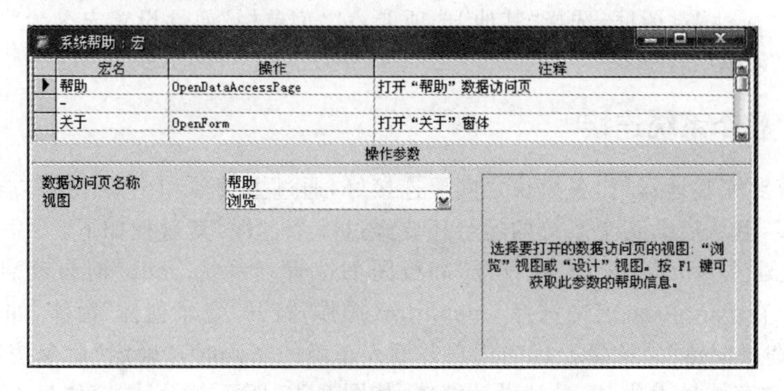

图 9.12 “系统帮助”的下拉菜单设计视图

2. 用宏设计水平菜单(主菜单)

宏名为“主菜单”,设计结果如图 9.13 所示。“主菜单”宏设计好后,选择“主菜单”宏后,单击菜单栏中的“工具”|“宏”|“用宏创建菜单”命令项来创建菜单,注意当制作的菜单作任何修改时,必需重新用宏创建菜单,这样修改部分才能反映到菜单上。

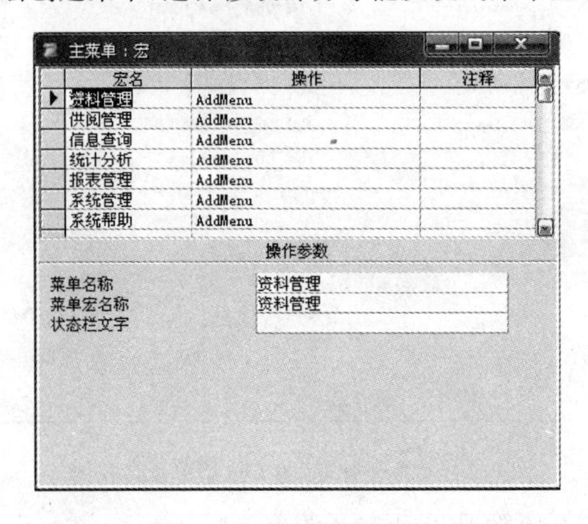

图 9.13 “主菜单”的设计视图

3. 主窗体设计激活菜单系统

主要设计步骤如下。

(1) 创建主系统窗体,如图 9.14 所示,窗体命名为“主系统”。

图 9.14 “主系统”的窗口视图

(2) 打开“属性”对话框,选择“其他”选项卡,对“菜单栏”属性设置宏名为“主菜单”这样主窗体就与主菜单结合起来。

9.4.2 整个系统连接

应用系统要完整地运行,各模块之间要连接好,通过主菜单和主窗体的结合对各主要模块进行了衔接,但从启动到主系统的运行还要经过一个过程,其过程如下。

(1) 通过建立 Autoexec 宏,在打开“高校图书馆管理系统.mdb”时自动启动高校图书馆管理系统。在 Autoexec 宏中选择 OpenForm 操作,打开“登录窗体”窗体,如图 9.4 所示。

(2) 在“登录窗体”中选择正确的用户并输入正确的密码时,“确定”命令按钮将调用“窗体最大化”宏,“窗体最大化”宏设计设计窗体,如图 9.15 所示。设计“窗体最大化”宏的目的是在打开"主系统"时,将"主系统"最大化。同样,在主菜单中调用其他窗体时也会是最大化状态。如果其他窗口不想要最大化状态,只要将窗体的"弹出方式"属性设置为"是"即可。

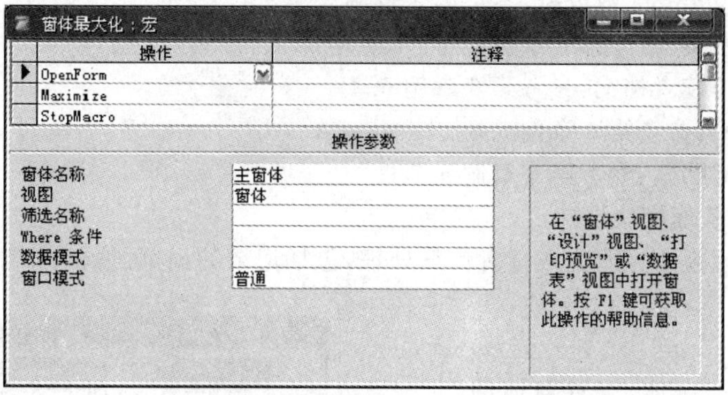

图 9.15 "窗体最大化"宏设计视图

(3) 在打开数据库时系统就自动进入到高校图书馆管理系统中,但数据库系统的窗口信息还存在,使应用系统界面不美观,可单击菜单栏的"工具"|"启动"命令项,打开"启动"对话框,进行相应的设置,"启动"窗口设计结果,如图 9.16 所示。在打开数据库时,主系统的运行效果,如图 9.5 所示。

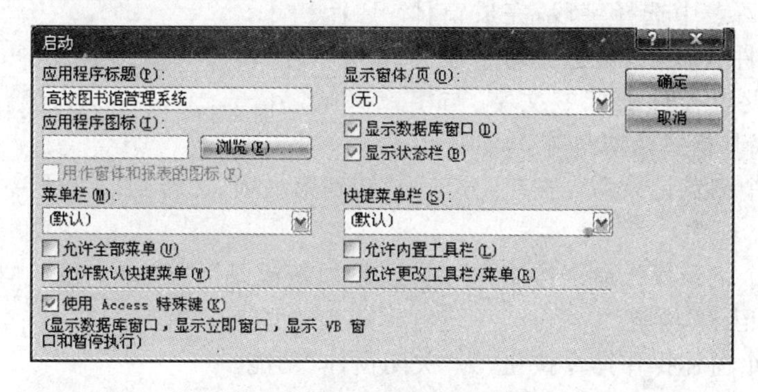

图 9.16 "启动"窗口设计结果

9.5 主要功能模块设计

本系统中有 20 多个功能模块,本节只介绍读者资料管理、出版社资料管理、借书、还书模块的设计过程,其他模块的设计可参考前面各章的相关内容或由读者自己完成。

各功能模块设计可参考各章具体内容如下。

(1) 图书编目管理:参考第 4 章例 4.12。

(2) 图书资料管理:参考第 8 章例 8.20。

(3) 读者身份查询:参考第 3 章例 3.23。

(4) 读者借阅状况查询:参考第 4 章例 4.9。

(5) 罚款查询:参考第 8 章例 8.17。

(6) 过期查询:参考第 3 章例 3.31。

(7) 读者身份人数分析:参考第 4 章例 4.5。

(8) 每种图书总价统计:参考第 3 章例 3.22。

(9) 年藏书统计:参考第3章例3.21。

(10)按时间统计购书价值:参考第3章例3.24。

(11)不同单位男女人数分析:参考第3章例3.4。

(12)出版社档案:参考第6章例6.1。

(13)不同身份读者档案:参考第6章例6.3。

(14)读者档案:参考第6章例6.8。

(15)读者借阅档案:参考第6章例6.7。

1. 读者资料管理模块设计

读者资料管理模块主要完成读者信息处理,包括记录的浏览、编辑、添加、删除、撤销、保存、打印等操作。

设计步骤如下。

(1) 新建一个窗体,设置窗体的"记录源"属性为"读者档案表"和"读者设置表"数据表,记录源设置结果,如图9.17所示,两个表以"读者卡号"建立一对一的关系,对窗体的格式属性进行适当设置,例如,去掉分隔线、记录浏览器等。

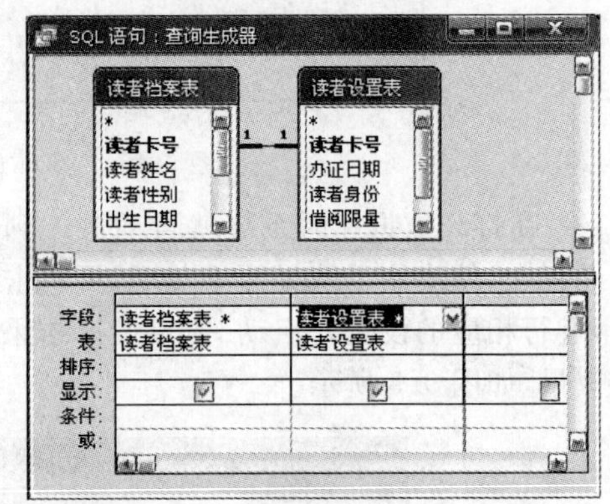

图9.17 "启动"窗口设计结果

(2) 从字段列表中选择字段,完成窗体中相关字段的控件设计,包括选择与字段属性对应的控件、设置控件的标签文字、与字段名的关联、布局与格式的调整等。

(3) 创建4个浏览记录命令按钮,分别为"转到第一项"、"转到下一项"、"转到前一项"、"转到最后一项"。

(4) 创建5个记录操作命令按钮,分别为"添加新记录"、"保存记录"、"撤销记录"、"删除记录"和"打印记录"功能。

(5) 创建一个窗体操作命令按钮,为"关闭窗体"功能。

最终的设计视图,如图9.18所示。

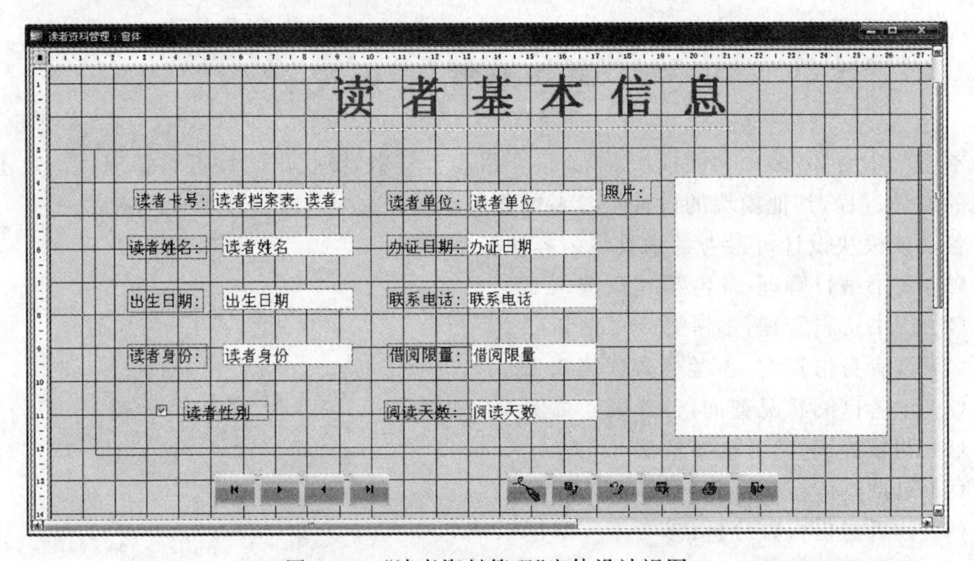

图9.18 "读者资料管理"窗体设计视图

2. 出版社资料管理模块设计

出版社资料管理模块主要完成出版社基本信息的处理，其功能与读者资料管理模块相似，读者资料管理窗体设计时采用每次只浏览、编辑一个记录的方式，下面采用可以浏览、编辑多个记录的设计风格，最终的设计视图，如图 9.19 所示，最终的运行效果，如图 9.20 所示。

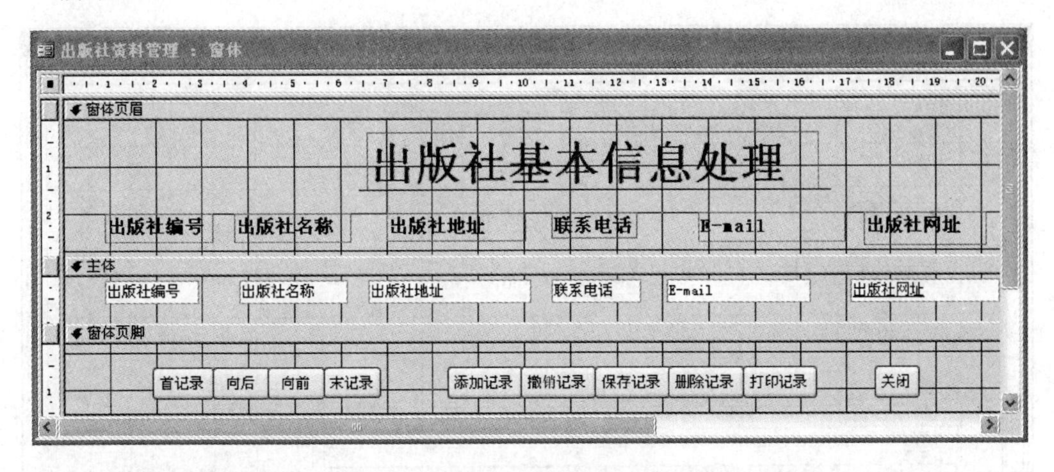

图 9.19 “出版社资料管理”窗体设计视图

图 9.20 “出版社资料管理”窗体运行效果

其设计类似报表设计，设计视图分为窗体页眉、主体、窗体页脚 3 个部分，文字说明部分放置在窗体页眉位置，记录放在主体部分，功能按钮放在窗体页脚部分，可通过垂直滚动条来浏览记录。

3. 借书模块设计

借书模块主要完成借书过程，在窗体中能够根据读者卡号查询读者已借书状况，读者借书卡是否允许再借书，管理员能够查询要借阅图书的相关信息，借书时能够自动修改"读者借阅表"中的相关信息，能够自动修改"图书设置表"中的"现存数量"字段的值，能够自动修改"读者设置表"中的"借阅限量"字段的值。"借书"窗体设计视图，如图 9.21 所示。

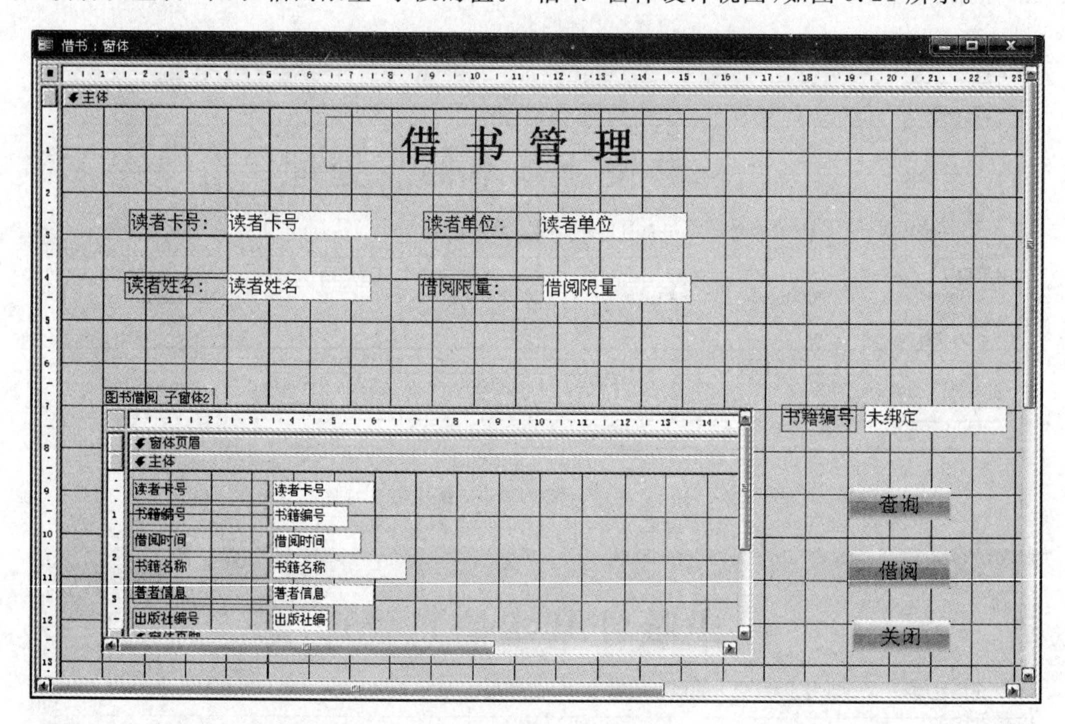

图 9.21 "借书"窗体设计视图

设计步骤如下。

(1) 新建一个窗体，窗体的"记录源"属性设置为"读者档案表"和"读者设置表"，将相关字段加到窗体中，如图 9.21 上半部分所示。

(2) 添加一个子窗体控件，"源对象"属性设置为"图书借阅子窗体 2"，"链接子字段"和"链接主字段"均设置为"读者卡号"字段。

(3) "图书借阅子窗体 2"的设计视图和记录源的"查询生成器"的设计视图，如图 9.22 所示，其中用到"图书借阅"查询。

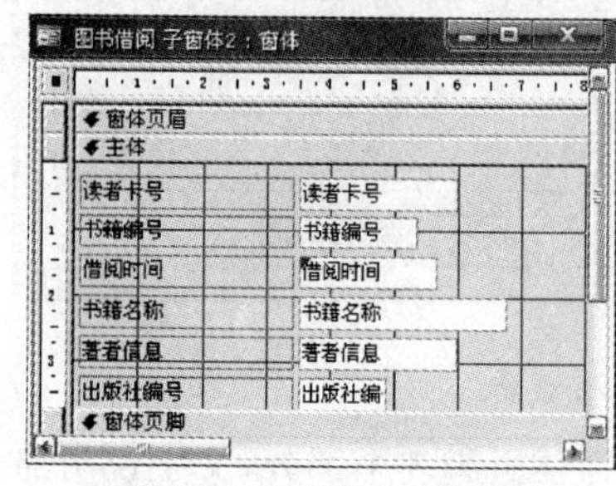

(a)"图书借阅子窗体2" 设计视图

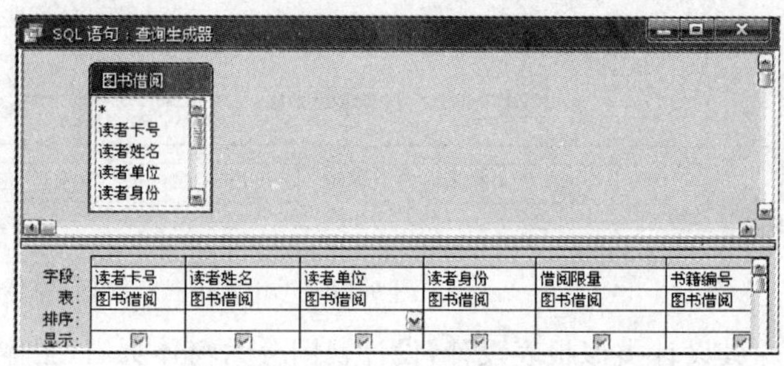

(b)"记录源" 的 "查询生成器" 的设计视图

图 9.22 "图书借阅子窗体 2"的设计视图和"记录源"的"查询生成器"的设计视图

(4)“图书借阅”查询是由读者借阅表、读者档案表、读者设置表、图书编目表获得，如图 9.23 所示。

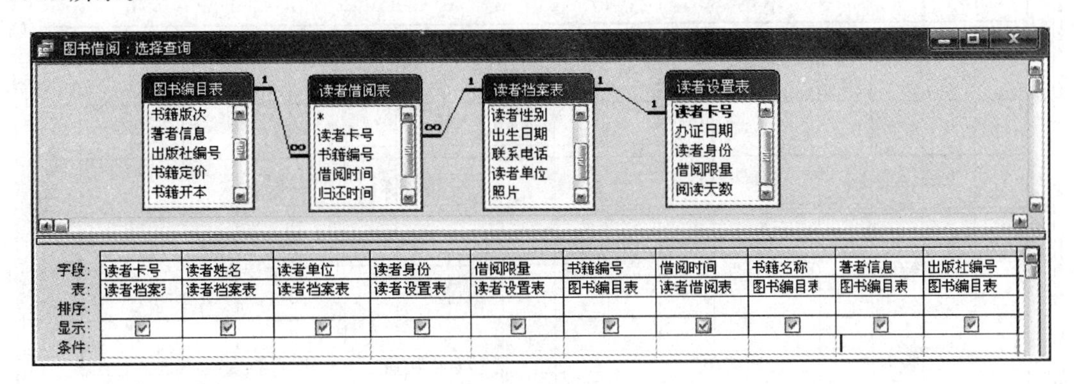

图 9.23　图书借阅查询设计视图

(5) 添加一个未绑定文本框控件，命名为 SJBH，前面的标签标题为书籍编号，这个文本框用于输入书籍编号以便查询图书信息。

(6) 添加一个命令按钮控件，在“命令按钮向导”窗口中选择“窗体操作”中的“打开窗体”，单击“下一步”选择“图书信息”窗体，单击“下一步”选择“打开窗体并查找要显示的特定数据”，单击“下一步”设置匹配数据，如图 9.24 所示，单击“下一步”设置文本为“查询”，单击“完成”按钮结束操作。

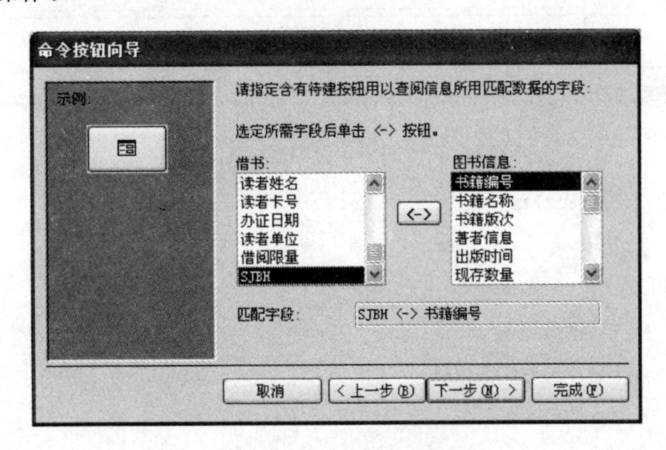

图 9.24　“命令按钮向导”匹配数据设置

(7)“图书信息”窗体设计视图，如图 9.25 所示，“记录源”设置为“图书编目表”和“图书设置表”。

(8) 添加一个命令按钮控件，不用向导方式设计，标题和名称都设置为“借阅”。其 Click 事件代码如下。

```
Private Sub 借阅_Click()
    Dim cardid As String
    Dim bookid As String
    Dim ddate As Date
    ddate = Date
    借阅限量 = 借阅限量 - 1
```

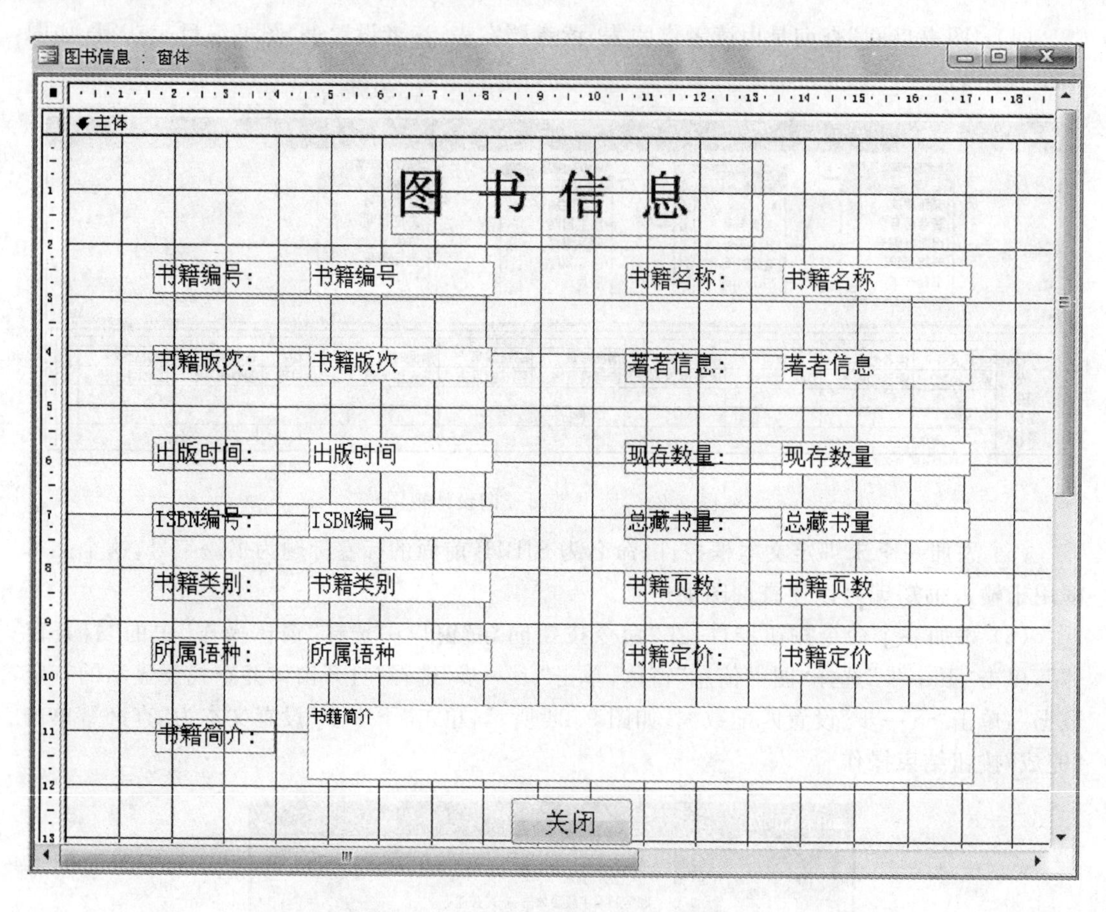

图 9.25 “图书信息”窗体设计视图

```
    Me! 读者卡号.SetFocus
    cardid = Me! 读者卡号.Text
    Me! SJBH.SetFocus
    bookid = Me! SJBH.Text
    runsql cardid,bookid,ddate
End Sub
Rem runsql()函数向读者借阅表中插入数据
Private Sub runsql(读者卡号 As String,书籍编号 As String,借阅时间 As Date)
    Dim rs As ADODB.Recordset
    Dim sql As String
    Dim sql1 As String
    sql = "INSERT INTO 读者借阅表(读者卡号,书籍编号,借阅时间)"
    sql = sql + "values('"& 读者卡号 &"','"& 书籍编号 &"',#"& 借阅时间 &"#)"
    ExecuteSQL(sql)
    Me! [图书借阅子窗体 2].Requery
    sql1 = "update 图书设置表 set 现存数量 = 现存数量 - 1"
    ExecuteSQL(sql1)
```

```
End Sub
public Sub ExecuteSQL(ByVal strcmd As String)
    Dim conn As ADODB.Connection
    On Error GoTo SQL_Err
    Set conn = CurrentProject.Connection
    conn.Execute Trim $ (strcmd)
SQL_Exit:
    Set conn = Nothing
Exit Sub
SQL_Err:
    MsgBox (Err.Description)
    Resume SQL_Exit
End Sub
```

(9) 添加一个关闭按钮控件,功能为关闭当前窗体,最后将窗体保存为借书。

借书模块运行方法:单击"借阅管理"菜单下的"借书",提示输入读者卡号,例如,输入"309283937"则显示与读者卡号相关的信息,在书籍编号的文本框中输入要借阅的书籍编号,可通过查询来查看书籍的相关信息,如允许借阅则使用借阅按钮借书,则借阅的信息在子窗体中显示,如图 9.26 所示。

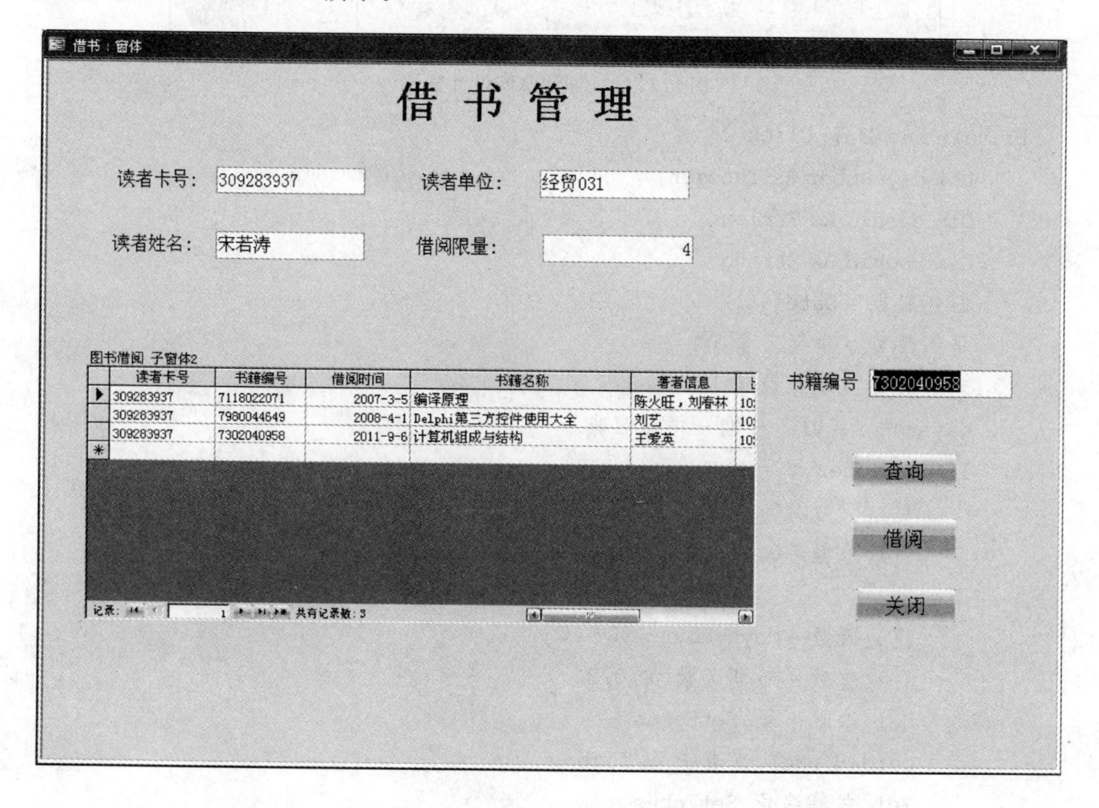

图 9.26 "借书"模块运行效果

4. 还书模块设计

还书模块主要完成还书过程,与借书过程相反,但要检查是否超期,超期要计算罚款,并将罚款记录添加到"超期罚款表"中,"还书"窗体设计视图,如图 9.27 所示,其设计详细过程与其他模块相似,在此不再一一列出。下面只给出"归还"命令按钮的 Click 事件代码如下。

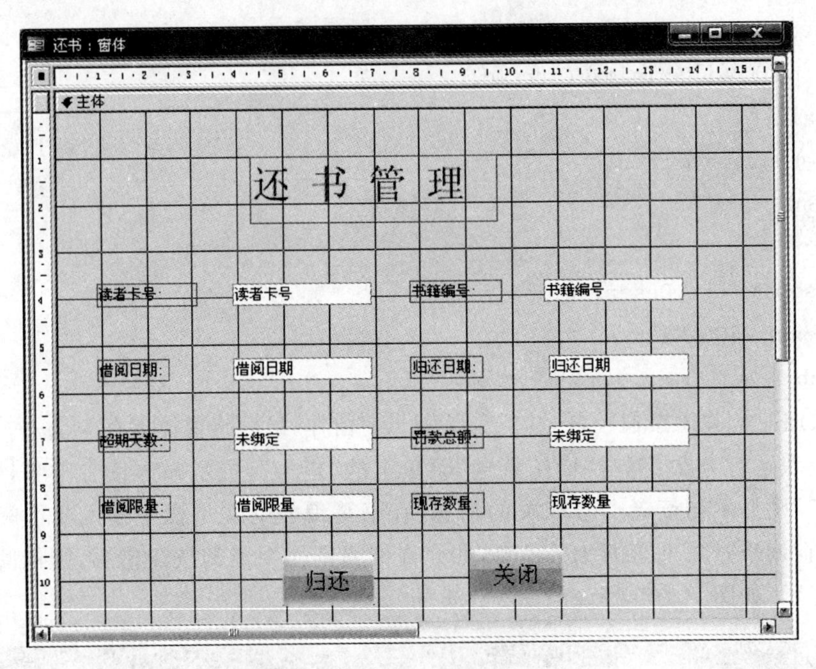

图 9.27 "还书"窗体设计视图

```
Private Sub 归还_Click()
    Dim daynumber As Integer
    Dim cardid As String
    Dim bookid As String
    归还日期 = Date
    借阅限量 = 借阅限量 + 1
    现存数量 = 现存数量 + 1
    daynumber = 归还日期 - 借阅日期
    If daynumber <= 30 Then
        超期天数 = 0
        罚款总额 = 0
    Else
        超期天数 = daynumber - 30
        罚款总额 = 超期天数 * 0.3
        Me! 读者卡号.SetFocus
        cardid = Me! 读者卡号.Text
        Me! 书籍编号.SetFocus
        bookid = Me! 书籍编号.Text
        runsql1 cardid,bookid,超期天数,罚款总额
```

```
    End If
    Me! 归还.enabled = False
End Sub
Rem runsql1()函数用于保存罚款信息
Private Sub runsql1(读者卡号 As String,书籍编号 As String,超期天数 As Integer,
罚款总额 As Currency)
    Dim rs As ADODB.Recordset
    Dim sql As String
    sql = "INSERT INTO 超期罚款表( 读者卡号,书籍编号,超期天数,罚款总额)"
    sql = sql + "values('"& 读者卡号 &"','"& 书籍编号 &"',"& 超期天数 &",'"& 罚款总
    额 &"')"
    ExecuteSQL(sql)
End Sub
```

参考答案

第1章 习题答案

一、填空题

1. 外部关键字 2. 联系 3. 多对多 4. 选择 5. 投影
6. 数据库管理系统 7. 二维表 8. 关系 9. 记录 10. DB

二、选择题

1. B 2. B 3. D 4. D 5. D 6. B 7. C 8. A 9. A 10. B
11. C 12. D 13. D 14. B 15. D 16. C 17. C 18. A 19. D 20. D

第2章 习题答案

一、填空题

1. 嵌入 2. 自定义格式 3. 关系 4. 超链接 5. 数据来源
6. 约束条件 7. 掩码 8. 表设计器 9. 设计视图 10. 一对多

二、选择题

1. C 2. C 3. B 4. D 5. B 6. C 7. C 8. B 9. A 10. A
11. A 12. B 13. D 14. A 15. B 16. B 17. D 18. A 19. D 20. B

第3章 习题答案

一、填空题

1. 字段列表 2. 3 3. ＃ 4. 参数查询 5. 追加查询
6. 表或查询 7. Like"A＊Z" 8. 参数定义 9. 操作 10. 联合

二、选择题

1. A 2. B 3. B 4. B 5. C 6. C 7. D 8. D 9. A 10. C
11. C 12. C 13. B 14. B 15. A 16. B 17. C 18. D 19. C 20. B

第4章 习题答案

一、填空题

1. 图表窗体 2. 修改窗体 3. 节 4. 背景样式 5. 字段
6. 单击 7. 记录 8. 数据表 9. 视图 10. 格式

二、选择题

1. D 2. A 3. C 4. D 5. C 6. B 7. A 8. C 9. D 10. B
11. C 12. A 13. D 14. B 15. C 16. C 17. C 18. D 19. C 20. C

第5章 习题答案

一、填空题

1. 宏组 2. Shift 3. AutoKeys 4. F6 5. FindNext
6. Forms! Rep! txtName 7. 条件 8. 操作参数 9. 宏组名.宏名
10. OpenReport

二、选择题

1. B 2. B 3. B 4. A 5. D 6. A 7. D 8. A 9. C 10. B
11. A 12. A 13. C 14. D 15. C 16. A 17. B 18. D 19. C 20. D

第6章 习题答案

一、填空题

1. 主体 2. 表或查询 3. 文本框 4. 主体 5. ＝
6. ＝[Page]&"页/总"&[Pages]&"页" 7. 排序和分组
8. 表间关系 9. 设计视图 10. 页面页脚

二、选择题

1. D 2. B 3. C 4. C 5. C 6. B 7. B 8. D 9. A 10. B
11. C 12. A 13. C 14. B 15. B 16. C 17. D 18. A 19. B 20. C

第7章 习题答案

一、填空题

1. 数据访问页 2. 标题节 3. 交互式数据页 4. IE 浏览器 5. 页面视图
6. 超级链接 7. 属性 8. 滚动文字 9. 格式 10. 视图

二、选择题

1. D 2. D 3. C 4. A 5. C 6. D 7. D 8. A 9. D 10. C
11. D 12. C 13. D 14. D 15. C 16. C 17. C 18. D 19. C 20. D

第8章 习题答案

一、填空题

1. 绑定型程序模块 2. NEW 3. ＃11/12/2011＃ 4. Preserve
5. Option Base 1 6. Exit For 7. ByVal
8. Form. Caption＝"登录窗体" 9. Activate 10. Rem

二、选择题

1. C 2. B 3. B 4. A 5. C 6. B 7. B 8. B 9. D 10. A
11. C 12. C 13. D 14. C 15. C 16. D 17. D 18. A 19. B 20. A

参考文献

[1] 吕洪柱,李敬有.Access数据库系统与应用.北京:北京邮电大学出版社,2009.

[2] 萨师煊,王珊.数据库系统概论.3版.北京:高等教育出版社,2000.

[3] 陈恭和.数据库基础与Access应用教程.北京:高等教育出版社,2003.

[4] 史济民,汤观全.Access应用系统开发教程.北京:清华大学出版社,2004.

[5] 王连平.Access数据库应用技术题解及实验指导.北京:中国铁道出版社,2005.

[6] 李雁翎.数据库技术及应用—Access.北京:高等教育出版社,2006.

[7] 于繁华.Access基础教程.2版.北京:中国水利水电出版社,2005.

[8] 解圣庆.Access 2003数据库教程.北京:清华大学出版社,2006.

[9] 张强.Access 2003数据库应用开发实例.北京:电子工业出版社,2007.

[10] 刘大玮,王永皎,巩志强.Access数据库项目案例导航.北京:清华大学出版社,2005.